嵌入式C语言自我修养

从芯片、编译器到操作系统

王利涛◎编著

电子工业出版社

Publishing House of Electronics Industry

北京·BEIJING

内 容 简 介

这是一本专门为嵌入式读者打造的C语言进阶学习图书。本书的学习重点不再是C语言的基本语法，而是和嵌入式、C语言相关的一系列知识。作者以C语言为切入点，分别探讨了嵌入式开发所需要的诸多核心理论和技能，力图帮助读者从零搭建嵌入式开发所需要的完整知识体系和技能树。

本书从底层CPU的制造流程和工作原理开始讲起，到计算机体系结构，C程序的反汇编分析，程序的编译、运行和重定位，程序运行时的堆栈内存动态变化，GNU C编译器的扩展语法，指针的灵活使用，C语言的面向对象编程思想，C语言的模块化编程思想，C语言的多任务编程思想，进程、线程和协程的概念，从底层到上层，从芯片、硬件到软件、框架，几乎涵盖了嵌入式开发的所有知识点。

本书适合嵌入式学习者、开发者阅读学习，同样适合从事Linux下C语言开发工作的人员作为参考。阅读本书需要读者有一定的C语言基础，无论你是在校学生，还是需要充电学习的工程师，掌握了C语言的基本语法和编程技能后再阅读本书，学习效果会更佳。

图书在版编目（CIP）数据

嵌入式 C 语言自我修养：从芯片、编译器到操作系统/王利涛编著. —北京：电子工业出版社，2021.4
（高效实战精品）
ISBN 978-7-121-40856-4

Ⅰ. ①嵌… Ⅱ. ①王… Ⅲ. ①C 语言－程序设计 Ⅳ. ①TP312.8

中国版本图书馆 CIP 数据核字（2021）第 053946 号

责任编辑：董 英
印　　　刷：三河市良远印务有限公司
装　　　订：三河市良远印务有限公司
出版发行：电子工业出版社
　　　　　北京市海淀区万寿路 173 信箱　　　邮编：100036
开　　本：787×980　　1/16　　印张：35.5　　字数：857.7 千字
版　　次：2021 年 4 月第 1 版
印　　次：2024 年 12 月第 12 次印刷
定　　价：118.00 元

凡所购买电子工业出版社图书有缺损问题，请向购买书店调换。若书店售缺，请与本社发行部联系，联系及邮购电话：（010）88254888，88258888。

质量投诉请发邮件至 zlts@phei.com.cn，盗版侵权举报请发邮件至 dbqq@phei.com.cn。

本书咨询联系方式：（010）51260888-819，faq@phei.com.cn。

前　　言

C 语言是很多人学习编程的第一门语言。很多初学者在学习过程中，往往会产生各种各样的疑惑：C 语言黑屏白字，窗口界面看起来甚至还有点丑陋，现在学这个还有用吗？能编写一个好玩的 App 吗？能写爬虫吗？能搭建一个电商网站吗？光靠 C 语言能找到一份月薪过万的工作吗？现在互联网和人工智能这么火，大家都在学习 Java、Python、Ruby……都 2021 年了，C 语言是不是已经过时了？

C 语言已经过时了吗

C 语言并没有过时。自 C 语言问世几十年来，其实一直都是使用最广泛的编程语言之一，多年来一直低调地霸占着编程语言的"琅琊榜"，目前还没有看到衰退和被替代的迹象。只不过在 Android、移动互联网火了之后，Java 暂时抢了风头而已，把 C 语言从编程语言排行榜上挤到了第二的位置。沧海桑田，时过境迁，很多编程语言如过江之鲫，风云变幻，但 C 语言依然宝刀未老，在编程语言排行榜上从未跌出过前三，这也从侧面说明了 C 语言一直都是被广泛使用的编程语言。既然 C 语言被广泛使用，那么主要应用在哪些领域呢？可以这么说，基本上在每个领域都可以看到 C 语言的身影。

- 应用软件：Linux/UNIX 环境下的工具、应用程序。
- 系统软件：操作系统、编译器、数据库、图形处理、虚拟机、多媒体库等。
- 嵌入式开发：各种 RTOS、BSP、固件、驱动、API 库。
- 嵌入式、工业控制、物联网、消费电子、科研领域、数值计算。

- 实现其他编程/脚本语言：Lua、Python、Shell。
- 网站服务器底层、游戏、各种应用框架。

C 语言是一门高级语言。C 语言有高级语言的各种语法和特性，我们使用 C 语言可以构建大型的软件工程。有人说，C 语言小打小闹，上不了大台面，编写不了大型的项目，这个说法其实也是站不住脚的：很多大型的 GNU 开源项目，其实都是使用 C 语言开发的，如 Lua 脚本语言、SQLite、Nginx、UNIX 等。现在市面上几乎所有的操作系统都是使用 C 语言开发的，如 Linux 内核、uC/OS、VxWorks、FreeRTOS。目前最新的 Linux-5.x 内核代码已多达 2000 万行，3 万多个源文件，这个项目应该不算小了吧！

C 语言也是一门低级语言。通过指针和位运算，我们可以修改内存和寄存器，从而直接控制 CPU 和硬件电路的运行。正是由于这种低级特性，很多操作系统内核、驱动都选择使用 C 语言进行开发。尤其在嵌入式开发领域，C 语言被广泛使用，C 语言是嵌入式工程师必须熟练掌握，甚至需要精通的一门编程语言。

C 语言到底要学到什么程度

学习 C 语言到底要学到什么程度，才能达到面试的要求，才能胜任一份嵌入式开发的工作呢？这是很多嵌入式初学者很关心的问题。

一般来讲，不同的行业领域、不同的 C 语言开发岗位、不同的学习目的，对 C 语言的要求也不一样。如图 0-1 所示，如果你是在校学生，学习 C 语言仅仅是为了应付期末考试、过计算机二级考试、考证，那么你只要把 C 语言的基本语法掌握好，基本上就可以轻松过关，稍微用心点，说不定还能拿个优秀。如果你想做 C 语言桌面软件、网站服务器开发，那么你不仅要学习 C 语言的基本语法，还要对特定行业领域的专业知识、软件工程、项目管理等有所涉猎。这可不像过计算机二级考试那么简单。计算机二级考试其实压根就不是为程序员准备的，它是非计算机专业学生的终极目标，而对于一个立志从事软件开发的工程师来说，它仅仅是一个起点。如果你想以后从事嵌入式开发、Linux 内核驱动开发等工作，那么对 C 语言的要求就更高了：你不仅要掌握 C 语言的基本语法、项目管理、软件工程，还要对硬件电路、CPU、操作系统、编译原理等底层机制有完整的了解，需要对 C 语言进行进一步的强化学习和编程训练。

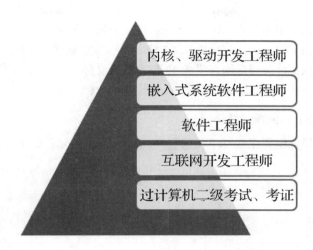

图 0-1　C 语言各种开发岗位和学习需求

使用 C 语言编程就像写小说一样：为什么你掌握了 3000 个常用的英文单词、八大时态、各种从句语法，还是写不出《哈姆雷特》《冰与火之歌》呢？道理其实很简单，单词和语法只是基础中的基础，只是工具而已。要想写出优秀的小说，还需要对一门语言背后的社会背景、历史文化、思维逻辑、风土人情等有深入的理解和把握才行。

测一测你的 C 语言水平

为了达到更好的学习效果，下面特意列出了一些问题，用来测评你真实的 C 语言水平。

C 语言测试（1）：基本概念考查

- 什么是标识符、关键字和预定义标识符？三者有何区别？
- 在 C 程序编译过程中，什么是语法检查、语义检查？两者有何区别？
- 什么是表达式？什么是语句？什么是代码块？
- 什么是左值、右值、对象、副作用、未定义行为？
- 什么是结合性、左结合、右结合？

C 语言测试（2）：一个 sizeof (int)引发的思考

- sizeof 是函数，是关键字，还是预定义标识符？
- 在 32 位和 64 位的 Windows 7 环境下运行，结果分别是多少？
- 在 32 位和 64 位的 X86 CPU 平台下运行，结果分别是多少？
- 在 8 位、16 位、32 位的单片机环境下运行，结果分别是多少？

- 在 32 位 ARM 和 64 位 ARM 下运行，结果分别是多少？
- 分别在 VC++ 6.0、Turbo C、Keil、32 位/64 位 GCC 编译器下编译、运行，结果一样吗？
- 使用 32 位 GCC 编译器编译生成 32 位可执行文件，运行在 64 位环境下，结果如何？
- 使用 64 位 GCC 编译器编译生成 64 位可执行文件，运行在 32 位环境下，结果如何？

C 语言测试（3）：自增运算符

使用不同的编译器编译、运行下面的程序代码，结果分别是多少？结果是否一定相同？为什么？

```c
#include <stdio.h>
int main(void)
{
    int i = 1;
    int j = 2;
    printf("%d\n", i++*i++);
    printf("%d\n", i+++j);
    return 0;
}
```

C 语言测试（4）：程序代码分析

```c
#include <stdio.h>
int main(void)
{
    int i;
    int a[0];
    printf("hello world!\n");
    int j;
    for(int k=0; k<10; k++);
    return 0;
}
```

阅读上面的程序代码，然后进行如下操作，观察运行结果并分析。

- 分别使用 C-Free、GCC、VC++ 6.0、Visual Studio 编译、运行代码，运行结果一定相同吗？会出现什么问题？为什么？
- 在 VC++ 6.0 环境下，新建 console 工程，将上面的程序代码分别保存为.cpp 和.c 文件并编译、运行，运行结果会如何？为什么？

C 语言测试（5）：程序运行内存分析

在 32 位 Linux 下，编写一个数据复制函数，在实际运行中会出现什么问题？

```c
int *data_copy(int *p)
{
    int buffer[8192*1024];
    memcpy(buffer, p, 8192*1024);
    return buffer;
}
```

C 语言测试（6）：程序改错题

在嵌入式 ARM 裸机平台上，实现一个 MP3 播放器，要求实现如下功能：当不同的控制按键被按下时，播放器可以播放、暂停、播放上一首歌曲、播放下一首歌曲。为了实现这些功能，我们设计了一个按键中断处理函数：当有按键被按下时，会产生一个中断，我们在按键中断处理函数中读取按键的值，并根据按键的值执行不同的操作。下面设计的按键中断处理函数中有很多不合理之处，请找出 6 处以上。

```c
int keyboard_isr(int irq_num)
{
    char *buf =(char *)malloc(512);
    int key_value = 0,

    key_value = keyboard_scan();
    if(key_value == 1)
    {
        mp3_decode(buf,"xx.mp3");
        sleep(10);
        mp3_play(buf);     //播放
    }
    else if(key_value == 2)
        mp3_pause(buf);        //暂停
    else if(key_value == 3)
        mp3_next(buf);        //播放下一首歌曲
    else if(key_value == 4)
        mp3_prev(buf);        //播放上一首歌曲
    else
    {
        printf("UND key !");
        return -1;
    }
```

```
    return 0;
}
```

C 语言测试（7）：Linux 内核代码分析

在 Linux 内核源码中存在着各种各样、稀奇古怪的 C 语言语法，试分析下面代码中宏定义、零长度数组、位运算、结构体变量初始化的作用。

```
#define stamp(fmt, args...)  pr_debug("%s:%i: " fmt "\n", __func__, __LINE__, ##args)
#define pr_debug(fmt, ...)    __pr(__pr_debug, fmt, ##__VA_ARGS__)

#define container_of(ptr, type, member) ({              \
    const typeof(((type *)0)->member) * __mptr = (ptr);  \
    (type *)((char *)__mptr - offsetof(type, member)); })

#define likely(x)    __builtin_expect(!!(x),1)
#define unlikely(x)    __builtin_expect(!!(x),0)

struct urb
{
    struct kref kref;
struct usb_iso_packet_descriptor iso_frame_desc[0];
}

flags &= ~(URB_DIR_MASK | URB_DMA_MAP_SINGLE | URB_DMA_MAP_PAGE );
static struct usb_driver i2400mu_driver = {
    .name = KBUILD_MODNAME,
    .suspend = i2400mu_suspend,
    .resume = i2400mu_resume,
    .supports_autosuspend = 1,
};
```

C 语言测试（8）：Linux 内核代码赏析

在 Linux 内核源码中，我们经常可以看到下面的代码风格，试分析它们的意义。

```
extern void usage(const char *err) NORETURN;
extern void die(const char *err, ...) NORETURN __attribute__((format (printf, 1, 2)));
extern int error(const char *err, ...) __attribute__((format (printf, 1, 2)));
extern void warning(const char *err, ...) __attribute__((format (printf, 1, 2)));
static inline __attribute__((noinline)) int func();
static inline __attribute__((always_inline)) int func();
```

```
#define ftrace_vprintk(fmt, vargs)                              \
do {                                               \
    if (__builtin_constant_p(fmt)) {                          \
        static const char *trace_printk_fmt __used           \
      __attribute__((section("__trace_printk_fmt"))) =            \
            __builtin_constant_p(fmt) ? fmt : NULL;       \
        __ftrace_vbprintk(_THIS_IP_, trace_printk_fmt, vargs);    \
    } else                                       \
        __ftrace_vprintk(_THIS_IP_, fmt, vargs);           \
} while (0)
```

你要学习的，不仅仅是 C 语言……

对于上面的几个 C 语言测试，如果你已经知道了答案，并且知道其要考查的是什么知识点，恭喜你，你对 C 语言及计算机体系结构的知识已经很熟悉了。如果回答得不是很好，偷偷用百度也没有搜到理想的答案，也不用气馁，因为这次测试要考查的内容其实已经不仅仅是 C 语言的知识了，而是和嵌入式 C 语言开发相关的一些理论知识，如处理器架构、操作系统、编译原理、编译器特性、内存堆栈管理、Linux 内核中的 GNU C 扩展语法等。

当然，上面的测试也不是为了故意扎你心或者卖关子，让你赶紧掏腰包买下这本书，而是想要传递一个信息：要想从事嵌入式开发工作，尤其是嵌入式 Linux 内核驱动开发工作，你要精通的不仅仅是 C 语言，最好还要掌握和 C 语言相关的一系列基础理论和调试技能。笔者也是过来人，从最初学习嵌入式到从事嵌入式开发工作，这一路走来坎坷崎岖，什么都不说了，说多了都是泪。从一开始连指针都不会用、不敢用，看内核驱动代码一头雾水，越看越没底、越看越没自信，到现在不再犯怵，有自信和能力看懂内核中的代码细节和系统框架，这种进步不是天上掉下来的，也不是一不小心跌入山洞，捡到武功秘籍练出来的，而是不断地学习和实践、反复迭代、不断完善自己的知识体系和技能树，才慢慢达到的。学习没有捷径可走，要想真正学好嵌入式、精通嵌入式，个人觉得除了精通 C 语言，最好还要具备以下完整的知识体系和编程技能。

- 半导体基础、CPU 工作原理、硬件电路、计算机系统结构。
- ARM 体系结构与汇编指令、汇编程序设计、ARM 反汇编分析。
- 程序的编译、链接、安装、运行和重定位分析。
- 熟悉 C 语言标准、ARM、GNU 编译器的特性和扩展语法。
- C 语言的模块化编程思想，学会使用模块化思想去分析复杂的系统。
- C 语言的面向对象编程（简称 OOP）思想，学会使用 OOP 思想去分析 Linux 内核驱动。

- 对指针的深刻理解，对复杂指针的声明和灵活应用。
- 对内存堆栈管理、内存泄漏、栈溢出、段错误的深刻理解。
- 多任务并发编程思想，CPU 和操作系统基础理论。

本书内容及写作初衷

本书从 C 语言的角度出发，分 10 章，在默认读者已经掌握 C 语言基本语法的基础上，和大家一起探讨、学习 C 语言背后的 CPU 工作原理、计算机体系结构、ARM 平台下程序的编译/链接、程序运行时的内存堆栈管理等底层知识。同时，针对嵌入式开发领域，用 3 章分别探讨了 C 语言的面向对象编程思想、模块化编程思想和多任务编程思想，这些底层知识和编程思想构成了嵌入式开发所需要的通用理论基础和核心技能。尤其是对于很多从不同专业转行到嵌入式开发的朋友，由于专业背景的差异，导致每个人的知识储备和编程技能树参差不齐，在学习嵌入式开发的过程中会经常遇到各种各样的问题，陷入学习的困境。

本书的写作初衷就是为不同专业背景的读者搭建嵌入式开发所需要的完整知识体系和认知框架。掌握了这些基础理论和编程技能，也就补齐了短板，可为后续的嵌入式开发进阶学习打下坚实的基础。

本书特色

- 大白话写作风格，通俗易懂，不怕学不会，就怕你不学。
- 大量的配图、原理图，图文并茂，更加有利于学习和理解。
- 在 ARM 平台下讲解程序的编译、链接和运行原理（独创）。
- 现场"手撕"ARM 汇编代码，从反汇编角度剖析 C 函数调用、传参过程。
- 多角度剖析 C 语言：CPU、计算机体系结构、编译器、操作系统、软件工程。
- GNU C 编译器扩展语法精讲（在 GNU 开源软件、Linux 内核中大量使用）。
- 内存堆栈管理机制的底层剖析，从根源上理解内存错误。
- 从零开始一步一步搭建和迭代嵌入式软件框架。
- 教你用 OOP 思想分析 Linux 内核中复杂的驱动和子系统。
- C 语言的多任务并发编程思想，CPU 和操作系统零基础入门。

读者定位

本书针对的是嵌入式开发，尤其是嵌入式 Linux 开发背景下的 C 语言进阶学习，比较适合在校学生、嵌入式学员、工作 1~3 年的职场新兵阅读和学习。为了达到更好的学习效果，在阅读本书之前，首先要确保你已经掌握了 C 语言的基本语法，并且至少使用过一款 C 语言集成开发环境（VC++ 6.0、Visual Studio、C-Free、GCC 都可以），开发过一个完整的 C 语言项目（课程设计也算）。有了这些基础和编程经验之后，学习效果会更好。

致谢及意见反馈

本书在写作过程中参考了很多经典图书、论文期刊、开源代码，包括互联网上的很多电子资料，由于时间和精力的关系，无法对这些资料的最初出处一一溯本求源，对各种资料的创建者和分享者不能一一列举。这里对他们的贡献表示真诚的感谢。

感谢电子工业出版社的董英和李秀梅编辑，本书从选题的论证到书稿的格式审核、文字编辑，她们都付出了辛苦的劳动并提出了很多专业意见。鉴于作者水平、时间和精力有限，书中难免出现一些错误。如果你在阅读过程中发现了错误或者需要改进的地方，欢迎和我联系（E-mail：3284757626@qq.com），或者在我的个人博客（www.zhaixue.cc）上留言，或者扫码关注微信公众号"宅学部落"。

读者服务

微信扫码回复：40856

- 获取各种共享文档、线上直播、技术分享等免费资源
- 加入本书读者交流群，与作者互动
- 获取博文视点学院在线课程、电子书 20 元代金券

目 录

1

第 1 章
工欲善其事，必先利其器

本书默认在 Linux/Ubuntu 环境下讲解 C 语言。在 Linux 环境下编写程序和在 Windows 环境下不太一样。工欲善其事，必先利其器，对于一个高手，可能一花一草皆兵器，一把扫帚就可拿来击敌。但对于一个新手，在正式学习前，掌握 Linux 环境下的常用开发工具还是很有必要的。正可谓"磨刀不误砍柴工"，在 Linux 环境下开发程序，虽然已经有像 Windows 环境下那样成熟的集成开发环境（Integrated Development Environment，IDE），如 Eclipse、VS Code 等，但也有一些非常好用的轻量级工具，熟练掌握之后，你会发现它们比这些 IDE 更加方便快捷，如代码编辑工具 Vim、程序编译工具 GCC 和 make 等。

- 代码编辑工具：Vim、gedit。
- 程序编译工具：GCC、make。
- 项目管理工具：Git。

当然啦，萝卜青菜各有所爱，用使用的编辑器、编辑工具来衡量一个程序员的能力，其实就和用咸豆浆、甜豆浆来判断一个人的品位一样不靠谱。用得顺手的才是最好的，玩得溜的才是最好的，千招会不如一招鲜，这里只是给大家提供不同的选择。接下来的三节将会给大家介绍这些常用工具的安装和基本使用方法。

1.1　代码编辑工具：Vim

在 Linux 环境下编写代码有很多工具可以选择，如 gedit、Eclipse、VS Code 等，这些文本编辑工具相当于 Windows 环境下的记事本、Visual Studio、VC++ 6.0、C-Free 等各种 IDE。使用这些 IDE 开发程序非常方便，因为它们提供了程序的编辑、运行、调试、项目管理一条龙服务。使用 IDE 唯一的缺陷就是这些 IDE 安装文件往往很大，编译创建工程时生成的临时文件很多，略显笨重和臃肿，大量的封装虽然更易于上手，方便用户编程，但也掩盖了底层编译、调试的过程，不利于新手学习。本节主要给大家介绍一款在 Linux 环境下更加轻巧和高效的代码编辑工具：Vim。

Vim 是一款纯命令行操作、功能可扩展、高度可定制的文本编辑工具。对于新手来说，刚接触 Vim，对这种纯命令行操作的文本编辑模式可能很不适应：你可能连保存、退出都不知道怎么操作，此时鼠标也爱莫能助，怎么点也没反应，真可谓"叫天天不应，叫地地不灵"，最后干脆关掉重启。一旦过了适应期，上手用熟之后，Vim 定会让你尽享其中、无法自拔：当手指在键盘上健步如飞，各种命令信手拈来，此时的你才会感受到 Vim 的强大功能和高效便捷。让手指跟上你思维的脚步，让节奏在你的指间恣意流淌，再配上青轴键盘那清脆的敲击声，如小溪的叮咚和山间清爽的风，让人心旷神怡。此刻的你也许才会发现，原来鼠标是多么的笨拙和多余，当你拖着鼠标满屏寻找保存、退出按钮时，你才会发现 Vim 的信手拈来、指随心动是多么的畅快。这种纵享丝滑的感觉会让你沉浸其中、爱不释手，如果再搭配各种插件的安装使用、各种快捷命令的按键映射、各种得心应手的配置，我们可以把 Vim 打造成类似 Source Insight 的 IDE。

接下来我们就开始 Vim 入门之旅吧！

1.1.1　安装 Vim

在 Linux 环境下，使用 Vim 之前首先要安装。虽然现在大多数 UNIX、GNU/Linux 操作系统默认已安装 Vim，但也有一些操作系统，如 Ubuntu，系统自带的默认文本编辑工具是 Vi，或者 Vim 默认运行的是 Vi 的兼容模式，方向键和退格键不能用。Vi 是 visual interface 的简写，以前系统编辑文本都使用行编辑器 ex 命令，后来才有了 Vi 工具，作为 ex 的可视化操作接口，可以直接可视化编辑文本，比使用纯命令行处理文本方便了很多，在 Vi 下输入 Q 可进入 ex 模式，在 ex 模式下输入 Vi 同样会进入 Vi 模式。Vi 也有很多不完善的地方，如只能单步撤销、不能使用方向键等，所以就出现了 Vi 的加强版：Vi Improved，即 Vim。Vim 针对 Vi 做了很多改进，如增加了多级撤销、多窗口操作、关键字自动补全等功能，甚至可以通过插件来扩展和配置更多的功能。

在 Ubuntu 环境下安装 Vim 很简单，如果你的 Ubuntu 操作系统是联网的，直接在 Shell 命令行下敲击下面的命令即可完成安装。

```
# apt-get install vim
$ sudo apt-get install vim
```

上面的 apt-get 安装命令使用 # 开头，表示当前命令是以 root 权限运行的；如果命令前使用 $ 开头，表示当前命令是以普通用户权限运行的。

不同的 Linux/UNIX 操作系统，Vim 安装命令可能不太一样，如在 Fedora 或 macOS 下面，我们可以使用下面的命令安装 Vim。

```
# yum install vim
# brew install vim
```

安装好之后，在 Shell 命令行下输入：vim。如果安装成功，就会启动 Vim 并弹出一个 Vim 界面，显示 Vim 的版本号。当然，我们也可以直接使用下面的命令查看 Vim 的版本号。

```
#  vim -v
```

接下来，就可以直接使用 Vim 来编辑和浏览程序代码了。

1.1.2　Vim 常用命令

Vim 有多种工作模式，不同的工作模式之间都可以通过命令来回切换，这会让我们浏览和编辑代码非常方便和贴心。Vim 常见的工作模式如下。

● 普通模式：打开文件时的默认模式，在其他模式下按下 ESC 键都可返回到该模式。

● 插入模式：按 i/o/a 键进入该模式，进行文本编辑操作，不同之处在于插入字符的位置在光标之前还是之后。

● 命令行模式：普通模式下输入冒号（:）后会进入该模式，在该模式下输入命令，如输入 :set number 或 :set nu 可以显示行号。

● 可视化模式：在普通模式下按 v 键会进入可视化模式。在该模式下移动光标可以选中一块文本，然后可以进行复制、剪切、删除、粘贴等文本操作。

● 替换模式：在普通模式下通过光标选中一个字符，然后按 r 键，再输入一个字符，你会发现你输入的字符就替换掉了原来那个被选中的字符。在该模式下进行文本替换很方便，省去了先删除再插入这种常规操作。

要想将 Vim 玩得熟，玩得得心应手，一些常用的基本命令是必须要掌握的。很多新手很不习惯使用命令，或者没有掌握好常用命令，在 Vim 环境下用鼠标乱点，发现根本解决不了问题，一切尝试都是徒劳的。其实 Vim 的命令很简单，笔者给大家总结了一下，只要掌握了光标移动、文本的插入、删除、复制、粘贴、查找、替换、保存和退出等基本操作，就可以熟练使用 Vim 编辑文本了。

光标的移动，就是当我们浏览和插入代码时，光标在屏幕中的定位移动。Vim 支持不同粒度的光标移动，如单个字符移动、单词移动、屏幕移动等。Vim 常见的光标移动命令如下。

1. 单个字符移动

- k：在普通模式下，敲击 k 键，光标向上移动一个字符。
- j：在普通模式下，敲击 j 键，光标向下移动一个字符。
- h：在普通模式下，敲击 h 键，光标向左移动一个字符。
- l：在普通模式下，敲击 l 键，光标向右移动一个字符。

2. 单词移动

Vim 还支持以单词为单位的光标移动。常见的移动命令如下。

- w：光标移动到下一个单词的开头。
- b：光标移动到上一个单词的开头。
- e：光标移动到下一个单词的词尾。
- E：光标移动到下一个单词的词尾（忽略标点符号）。
- ge：光标移动到上一个单词的词尾。
- 2w：指定移动光标 2 次移动到下下个单词开头。

3. 行移动

Vim 支持行粒度的光标移动，当我们的光标需要在一行进行移动时，可以使用下面的命令。

- $：将光标移动到当前行的行尾。
- 0：将光标移动到当前行的行首。
- ^：将光标移动到当前行的第一个非空字符。
- 2|：将光标移动到当前行的第 2 列。
- fx：将光标移动到当前行的第 1 个字符 x 上。
- 3fx：将光标移动到当前行的第 3 个字符 x 上。
- %：符号间的移动，在()、[]、{}之间跳跃。

4. 屏幕移动

当我们进行长距离、大范围的光标移动时，使用上面的命令可能比较麻烦，要不停地重复按某个键若干次。Vim 同样提供了大范围的光标移动命令给我们使用。

- nG：光标跳转到指定的第 n 行。
- gg/G：光标跳转到文件的开头/末尾。
- L：光标移动到当前屏幕的末尾。
- M：光标移动到当前屏幕的中间。
- Ctrl+g：光标查看当前的位置状态。
- Ctrl+u/d：光标向前/后半屏滚动。
- Ctrl+f/b：光标向前/后全屏滚动。

通过光标移动，我们可以定位要插入或删除的文本位置。接下来，我们就可以通过一些文本命令进行文本的插入、删除等操作了。

5. 文本的基本操作

- i/a：在当前光标的前或后面插入字符。
- I/A：在当前光标所在行的行首或行尾插入字符。
- o：在当前光标所在行的下一行插入字符。
- x：删除当前光标所在处的字符。
- X：删除当前光标左边的字符。
- dw：删除一个单词。
- dd：删除当前光标所在处的一整行。
- 2dd：删除当前光标所在处的一整行和下一行。
- yw：复制一个单词。
- yy：复制光标所在处的一整行。
- p：粘贴，注意是粘贴到光标所在处的下一行。
- J：删除一个分行符，将当前行与下一行合并。

6. 文本的查找与替换

- /string：在 Vim 的普通模式下输入/string 即可正向往下查找字符串 string。
- ?string：反向查找字符串 string。
- :set hls：高亮显示光标处的单词，敲击 n 浏览下一个。
- s/old/new：将当前行的第一个字符串 old 替换为 new。
- s/old/new/g：将当前行的所有字符串 old 替换为 new。
- %s/old/new/g：将文本中所有字符串 old 替换为 new。
- %s/^old/new/g：将文本中所有以 old 开头的字符串替换为 new。

7. 文本的保存与退出

- u：撤销上一步的操作。
- q：若文件没有修改，则直接退出。
- q!：若文件已修改，则放弃修改，退出。
- wq：若文件已修改，则保存修改，退出。
- e!：若文件已修改，则放弃修改，恢复文件打开时的状态。
- w !sudo tee %：在 Shell 的普通用户模式下保存 root 读写权限的文件。

在 Ubuntu 环境下，在 Shell 的普通用户模式下，一般只能修改/home/$(USER)/目录下的文件。如果你想使用 Vim 修改其他目录下的文件，则要使用 sudo vim xx.c 命令，或者先切换到 root 用户，再使用 Vim 打开文件即可。如果在普通用户模式下忘记使用 sudo，直接使用 Vim 修改了文件而无法保存退出时，可使用下面的命令来保存。

```
w !sudo tee %
```

%表示当前的文件名，tee 命令用来把缓冲区的数据保存到当前文件，这个命令会提示你输入当前用户的密码，输入密码后选择 OK 确认，然后这个命令就可以提升权限，将你的修改保存到文件中。

1.1.3　Vim 配置文件：vimrc

Vim 支持功能扩展和定制，用户可以根据自己的实际需求和使用习惯灵活配置 Vim。当用户使用 Vim 打开一个文本文件时，默认是不显示行号的。如果想显示行号，则可以在命令行模式下输入:set nu 命令。当然，也可以将这个命令写入 Vim 的配置文件。这样做的好处是，当用户使用 Vim 打开文件时，就不用每次都输入显示行号的命令了。我们可以通过 vim --version 命令来查看 Vim 配置文件的路径。

```
# vim --version
system vimrc file: "$VIM/vimrc"
user vimrc file: "$HOME/.vimrc"
2nd user vimrc file: "~/.vim/vimrc"
user exrc file: "$HOME/.exrc"
fall-back for $VIM: "/usr/share/vim"
```

Vim 配置文件分为系统级配置文件和用户级配置文件。用户级配置文件只对当前用户有效，一般位于$HOME/.vimrc 和~/.vim/vimrc 这两个路径下，而系统级配置文件则对所有用户都有效，一般位于/etc/vim/vimrc 路径下。

当用户在 Shell 下输入 vim 命令打开一个文件时，Vim 首先会设置内部变量 SHELL 和 term，处理用户输入的命令行参数，如要打开的文件名和参数选项，然后加载系统级和用户级配置文件，加载插件并执行 GUI 的初始化工作，最后才会打开所有的窗口并执行用户指定的启动时命令。

我们可以将显示行号的命令:set nu 保存在$HOME/.vimrc 文件中，保存成功后，在当前用户模式下我们再使用 vim 命令打开一个文本文件时，就可以直接显示行号了。除此之外，我们还可以在这个 vimrc 文件中添加其他配置（其中"为注释行）。

```
set number
" color scheme
colorscheme molokai
" Backspace deletes like most programs in insert mode
set backspace=2
" Show the cursor position all the time
set ruler
" Display incomplete commands
set showcmd
" Set fileencodings
set fileencodings=ucs-bom,utf-8,cp936,gb2312,gb18030,big5
set background=dark
set encoding=utf-8
set fenc=utf-8
set smartindent
set autoindent
set cul
set linespace=2
set showmatch
set lines=47 columns=90

" font and size
"set guifont=Andale Mono:h14
"set guifont=Monaco:h11
set guifont=Menlo:h14

" Softtabs, 4 spaces
set tabstop=4
set shiftwidth=4
set shiftround
set softtabstop=4
set expandtab
set smarttab

" Highlight current line
au WinLeave * set nocursorline
au WinEnter * set cursorline
set cursorline
```

1.1.4　Vim 的按键映射

在 Windows 环境下面处理文本时，我们经常使用一些快捷键来提升工作效率，如 Ctrl+c、Ctrl+x、Ctrl+v 组合键分别代表复制、剪切和粘贴。在 Vim 环境下我们也可以通过按键映射设置一些快捷键来提升处理文本的效率。Vim 提供的 map 命令可以帮助我们完成这一功能，如表 1-1 所示。

表 1-1　不同工作模式下的按键映射命令

命令	Normal	Visual	Operator Pending	Insert	Command Line
:map	Y	Y	Y		
:nmap	Y				
:vmap		Y			
:omap			Y		
:map!				Y	Y
:imap				Y	
:cmap					Y

Vim 有多种工作模式，通过 map 命令不同的组合形式，可以在不同的工作模式下完成按键的映射操作。我们的键盘上除了常见的字符键、数字键，还有一些功能键和辅助键，通过功能键、辅助键和字符键构成的组合按键，可以映射我们自定义的一些命令。常用的一些功能键、辅助键如表 1-2 所示。

表 1-2　常用的一些功能键、辅助键

键名	说明	键名	说明
Tab	Tab键	<Space>	空格键
<CR>	Enter键	<LEFT>	方向键：左
<F5>	F5功能键	<RIGHT>	方向键：右
<Esc>	Esc键	<UP>	方向键：上
<BS>	Backspace键	<DOWN>	方向键：下
<DELETE>	Delete键	<C>	Ctrl键
<A>	Alt键	<C-a>	Ctrl+a组合键

现在的 IDE 一般都支持括号自动补全功能：在我们编写程序的过程中，当遇到小括号、中括号、大括号这些字符时，IDE 一般都会自动补全，并将光标移动到括号中，方便用户继续输入字符。在 Vim 的插入模式下，我们通过按键映射，同样可以实现括号自动补全的功能。在

$HOME/.vimrc 中添加如下按键映射命令。

```
inoremap  [  []<Esc>i
inoremap  ]  []<Esc>i
inoremap  (  ()<Esc>i
inoremap  )  ()<Esc>i
inoremap  "  ""<Esc>i
inoremap  {  {<CR>}<Esc>O
inoremap  }  {<CR>}<Esc>O
```

以第一个按键映射为例，当用户在 Vim 的插入模式下输入左中括号（[）时，通过按键映射，Vim 会自动补全一对中括号（[]），然后通过 Esc 键返回到 Normal 模式，最后通过 i 键再次进入插入模式，将光标移动到中括号中，方便用户继续输入字符。大括号的按键映射也是如此，当用户输入 { 定义一个函数或代码块时，大括号会自动补全，回车换行，并将光标移动到下一行行首，方便用户继续输入代码。保存好 .vimrc 配置文件后，我们重新使用 Vim 打开一个文件，在插入模式下输入小括号或大括号，你会发现 Vim 可以自动补全了，并将光标自动移动到了括号内，方便用户继续输入。

Vim 在 Normal 工作模式下，可以通过按键 h、j、k、l 来移动光标，但是在插入模式下，这些按键就不能作为方向键使用了，用户需要使用键盘中的方向键来移动光标。由于方向键的键程较远，我们的右手需要在字符键和方向键之间来回移动切换，十分不方便。为了提高输入效率，我们可以通过组合键映射，在插入模式下使用组合键 Ctrl+h、Ctrl+j、Ctrl+k、Ctrl+l 来移动光标。

```
inoremap  <C-L>  <Esc>la
inoremap  <C-H>  <Esc>ha
inoremap  <C-J>  <Esc>ja
inoremap  <C-K>  <Esc>ka
```

我们在输入代码时有时还会遇到这样一种情况：如使用 printf() 函数打印字符串，当我们在一对小括号和双引号内输入完字符串，想移动光标到该语句的行尾时，需要多次移动光标：要么使用方向键，要么使用上面的组合键，都不是很方便。为此，我们可以通过按键映射定义一组更加快捷的光标移动命令。

```
imap  ,,  <ESC>la
imap  ..  <ESC>2la
```

当我们在一组括号或双引号内输入完字符想快速跳出括号、引号时，在 Vim 插入模式下快速敲击两次逗号键，就可以快速移动光标，跳到括号或引号外。如果你想快速移动两次光标，在 Vim 插入模式下快速敲击两次句号键就可以了。

除了通过 vimrc 配置文件来定制功能，Vim 还支持通过插件来扩展功能。在 Vim 的官方网站上有很多 xx.vim 格式的插件供用户下载使用。如果你想通过插件来扩展 Vim 的功能,方法很简单:先在你的当前用户下创建一个~/.vim/plugin 目录,然后将这些 xx.vim 格式的插件复制到这个目录,在$HOME/.vimrc 配置文件里对这些插件进行配置,就可以直接使用了。有兴趣的朋友可以自行下载安装,这里就不一一赘述了。

1.2 程序编译工具:make

1.2.1 使用 IDE 编译 C 程序

在 Windows 下开发程序,我们一般会使用 IDE(Integrated Development Environment,集成开发环境)。IDE 提供了程序的编辑、编译、链接、运行、调试、项目管理一条龙服务。IDE 将程序的编译、链接、运行等底层过程进行封装,留给用户的只有一个用户交互按钮:Run。用户甚至都不用关心程序到底是如何编译、链接和运行的,程序写好后,直接点击 Run 按钮,IDE 会自动调用相关的预处理器、编译器、汇编器、链接器等工具生成可执行文件,并将可执行文件加载到内存运行,通过打印窗口,用户可以很直观地看到程序的运行结果。以 C-Free 5.0 集成开发环境为例,程序的编辑、编译、项目管理窗口的布局如图 1-1 所示。

笔者的 C-Free 5.0 安装在 C:\Program Files (x86)\C-Free 5 路径下,在安装目录下的 C:\Program Files (x86)\C-Free 5\mingw\bin 下面,你会看到很多二进制工具:as(汇编器)、cpp(预处理器)、ld(链接器)、gcc(GNU C 编译器)、g++(GNU C++ 编译器)、gdb(调试器)、ar(归档工具,用来制作库)。当我们写好程序,点击窗口界面上的 Run 按钮时,C-Free 5.0 在后台就会自动调用这些工具,生成可执行文件,并将其加载到内存运行。

这里需要注意的是:gcc 并不是真正的 C 编译器,它是 GNU C 编译器工具集中的一个二进制工具。在编译程序时,gcc 会首先运行,然后由 gcc 分别调用预处理器、编译器、汇编器、链接器等工具来完成整个编译过程。C-Free 5.0 集成开发环境支持多个编译器配置,用户可以添加自己的编译器,然后通过 gcc 工具分别去调用它们。如 C-Free 5.0 默认安装的 mingw32 C 编译器 cc1,安装在 C:\Program Files (x86)\C-Free 5\mingw\libexec\gcc\mingw32\3.4.5 目录下,当程序编译时,gcc 就会根据用户指定的配置调用它,完成程序的编译过程。

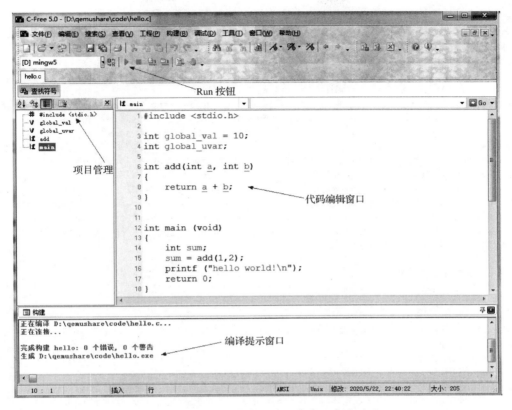

图 1-1　C-Free 5.0 集成开发环境窗口布局说明

1.2.2　使用 gcc 编译 C 源程序

在 Linux 环境下编译程序和在 Windows 下不太一样，一般在命令行下编译代码。在 Linux 下，我们一般使用 gcc 或 arm-linux-gcc 交叉编译器来编译程序。在使用这些编译器之前，首先需要安装它们，在 Ubuntu 环境下，我们可以使用 apt-get 命令来安装这些编译工具。

```
# apt-get install gcc
# apt-get install gcc-arm-linux-gnueabi
```

安装完毕后，使用下面的命令可以查看编译器的版本。如果安装成功，则会有下面的显示信息。

```
# gcc -v
Using built-in specs.
COLLECT_GCC=gcc
COLLECT_LTO_WRAPPER=/usr/lib/gcc/i686-linux-gnu/5/lto-wrapper
```

```
Target: i686-linux-gnu
Configured with: ../src/configure -v --with-pkgversion='Ubuntu 5.4.0-6ubuntu1~16.04.12'
--with-bugurl=file:///usr/share/doc/gcc-5/README.Bugs
--enable-languages=c,ada,c++,java,go,d,fortran,objc,obj-c++ --prefix=/usr
--program-suffix=-5 --enable-shared --enable-linker-build-id --libexecdir=/usr/lib
--without-included-gettext --enable-threads=posix --libdir=/usr/lib --enable-nls
--with-sysroot=/ --enable-clocale=gnu --enable-libstdcxx-debug --enable-libstdcxx-time=yes
--with-default-libstdcxx-abi=new --enable-gnu-unique-object --disable-vtable-verify
--enable-libmpx --enable-plugin --with-system-zlib --disable-browser-plugin
--enable-java-awt=gtk --enable-gtk-cairo
--with-java-home=/usr/lib/jvm/java-1.5.0-gcj-5-i386/jre --enable-java-home
--with-jvm-root-dir=/usr/lib/jvm/java-1.5.0-gcj-5-i386
--with-jvm-jar-dir=/usr/lib/jvm-exports/java-1.5.0-gcj-5-i386 --with-arch-directory=i386
--with-ecj-jar=/usr/share/java/eclipse-ecj.jar --enable-objc-gc --enable-targets=all
--enable-multiarch --disable-werror --with-arch-32=i686 --with-multilib-list=m32,m64,mx32
--enable-multilib --with-tune=generic --enable-checking=release --build=i686-linux-gnu
--host=i686-linux-gnu --target=i686-linux-gnu
Thread model: posix
gcc version 5.4.0 20160609 (Ubuntu 5.4.0-6ubuntu1~16.04.12)
查看交叉编译器的版本信息：# arm-linux-gnueabi-gcc -v
Using built-in specs.
COLLECT_GCC=arm-linux-gnueabi-gcc
COLLECT_LTO_WRAPPER=/usr/lib/gcc-cross/arm-linux-gnueabi/5/lto-wrapper
Target: arm-linux-gnueabi
Configured with: ../src/configure -v --with-pkgversion='Ubuntu/Linaro 5.4.0-6ubuntu1~16.04.9'
--with-bugurl=file:///usr/share/doc/gcc-5/README.Bugs
--enable-languages=c,ada,c++,java,go,d,fortran,objc,obj-c++ --prefix=/usr
--program-suffix=-5 --enable-shared --enable-linker-build-id --libexecdir=/usr/lib
--without-included-gettext --enable-threads=posix --libdir=/usr/lib --enable-nls
--with-sysroot=/ --enable-clocale=gnu --enable-libstdcxx-debug --enable-libstdcxx-time=yes
--with-default-libstdcxx-abi=new --enable-gnu-unique-object --disable-libitm
--disable-libquadmath --enable-plugin --with-system-zlib --disable-browser-plugin
--enable-java-awt=gtk --enable-gtk-cairo
--with-java-home=/usr/lib/jvm/java-1.5.0-gcj-5-armel-cross/jre --enable-java-home
--with-jvm-root-dir=/usr/lib/jvm/java-1.5.0-gcj-5-armel-cross
--with-jvm-jar-dir=/usr/lib/jvm-exports/java-1.5.0-gcj-5-armel-cross
--with-arch-directory=arm --with-ecj-jar=/usr/share/java/eclipse-ecj.jar --disable-libgcj
--enable-objc-gc --enable-multiarch --enable-multilib --disable-sjlj-exceptions
--with-arch=armv5t --with-float=soft --disable-werror --enable-multilib
--enable-checking=release --build=i686-linux-gnu --host=i686-linux-gnu
--target=arm-linux-gnueabi --program-prefix=arm-linux-gnueabi-
--includedir=/usr/arm-linux-gnueabi/include
Thread model: posix
gcc version 5.4.0 20160609 (Ubuntu/Linaro 5.4.0-6ubuntu1~16.04.9)
```

　　工具安装成功后，我们就可以使用 gcc 或 arm-linux-gnueabi-gcc 命令来编译程序了。gcc 是 GCC 编译器工具集中的一个应用程序，用来编译我们的 C 程序。如我们编写一个简单的 C 程序：

```
//main.c
#include <stdio.h>
int main (void)
{
    printf("hello world!\n");
    return 0;
}
```

然后就可以使用 gcc 命令来编译 main.c 源程序文件了。

```
# gcc -o hello main.c
# ./hello
  hello world!
```

gcc 在编译 main.c 源文件时，会依次调用预处理器、编译器、汇编器、链接器，最后生成可执行的二进制文件 hello。根据需要，我们也可以通过 gcc 的编译参数来控制程序的编译过程。

- -E：只对 C 源程序进行预处理，不编译。
- -S：只编译到汇编文件，不再汇编。
- -c：只编译生成目标文件，不进行链接。
- -o：指定输出的可执行文件名。
- -g：生成带有调试信息的 debug 文件。
- -O2：代码编译优化等级，一般选择 2。
- -W：在编译中开启警告（warning）信息。
- -I：大写的 I，在编译时指定头文件的路径。
- -l：小写的 l（like 首字母），指定程序使用的函数库。
- -L：大写的 L（like 首字母），指定函数库的路径。

通过上面的这些参数，我们就可以根据实际需要来控制程序的编译过程。如上面的 main.c 源文件，如果我们只对其做编译操作，不链接，就可以使用下面的命令。

```
# gcc -c main.c
```

通过下面的命令，我们可以对 C 源文件 main.c 只做预处理操作，不再编译，并将预处理的结果重定向到 main.i 文件中。

```
# gcc -E main.c > main.i
```

打开 main.i 文件，你就可以看到一个原汁原味的纯 C 程序文件，在这个文件中，你可以看到一段 C 程序经过预处理后到底发生了什么变化。

1.2.3 使用 make 编译程序

我们可以在 Shell 环境下敲击 gcc 命令来编译 C 程序，也可以通过各种参数来控制编译流程。使用 gcc 编译程序非常方便，但是也有弊端：在一个多文件的项目中，如果 C 源文件过多，如编译 Linux 内核源码，大概有 30 000 多个 C 源文件，如果再使用 gcc 命令，恐怕就会变成下面这个样子了。

```
# gcc -o vmlinux main.c usb.c device.c hub.c driver.c ...
```

30 000 多个文件，如果老板不拦着你，估计你能敲一天。如果每秒钟敲击一个文件名，30 000 多个文件，就需要 30 000 多秒，光敲这个编译命令就得敲 8 个多小时。你从早上上班开始敲，一直敲到晚上下班，然后拍拍屁股走人。老板看了你的工作日志，估计肺都要气炸了，正拿着厨具飞奔在路上，还有 5 秒钟到达战场，非炒了你的鱿鱼不可！

针对多文件的编译难题，有没有更好的解决方法呢？有，使用 make 命令可以帮助我们提高程序的编译效率。

简单点理解，make 其实也是一个编译工具，只不过它在编译程序时，要依赖一个叫作 Makefile 的文件：生成一个可执行文件所依赖的所有 C 源文件都在这个 Makefile 文件中指定。在 Makefile 中，通过定义一个个规则，来描述各个要生成的目标文件所依赖的源文件及编译命令，最后链接器将这些目标文件组装在一起，生成可执行文件。

当我们使用 make 编译一个工程时，make 首先会解析 Makefile，根据 Makefile 文件中定义的规则和依赖关系，分析出生成可执行文件和各个目标文件所依赖的源文件，并根据这些依赖关系构建出一个依赖关系树。然后根据这个依赖关系和 Makefile 定义的规则一步一步依次生成这些目标文件，最后将这些目标文件链接在一起，生成最终的可执行文件。

为了更好地理解 make 和 Makefile，接下来我们举一个例子。在一个项目中，有 main.c 和 sum.c 两个 C 源文件。

```c
//main.c
#include <stdio.h>
int add(int a, int b);
int main(void)
{
    int sum = 0;
    sum = add(3, 4);
    printf("sum:%d\n", sum);
    return 0;
}
```

```
//sum.c
int add(int a, int b)
{
    return a + b;
}
```

如果我们使用 gcc 来编译程序，可以使用下面的命令。

```
# gcc -o hello main.c sum.c
```

如果我们想使用 make 工具来编译，首先要写一个 Makefile。

```
.PHONY: all clean
all:hello
hello:main.o sum.o
    gcc -o hello main.o sum.o
main.o:main.c
    gcc -c main.c
sum.o:sum.c
    gcc -c sum.c
clean:
    rm -f main.o sum.o hello
```

一个 Makefile 通常是由一个个规则构成的，规则是构成 Makefile 的基本单元。一个规则通常由目标、目标依赖和命令 3 部分构成。

```
目标：目标依赖
        命令
```

目标一般指我们要生成的可执行文件或各个源文件对应的目标文件。一个目标后面一般要紧跟生成这个目标所依赖的源文件，以及生成这个目标的命令。命令可以是编译命令，可以是链接命令，也可以是一个 Shell 命令，命令必须以 Tab 键开头。一个 Makefile 里可以有多个规则、多个目标，一般会选择第一个目标作为默认目标。

Makefile 文件中使用.PHONY 声明的目标是一个伪目标，伪目标并不是一个真正的文件名，可以看作一个标签。伪目标比较特殊，一般无依赖，主要用来无条件执行一些命令，如清理编译结果和中间临时文件。一个规则可以像伪目标那样无目标依赖，无条件地执行一些命令操作，也可以没有命令，只表示单纯的依赖关系，如上面 Makefile 文件中的 all 伪目标。

将 Makefile 文件放置在 main.c 和 sum.c 的同一目录下，然后进入该目录，在命令行环境下输入 make 命令就可以直接编译项目了，当然也可以使用 make clean 命令清除程序的编译结果和生成的临时中间文件。

```
# make
gcc -c main.c
gcc -c sum.c
gcc -o hello main.o sum.o

# make clean
  rm -f hello main.o sum.o
```

这里有个细节需要注意：Makefile 文件名的第一个字母一般要大写，当然使用小写也不会错，因为 make 在编译程序时会首先到当前目录下查找 Makefile 文件，找不到时再去找 makefile 或 GNUmakefile 文件，当这 3 个文件都找不到时，make 就会报错。

1.3　代码管理工具：Git

曾几何时，你有没有遇到过这种情况：你正在开发一个 51 单片机项目，昨天的代码运行得还好好的，今天早上起来，吃了两个包子后，突然灵感乍现，文思泉涌，添加了一些代码，修改了一些参数，重新编译运行，发现硬件不工作了！尤其是和硬件时序、通信协议相关的，很容易遇到这种情况。于是你又想把今天修改的东西改回去，但是改来改去，因为修改的地方太多，你甚至都忘记了到底修改了哪些地方！

吃一堑长一智，在一个坑里跌倒过，下次你肯定不会这么干了。于是你开始步步为营、稳扎稳打：在软件开发过程中，每实现一个功能，每前进一步，都赶紧存档备份，保存为一个版本，然后以这个版本为基点进行下一个版本的开发。客户不停地提需求，改需求，你就不停地备份版本，这就像你在那伤感的 6 月里写毕业论文一样，你不停地改论文，导师不停地打回来，到最后就变成了图 1-2 的样子。

图 1-2　文档的不同备份版本

不同版本的论文之间到底修改了哪些东西？时间久了，记忆如潮水般退去，可能也就慢慢忘记了。有没有更好的方法去记录这些详细的变化呢？答案是有的，我们可以使用版本控制系统来记录每一次的修改和变化。

1.3.1　什么是版本控制系统

版本控制系统就和各大银行柜台的会计一样，每个客户存入、取出的每一笔钱都记录在账，都有详细记录可查：时间、地点、人物、存取的现金数额，都一一记录在案。版本控制系统也有类似的功能，它会跟踪并记录一个项目中每一个文件的变化：谁创建了它，谁修改了它，又是谁删除了它，是什么时候，修改了什么内容，都一一记录在案。自从有了版本控制系统，工程师之间互相推卸责任的机会大大减少了：你修改了什么，都有详细的记录在案，都保存在版本库中，铁证如山，随便翻一翻就可以查得到。

版本控制系统一般分为集中式版本控制系统和分布式版本控制系统，如图 1-3 所示。顾名思义，集中式版本控制系统就是软件的各个版本快照只保存在服务器上，服务器中包含各个版本的软件代码。用户如果想要观看某个版本的代码，首先要从版本库中将该版本的代码拉取到本地的计算机上，然后才能查看和修改，最后将自己的修改保存到服务器上。集中式版本控制系统的一个缺点就是数据存储在服务器上，使用时要联网，如果哪一天断网了，就不能工作了，员工就可以提前下班了。如果哪一天某个加班的员工受了委屈，为泄私愤，直接登录服务器删库跑路，如果数据没有备份，那么问题就严重了，基本上就很难恢复了。除此之外，集中式版本控制系统一般都是收费的，所以现在远远没有免费的分布式版本控制系统受欢迎。

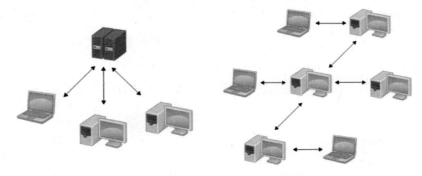

图 1-3　集中式和分布式版本控制系统

顾名思义，分布式版本控制系统就是不再将整个版本库保存在一个服务器上，而是保存在每个员工的计算机中。这样做的好处是：即使服务器崩溃了，或者离职的员工删除了服务器的代码，只要数据在任何一个员工的计算机中有备份，都可以直接恢复，因为每个计算机保存的版本库数据都是一样的。自从有了分布式版本控制系统，老板再也不怕员工删库跑路了！集中式和分布式版本控制系统典型的代表就是小乌龟和 Git，如图 1-4 所示。

图 1-4　集中式和分布式版本控制系统典型的代表

早期使用 TortoiseSVN 的比较多,自从 Linux 内核的作者 Linus 开发出 Git 这款免费的版本控制工具后,Git 变得越来越流行,原先使用 TortoiseSVN 的软件项目也开始逐渐转向 Git。Git 逐渐成为软件工程师的一个标配技能,越来越多的公司开始使用 Git 来管理软件项目,你不会使用 Git 拉取和提交代码,就无法融入团队参与开发。

1.3.2　Git 的安装和配置

安装 Git 非常简单,以 Ubuntu 为例,在联网环境下,直接使用下面的命令即可完成安装。

```
# apt-get install git
```

Git 安装好之后,还不能立即使用,在使用之前还需要做一些配置,如你提交代码时的一些信息:提交人是谁?提交人的邮箱是多少?如何联系?这些信息是必须要有的,当别人看到你的修改,想和你联系时,可以通过这些配置信息找到你。

```
# git config --global user.email  3284757626@qq.com
# git config --global user.name   "litao.wang"
```

Git 可以通过不同的参数,灵活设置这些配置的作用范围。

● --global:配置 ~/.gitconfig 文件,对当前用户下的所有仓库有效。
● --system:配置 /etc/gitconfig 文件,对当前系统下的所有用户有效。
● 无参数:配置 .git/config 文件,只对当前仓库有效。

1.3.3　Git 常用命令

配置完毕后,我们就可以使用 Git 命令来管理我们的软件代码了,常用的 Git 命令如下。

● git init:创建一个本地版本仓库。
● git add main.c:将 main.c 文件的修改变化保存到仓库的暂存区。
● git commit:将保存到暂存区的修改提交到本地仓库。
● git log:查看提交历史。
● git show commit_id:根据提交的 ID 查看某一个提交的详细信息。

学习 Git,首先要明白几个重要的基本概念:工作区(Working Directory)、暂存区(Staging Area)和版本库(Repository)。版本库里保存的是我们提交的多个版本的代码快照,如果你想查看某个版本的代码,可以通过 git checkout 命令将版本库里这个版本的代码拉取出来,释放到工作区。在工作区,你可以浏览某一个版本的代码、修改代码。如果你想把你的修改保存到版本库中,可以先将你的修改保存到暂存区,接着修改,再保存到暂存区,直到真正完成修改,再统一将暂存区里所有的修改提交到版本库中，如图 1-5 所示。

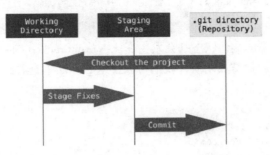

图 1-5　Git 的工作区、暂存区和版本库

这个时候你可能就犯嘀咕了：为什么还需要一个暂存区呢？将工作区的修改直接提交（Commit），保存到版本库中岂不是更方便？其实，笔者也曾思考过这个问题，个人理解是：对于一个版本库来说，你的任何一个提交，包括修改、添加文件、删除文件等操作都会有一个记录，而在实际工作中，对于一个工程师来说，在开发一个功能时，可能会分成很多步，如果每一小步都去提交一次，意义不是很大，而且不是一个完整的功能，别人可能就搞不懂你的提交到底实现了什么功能。如有一个提交：将大象放到冰箱里，别人一看可能就知道是怎么回事。但在实际的开发过程中，我们可能分步开发。

- 打开冰箱门。
- 把大象放到冰箱里。
- 关上冰箱门。

如果将每次很小的修改都做一次提交，就不是很合适，从原则上讲，我们的每一次提交，都是一个里程碑：要么新增了一个功能，要么修改了一个 Bug，要么优化了一个功能。在实际开发中的每一小步，都可以先保存到暂存区，等整体功能完成后，再统一提交比较合理。

讲了这么多，为了让大家更快地上手 Git，还是给大家演示一遍。首先我们新建一个目录 tmp，在 tmp 目录下新建一个 C 源文件 main.c。

```
# mkdir ~/tmp
# cd ~/tmp
# touch main.c
```

然后在 tmp 目录下新建一个 Git 仓库，并将 main.c 提交到仓库中。

```
# git init          创建一个仓库
# git status        查看工作区状态
# git add main.c    将工作区的修改 main.c 添加到暂存区
```

```
# git status              查看工作区状态
# git commit -m "init repo and add main.c" 将暂存区的修改提交到仓库
```

在上面的操作步骤中，每执行一步，我们都可以使用 git status 命令来查看文件的状态，你会发现每一步操作后，main.c 的文件状态都会发生变化：从 untracked 到 changes to be commited，工作区的状态也会跟着变化。提交成功后，我们可以使用 git log 来查看提交信息，包括提交的 ID、提交作者、提交时间、提交信息说明等。

```
# git log
commit 545ef7677346efdc434dfe344333dfef54ed3fd4
Author: litao.wang <3284757626@qq.com>
Date:   The Aug 16 18:24:40 2018 +0800
    init repo and add main.c
```

如果提交后你又修改了 main.c 文件，想把这个修改再次提交到仓库，可以使用下面的命令。

```
# git add main.c
# git commit -m "modify main.c again: add add function"
```

通过上面的命令，我们可以将 main.c 的第二次修改提交到本地仓库，然后使用 git log 或者 git show 命令来查看我们新的提交信息和修改变化。其中 git show 后面的一串数字字符串是每一次提交的 commit ID。

```
# git log
# git show 545ef7677346efdc434dfe344333dfef54ed3fd4
```

如果你想让你的提交不影响整个项目，不影响其他人使用，则可以创建一个自己的分支 my_branch，切换到 my_branch 分支上，然后在这个分支上修改代码就可以了。提交时再将你的修改用上面的方法提交到 my_branch 分支上。通过这种操作，你的所有修改都提交到你自己创建的分支 my_branch 上，而不会影响 master 主分支上的代码，不会影响其他人。

```
# git branch my_branch    //创建一个新分支 my_brach
# git checkout my_branch   //切换到新分支 my_branch
# git commit -m "on my_brach:modify main.c" //将修改提交到 my_branch
# git log                 // 查看新的提交信息
# git checkout master      //切换到 master 分支，在该分支上看不到新的提交信息
# git log
# git merge my_branch    //将 my_branch 分支上的修改合并到 master 分支
# git log
```

掌握上面的常用命令，我们就可以使用 Git 进行代码的修改、提交了。除了上面的常用命令，Git 还有很多其他更好用的命令，如分支管理、分支的合并和衍合、标签管理等，实际使用场景也远比上面的复杂，如远程仓库的代码拉取和提交、合并提交时的代码冲突等。大家有兴趣，可以观看《Linux 三剑客》视频教程或者参考相关文档自行学习。

2

第 2 章
计算机体系结构与 CPU 工作原理

嵌入式开发很大一部分工作跟底层紧密相关，如系统移植、BSP 开发、驱动开发等，和芯片、硬件打交道的地方比较多。笔者认为，要想成为一名真正的嵌入式工程师，除了要精通 C 语言编程，还要对计算机原理和系统结构、CPU 工作原理、ARM 汇编语言、硬件电路等基础知识和理论有一定的掌握。掌握了 CPU 的工作原理，可以更好地理解指令到底是如何执行的；掌握计算机的工作原理和系统结构，可以更好地理解程序的编译、链接、安装和运行机制；掌握一门汇编语言，可以从底层的角度去看 C 语言，可以帮助我们更好地理解 C 语言。我们编写的 C 程序，最终都会转换成 CPU 所支持的二进制指令，而汇编语言又是这些指令集的助记符，通过反汇编代码，我们可以更加深刻地理解编译器的特性和 C 语言的语法。如果你有幸在芯片原厂从事嵌入式研发工作，可能还要和一帮 IC 工程师、硬件工程师打交道，和他们一起解决芯片、硬件电路中的各种问题。为了更好地和他们沟通，你可能还需要对半导体知识、IC 行业的专业术语有一定的了解，如逻辑综合、前端设计、后端设计、仿真验证、tap-out、Die 等。

从事嵌入式开发的朋友可能来自不同专业，专业背景和知识体系各不相同。基于这个现实背景，本章打算从半导体工艺开始，给大家科普一下 CPU 的制造过程，科普一下一款处理器是如何从一堆沙子变成市场上销售的芯片的，以及 CPU 的工作原理和计算机体系结构的相关知识。预期目标是希望通过本章的学习，让大家对半导体工艺、芯片、CPU、指令集、微架构、计算机系统架构、总线与地址等有一个完整的认知框架，为后续的学习打下基础。

2.1 一颗芯片是怎样诞生的

芯片属于半导体。半导体是介于导体和绝缘体之间的一类物质，元素周期表中硅、锗、硒、硼的单质都属于半导体。这些单质通过掺杂其他元素生成的一些化合物，也属于半导体的范畴。这些化合物在常温下可激发载流子的能力大增，导电能力大大增强，弥补了单质的一些缺点，因此在半导体行业中广泛应用，如氮化硅、砷化镓、磷化铟、氮化镓等。在这些半导体材料中，目前只有硅在集成电路中大规模应用，充当着集成电路的原材料。在自然界中，硅是含量第二丰富的元素，如沙子，就含有大量的二氧化硅。可以说制造芯片的原材料是极其丰富、取之不尽的。一堆沙子，可以和水泥做搭档，沉寂于一座座高楼大厦、公路桥梁之中；也可以在高温中凤凰涅槃、浴火重生，变成集成电路高科技产品。到底要经过怎样奇妙的变化，才能让一堆沙子变成一颗颗芯片呢？

2.1.1 从沙子到单晶硅

如何从沙子中提取单晶硅呢？沙子的主要成分是二氧化硅，这就涉及一系列化学反应了，其中最主要的过程就是使用碳经过化学反应将二氧化硅还原成硅。经过还原反应生成的硅叫粗硅，粗硅里面包含很多杂质，如铁、碳元素，还达不到制造芯片需要的纯度（需要 99.999999999% 以上）标准，需要进一步提纯。提纯也需要一系列化学反应，如通过盐酸氯化、蒸馏等步骤。提取的硅纯度越高，质量也就越高。

经过一系列化学反应、提纯后生成的硅是多晶硅。将生成的多晶硅放入高温反应炉中融化，通过拉晶做出单晶硅棒。如图 2-1 所示，为了增强硅的导电性能，一般会在多晶硅中掺杂一些硼元素或磷元素，待多晶硅融化后，在溶液中加入硅晶体晶种，同时通过拉杆不停旋转上拉，就可以拉出圆柱形的单晶硅棒。根据不同的需求和工艺，单晶硅棒可以做成不同的尺寸，如常见的 6 寸、8 寸、12 寸等。

接下来，将这些单晶硅棒像切黄瓜一样，切成一片一片的，每一片我们称为晶圆（wafer）。晶圆是设计集成电路的载体，我们设计的模拟电路或数字电路，最终都要在晶圆上实现。晶圆上的芯片电路尺寸随着半导体工艺的发展也变得越来越小，目前已经达到了纳米级，越来越精密的半导体工艺除了要求单晶硅的纯度极高，晶圆的表面也必须光滑平整，切好的晶圆还需要进一步打磨抛光。晶圆表面需要光滑平整到什么程度呢？打个比方，假如需要从北京到上海铺设一段铁轨，对铁轨的要求就是两者之间的高度差不超过 1mm。一粒灰尘落在晶圆上，就好像一块大石头落在马路上一样，会对芯片的良品率产生很大的影响，所以大家会看到芯片的生产车间对空气的洁净度要求非常高，员工必须穿着防尘服才能进入。在每一个晶圆上，都可以实现成千上万个芯片电路，如图 2-2 所示，晶圆上的每一个小格子都是一个芯片电路的物理实现，我们称之为晶粒（Die）。

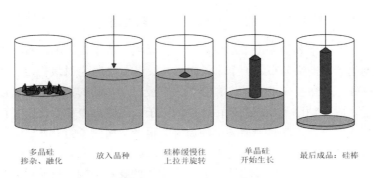

多晶硅　　　　放入晶种　　硅棒缓慢往　　单晶硅　　　最后成品：硅棒
掺杂、融化　　　　　　　　上拉并旋转　　开始生长

图 2-1　通过柴可拉斯基法生成单晶硅棒的流程

接下来还要对晶圆上的这些芯片电路进行切割、封装、引出管脚，然后就变成了市场上常见的芯片产品，最后才能焊接到我们的开发板上，做成整机产品，如图 2-3 所示。

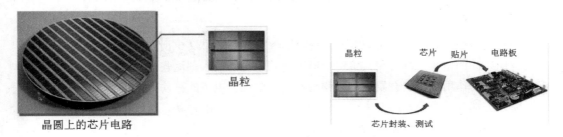

晶粒

晶圆上的芯片电路

图 2-2　晶圆和晶圆上的晶粒

晶粒　　　芯片　　贴片　　电路板

芯片封装、测试

图 2-3　从晶粒、芯片到电路板

在一个晶圆上是如何实现电路的呢？将晶圆拿到显微镜下观察，你会发现，在晶圆的表面上全是纵横交错的 3D 电路，犹如一座巨大的迷宫，如图 2-4 所示。

要想弄明白在晶圆上是如何实现我们设计的电路的，就需要先了解一下电子电路和半导体工艺的知识。电路一般由大量的三极管、二极管、CMOS 管、电阻、电容、电感、导线等组成，我们搞懂了一个 CMOS 元器件在晶圆上是如何实现的，基本上也就搞懂了整个电路在晶圆硅片上是如何实现的。这些电子元器件的实现原理，其实就是 PN 结的实现原理。PN 结是构成二极管、三

晶圆衬底

图 2-4　晶圆衬底上的电路

极管、CMOS 管等半导体元器件的基础。

2.1.2 PN 结的工作原理

想要了解 PN 结的导电原理，还得从金属的导电原理说起。

一个原子由质子、中子和核外电子组成。中子不带电，质子带正电，核外电子带负电，整个原子显中性。根据电子的能级分布，一个原子的最外层电子数为 8 时最稳定。如钠原子，核外电子层分布为 2—8—1，最外层 1 个电子，能量最大、受原子核的约束力小，所以最不稳定，受到激发容易发生跃迁，脱离钠原子，成为自由移动的电子。这些自由移动的电子在电场的作用下，会发生定向移动形成电流，这就是金属导电的原理。很多金属原子的最外层电子数小于 4，容易丢失电子，称为自由移动的电子，所以金属容易导电，是导体。而对于氯原子，最外层有 7 个电子，倾向于从别处捕获一个电子，形成最外层 8 个电子的稳定结构，氯原子因为不能产生自由移动的电子，所以不能导电，是绝缘体。

半导体元素，一般最外层有 4 个电子，情况就变得比较特殊：这些原子之间往往通过"共享电子"的模式存在，多个原子之间分别共享其最外层的电子，通过共价键形成最外层 8 个电子的稳定结构，如图 2-5 所示。

这种稳定也不是绝对的，当这些电子受到能量激发时，如图 2-6 所示，也会有一部分发生跃迁，成为自由移动的电子，同时在共价键中留下同等数量的空穴。这些自由移动的电子虽然非常少，但是在电场的作用下，也会发生定向移动，形成电流。电子的移动产生了空穴，临近的电子也很容易跳过去填补这个空穴，产生一个新的空穴，造成空穴的移动。空穴带正电荷，空穴的移动和自由电子的移动一样，也会产生电流。

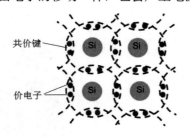

图 2-5　硅原子之间的共价键

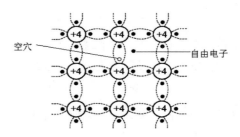

图 2-6　自由电子和空穴的产生

金属靠自由电子的移动产生电流导电，而半导体则有两种载流子：自由电子和空穴。但是由于硅原子比较稳定，只能生成极少数的自由电子和空穴，这就决定了硅无法像金属那样导电，但也不像绝缘体那样一点也不导电，因此我们称之为半导体。正是由于硅的这种特性，才有了半导体的飞速发展。

　　既然半导体内自由电子和空穴浓度很小，导电能力弱，那我们能不能想办法增加这两种载流子的浓度呢？载流子的浓度上去了，导电能力不就增强了吗？只要有利润空间，办法总是有的，那就是掺杂。我们可以在一块半导体两边分别掺入两种不同的元素：一边掺入三价元素，如硼、铝等；另一边掺入五价元素，如磷。

　　硼原子的电子分布为 2—3，最外层有 3 个电子。如图 2-7 所示，在和硅原子的最外层 4 个电子生成共价键时，由于缺少一个电子，于是从临近的硅原子中夺取一个电子，因而产生一个空穴位。每掺杂一个硼原子，就会产生一个空穴位，这种掺杂三价元素的半导体增加了空穴的浓度，我们一般称之为空穴型半导体，或称 P 型半导体。

　　磷原子的最外层有 5 个电子，如图 2-8 所示，在和硅原子的最外层 4 个电子生成共价键时，还多出来一个电子，成为自由移动的电子。每掺杂一个磷原子，就会产生一个自由移动的电子。这种掺杂五价元素的半导体增加了自由电子的浓度，我们一般称之为电子型半导体，或称 N 型半导体。

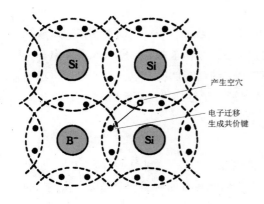

图 2-7　掺杂硼元素的 P 型半导体

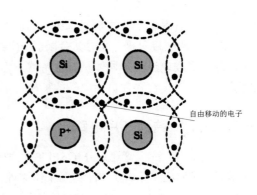

图 2-8　掺杂磷元素的 N 型半导体

　　我们在一块半导体的两边分别掺入不同的元素，使之成为不同的半导体，如图 2-9 所示，一边为 P 型，一边为 N 型。在两者的交汇处，就会形成一个特殊的界面，我们称之为 PN 结。理解了 PN 结的工作原理，也就理解了半导体器件的核心工作原理。接下来我们就看看 PN 结到底有什么名堂。

　　掺杂不同元素的半导体两边由于空穴和自由电子的浓度不同，因此在边界处会发生相互扩散：空穴和自由电子会分别越过边界，扩散到对方区域，并与对方区域里的自由电子、空穴在边界附近互相中和掉。如图 2-10 所示，P 区边界处的空穴被扩散过来的自由电子中和掉后，剩下的都是不能自由移动的负离子，而在 N 区边界处留下的则是正离子。这些带电的正、负离子由于不能移动，就会在边界附近形成了耗尽层，同时会在这个区域内生成一个内建电场。

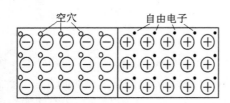

图 2-9　PN 结两边的自由电子、空穴分布

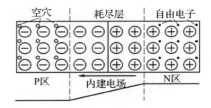

图 2-10　PN 结区域的内建电场

这个内建电场会阻止 P 区的空穴继续向 N 区扩散，同时也会阻止 N 区的自由电子继续向 P 区扩散，空穴的扩散和自由电子的漂移从而达到一个新平衡，这个区域就是我们所说的 PN 结：载流子的移动此时已达到动态平衡，因此流过 PN 结的电流也变为 0。这个 PN 结看起来也没什么，但它有一个特性：单向导电性。正是这个特性确立了它在电路中的重要地位，也构成了整个半导体"物理大厦"的核心基础。

我们先来看看这个特性是怎么实现的：在图 2-10 中，当我们在 PN 结两端加正向电压时，即 P 区接正极，N 区接负极，此时就会削弱 PN 结的内建电场，平衡被打破，空穴和自由电子分别向两边扩散，形成电流，半导体呈导电特性。当我们在 PN 结两端加反向电压时，内建电场增强，此时会进一步阻止空穴和自由电子的扩散，不会形成电流，半导体呈现高阻特性，不导电。

2.1.3　从 PN 结到芯片电路

无论二极管、三极管还是 MOSFET 场效应管，其内部都是基于 PN 结原理实现的。通过上一节的学习，我们已经了解了 PN 结的工作原理，接下来我们就看看如何在一个晶圆上实现 PN 结。PN 结的实现会涉及半导体工艺的方方面面，包括氧化、光刻、显影、刻蚀、扩散、离子注入、薄膜沉淀、金属化等主要流程。为了简化流程，方便理解，我们就讲讲两个核心的步骤：离子注入和光刻。离子注入其实就是掺杂，如图 2-11 所示，就是往单质硅中掺入三价元素硼和五价元素磷，进而生成由 PN 结构成的各种元器件和电路。而光刻则是在晶圆上给离子注入开凿各种掺杂的窗口。

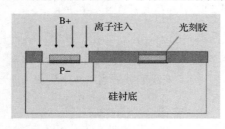

图 2-11　通过光刻胶制作掺杂窗口

在晶圆上进行离子注入掺杂之前，首先要根据电路版

图制作一个个掺杂窗口，如图 2-11 所示，这一步需要光刻胶来协助完成：在硅衬底上涂上一层光刻胶，通过紫外线照射掩膜版，将电路图形投影到光刻胶上，生成一个个掺杂窗口，并将不需要掺杂的区域保护起来。那如何产生这个掺杂窗口呢？原理很简单，就和我们使用感光胶片去洗照片一样，还需要一个叫作光刻掩膜版的东西。

光刻掩膜版原理和我们照相用的胶片差不多，由透明基板和遮光膜组成，如图 2-12 所示，通过投影和曝光，我们可以将芯片的电路版图保存在掩膜版上。然后通过光刻机的紫外线照射，利用光刻胶的感光溶解特性，被电路图形遮挡的阴影部分的光刻胶保存下来，而被光照射的部分的光刻胶就会溶解，成为一个个掺杂窗口。最后通过离子注入，掺杂三价元素和五价元素，就会在晶圆的硅衬底上生成主要由 PN 结构成的各种 CMOS 管、晶体管电路。我们设计的芯片物理版图的每一层电路，都需要制作对应的掩膜版，重复以上过程，就可以在晶圆上制作出迷宫式的 3D 立体电路结构。

图 2-12　半导体工艺主要流程

随着集成电路规模越来越大，在一个几英寸的晶圆硅衬底上，要实现千万门级、甚至上亿门级的电路，需要几十亿个晶体管，电路的实现难度也变得越来越大。尤其是纳米级的电路，如现在流行的 14nm、7nm、5nm 工艺制程，要将千万门级的晶体管电路都刻在一个指甲盖大小的硅衬底上，这就要求电路中的每个元器件尺寸都要非常小，同时要求"感光胶片"要非常精密，对电路图形的分辨率要非常高。这时候光刻机就闪亮登场了，光刻机主要用来将你设计的电路图映射到晶圆上，通过光照将你设计的电路图形投影到光刻胶上，光刻胶中被电路遮挡的部分被保留，溶解的部分就是掺杂的窗口。晶体管越多，电路越复杂，工艺制程越先进，对光刻机的要求越高，因为需要非常精密地把复杂的电路图形投影到晶圆的硅衬底上。光刻机因此也非常昂贵，如网上广泛讨论的荷兰光刻巨头 ASML（阿斯麦），如图 2-13 所示，一台光刻机的售价为 1 亿欧元，很多芯片代工巨头，如台积电、三星、Intel、中芯国际，都是它的客户。

光刻机的作用是根据电路版图制作掩膜版，开凿各种掺杂窗口，然后通过离子注入，生成 PN 结，进而构建千千万万个元器件。将这些工艺流程走一遍之后，在一个晶圆上就生成了一个个芯片的原型：芯片电路，就如图 2-2 所示的那样，晶圆上的每一个小格子都是一个芯片电路，这些芯片电路的专业术语叫作 Die，翻译成中文叫作晶粒。

图 2-13　ASML 光刻机

2.1.4 芯片的封装

单纯的芯片电路无法直接焊接到硬件电路板上，如图 2-14 所示，还需要经过切割、封装、引出管脚、芯片测试等后续流程，测试通过后经过包装，才会变成市场上我们看到的芯片的样子。

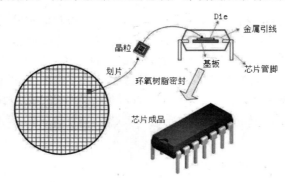

图 2-14 从晶粒到芯片成品

芯片的封装主要就是给芯片电路加一个外壳，引出管脚。芯片的封装不仅可以起到密封、保护芯片的作用，还可以通过管脚，直接将芯片焊接到电路板上。芯片的封装技术经过几十年的发展，越来越先进，芯片的面积也越来越小。常见的封装形式有 DIP、QFP、BGA、CSP、MCM 等。

DIP（Dual in-line Package），指采用双列直插形式封装集成电路芯片，芯片有 2 排管脚，可以直接插到电路板上的芯片插座上，或者插到 PCB 电路板上穿孔焊接，非常方便。DIP 一般适用于中小规模的集成电路芯片，芯片的管脚数比较少，如图 2-15 所示，我们常见的 C51 单片机、早期的 8086 CPU 都采用这种封装。

在超大规模集成电路设计中，当芯片的主频很高、芯片的管脚很多时，使用 DIP 就不太合适了，我们一般会使用球栅阵列封装（Ball Grid Array Package，BGA）。如图 2-16 所示，使用 BGA 的芯片管脚不再从芯片周边引出，而是采用表面贴装型封装：在印刷基板的背面按照阵列方式制作出球形凸点来代替管脚，然后将芯片电路装配到基板的正面，最后用膜压树脂或灌封方法进行密封。BGA 封装适用于 CPU 等管脚比较多的超大规模集成电路芯片。

芯片级封装（Chip Scale Package，CSP）是一种比较新的芯片封装技术，封装后的芯片尺寸更接近实际的芯片电路。随着电子设备越来越微型化，对芯片的面积、厚度要求也越来越高，通过 CSP 封装可以让芯片的封装面积和原来面积之比超过 1:1.14，芯片封装的厚度也大大减小，从而缩减了芯片的体积。DIP 和 CSP 芯片尺寸对比如图 2-17 所示。

图 2-15 早期 8086 CPU 芯片　　　图 2-16 BGA 芯片　　　图 2-17 DIP 和 CSP 芯片尺寸
　　　（DIP）　　　　　　　　　　　　　　　　　　　　　对比

　　CSP 可以让芯片面积减小到 DIP 的四分之一，同时具备信号传输延迟短、寄生参数小、电热性能更好的优势，更适合高频电路的封装。CSP 技术在目前的芯片和微型电子设备中被广泛使用。

　　随着市场上智能手表、运动手环等智能硬件的流行，对芯片的封装尺寸也有了更严苛的要求，层叠封装（Package-on-Package，PoP）技术此时就应运而生了。PoP 可以将多个芯片元器件分层堆叠、互连，封装在一个芯片内，从而让整个芯片更薄、体积更小。现在很多智能手机，为了薄化电路板，一般会将 LPDDR 内存芯片和 eMMC 存储芯片封装在一起，或者将应用处理器和基带芯片封装在一起。如苹果的 iWatch，直接将应用处理器、LPDDR4X DRAM 和 eMMC Flash 存储芯片封装在一个芯片内，大大减少了整个芯片和电路板的尺寸，然后和显示屏、电池板等器件像汉堡一样三层封装在一起，可以将整个电子产品做得更加轻薄、小巧。

　　芯片封装好后，还要经过最后一步：测试。测试主要包括芯片功能测试、性能测试、可靠性测试等。测试的主要工作就是测试芯片的功能、指标、参数和前期的设计目标是否一致，筛选掉制造过程中有缺陷的芯片，或者根据性能对芯片进行分级，包装成不同规格等级的芯片，最终测试通过的芯片才能拿到市场上销售。

2.2　一颗 CPU 是怎么设计出来的

　　通过上一节的学习，我们已经知道了芯片制造的基本流程：从沙子中提取硅、把硅切成片，在硅片上通过掺杂实现 PN 结，实现各种二极管、三极管、CMOS 管，就可以将我们设计的电路图转换为千万门级的大规模集成电路。接下来我们继续了解一款 CPU 芯片电路是怎样设计出来的。首先，我们需要了解一下 CPU 内部的结构及工作原理。想要搞懂 CPU 的工作原理，这里又不得不说一下图灵机。图灵机原型证明了实现通用计算机的可能性，奠定了现代计算机发展的理论基石。

2.2.1　计算机理论基石：图灵机

现代计算机理论的技术源头可以追溯到几十年前的图灵机。在 20 世纪 40 年代，英国科学家图灵在他发表的一篇论文中提出了图灵机的概念，大家有兴趣可以在网上搜搜这篇论文，公式很复杂，也很难看懂。我们简化分析，可以简单地理解为：任何复杂的运算都可以分解为有限个基本运算指令。

图灵机的构造如图 2-18 所示：一条无限长的纸带 Tape、一个读写头 Head、一套控制规则 Table、一个状态寄存器。图灵机内部有一个机器读写头 Head，读写头可以一直读取纸带，图灵机根据自己有限的控制规则，根据纸带的输入，不断更新机器的状态，并将输出打印到纸带上。

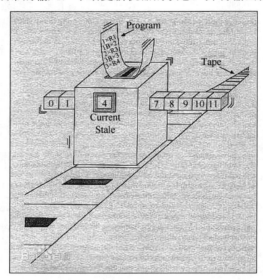

图 2-18　图灵机原理图

比较图灵机原型与现代计算机，你会发现有很多相似的地方。

- 无限长的纸带：相当于程序代码。
- 一个读写头 Head：相当于程序计数器 PC。
- 一套控制规则 Table：相当于 CPU 有限的指令集。
- 一个状态寄存器：相当于程序或计算机的状态输出。

不同架构的 CPU，指令集不同，支持运行的机器指令也不同，但是有一条是相同的：每一种 CPU 只能支持有限个指令，任何复杂的运算最终都可以分解成有限个基本指令来完成：加、减、乘、除、与、或、非、移位等算术运算或逻辑运算。在个人计算机上，我们可以玩游戏、上网、聊天、听音乐、看视频，这些复杂多变的应用程序，最终都可以分解成 CPU 所支持的有限个基本指令，通过指令的组合运算来完成。

2.2.2　CPU 内部结构及工作原理

基于图灵机的构想，现代计算机的基本结构就逐渐清晰了。如图 2-19 所示，CPU 内部构造很简单，只包含基本的算术逻辑运算单元、控制单元、寄存器等，仅支持有限个指令。CPU 支持的有限个基本指令集合，称为指令集。程序代码存储在内部存储器（内存）中，CPU 可以从内存中一条一条地取指令、翻译指令并执行它。

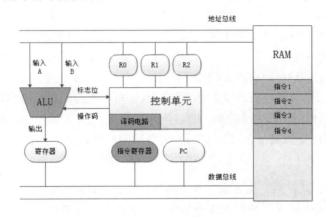

图 2-19　CPU 内部结构

CPU 内部的算术逻辑单元（Arithmetic and Logic Unit，ALU）是处理器最核心的部件，相当于 CPU 的大脑。理解了 ALU 的工作流程基本上也就理解了计算机的工作流程。ALU 由算术单元和逻辑单元组成，算术单元主要负责数学运算，如加、减、乘等；逻辑单元主要负责逻辑运算，如与、或、非等。ALU 只是纯粹的运算单元，要想完成一个指令运行的整个流程，还需要控制单元的协助。控制单元根据程序计数器 PC 中的地址，会不断地从内存 RAM 中取指令，放到指令寄存器中并进行译码，将指令中的操作码和操作数分别送到 ALU，执行相应的运算。以两个整数 A、B 相加的指令为例，如图 2-19 所示，控制单元通过指令译码电路会将该指令分解为操作码和操作数，再根据操作数地址从内存 RAM 中加载（Load）数据 A 和 B，传送到 ALU 的输入端，然后将操作运算类型（操作码）即加法也告诉 ALU。ALU 有了输入数据和操作类型，就可以直接进行相应的运算了，并输出运算结果。为了效率考虑，运算结果一般会先保存到寄存器中，然后由控制单元将该数据从寄存器存储（Store）到内存 RAM 中。执行到这一步，一个完整的加法指令执行流程就结束了，控制单元会继续取下一条指令，然后翻译指令、运行指令，周而复始。CPU 内部有个程序计数器（Program Counter，PC），系统上电后默认初始化为 0，控制单元会根据这个 PC 寄存器中的地址到对应的内存 RAM 中取指令，然后 PC 寄存器中的地址自动加一。通过这种操作，控制单元就可以不停地从内存 RAM 中取指令、翻译指令、运行指令，程序就可以源源不断地运行下去了。

早期 CPU 的工作频率和内存 RAM 相比，差距不是一般的大。控制单元从 RAM 中加载数据到 CPU，或者将 CPU 内部的数据存储到 RAM 中，一般要经过多个时钟读写周期才能完成：找地址、取数据、配置、输出数据等。运算速度再快的 CPU，也只能傻傻地干等几个时钟周期，等数据传输成功后才可以接着执行下面的指令。内存带宽的瓶颈会拖 CPU 的后腿，影响 CPU 的性能。为了提高性能，防止 RAM 拖后腿，CPU 一般都会在内部配置一些寄存器，用来保存 CPU 在计算过程中的各种临时结果和状态值。ALU 在运算过程中，当运算结果为 0、为负、数据溢出时，也会有一些 Flags 标志位输出，这些标志位对控制单元特别有用，如一些条件跳转指令，其实就是根据运算结果的这些标志位进行跳转的。CPU 跳转指令的实现其实也很简单：根据 ALU 的运算结果和输出的 Flags 标志位，直接修改 PC 寄存器的地址即可，控制单元会自动到 PC 指针指向的内存地址取指令、翻译指令和运行指令。跳转指令的实现，改变了程序按顺序逐步执行的线性结构，可以让程序执行更加灵活，可以实现更加复杂的程序逻辑，如程序的分支结构、循环结构等。

CPU 所支持的加、减、乘、与、或、非、跳转、Load/Store、IN/OUT 等基本指令，一般称为指令集。任何复杂的运算都可以分解为指令集中的基本指令。在软件层面上，我们可以把这些有限的基本指令进行不同的组合，实现各种不同的功能：播放视频、播放音乐、图片显示、网络传输。我们也可以基于这些基本指令实现新的指令，以除法运算为例，如果 CPU 在硬件电路上不支持除法指令，我们就可以基于 CPU 指令集中的原生加、减、移位等指令来模拟除法的实现，生成新的除法指令。

这种由基本指令组成的不同组合，我们称为程序。为了编程方便，我们给每个二进制指令起一个别名，使用一个助记符表示，这些助记符就是汇编语言，由助记符组成的指令序列就是汇编程序。汇编语言的可读性虽然比二进制的机器指令好了很多，但是当汇编程序很大、程序的逻辑很复杂时，维护也会变得无比艰难，这时候高级语言就开始问世了，如 C、C++、Java 等。高级语言的读写更符合人类习惯，更适合开发和阅读，如图 2-20 所示，编写好的高级语言程序通过编译器，就可以翻译成 CPU 所能识别的二进制机器指令。

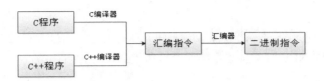

图 2-20　高级语言的编译流程

　　CPU 内部的各种运算单元，无论是算术逻辑单元、控制单元，还是各种寄存器、译码电路，其实都是由大量逻辑门电路组合构成的：与门、或门、非门等。这些基本的门电路通过逻辑组合、封装和抽象，就构成了一个个具有特定功能的模块：寄存器、译码电路、控制单元、算术逻辑运算单元等。具有不同功能的模块再经过不断地抽象、堆叠和组合，就构成了一个完整的 CPU 内部电路系统组件。随着集成电路的发展，CPU 也变得越来越复杂，现在的 CPU 可由上亿个门电路、几十亿个晶体管组成。如果靠手工一个一个门电路地连接它们，效率太低了，目前的 CPU 设计，一般都使用 VHDL 或 Verilog 硬件描述语言（Hardware Description Language，HDL）来整合 ALU、内控制单元、寄存器、Cache 等电路模块，然后通过电子设计自动化（Electronic Design Automation，EDA）工具将其转换为逻辑门电路。借助 HDL 编程和 EDA 开发工具，数字 IC 设计工程师只需要关心数字电路的逻辑功能实现，而具体物理电路的实现、布线和连接则由 EDA 工具自动完成，大大提升了工作效率。

2.2.3　CPU 设计流程

　　集成电路（Integrated Circuit，IC）设计一般分为模拟 IC 设计、数字 IC 设计和数模混合 IC 设计。数字 IC 设计一般都是通过 HDL 编程和 EDA 工具来实现一个特定逻辑功能的数字集成电路的。以设计一款 ARM 架构的 SoC 芯片为例，它的基本设计流程如图 2-21 所示。

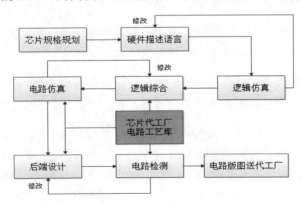

图 2-21　SoC 芯片设计流程

1. 设计芯片规格

根据需求，设计出芯片基本的框架、功能，进行模块划分。有些复杂的芯片可能还需要建模，使用 MATLAB、CADENCE 等工具进行前期模拟和仿真。

2. HDL 代码实现

使用 VHDL 或 Verilog 硬件描述语言把要实现的硬件功能描述出来，接着通过 EDA 工具不断仿真、修改和验证，直到芯片的逻辑功能完全正确。这种仿真我们一般称为前端仿真，简称前仿。前仿只验证芯片的逻辑功能是否正确，不考虑延时等因素。这个阶段也是芯片设计最重要的阶段，会耗费大量的时间去反复验证芯片逻辑功能的正确性。芯片公司内部一般也会设有数字 IC 验证工程师岗位，招聘工程师专门从事这个工作。以设计一个 1 位加法器为例，我们可以通过 EDA 工具编写下面的 Verilog 代码来实现，并通过 EDA 工具提供的仿真功能来验证加法器的逻辑功能是否正确。

```
moudle adder(
    input  x, y,
    output carry, out
);
    assign {out, carry} = x + y;
endmodule
```

3. 逻辑综合

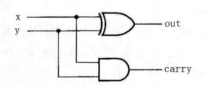

图 2-22 数字电路的实现：逻辑门电路的组合

如图 2-22 所示，前端仿真通过后，通过 EDA 工具就可以将 HDL 代码转换成具体的逻辑门电路。专业说法是将 HDL 代码翻译成门级网表：Gate-level netlist，网表文件用来描述电路中元器件之间的连接关系。有数字电路基础的人都知道，任何一个逻辑运算都可以转化为基本的门级电路（与门、或门、非门等）的组合来实现，而网表就是用来描述这些门级电路的连接信息的。

在综合过程中，有时候还需要设定一些约束条件，让综合出来的具体电路在芯片面积、时序等参数上满足预期要求。此时的电路考虑了延时等因素，和实际的芯片电路已经很接近了。

现在很多 IC 设计公司一般都是 Fabless。Foundry 在集成电路领域一般指专门负责生产、制造芯片的厂家，如台积电、中芯国际等。Fabless 是 Fabrication（制造）和 less 的组合词，专指那些只专注于集成电路设计，而没有芯片制造工厂的 IC 设计公司。像高通、联发科、海思半导体这些没有自己的芯片制造工厂，需要台积电、中芯国际代工生产的 IC 设计公司就是 Fabless，而像 Intel、三星半导体这些有自己芯片制造工厂的 IC 设计公司就不能称为 Fabless。

对于一些 Fabless 的 IC 设计公司而言，门级电路一般是由晶圆厂，也就是芯片代工厂以工艺库的形式提供的，如中芯国际、台积电、三星半导体等。如果你设计的芯片委托台积电代工制造，工艺制程是 14nm，那么当你在设计芯片时，台积电会提供给你 14nm 级的工艺库，里面包含各种门电路，经过逻辑综合生成的电路参数，如延时参数，和台积电生产芯片实际使用电路的工艺参数是一致的。

4. 仿真验证

通过逻辑综合生成的门级电路，已经包含了延时等各种信息，接下来还需要对这些门级电路进行进一步的静态时序分析和验证。为了提高工作效率，除了使用仿真软件，有时候也会借助 FPGA 平台进行验证。前端仿真发生在逻辑综合之前，专注于验证电路的逻辑功能是否正确；逻辑综合后的仿真，一般称为后端仿真，简称后仿。后端仿真会考虑延时等因素。

后端仿真通过后，从 HDL 代码到生成门级网表电路，整个芯片的前端设计就结束了。

5. 后端设计

通过前端设计，我们已经生成了门级网表电路，但门级网表电路和实际的芯片电路之间还有一段距离，我们还需要对其不断完善和优化，将其进一步设计成物理版图，也就是芯片代工厂做掩膜版需要的电路版图，这一阶段称为后端设计。后端设计包括很多步骤，具体如下。

- DFT：Design For Test，可测试性设计。芯片内部一般会自带测试电路，如插入扫描链、引出 JTAG 调试接口。
- 布局规划：各个 IP 电路模块的摆放位置、时钟线综合、信号线的布局等。
- 物理版图验证：检查设计规则、连线宽度、间距是否符合工艺要求和电气规则。

物理版图验证通过后，芯片设计公司就可以将这个物理版图以 GDSII 文件的格式交给芯片制造代工厂（Foundry）去流片了。到了这一步，整个芯片设计、仿真、验证的流程就结束了，我们称为 tap-out。

物理版图是由我们设计的芯片电路转化而成的几何图形。如图 2-23 所示，和 PCB 版图类似，物理版图中包含了集成电路元器件的尺寸大小、各层电路的拓扑关系等。物理版图也分为好多层，版图中不同的颜色代表不同的层，每一层都代表不同的电路实现。

芯片代工厂根据物理版图提供的这些信息来制造掩膜，然后使用光刻机，通过掩膜版在晶圆的硅片衬底上开凿出各种掺杂窗口，接着对硅片进行离子注入，掺杂不同的三价元素和五价元素，生成 PN 结，进而构成二极管、三极管、CMOS 管等基本元器件，构建出各种门电路。如图 2-24 所示，光刻机根据物理版图的不同层，制作不同的掩膜版，从底层开始，逐层制作，就可以在晶圆硅片衬底上生成多层立体的 3D 电路结构。

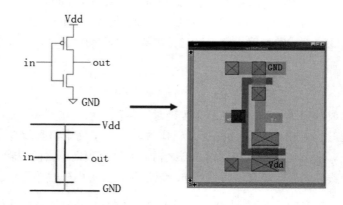

图 2-23　从逻辑门电路到物理版图的转换

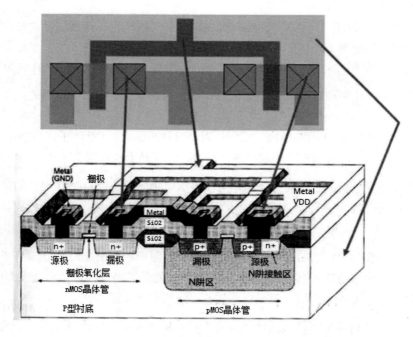

图 2-24　从物理版图到实际的芯片电路

晶圆上的一个个 CPU 芯片电路在经过切割、封装、引出管脚、测试后，就是我们在市场上常见的各种 CPU 芯片了。

到这里，我们已经把芯片设计、制造的整个大致流程给大家分享完了。芯片的设计和制造看起来很简单，但实际上每个环节都有极高的技术含量。集成电路行业是一个极其专业而且高度分工的行业，每个环节都有不同的行业巨头或隐形冠军把守，从芯片的设计、验证仿真、制造加工、封装测试到各种 EDA 工具、IP 核、光刻机、刻蚀机，每个环节都有非常专业的制造商、服务商、EDA 工具商精密严谨地配合，大家互相促进，将 CPU 芯片一代又一代地不断更新迭代下去。

有了 CPU 处理器，还需要配套的主板或开发板、内存 RAM、硬盘或 Flash 存储器，才能构成一个完整的计算机整机系统，这样才能运行我们编写的程序软件。接下来的一节，将继续给大家分享一些有关计算机体系结构的知识。

2.3　计算机体系结构

通过上一节的学习，我们已经知道了 CPU 的设计流程和工作原理，紧接着一个新问题又出现了：我们编写的程序存储在哪里呢？CPU 内部的结构其实很简单，除了 ALU、控制单元、寄存器和少量 Cache，根本没有多余的空间存放我们编写的代码，我们需要额外的存储器来存放我们编写的程序（指令序列）。

存储器按照存储类型可分为易失性存储器和非易失性存储器。易失性存储器如 SRAM、DDR SDRAM 等，一般用作计算机的内部存储器，所以又被称为内存。这类存储器支持随机访问，CPU 可以随机到它的任意地址去读写数据，访问非常方便，但缺点是断电后数据会立即消失，无法永久保存。非易失性存储器一般用作计算机的外部存储器，也被称为外存，如磁盘、Flash 等。这类存储器支持数据的永久保存，断电后数据也不会消失，但缺点是不支持随机访问，读写速度也不如内存。为了兼顾存储和效率，计算机系统一般会采用内存 + 外存的存储结构：程序指令保存在诸如磁盘、NAND Flash、SD 卡等外部存储器中，当程序运行时，相应的程序会首先加载到内存，然后 CPU 从内存一条一条地取指令、翻译指令和运行指令。

计算机主要用来处理数据。我们编写的程序，除了指令，还有各种各样的数据。指令和数据都需要保存在存储器中，根据保存方式的不同，计算机可分为两种不同的架构：冯·诺依曼架构和哈弗架构。

2.3.1 冯·诺依曼架构

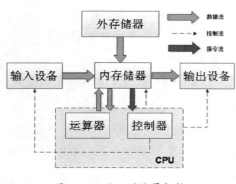

图 2-25 冯·诺依曼架构

冯·诺依曼架构,也称为普林斯顿架构。采用冯·诺依曼架构的计算机,其特点是程序中的指令和数据混合存储,存储在同一块存储器上,如图 2-25 所示。

在冯·诺依曼架构的计算机中,程序中的指令和数据同时存放在同一个存储器的不同物理地址上,一般我们会把指令和数据存放到外存储器中。当程序运行时,再把这些指令和数据从外存储器加载到内存储器(内存储器支持随机访问并且访问速度快),冯·诺依曼架构的特点是结构简单,工程上容易实现,所以很多现代处理器都采用这种架构,如 X86、ARM7、MIPS 等。

2.3.2 哈弗架构

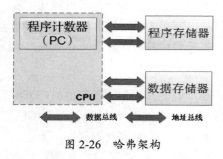

图 2-26 哈弗架构

和冯·诺依曼架构相对的是哈弗架构,使用哈弗架构的计算机系统如图 2-26 所示。

哈弗架构的特点是:指令和数据被分开独立存储,它们分别被存放到程序存储器和数据存储器。每个存储器都独立编址,独立访问,而且指令和数据可以在一个时钟周期内并行访问。使用哈弗架构的处理器运行效率更高,但缺点是 CPU 实现会更加复杂。8051 系列的单片机采用的就是哈弗架构。

2.3.3 混合架构

随着处理器不断地更新换代,现在的 CPU 工作频率越来越高,很容易和内存 RAM 之间产生带宽问题:CPU 的频率可以达到 GHz 级别,而对应的内存 RAM 一般工作在几百兆赫兹(目前的 DDR4 SDRAM 也能工作在 GHz 级别了)。CPU 和 RAM 之间传输数据,要经过找地址、取数据、配置、等待、输出数据等多个时钟周期,内存带宽瓶颈会拖慢 CPU 的工作节奏,进而影响计算机系统的整体运行效率。为了减少内存瓶颈带来的影响,CPU 引入了 Cache 机制:指令 Cache 和数据 Cache,用来缓存数据和指令,提升计算机的运行效率。

现代的 ARM SoC 芯片架构一般如图 2-27 所示,SoC 芯片内部的 Cache 层采用哈弗架构,集成了指令 Cache 和数据 Cache。当 CPU 到 RAM 中读数据时，内存 RAM 不是一次只传输要读取的指定字节，而是一次缓存一批数据到 Cache 中，等下次 CPU 再去取指令和数据时，可以先到这两个 Cache 中看看要读取的数据是不是已经缓存到这里了，如果没有缓存命中，再到内存中读取。当 CPU 写数据到内存 RAM 时，也可以先把数据暂时写到 Cache 里，然后等待时机将 Cache 中的数据刷新到内存中。Cache 缓存机制大大提高了 CPU 的访问效率，而 SoC 芯片外部则采用冯·诺依曼架构，工程实现简单。现代的计算机集合了这两种架构的优点，因此我们很难界定一款芯片到底是冯·诺依曼架构还是哈弗架构，我们就姑且称之为混合架构吧。

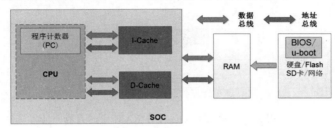

图 2-27　混合架构

2.4　CPU 性能提升：Cache 机制

随着半导体工艺和芯片设计技术的发展，CPU 的工作频率也越来越高，和 CPU 进行频繁数据交换的内存的运行速度却没有相应提升，于是两者之间就产生了带宽问题，进而影响计算机系统的整体性能。CPU 执行一条指令需要零点几纳秒，而 RAM 则需要 30 纳秒左右，读写一次 RAM 的时间，CPU 都可以执行几百条指令了。为了不给 CPU 拖后腿，解决内存带宽瓶颈的方法一般有两个：一是大幅提升内存 RAM 的工作频率，目前最新的 DDR4 内存条的工作频率可以飙到 2GHz，但是和高端的 CPU 相比，还是存在一定差距的，这就需要第二种方法来弥补差距：使用 Cache 缓存机制。有速度瓶颈的地方就有缓存，这种思想在计算机中随处可见。

2.4.1　Cache 的工作原理

Cache 在物理实现上其实就是静态随机访问存储器（Static Random Access Memory，SRAM），Cache 的运行速度介于 CPU 和内存 DRAM 之间，是在 CPU 和内存之间插入的一组高速缓冲存储器，用来解决两者速度不匹配带来的瓶颈问题。Cache 的工作原理很简单，就是利用空间局部性和时间局部性原理，通过自有的存储空间，缓存一部分内存中的指令和数据，减少 CPU 访问内存的次数，从而提高系统的整体性能。

Cache 的工作流程以图 2-28 为例：当 CPU 读取内存中地址为 8 的数据时，CPU 会将内存中地址为 8 的一片数据缓存到 Cache 中。等下一次 CPU 读取内存地址为 12 的数据时，会首先到 Cache 中检查该地址是否在 Cache 中。如果在，就称为缓存命中（Cache Hit），CPU 就直接从 Cache 中取数据；如果该地址不在 Cache 中，就称为缓存未命中（Cache Miss），CPU 就重新转向内存读取数据，并重新缓存从该地址开始的一片数据到 Cache 中。

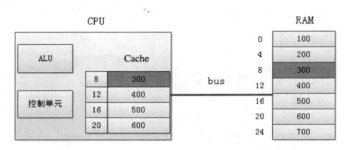

图 2-28　通过 Cache 缓存 RAM 中的数据

CPU 写内存的工作流程和读类似：以图 2-29 为例，当 CPU 往地址为 16 的内存写入数据 0 时，并没有真正地写入 RAM，而是暂时写到了 Cache 里。此时 Cache 和内存 RAM 的数据就不一致了，缓存的每块空间里一般会有一个特殊的标记位，叫"Dirty Bit"，用来记录这种变化。当 Cache 需要刷新时，如 Cache 空间已满而 CPU 又需要缓存新的数据时，在清理缓存之前，会检查这些"Dirty Bit"标记的变化，并把这些变化的数据回写到 RAM 中，然后才腾出空间去缓存新的内存数据。

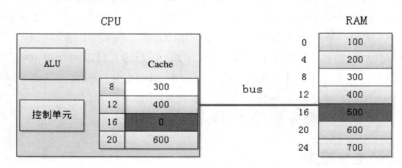

图 2-29　Cache 的回写过程

以上只是对 Cache 的工作原理做了简化分析，实际的 Cache 远比这复杂，如 Cache 里存储的内存地址，一般要经过地址映射，转换为更易存储和检索的形式。除此之外，现代的 CPU 为了进一步提高性能，大多采用多级 Cache：一级 Cache、二级 Cache，甚至还有三级 Cache。

2.4.2　一级 Cache 和二级 Cache

CPU 从 Cache 里读取数据，如果缓存命中，就不用再访问内存，效率大大提升；如果缓存未命中，情况就不太乐观了：CPU 不仅要重新到内存中取数据，还要缓存一片新的数据到 Cache 中，如果 Cache 已经满了，还要清理 Cache，如果 Cache 中的数据有 "Dirty Bit"，还要回写到内存中。这一波操作可能需要几十甚至上百个指令，消耗上百个时钟周期的时间，严重影响了 CPU 的读写效率。为了减少这种情况发生，我们可以通过增大 Cache 的容量来提高缓存命中的概率，但随之带来的就是成本的上升。在 CPU 内部，Cache 和寄存器的电路比内存 DRAM 复杂了很多，会占用很大的芯片面积，如果大量使用，芯片发热量会急剧上升，所以在 CPU 内部寄存器一般也就几十个，靠近 CPU 的一级 Cache 也就几十千字节。既然无法继续增加一级 Cache 的容量，一个折中的办法就是在一级 Cache 和内存之间添加二级 Cache，如图 2-30 所示。二级 Cache 的工作频率比一级 Cache 低，但是电路成本会降低，元器件的运行速度总是和电路成本成正比。

图 2-30　CPU 处理器中的多级 Cache

现在的 CPU 一般都是多核结构，一个 CPU 芯片内部会集成多个 Core，每个 Core 都会有自己独立的 L1 Cache，包括 D-Cache 和 I-Cache。在 X86 架构的 CPU 中，一般每个 Core 也会有自己独立的 L2 Cache，L3 Cache 被所有的 Core 共享。而在 ARM 架构的 CPU 中，L2 Cache 则被每簇（Cluster）的 Core 共享。ARM 架构 SoC 芯片的存储结构如图 2-31 所示。

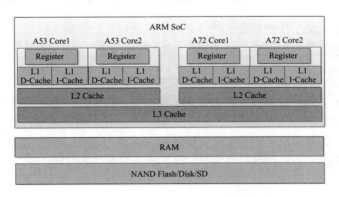

图 2-31　ARM 架构多核 CPU 的存储结构

2.4.3　为什么有些处理器没有 Cache

通过前两节的学习，我们已经知道 Cache 的作用主要是缓解 CPU 和内存之间的带宽瓶颈。Cache 一般用在高性能处理器中，并不是所有的处理器都有 Cache，如 C51 系列单片机、cortex-M0、cortex-M1、cortex-M2、cortex-M3、cortex-M4 系列的 ARM 处理器都没有 Cache。为什么这些处理器不使用 Cache 呢？主要原因有三个：一是这些处理器都是低功耗、低成本处理器，在 CPU 内集成 Cache 会增加芯片的面积和发热量，不仅功耗增加，芯片的成本也会增加不少。以 Intel 酷睿 i7-3960X 处理器为例，如图 2-32 所示，L3 Cache 大约占了芯片面积的 1/4，再加上每个 Core 内部集成的独立 L1 Cache 和 L2 Cache，整个 Cache 面积差不多就占了芯片总面积的 1/3。

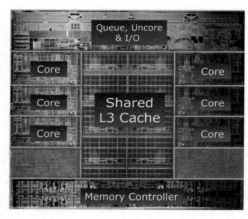

图 2-32　i7-3960x 处理器的设计版图

二是这些处理器本来工作频率就不高（从几十兆赫到几百兆赫不等），和 RAM 之间不存在带宽问题，有些处理器甚至不需要外接 RAM，直接使用片内 SRAM 就可满足面向控制领域的软件开发需求。

三是使用 Cache 无法保证实时性。当缓存未命中时，CPU 从 RAM 中读取数据的时间是不确定的，这是嵌入式实时控制场景无法接受的。因此，在一些面向嵌入式工业控制、实时领域、超低功耗的处理器中，大家可以看到很多没有集成 Cache 的处理器。不要觉得奇怪：适合自己的，才是最好的，不是所有的牛奶都叫特仑苏，不是所有的处理器都需要 Cache。

2.5　CPU 性能提升：流水线

流水线是工业社会化大生产背景下的产物。亚当·斯密在他的《国富论》中曾经描述这样一个场景：制作一枚回形针一般需要 18 个步骤，工厂里的工人平均每天也只能做 100 枚回形针。后来改进工艺，把制针流程分成 18 道工艺，然后让这 10 名工人平均每人负责 1~2 道工艺，最后这 10 名工人每天可以制造出 48 000 枚回形针，生产效率整整提高了几十倍！

在农业社会做一部手机，需要的是工匠、手艺人，就像故宫里修文物的那些匠人一样，是需要拜师学艺、慢慢摸索、逐步精进的：从电路焊接、手机组装、质检、贴膜、包装都是一个人，什么都要学。手艺人慢工出细活，但生产成本很高。到了工业化社会就不一样了：大家分工合作，将做手机这个复杂手艺拆分为多个简单步骤，每个人负责一个步骤，多个步骤构成流水线。流水线上的每个工种经过练习和培训，都可以很快上手，每个人都做自己最擅长的，进而可以大大提高整个流水线的生产效率。

做一部手机，焊接电路、组装成品这一步流程一般需要 8 分钟，测试检验需要 4 分钟，贴膜包装成盒需要 4 分钟，总共需要 16 分钟。如果有 3 个工人，每个人都单独去做手机，每 16 分钟可以生产 3 部手机。一个新员工从进厂开始，要培训学习三个月才能掌握所有的技能，才能上岗。如果引入生产流水线就不一样了，每个人只负责一个工序，如图 2-33 所示，小 A 只负责焊接电路、组装手机，小 B 只负责质检，小 C 只负责贴膜包装。每个人进厂培训 10 天就可以快速上手了，流水线对工人的技能要求大大降低，而且随着时间的推移，每个人会对自己负责的工序越来越熟练，每道工序需要的时间也会大大减少：小 A 焊接电路越来越顺手，花费时间从原来的 8 分钟缩减为 4 分钟；小 B 的质量检验练得炉火纯青，做完整个流程只需要 2 分钟；小 C 的贴膜技术也越来越高了，从贴膜到包装 2 分钟完成。每 16 分钟，小 A 可以焊接 4 块电路板，整个流水线可以生产出 4 部手机，产能整整提升了 33.33%！老板高兴，小 A 高兴，小 B 和小 C 高兴，因为每做 2 分钟，他们还可以休息 2 分钟，岂不乐哉。

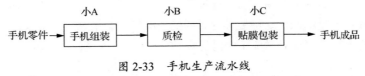

图 2-33　手机生产流水线

看到这里可能有人抬杠了：你这么算是不对的，每道工序所用的时间都变为原来的一半，怎么可能做得到？其实要做到不难的，只要工序拆解得合理，容易上手，再加上足够时间的机械重复，很多人都可以做得到。

2.5.1　流水线工作原理

一条指令的执行一般要经过取指令、翻译指令、执行指令 3 个基本流程。CPU 内部的电路分为不同的单元：取指单元、译码单元、执行单元等，指令的执行也是按照流水线工序一步一步执行的。如图 2-34 所示，我们假设每一个步骤的执行时间都是一个时钟周期，那么一条指令执行完需要 3 个时钟周期。

　　CPU 执行指令的 3 个时钟周期里，取指单元只在第一个时钟周期里工作，其余两个时钟周期都处于空闲状态，其他两个执行单元也是如此。这样做效率太低了，消费者无法接受，老板更无法接受。解决方法就是引入流水线，让流水线上的每一颗螺丝钉都马不停蹄地运转起来。

　　如图 2-35 所示，引入流水线后，除了刚开始的第一个时钟周期大家可以偷懒，其余的时间都不能闲着：从第二个时钟周期开始，当译码单元在翻译指令 1 时，取指单元也不能闲着，要接着去取指令 2。从第三个时钟周期开始，当执行单元执行指令 1 时，译码单元也不能闲着，要接着去翻译指令 2，而取指单元要去取指令 3。从第四个时钟周期开始，每个电路单元都会进入满负荷工作状态，像富士康工厂里的流水线一样，源源不断地执行一条条指令。

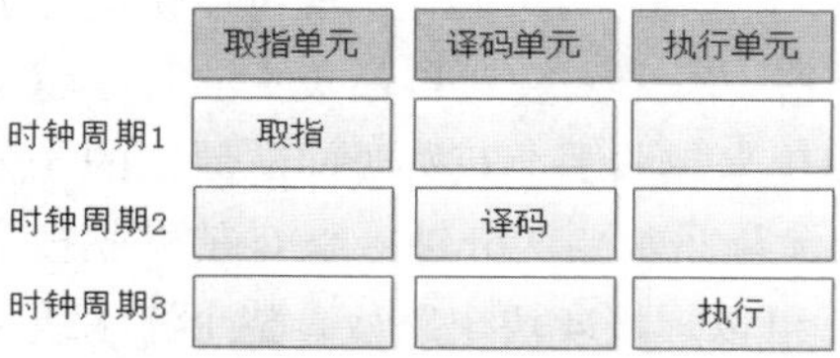

图 2-34　ARM 处理器的三级流水线

图 2-35　处理器指令的流水线执行过程

　　引入流水线后，虽然每一条指令的执行流程和时间不变，还是需要 3 个时钟周期，但是从整条流水线的输出来看，差不多平均每个时钟周期就能执行一条指令。原来执行一条指令需要 3 个时钟周期，引入流水线后平均只需要 1 个时钟周期，CPU 性能提升了不少。

　　流水线的本质其实就是拿空间换时间。将每条指令分解为多步执行，指令的每一小步都有独立的电路单元来执行，并让不同指令的各小步操作重叠，通过多条指令的并行执行，加快程序的整体运行效率。

　　CPU 内部的流水线如此，工厂里的手机生产流水线也是如此，通过不断地往流水线增加人手来提高流水线的生产效率，也就是增加流水线的吞吐率。

2.5.2　超流水线技术

　　想知道什么是超流水线，让我们再回到工厂。

在手机生产流水线上，由于小 A 的工作效率不高，每焊接组装一步手机需要 4 分钟，导致流水线上生产一部手机也得需要 4 分钟。小 A 拖累了整条生产线的生产效率，老板很生气，后果很严重，小 A 没干到一个月就被老板炒掉了。接下来的几个月里，陆陆续续来了不少人，都想挑战一下这份工作，可惜干得还不如小 A。老板招不到人，感觉又错怪了小 A，于是决定升级生产线，并在加薪的承诺下重新召回了小 A。

经过分析，老板找到了生产线的瓶颈：流水线上的每道工序都需要 2 分钟，只有小 A 这道工序需要 4 分钟，老板发现自己错怪了小 A，这不是小 A 的原因，是因为这道工序太复杂。老板把这道工序拆解为两道工序：焊接电路和组装手机。如图 2-36 所示，焊接电路仍由小 A 负责，把电路板、显示屏、手机外壳组装成手机这道工序则由新员工小 D 负责。生产流水线经过优化后，小 A 焊接电路只需要 2 分钟，小 D 组装每部手机也只需要 2 分钟，生产每部手机的时间也由原来的 4 分钟缩减为 2 分钟。现在每 16 分钟可以生产 8 部手机，生产效率是原来的 2 倍！生产流水线的瓶颈解决了。

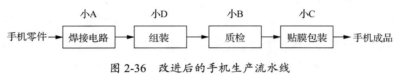

图 2-36　改进后的手机生产流水线

和手机生产流水线类似，优化 CPU 流水线也是提升 CPU 性能的有效手段。流水线存在木桶短板效应，我们只需要找出 CPU 流水线中的性能瓶颈，即耗时最长的那道工序，对其再进行细分，拆解为更多的工序就可以了。每一道工序都称为流水线中的一级，流水线越深，每一道工序的执行时间就会变得越小，处理器的时钟周期就可以更短，CPU 的工作频率就可以更高，进而可以提升 CPU 的性能，提高工作效率。

在手机生产流水线上，耗时最长的那道工序决定了整条流水线的吞吐率。CPU 内部的流水线也是如此，流水线中耗时最长的那道工序单元的执行时间（即时间延迟）决定了 CPU 流水线的性能。CPU 流水线中的每一级电路单元一般都是由组合逻辑电路和寄存器组成的，组合逻辑电路用来执行本道工序的逻辑运算，寄存器用来保存运算输出结果，并作为下一道工序的输入。

流水线通过减少每一道工序的耗费时间来提升整条流水线的效率。在 CPU 内部也是如此，CPU 内部的数字电路是靠时钟驱动来工作的，既然每条指令的执行时钟周期数不变，即执行每条指令都需要 3 个时钟周期，但是我们可以通过缩短一个时钟周期的时间来提升效率，即减少每条指令所耗费的时间。一个时钟周期的时间变短，CPU 主频也就相应提升，影响时钟周期时间长短的一个关键的制约因素就是 CPU 内部每一个工序执行单元的耗费时间。虽说电信号在电路中的传播时间很快，可以接近光速，但是经过成千上万个晶体管，不停地信号翻转，还是会带来一定的时间延迟，这个时间延迟我们可以看作电路单元的执行时间。以图 2-37 为例，如果每个执行单元的时间延迟都是 1+0.5=1.5ns，那么你的时钟周期至少也得 2ns，否则电路就会工作异常。如果驱动 CPU 工作的时钟周期是 2ns，那么 CPU 的主频就是 500MHz。现在的 CPU 流水线深度可以做到 10 级以上，流水线的每一级时间延迟都可以做到皮秒级别，驱动 CPU 工作的时钟周期可以做到更短，可以把 CPU 的主频飙到 5GHz 以上。

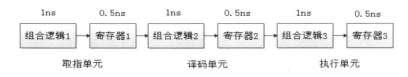

图 2-37   流水线中每道工序的耗时

我们把 5 级以上的流水线称为超流水线结构。为了提升 CPU 主频，高性能的处理器一般都会采用这种超流水线结构。Intel 的 i7 处理器有 16 级流水线，AMD 的速龙 64 系列 CPU 有 20 级流水线，史上具有最长流水线的处理器是 Intel 的第三代奔腾四处理器，有 31 级流水线。

要想提升 CPU 的主频，本质在于减少流水线中每一级流水的执行时间，消除木桶短板效应。解决方法有三个：一是优化流水线中各级流水线的性能，受限于当前集成电路的设计水平，这一步最难；二是依靠半导体制造工艺，工艺制程越先进，芯片面积就会越小，发热也就越小，就更容易提升主频；三是不断地增加流水线深度，流水线越深，流水线中的各级时间延迟就可以做得越小，就更容易提高主频。

流水线是否越深越好呢？不一定。流水线的本质是拿空间换时间，流水线越深，电路会越复杂，就需要更多的组合逻辑电路和寄存器，芯片面积也就越大，功耗也就随之上升了。用功耗增长换来性能提升，在 PC 机和服务器上还行，但对于很多靠电池供电的移动设备的处理器来说就无法接受了，CPU 设计人员需要在性能和功耗之间做一个很好的平衡。

流水线越深，就越能提升性能吗？也不一定。流水线是靠指令的并行来提升性能的，第一条指令还没有执行完，下面的第二条指令就开始取指、译码了。执行的程序指令如果是顺序结构的，没有中断或跳转，流水线确实可以提高执行效率。但是当程序指令中存在跳转、分支结构时，下面预取的指令可能就要全部丢掉了，需要到跳转的地方重新取指令执行。

```
    BEQ R1, R2, here
    ADD R2, R1, R0
    ADD R5, R4, R3
    ...
here:
    SUB R2, R1, R0
```

```
SUB R5, R4, R3
...
```

在上面的汇编程序中，BEQ 是一个条件跳转指令，根据寄存器 R1 和 R2 的值是否相等，跳转到不同的地方执行。正常情况下，当执行 BEQ 指令时，下面的 ADD 指令就已经被预取和译码了，如果程序没有跳转，则会接着继续往下执行。但是当 BEQ 跳转到 here 标签处执行时，流水线中已经预取的 ADD 指令就无效了，要全部丢弃掉，然后重新到 here 标签处取 SUB 指令，流水线才能接着继续执行。

流水线越深，一旦预取指令失败，浪费和损失就会越严重，因为流水线中预取的几十条指令可能都要丢弃掉，此时流水线就发生了停顿，无法按照预期继续执行，这种情况我们一般称为流水线冒险（hazard）。

2.5.3　流水线冒险

引起流水线冒险的原因有很多种，根据类型不同，我们一般分为 3 种。

- 结构冒险：所需的硬件正在为前面的指令工作。
- 数据冒险：当前指令需要前面指令的运算数据才能执行。
- 控制冒险：需根据之前指令的执行结果决定下一步的行为。

结构冒险很好理解，如果多条指令都用相同的硬件资源，如内存单元、寄存器等，就会发生冲突。如下面的汇编程序。

```
ADD R2, R1, R0
SUB R1, R4, R3
```

上面这两条指令执行时都需要访问寄存器 R1，但是这两条指令之间没有依赖关系，不需要数据的传送，仅仅在使用的硬件资源上发生了冲突，这种冲突我们就称为结构冒险。解决结构冒险的方法很简单，我们直接对冲突的寄存器进行重命名就可以了。这种操作可以通过编译器静态实现，也可以通过硬件动态完成，如图 2-38 所示，我们在流水线中加入寄存器重命名单元就可以了。

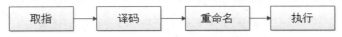

图 2-38　流水线中的重命名单元

通过硬件电路对寄存器重命名后，代码就变成了下面的样子，将 SUB 指令中的 R1 寄存器重命名为 R5，结构冒险解决。

```
ADD R2, R1, R0
SUB R5, R4, R3
```

数据冒险指当前指令的执行需要上一条指令的运算结构，上一条指令没有运行结束，当前指令就无法运行，只能暂停执行。如下面的程序代码。

```
ADD R2, R1, R0
SUB R4, R2, R3
```

第二条 SUB 指令，要等待第一条 ADD 指令运行结束，将运算结果写回寄存器 R2 后才能执行。现在的经典 CPU 流水线一般分为 5 级：取指、译码、执行、访问内存、写回。也就是说，指令执行结束后还要把运算结果写回寄存器，然后下一条指令才可以到这个寄存器取数据。要解决流水线的数据冒险，方法有很多，如使用"operand forwarding"技术，当 ADD 指令运行结束后，不再执行后面的回写寄存器操作，而是直接使用运算结果。第二个解决方法是在 ADD 和 SUB 指令中间插入空指令，即 pipeline bubble，暂缓 SUB 指令的执行，等 ADD 指令将运算结果写回寄存器 R2 后再执行就可以了。

如图 2-39 所示，为了防止数据冒险，我们在时钟周期 2 和时钟周期 3 内，添加了两个空指令，让流水线暂时停顿（stall），产生空泡（bubble）。在第 5 个时钟周期，ADD 指令执行结束，并将运算结果写回寄存器 R2 之后，SUB 指令才在第 6 个时钟周期继续执行。通过这种填充空指令的方式，SUB 指令虽然延缓了 2 个时钟周期执行，但总比把后面已经预取的几十条指令全部丢掉强，尤其是当流水线很深时，这种方式很划算，你值得拥有。

	取指单元	译码单元	执行单元	访存	写回
时钟周期1	取指ADD				
时钟周期2		译码ADD			
时钟周期3			执行ADD		
时钟周期4	取指SUB			访存ADD	
时钟周期5	取指3	译码SUB			写回ADD
时钟周期6	取指4	译码3	执行SUB		
时钟周期7	取指5	译码4	执行3	访存SUB	
时钟周期8	取指6	译码5	执行4	访存3	写回SUB

图 2-39　在流水线中添加空指令

控制冒险也是如此，当我们执行 BEQ 这样的条件判断指令，无法确定接下来要执行什么，无法确定到哪里取指令时，也可以采取图 2-39 所示的解决方法，插入几个空指令，等 BEQ 执行结束后再去取指令就可以了。

2.5.4　分支预测

条件跳转引起的控制冒险虽然也可以通过在流水中插入空泡来避免，但是当流水线很深时，需要插入更多的空泡。以一个 20 级深度的流水线为例，如果一条指令需要上一条指令执行结束才去执行，则需要在这两条指令之间插入 19 个空泡，相当于流水线要暂停 19 个时钟周期，这是 CPU 无法接受的。

如图 2-40 所示，为了避免这种情况发生，现在的 CPU 流水线在取指和译码时，都要对跳转指令进行分析，预测可能执行的分支和路径，防止预取错误的分支路径指令给流水线带来停顿。

图 2-40　在流水线中添加分支预测单元

根据工作方式的不同，分支预测可分为静态预测和动态预测。静态预测在程序编译时通过编译器进行分支预测，这种预测方式对于循环程序最有效，它可以根据你的循环边界反复取指令。而对于跳转分支，静态预测就比较简单粗暴了，一般都是默认不跳转，按照顺序执行。我们在编写有跳转分支的程序时，要记得把大概率执行的代码分支放在前面，这样可以明显提高代码的执行效率。如下面的分支跳转代码，写得就不好。

```
抛硬币操作;
if (硬币能竖起来)
{
        今晚写作业;
}
else
{
    大吉大利;
    今晚吃鸡;
}
```

执行上面的代码，不用纠结，99.99%的概率会跳转到 else 分支执行。如果我们在一个 20 级流水线的处理器上运行这个程序，一旦预测失败，就会浪费很多时钟周期去冲刷前面预取错误的流水线，从而大大降低程序的运行效率。我们可以稍微优化一下，将大概率执行的分支放到前面，就可以大概率避免流水线冲刷和停顿。

```
抛硬币操作;
if (正面 or 反面)
{
    大吉大利;
```

```
    今晚吃鸡;
}
else
{
    今晚写作业;
}
```

动态预测则指在程序运行时进行预测。不同的软件、不同的程序分支行为，我们可以采取不同的算法去提高预测的准确率，如我们可以根据程序的历史执行路径信息来预测本次跳转的行为，常见的动态预测方式有 1-bit 动态预测、n-bit 动态预测、下一行预测、双模态预测、局部分支预测、全局分支预测、融合分支预测、循环预测等。随着大量新的应用软件的出现，为了应对新的程序逻辑行为，分支预测器也做得越来越复杂，占用的芯片面积也越来越大。在 CPU 内部，除了 Cache，就数分支预测器的电路版图最大。

分支预测技术是提高 CPU 性能的一项关键技术，其本质就是去除指令之间的相关性，让程序更高效运行。一个 CPU 性能高不高，不仅在于你的流水线有多深、主频有多高、Cache 有多大，还和分支预测技术息息相关。一个分支预测器好不好，我们可以从两个方面来衡量：分支判断速度和预测准确率。目前分支预测技术可以达到 95%的预测准确率，然而技术进化之路永未停止，分支预测技术一直在随着计算机的发展不断更新迭代。

2.5.5　乱序执行

我们编写的代码指令序列按照顺序依次存储在 RAM 中。当程序执行时，PC 指针会自动到 RAM 中去取，然后 CPU 按照顺序一条一条地依次执行，这种执行方式称为顺序执行（in order）。当这些指令前后有数据依赖关系时，就会产生数据冒险，我们可以通过在指令序列之间添加空指令，让流水线暂时停顿来避免流水线中预期的指令被冲刷掉。除此之外，我们还可以通过乱序执行（out of order）来避免流水线冲突。

造成流水线冲突的根源在于指令之间存在相关性：前后指令之间要么产生数据冒险，要么产生结构冒险。我们可以通过重排指令的执行顺序，而不是被动地填充空指令来去掉这种依赖。

```
ADD R2, R1, R0 ;指令1
SUB R4, R3, R2 ;指令2
ADD R7, R6, R5 ;指令3
ADD R10,R9, R8 ;指令4
```

在上面的程序中，第二条 SUB 指令要使用第一条指令的运算结果，要等到第一条 ADD 指令运行结束后才能执行，于是就产生了数据冒险。我们可以通过在流水线中插入 2 个空指令来避免。

```
ADD R2, R1, R0 ;指令1
```

```
NOP
NOP
SUB R4, R3, R2 ;指令 2
ADD R7, R6, R5 ;指令 3
ADD R10,R9, R8 ;指令 4
```

通过暂停流水线 2 个时钟周期，我们避免了流水线的冲突。当指令序列中存在依赖关系的指令很多时，就需要在流水线中不停地插入空指令，造成流水线频繁地停顿，进而影响程序的运行效率。为了避免这种情况发生，我们可以将指令执行顺序重排，乱序执行。

```
ADD R2, R1, R0 ;指令 1
ADD R7, R6, R5 ;指令 3
ADD R10,R9, R8 ;指令 4
SUB R4, R3, R2 ;指令 2
```

因为指令 3、指令 4 和指令 1 之间不存在相关性，因此我们可将它们放到前面执行。等再次执行到指令 2 时，指令 1 已经执行结束，不存在数据冒险，此时我们就不需要在流水线中添加空指令了，CPU 流水线满负载运行，效率提升。

支持乱序执行的 CPU 处理器，其内部一般都会有专门的乱序执行逻辑电路，该控制电路会对当前指令的执行序列进行分析，看能否提前执行。如整型计算、浮点型计算会使用不同的计算单元，同时执行这些指令并不会发生冲突。CPU 分析这些不相关的指令，并结合各电路单元的空闲状态综合判断，将能提前执行的指令进行重排，发送到相应的电路单元执行。

2.5.6　SIMD 和 NEON

一条指令一般由操作码和操作数构成，不同类型的指令，其操作数的数量可能不一样。以加法指令为例，它有 2 个操作数：加数 1 和加数 2。当译码电路译码成功并开始执行 ADD 指令时，CPU 的控制单元会首先到内存中取数据，将操作数送到算术逻辑单元中，取数据的方法有两种：第一种是先取第一个操作数，然后访问内存读取第二个操作数，最后才能进行求和计算。这种数据操作类型一般称为单指令单数据（Single Instruction Single Data，SISD）；第二种方法是几个执行部件同时访问内存，一次性读取所有的操作数，这种数据操作类型称为单指令多数据（Single Instruction Multiple Data，SIMD）。毫无疑问，SIMD 通过单指令多数据运算，帮助 CPU 实现了数据并行访问，SIMD 型的 CPU 执行效率更高。

随着多媒体技术的发展，计算机对图像、视频、音频等数据的处理需求大增，SIMD 特别适合这种数据密集型计算：一条指令可以同时处理多个数据（音频或一帧图像数据）。为了满足这种需求，从 1996 年起，X86 架构的处理器就开始不断地扩展这种 SIMD 指令集。

多媒体扩展（MultiMedia eXtensions，MMX）指令集是 X86 处理器为音视频、图像处理专门设计的 57 条 SIMD 多媒体指令集。MMX 将 64 位寄存器当作 2 个 32 位或 8 个 8 位寄存器来用，用来处理整型计算。这些寄存器并不是为 MMX 单独设计的，而是借用浮点运算的寄存器进行计算的，因此 MMX 指令和浮点运算不能同时工作。

SSE（Internet Streaming SIMD Extensions）指令集是 Intel 在奔腾三处理器中对 MMX 进行扩展的指令集。SSE 和 MMX 相比，不再占用浮点运算单元的寄存器，它有自己单独的 128 位寄存器，一次可处理 128 位数据。后来 AVX（Advanced Vector Extensions）指令集将 128 位的寄存器扩展到 256 位，支持矢量计算，并全面兼容 SSE 及后续的扩展指令集系列 SSE2/SSE3/SSE4。短短几年后，AMD 也不甘示弱，发布了 3DNow! 和 SSE5 指令集。3DNow! 指令集基于 Intel 的 MMX 指令集进行扩展，不仅支持并行整型计算、并行浮点型计算，还可以混合操作整型和浮点型计算，不需要上下文来回切换，执行效率更高。

FMA（Fused-Multiply-Add）指令集，基于 AVX 指令集进行扩展，融合了加法和乘法，又称为积和熔加计算，可通过单一指令执行多次重复计算，简化了程序，比 AVX 更加高效，以适应绘图、渲染、立体音效等一些更复杂的多媒体运算。现在无论是 Intel 还是 AMD，新版的 CPU 微架构都开始支持 FMA 指令集。

随着音乐播放、拍照、直播、小视频等多媒体需求在移动设备上的爆发，ARM 架构的处理器也开始慢慢支持和扩展 SIMD 指令集。如图 2-41 所示，NEON 是适用于 Cortex-A 和 Cortex-R52 系列处理器的一种 128 位的 SIMD 扩展指令集。早期的浮点运算已不能满足需求，ARM 从 ARM V7 指令集开始引入 NEON 多媒体 SIMD 指令，通过向量化运算，更好地支持音视频编解码、计算机视觉 AR/VR、游戏渲染、机器学习、深度学习等需要大量复杂计算的新应用场景。

图 2-41　ARM 处理器中的 SIMD 指令执行单元

2.5.7　单发射和多发射

SIMD 指令可以用一条指令来处理多个数据，其实就是通过数据并行来提高执行效率的。为应对日益复杂的多媒体计算需求，X86 和 ARM 处理器都分别扩展了 SIMD 指令集，这些扩展的 SIMD 指令和其他指令一样，在流水线上也是串行执行的。流水线通过前面的各种优化手段来提高吞吐率，其实就是通过提升处理器主频来提高运行效率。CPU 的主频提升了，但处理器在每个时钟周期能执行的指令个数仍是不变的：每个时钟周期只能从存储器取一条指令，每个时钟周期也只能执行一条指令，这种处理器一般叫作单发射处理器。

多发射处理器在一个时钟周期内可以执行多条指令。处理器内部一般有多个执行单元，如算术逻辑单元（ALU）、乘法器、浮点运算单元（FPU）等，每个时钟周期内仅有一个执行单元在工作，其他执行单元都闲着，甜豆浆咸豆浆，喝一碗倒一碗，这是多么的浪费啊！双发射处理器可以在一个时钟周期内同时分发（dispatch）多条指令到不同的执行单元运行，让 CPU 同时执行不同的计算（加法 、乘法、浮点运算等），从而达到指令级的并行。一个双发射处理器每个时钟周期理论上最多可执行 2 条指令，一个四发射处理器每个时钟周期理论上最多可以执行 4 条指令。双发处理器的流水线如图 2-42 所示。

取指单元	译码单元	执行单元
取指1 取指2		
取指3 取指4	译码1 译码2	
取指5 取指6	译码4 译码5	执行1 执行2

（时钟周期1 / 时钟周期2 / 时钟周期3）

图 2-42　双发射处理器的流水线

根据实现方式的不同，多发射处理器又分为静态发射和动态发射。静态发射指在编译阶段将可以并行执行的指令打包，合并到一个 64 位的长指令中。在打包过程中，若找不到可以并行的指令配对，则用空指令 NOP 补充。这种实现方式称为超长指令集架构（Very Long Instruction Word，VLIW）。如下面的汇编指令，带有||的指令表示这两条指令要在一个时钟周期里同时执行。

```
ADD R1, R1, R0 || ADD R3, R2, R2
```

VLIW 实现简单，不需要额外的硬件，通过编译器在编译阶段就可以完成指令的并行。早期的汇编语言不支持指令的并行化执行声明，随着处理器不断地迭代更新，为了保证指令集的兼容性，现在的处理器，如 X86、ARM 等都采用 SuperScalar 结构。采用 SuperScalar 结构的处理器又叫超标量处理器，如图 2-43 所示，这种处理器在多发射的实现过程中会增加额外的取指单元、译码单元、逻辑控制单元等硬件电路。在指令运行时，将串行的指令序列转换为并行的指令序列，分发到不同的执行单元去执行，通过指令的动态并行化来提升 CPU 的性能。

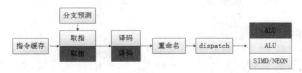

图 2-43　超标量处理器的动态发射

大家不要把乱序执行和 SuperScalar 弄混淆了，两者不是一回事。乱序执行是串行执行指令，只不过调整了指令的执行顺序而已，而 SuperScalar 则是并行执行多条指令。两者在一个处理器中是可以共存的：一个处理器可以是双发射、顺序执行的，也可以是双发射、乱序执行的；可以是单发射、乱序执行的，当然也可以是单发射、顺序执行的。超标量处理器通过增加电路逻辑将指令并行化来提升性能，其代价是增大了芯片的面积和功耗。不同的处理器，根据自己的市场定位，可以灵活搭配合适的架构：是追求低功耗，还是追求高性能，还是追求性能和功耗的相对平衡，总能做出一道适合你的菜。

VLIW 和 SuperScalar 分别从编译器和硬件上实现了指令的并行化，各有各的优势和局限性：VLIW 虽然实现简单，但由于兼容性问题，不支持目前主流的 X86、ARM 处理器；而采用 SuperScalar 结构的处理器，完全依赖流水线硬件去动态识别可并行执行的指令，并分发到对应的执行单元执行，不仅大大增加了硬件电路的复杂性，而且也存在极限。学者和工业界一致认为，同时执行 8 条指令将是 SuperScalar 结构的极限。

现在新架构的处理器没有指令集兼容的历史包袱，一般会采用显式并行指令计算（Explicitly Parallel Instruction Computing，EPIC）的指令集结构。EPIC 结合了 VLIW 和 SuperScalar 的优点，允许处理器根据编译器的调度并行执行指令而不增加硬件的复杂性。EPIC 的实现原理也很简单，就是在指令中使用 3 个比特位来表示相邻的两条指令有没有相关性、当前指令要不要等上一条指令运行结束后才能执行。程序在运行时，流水线根据指令中的这些信息可以很轻松地实现指令的并行化和分发工作。EPIC 大大简化了 CPU 硬件逻辑电路的设计，1997 年，Intel 和 HP 联合开发的纯 64 位的安腾（Itanium）处理器就采用了 EPIC 结构。

2.6 多核 CPU

半导体工艺和架构是提升 CPU 性能的双驾马车。CPU 的发展史，其实就是处理器架构和半导体工艺交互升级、协同演进的发展史。半导体工艺采用更先进的制程，晶体管尺寸变小了，芯片面积降低了，CPU 的主频就可以做得更高；在相同的工艺制程下，通过不断优化 CPU 架构，从 Cache、流水线、乱序执行、SIMD、多发射、指令预测等方面不断更新迭代，就可以设计出比别家公司性能更高、功耗更低的处理器。

2.6.1 单核处理器的瓶颈

在相同的半导体工艺制程下，芯片的面积越大，芯片的良品率就越低，芯片的成本就会越高，功耗也会越大。美国加利福尼亚州有家名叫 Cerebras 的创业公司发布了一款专为人工智能打造、号称史上最大的 AI 芯片，这款名为 Wafer Scale Engine（WSE）的芯片由 1.2 万亿个晶体管构成，采用台积电 16nm 工艺，芯片面积比一个 iPad 还大，功耗 15 000W，比 6 台电磁炉的总功率还大。如果把这款处理器用在你的手机上，"充电 5 小时，通话 2 分钟"，绝对不是梦想。现在处理器的发展趋势就是在提升性能的情况下，功耗越做越低，这样的产品在市场上才有竞争力。

而在相同的工艺下，提升芯片性能和减少功耗之间往往又是冲突的。以 Cache 为例，我们可以通过增加 L1、L2、L3 级 Cache 的容量来增加 Cache 的命中率，提高 CPU 的性能，但芯片的面积和功耗也会随之增加。流水线同样如此，我们可以通过增加流水线级数、减少每一级流水的时间延迟，来提高处理器的主频，但随之而来的就是芯片电路的复杂性增加。鱼与熊掌不可兼得，很多厂家在发布自己的处理器时，都会根据产品的市场定位在性能、成本和功耗之间反复做平衡，或者干脆发布一系列低、中、高端产品：要么追求高性能，要么追求低功耗，要么追求能效比。

单核时代的玩法玩得差不多了，就要换种新玩法，才能让消费者有欲望和动力扔掉旧机器，刷着花呗白条更新换代。于是，一个更加缤纷多彩的多核大战时代来临了。

2.6.2　片上多核互连技术

现代的计算机，无论是 PC、手机还是服务器，一般都是多个任务同时运行，单核 CPU 的性能再强劲，其实也是在串行执行这几个任务，多个任务轮流占用 CPU 运行。只要任务切换得足够快，就可以以假乱真，让用户觉得多个程序在同时运行。

多核处理器则可以让多个任务真正地同时执行。在单核处理器通过指令级并行性能提升空间有限的情况下，通过多核在任务级做到真正并行，可以进一步提升 CPU 的整体性能。

单核处理器芯片内部除了集成 CPU 的各个基本电路单元，还集成了各级 Cache。当在一个芯片内部集成多个核（Core）时，各个 Core 之间怎么连接呢？Cache 是每个 Core 独享，还是共享？不同架构的处理器，甚至相同架构不同版本的处理器，其连接方式都不一样。

早期的计算机比较简单，CPU 和内存、I/O 模块直接相连，这种连接也称为星型连接。星型连接通信效率最高，但是浪费的资源也多。举一个简单的例子，如邮局，如图 2-44 左侧图所示。

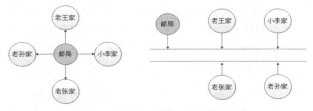

图 2-44　星型连接与总线型连接

计算机的 CPU 和其他模块，如果像邮局一样采用星型连接，通信效率确实高效，快递员到每家都有专门的道路，永不堵车。但星型连接成本高、可扩展性差：如果老王家的小王结婚盖了新房，则还需要专门修一条新公路，从邮局通到小王家；小李家拆迁了，乔迁新居，原来的公路就浪费了，还得继续修公路通到新家。为了解决这种缺陷，如图 2-44 右侧图所示，总线型连接就产生了：各家共享公路资源，邮局对他们各家进行编址管理。总线型连接可以随意增加或减少连接模块，兼容性和扩展性都大大增强。在单核处理器时代，总线型连接是最理想和最经济的，但是到了多核时代就未必如此了。

总线型连接也有缺陷，在某一个时刻只允许一对设备进行通信，如图 2-45 所示，当多个 Core 同时想占用总线与外部设备通信时，就会产生竞争，进而影响通信效率。

一个解决方法是使用线性阵列，分段使用总线，就像高速公路上的不同收费点一样，多个处理器可以分段使用总线资源进行通信，如 IBM 的 Cell 处理器。另一个解决方法是使用交叉开关（Crossbar），如图 2-46 左侧图所示。

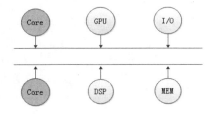

图 2-45　多核 CPU 的总线型连接

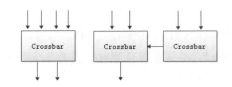

图 2-46　交叉开关型连接

交叉开关像路由器一样有多个端口，多个 Core 可以通过交叉开关的端口互连，并行通信。相互通信的各对节点都是独立的，互不干扰。交叉开关可以提高通信效率，但其自身也会占用芯片面积，功耗很大，尤其当连接设备很多，交叉开关的端口很多时，芯片面积和功耗会急剧上升。为了缓解这一矛盾，我们可以使用层次化交叉开关（如图 2-46 右侧图），通过层次化交叉开关可以在局部构建一个节点的集群，然后在上一层将每个局部的集群看成一个节点，再通过合适的方式进行连接。

层次化交叉开关利用网络通信的局部特征，缓解了单个开关在连接的节点上升时产生的性能下降，在性能、芯片面积和功耗之间达到一个平衡。交叉开关两两互连，处理器的多个 Core 之间通过开关可以相互独立通信，效率很高（如图 2-47 左侧图）。但随之而来的问题是，随着连接节点增多，交叉开关的互连逻辑也越来越复杂，功耗和占用的芯片面积也越来越大，所以这种连接结构一般适用于四核以下的 CPU。四核以上的 CPU 可以采用 Ring Bus 结构（如图 2-47 右侧图）：将总线和交叉开关结合起来，连成一个环状，相邻的两个 Core 通信效率最高，远离的两个 Core

之间可以通过开关路由通信。Intel 的八核处理器一般都是采用这种结构的。

　　Ring Bus 结构结合了总线型连接和开关型连接两者的优点，在成本功耗和通信效率之间达到一个平衡，但是也有局限性，当这个环上连接的 Core 很多时，通信延迟又会带来效率下降。面向服务器的处理器一般都是 16 核以上的，这种众核结构如果再使用以上连接方式则都会有局限性，影响多核整体性能的发挥。面向众核处理器领域，目前比较流行的一种片上互连技术叫作片上网络（Net On Chip，NoC）。现在比较常用的二维 Mesh 网络如图 2-48 所示。

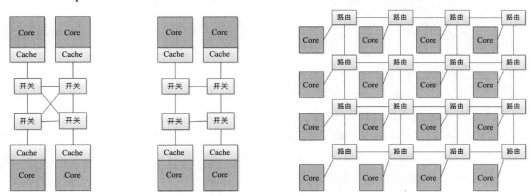

图 2-47　交叉开关型结构与 Ring Bus 结构　　　　图 2-48　二维 Mesh 网络

　　当处理器的 Core 很多时，我们不再使用总线型连接，而是使用网络节点的方式连接。每个节点包括计算单元、通信单元及其附属电路。计算和通信实现了分离，每一个节点中的处理单元可以是一个 Core，也可以是一个小规模的 SoC。Core 与 Core 之间的通信基于通信协议进行，数据包在网络中按照设定的路由算法传输，通过网络通信的分布化来避免总线的竞争。

　　当 2D Mesh 网络连接的 Core 很多时，距离较远的两个 Core，因为经过太多的路由，通信延迟也会对处理器整体性能产生一定影响。将网络路径中每一条线的首尾路由节点相连，就变成了二维的 Ring Bus 结构，即 Torus 网络，可以进一步减少路由路径较远时带来的通信延迟。

　　NoC 根据连接的节点类型，可分为同构和异构两种类型。同构指网络上连接的节点处理器类型都是一样的，如都是 CPU 的 Core；而异构则指网络上可以连接不同类型的处理单元，如 GPU、DSP、NPU、TPU 等。随着人工智能、大数据、物联网等技术的发展，我们需要在同一个处理器中集成不同类型的运算单元，如 CPU、GPU、NPU 等。如何更方便地连接它们，如何让它们更高效地协同工作，如何避免"一核有难，八核围观"的尴尬局面，如何提升处理器的整体性能，成为目前 NoC 领域研究的热点。

2.6.3 big.LITTLE 结构

多个 Core 集成到一个处理器上，当 CPU 负载很大时，多个 Core 一起上阵确实可以提高工作效率，但是当工作任务不是很多时，如只开一个 QQ，然后八个核一起跑，只有一个 Core 在工作，其他 Core 也开始跟着空转打酱油，随之带来的就是功耗的上升。为了避免这种情况，ARM 推出了 big.LITTLE 架构，也就是大小核架构：一个处理器内部集成的有高性能的 Core，也有低功耗的 Core。当 CPU 工作负载很重时，启动高性能的 Core 工作；当 CPU 很闲时，则切换到低功耗的 Core 上工作。根据不同的应用场景和工作负载，CPU 分配不同的 Core 工作，可以在性能和功耗之间达到一个平衡。

ARM 处理器针对多核采取了分层设计，如图 2-49 所示，将所有的高性能核放到一个簇（Cluster）里，构成一个 big Cluster，将多个低功耗核放到另一个 Cluster 里，构成 LITTLE Cluster。处理器中的每个 Core 都有自己独立的数据 Cache 和指令 Cache，每个 Cluster 共享 L2 Cache。为了保证多个 Core 运行时 Cache 和 RAM 中的数据相同，两个 Cluster 之间通过缓存一致性接口相连，不仅保证多个 Core 之间的高效通信，还通过检测电路，保证了多个 Cache 之间、Cache 和 RAM 之间的数据一致性，避免程序运行出错。

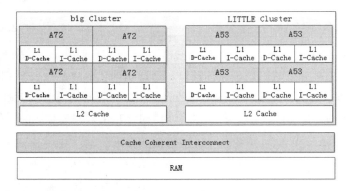

图 2-49 ARM 处理器的 big.LITTLE 架构

操作系统运行时，可以根据 CPU 的负载情况灵活地在两个 Cluster 之间来回切换。为了更好地在性能和功耗之间达到平衡，我们甚至可以进行更精细的调度：当 CPU 负载较轻时，使用小核；当 CPU 负载一般时，大核和小核混合使用；只有当 CPU 负载较高时，才全部使用大核工作。随着 ARM 的大小核设计技术越来越成熟，在软件上的优化越来越得心应手，越来越多的厂家开始使用这项技术去设计自己的处理器，大小核设计目前已经成为 ARM 多核处理器的标配。

2.6.4　超线程技术

在多核处理器设计中，还有一种技术叫超线程技术（Hyper-Threading，HT），目前主要应用在 Intel、AMD 的 X86 多核处理器上。大家买计算机时，经常会看到 4 核 8 线程、6 核 12 线程的说明，带有这些字眼的处理器一般都采用了超线程技术。

什么是超线程技术呢？网上有个例子讲得很形象，这里就拿来跟大家分享一下：假如你是一个餐馆的老板，雇了一个厨师烧菜，顾客点了两道菜：老鸭汤和宫保鸡丁。厨师接单后，开始做起来。如图 2-50 所示，老鸭汤从备菜到出锅需要 14min，宫保鸡丁从备菜到出锅需要 10min，两道菜总共需要 24min。

2min	10min	2min	2min	6min	2min
备菜	小火炖老鸭汤	出锅	备菜	炒菜	出锅

图 2-50　厨师的做菜流水线

为了提高上菜速度，老板有两个方法：一是再雇一个厨师，每个厨师同时各做一道菜；二是在厨房里再增加一个灶台，让厨师分别在两个灶台上同时做这两道菜。只要老板智商没问题，肯定会选第二种，因为老板发现厨师在煲汤的十分钟里一直闲着没事干，顾客早就等得不耐烦了，厨师却在那里刷抖音。再雇一个厨师的成本太高，如图 2-51 所示，再添一个灶台，就可以让厨师一直忙，既节省了人力成本，又可以将做两道菜的时间缩减到 14min。

图 2-51　改进后的流水线

如果把厨师看作 CPU，则选择第一种方案就是双核处理器，选择第二种方案是单核双线程处理器。超线程技术通过增加一定的控制逻辑电路，使用特殊指令可以将一个物理处理器当两个逻辑处理器使用，每个逻辑处理器都可以分配一个线程运行，从而最大限度地提升 CPU 的资源利用率。超线程技术在 CPU 内部的实现原理也很简单，我们以学校旁边打印店里的打印机为例，如图 2-52 所示。

当打印店的生意很火爆时，老板一般会多购买几台打印设备（计算机+打印机）。如果每台计算机配一台打印机，成本会很高，而且打印机也不是一直在用，大部分时间都在闲着，因为大部分时间都花费在文档的输入、修改和设计上了。为了充分利用打印机资源，节省成本，老板可以

只买一台打印机，然后将两台计算机通过虚拟打印机设置都连接到这台打印机上。如果把打印机看作 CPU 的 Core，那么这种共享打印机的设置其实就是超线程技术。

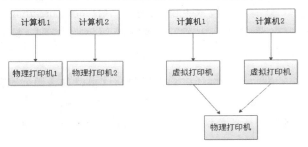

图 2-52　打印机的超线程技术

超线程技术的实现原理和打印机类似：如图 2-53 所示，在 CPU 内部很多资源其实也是可以共享的，如 ALU、FPU、Cache、总线等，也有很多资源是每个线程独有的，如寄存器状态、堆栈等。我们通过增加一些控制逻辑电路，保存各个线程的状态，共享 ALU、Cache 等共享资源，就可以在一个物理 Core 上实现两个逻辑 Core，操作系统可以给每个逻辑 Core 都分配 1 个线程运行。

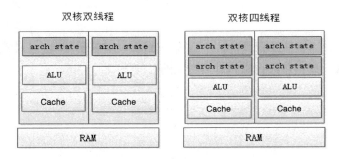

图 2-53　CPU 的超线程技术

这里需要注意的是，在同一个物理 Core 上的两个线程并不是同时运行的，因为每个线程都需要使用物理 Core 上的共享资源（如 ALU、Cache 等）。但是两个线程之间可以互相协助运行，一般处理器上的两个线程上下文切换需要 20 000 个时钟周期，而超线程处理器上的两个线程切换只需要一个时钟周期就可以了，上下文切换的时间开销大大减少。超线程技术其实就是“欺骗”操作系统，让操作系统认为它有更多的 Core，给它分配更多的任务执行，通过减少 CPU 的空闲时间来提高 CPU 的利用率。因为线程在两个逻辑处理器上并不是真正的并行，所以也不可能带来 2 倍的性能提升，但是通过增加 5%左右的芯片面积换来 CPU 15%~30%的性能提升，还是很划算的。

超线程技术的使用也离不开硬件和软件层面的支持。首先主板和 BIOS 要支持超线程技术，操作系统也需要对超线程技术有专门的优化。Windows 操作系统从 Windows XP 以后开始支持超线程技术，GNU/Linux 操作系统则从 Linux-2.6 以后开始支持超线程技术。除此之外，应用层面也需要支持超线程技术，如 NPTL 库等。

　　并不是所有的场合都适合使用超线程技术，你可以根据自己的实际需求选择开启或关闭超线程。在高并发的服务器场合下，使用超线程技术确实可以提升性能，但在一些对单核性能要求比较高的场合，如大型游戏，开启超线程反而会增加系统开销，影响性能。在 Intel 和 AMD 的处理器产品系列中，你会发现并不是所有的处理器都使用了超线程技术，甚至某代处理器全部放弃使用，而最新的 Intel 10 代处理器则又卷土重来，全面开启超线程。截至目前，市面上还没有发现使用超线程技术的 ARM 处理器。

2.6.5　CPU 核数越多越好吗

　　在多核处理器时代，如何打造一款爆款 CPU 芯片，在市场上大卖？

　　工厂一定得选最好的黄金地段，雇法国的设计师，建就得建最高档次的厂房！

　　电梯直接入户，户型最小也得四万平方米，什么宽带啊、光缆啊、卫星啊，能安的都安上。

　　楼下建一个商场，楼里建一个咖啡馆，厂门口站一个英国保安，戴假发、穿皮靴、特绅士的那种。

　　工人一进门儿，甭管有事没事，都得跟人家说：Happy 996，Sir！一口地道的伦敦腔，倍儿有面子！

　　再建一个单晶硅生产车间，沙子要用澳洲黄金海岸的，光刻机要用 ASML 的。

　　Cache 要上 GB 级别，CPU 流水线要 30 级起步，什么分支预测、乱序执行、超线程、SIMD、多发射，能用的全给它用上。

　　CPU 要 64 核起，什么 GPU、TPU、NPU、DPU 啊，可劲儿往里堆。

　　别管有用没用，就是一个字儿：贵，流一次片就得先花一个亿。

　　周围的同事不是耶鲁的就是哈佛的，你要是 211 毕业的，都不好意思和人家打招呼。

　　你说这样的配置，造出来的 CPU 得多少钱？

　　至少也得两千美元吧！

　　两千美元？两千美元那是成本，四千美元起，你别嫌贵，还不打折。

你得研究玩家的购物心理，愿意掏两千美元攒机的家伙，根本不在乎再多掏两千。

知道什么是发烧友吗？发烧友就是买什么东西，只买贵的，不买对的！

所以，我们生产 CPU 的口号就是：不求最好，但求最贵！

相关研究表明，单核处理器主频每升 1GHz，平均就要增加 25W 的功率。通过增加处理器核数，将大量繁重的计算任务分配到更多的 Core 上，可以提高处理器的整体性能。而根据阿姆达尔定律，程序中并行代码的比例又决定了增加处理器核数所能带来的性能提升上限，CPU 的核数不一定越多越好，任务分配不当就可能造成"一核有难，八核围观"的尴尬场面。消费者在配置计算机时，建议根据自己的实际需求来选择性价比最高的处理器。

大型游戏一般侧重单核性能，主频越高，游戏体验越佳；而服务器则更倾向于多核多线程。例如你要玩《绝地求生》游戏，6 核 12 线程的 E5 2689 不一定比得上双核四线程的奔腾 G5400。目前大部分游戏优化满载时能跑到四核就已经不错了，如果你在玩游戏时还运行其他软件，六核已经足够，八核就算高端配置了。当然，如果你是发烧友玩家或者土豪，一直在追求极致的体验，上面所说的一切无效，挑最贵的下单，保证没错。

如果你想犁一块地，你会选择哪种方式？两头健壮的小公牛，还是 1024 只小鸡？

—— 超级计算机之父，Seymour Cray

如果想继续提升极致的游戏体验，在多核提升性能有限的情况下，就要从内存、显卡、计算机周边配件着手了。此时已经到了后摩尔时代，异构计算已经悄然崛起。

2.7　后摩尔时代：异构计算的崛起

随着物联网、大数据、人工智能时代的到来，海量的数据分析、大量复杂的运算对 CPU 的算力要求越来越高。CPU 内部的大部分资源用于缓存和逻辑控制，适合运行具有分支跳转、逻辑复杂、数据结构不规则、递归等特点的串行程序。在集成电路工艺制程将要达到极限，摩尔定律快要失效的背景下，无论是单核 CPU，还是多核 CPU，处理器性能的提升空间都已经快达到极限了。适用于大数据分析、海量计算的计算机新型架构——异构计算，逐渐成为目前的研究热点。

2.7.1　什么是异构计算

简单点理解，异构计算就是在 SoC 芯片内部集成不同架构的 Core，如 DSP、GPU、NPU、TPU 等不同架构的处理单元，各个核心协同运算，让整个 SoC 性能得到充分发挥。在异构计算机系统中，CPU 像一个大脑，适合处理分支、跳转等复杂逻辑的程序；GPU 头脑简单，但四肢发达，擅长处理图片、视频数据；而在人工智能领域，则是 NPU 和 FPGA 的战场。大家在一个 SoC 系统芯片内发挥各自专长，多兵种协同作战，让处理器的整体性能得到更大地提升。

2.7.2　GPU

GPU（Graphic Process Unit，图形处理单元）主要用来处理图像数据。玩过吃鸡或 3D 游戏的朋友可能都知道，个人计算机上不配置一块大容量的显卡，这些游戏根本玩不了。显卡是显式接口卡的简称，计算机联网需要网卡，计算机显示则需要显卡。显卡将数字图像信号转换为模拟信号，并输出到屏幕上。早期的计算机比较简单，都是简单的文本显示，显卡都是直接集成到主板上，只充当适配器的角色，即只具备图形信号转换和输出的功能，对于一些简单的图像处理，CPU 就能轻松应付，不需要显卡的参与。随着大型 3D 游戏、制图、视频渲染等软件的流行，计算机对图像数据的计算量成倍增加，CPU 已经越来越力不从心，独立显卡开始承担图像处理和视频渲染的工作。

GPU 是显卡电路板上的芯片，主要用来进行图像处理、视频渲染。GPU 虽然是为图像处理设计的，但如果你认为它只能进行图像处理就大错特错了。GPU 在浮点运算、大数据处理、密码破解、人工智能等领域都是一把好手，比 CPU 更适合做大规模并行的数据运算。"没有金刚钻，不揽瓷器活，打铁还需自身硬"，如图 2-54 所示，GPU 比 CPU 强悍的地方在于其自身架构。

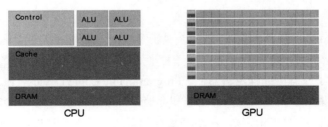

图 2-54　CPU 与 GPU 的架构对比

CPU 有强大的 ALU、复杂的控制单元，再配上分支预测、流水线、Cache、多发射，单核的功能可以做得很强大，特别擅长处理各种复杂的逻辑程序，如跳转分支、循环结构等。但 CPU 的局限是，由于软件本身不可能无限拆分为并行执行，导致 CPU 的核数也不可能无限增加，而且在一个单核中 Cache 和控制单元电路就占了很大一部分芯片面积，也不可能集成太多的 ALU。后续的处理器虽然扩充了 SIMD 指令集，通过数据并行来提高处理器的性能，但面对日益复杂的图形处理和海量数据也是越来越力不从心。GPU 也是一种 SIMD 结构，但和 CPU 不同的是，它没有复杂的控制单元和 Cache，却集成了几千个，甚至上万个计算核心。正可谓"双拳难敌四手，恶虎也怕群狼", GPU 天然多线程,特别适合大数据并行处理,在现在的计算机中被广泛使用。在个人计算机上,GPU 一般以独立显卡的形式插到主板上,跟 CPU 一起协同工作;在手机处理器里,GPU 一般以 IP 的形式集成到 SoC 芯片内部。

2.7.3　DSP

DSP(Digital Signal Processing,数字信号处理器),主要用在音频信号处理和通信领域。相比 CPU,DSP 有三个优势:一是 DSP 采用哈弗架构,指令和数据独立存储,并行存取,执行效率更高。二是 DSP 对指令的优化,提高了对信号的处理效率,DSP 有专门的硬件乘法器,可以在一个时钟周期内完成乘法运算。为了提高对信号的实时处理,DSP 增加了很多单周期指令,如单周期乘加指令、逆序加减指令、块重复指令等。第三个优势是,DSP 是专门针对信号处理、乘法、FFT 运算做了优化的 ASIC 电路,相比 CPU、GPU 这些通用处理器,没有冗余的逻辑电路,功耗可以做得更小。

DSP 主要应用在音频信号处理和通信领域,如手机的基带信号处理,就是使用 DSP 处理的。DSP 的缺陷是只适合做大量重复运算,无法像 CPU 那样提供一个通用的平台,DSP 处理器虽然有自己的指令集和 C 语言编译器,但对操作系统的支持一般。目前 DSP 市场被严重蚕食,在高速信号采集处理领域被 FPGA 抢去一部分市场,目前大多数以协处理器的形式与 ARM 协同工作。

2.7.4　FPGA

FPGA(Field Programmable Gate Array,现场可编程门阵列)在专用集成电路(Application Specific Integrated Circuit,ASIC)领域中是以一种半定制电路的形式出现的。FPGA 既解决了定制电路的不足,又克服了原有可编程逻辑器件(Programmable Logic Device,PLD)门电路有限的局限。FPGA 芯片内部集成了大量的逻辑门电路和存储器,用户可以通过 VHDL、Verilog 甚至高级语言编写代码来描述它们之间的连线,将这些连线配置文件写入芯片内部,就可以构成具有特定功能的电路。

FPGA 不依赖冯·诺依曼体系结构,也不要编译器编译指令,它直接将硬件描述语言翻译为晶体管门电路的组合,实现特定的算法和功能。FPGA 剔除了 CPU、GPU 等通用处理器的冗余逻辑电路,电路结构更加简单直接,处理速度更快,在数据并行处理方面最具优势。可编程逻辑器件通过配套的集成开发工具,可以随时修改代码,下载到芯片内部,重新连线生成新的功能。正是因为这种特性,FPGA 在数字芯片验证、ASIC 设计的前期验证、人工智能领域广受欢迎。

FPGA 一般和 CPU 结合使用、协同工作。以高速信号采集和处理为例，如图 2-55 所示，CPU 负责采集模拟信号，通过 A/D 转换，将模拟信号转换成数字信号；然后将数字信号送到 FPGA 进行处理；FPGA 依靠自身硬件电路的性能优势，对数字信号进行快速处理；最后将处理结果发送回 CPU 处理器，以便 CPU 做进一步的后续处理。

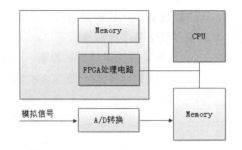

图 2-55　ARM 处理器与 FPGA 协同工作

在嵌入式开发中，为了更方便地控制 FPGA 工作，可以将 ARM 核和 FPGA 集成到一块。一种集成方式是在 FPGA 芯片内部集成一个 ARM 核，在上面运行操作系统和应用程序，这种 FPGA 芯片也被称为 FPGA SoC。另一种集成方式是将 FPGA 以一个 IP 的形式集成到 ARM SoC 芯片内，实现异构计算。这种嵌入式 SoC 芯片上的 FPGA，一般也称为 eFPGA，可以根据系统的需求配置成不同的模块，使用更加灵活。

FPGA 与 DSP 相比，开发更具有灵活性，但成本也随之上升，上手也比较难，因此主要用在一些军事设备、高端电子设备、高速信号采集和图像处理领域。

2.7.5　TPU

TPU（Tensor Processing Unit，张量处理器）是 Google 公司为提高深层网络的运算能力而专门研发的一款 ASIC 芯片。为了满足人工智能的算力需求，如图 2-56 所示，TPU 的设计架构和 CPU、GPU 相比更加激进：TPU 砍去了分支预测、Cache、多线程等逻辑器件，在省下的芯片面积里集成了 6 万多个矩阵乘法单元（Matrix Multiply Unit）和 24MB 的片上内存 SRAM 作为缓存。

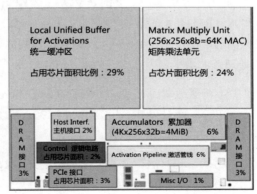

图 2-56　TPU 内部各模块占用芯片面积比例

核数越多，运算单元越多，内存的数据存取就越容易成为瓶颈。TPU 使用双通道内存将内存带宽提升至 2 倍，内部集成了 24MB 大小的片上内存 SRAM 作为统一缓冲区，来减少内存读写次数。4096 个累加器虽然是寄存器，但本质上也是一种缓存，用来缓存计算产生的中间结果，不需要每次都将计算结果写回内存再读回来，进一步减少了内存带宽瓶颈，从而让 TPU 的计算能力彻底释放，并行计算能力相比 CPU 可以提升至少 30 倍。TPU 如果使用 GPU 的 GDDR5 内存提升内存带宽，算力会进一步提升到 GPU 的 70 倍、CPU 的 200 倍。

在同构处理器时代，我们一般使用主频来衡量一个处理器的性能。而到了异构处理器时代，随着人工智能、大数据、多媒体编解码对海量数据的计算需求，我们一般使用浮点运算能力来衡量一个处理器的性能。

每秒浮点运算次数（Floating Point Operations Per Second，FLOPS），又称为每秒峰值速度。浮点运算在科研领域大量使用，现在的 CPU 除了支持整数运算，一般还支持浮点运算，有专门的浮点运算单元，FLOPS 测量的就是处理器的浮点运算能力。FLOPS 的计算公式如下：

$$浮点运算能力 \quad = \quad 处理器核数 \ \times \ 每周期浮点运算次数 \ \times \ 处理器主频$$

除了 FLOPS，还有 MFLOPS、GFLOPS、TFLOPS、PFLOPS、EFLOPS 等单位，它们之间的换算关系如下。

MFLOPS: megaFLOPS，每秒 10^6 次浮点运算，相当于每秒一百万次浮点运算
GFLOPS: gigaFLOPS，每秒 10^9 次浮点运算，相当于每秒十亿次浮点运算
TFLOPS: teraFLOPS，每秒 10^{12} 次浮点运算，相当于每秒一万亿次浮点运算
PFLOPS: petaFLOPS，每秒 10^{15} 次浮点运算，相当于每秒一千万亿次浮点运算
EFLOPS: exaFLOPS，每秒 10^{18} 次浮点运算，相当于每秒一百亿亿次浮点运算

1946 年，世界上第一台通用计算机诞生于美国宾夕法尼亚大学，运算速度为 300FLOPS。早期树莓派使用的博通 CM2708 ARM11 处理器，主频为 1GHz，运算速度为 316.56MFLOPS。2011 年发射的"好奇号"火星探测器，使用的是 IBM 的 PowerPC 架构的处理器，主频为 200MHz，运算速度相当于 Intel 80386 处理器的水平，差不多在 0.4GFLOPS。

Intel 的 Core-i5-4210U 处理器运算速度为 36GFLOPS，Microsoft Xbox 360 运算速度为 240GFLOS，ARM Mali-T760 GPU 主频 600MHz，运算速度为 326GFLOPS，NVIDIA GeForce 840M 运算速度为 700GFLOPS，相当于 0.7TFLOPS。

当前流行的《绝地求生》游戏，运行这款游戏需要的标配显卡 NVIDIA Geforce GTX 1060 运算速度为 3.85TFLOPS，GTX 1080 Ti 运算速度为 11.5TFLOPS。最新的 NVIDIA Tesla V100 显卡，目前市场价为几万元，运算速度为 125TFLOPS，是世界上第一个使用量突破 100 万亿次的深度学习 GPU。Google 公司在 2017 年发布的 TPU V2 处理器的运算能力达到了 180 TFLOPS；华为公司

2018 年发布的昇腾 910 AI 芯片，算力达到 256TFLOPS；Google 公司 2019 年发布的 TPU V3 版本，峰值算力更是飙到了 420 TFLOPS。在 2.6.1 节我们提到的号称史上最强的 AI 芯片 Wafer Scale Engine，在一个 iPad 大小的芯片上集成了 40 万个核心，18GB 的片上内存 SRAM，内存带宽达到 9PBytes/s，算力性能是 Google TPU V3 的三倍以上。

2008 年，中国第一台闯入世界前 10 的超级计算机——中国"曙光"5000A 超级计算机，计算速度为 230TFLOPS，相当于 0.23PFLOPS。我国首台千万亿次的"天河一号"超级计算机运算速度为 2.566PFLOPS，美国橡树岭国家实验室的"泰坦"超级计算机算力为 17.59PFLOPS，"天河二号"超级计算机的运算速度为 33.86PFLOPS，连续多年登顶的无锡"神威·太湖之光"超级计算机的运算速度为 93.01PFLOPS，IBM 设计的 Summit 超级计算机，运算速度为 154.5PFLOPS，目前（2020 年 6 月发布）排在第一的是日本的富岳超级计算机，采用 ARM 架构，算力达到了 415.53PFLOPS，相当于 0.415EFLOPS。

2013 年，比特币的全网算力为 1EFLOPS；2018 年 5 月，比特币的全网算力为 35EFLOPS。2020 年 5 月，比特币的全网算力峰值高达 70EFLOPS，随着比特币价格的上下波动，比特币的全网挖矿算力也随之上下起伏。

因为功耗问题，TPU 和显卡、AI 芯片主要应用在各种服务器、云端、超级计算机上。接下来要介绍的 NPU，则以较高的性价比、性能功耗比优势在目前的手机处理器中得到了广泛应用。

2.7.6　NPU

NPU（Neural Network Processing Unit，神经网络处理器）是面向人工智能领域，基于神经网络算法，进行硬件加速的处理器统称。NPU 使用电路来模拟人类的神经元和突触结构，用自己指令集中的专有指令直接处理大规模的神经元和突触。

人类的大脑褶皱皮层大约有 300 亿个神经元，如图 2-57 所示，每一个神经元都可以通过突触与其他神经元进行连接，不同的连接方式构成了每个人不同的记忆、情感、技能和主观经验。人与人之间的根本差别在于大脑皮层中不同神经元的连接方式，连接越多越强，人的记忆和技能就越好。

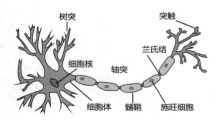

图 2-57　典型的神经元结构

刚出生的婴儿除了哭和吸奶头，什么都不会，大脑还处于待开发状态，神经元之间的连接较少。如果我们想让婴儿识别什么是苹果、什么是橘子，就要反复不停地去教他、去训练他。当婴儿看到苹果，并被告知这是一个苹果时，大脑皮层中对红色敏感的神经元就会和对"苹果"这个声音敏感的神经元建立配对、连接和关联。通过反复不断地训练，这种连接就会加强；当这种连接加强到一定程度，婴儿再看到苹果时，通过这种突触关联，就会想到"苹果"的发音，然后通过其他连接，就可以控制嘴巴发音了："苹果"。恭喜，你家的宝宝会认苹果了！这种连接在大脑中会不断加强、稳定，最终和其他神经元连接在一起。大脑在婴儿 2~3 岁的发育过程中会逐渐网络化，这个年龄也是婴儿学习的黄金期。

神经元就像 26 个英文字母一样，通过不同的组合和连接就构成了心理图像的物体和行为，就好像字母可以组成一个满是单词的词典一样。什么是心理图像呢，黑暗中你盯着手机屏幕，然后闭上眼，手机屏幕在视网膜上的短暂停留就类似心理图像。能力越强、记忆越好的人对于某一个事物构建的心理图像就越细腻。心理图像可以通过更多的神经突触串联在一起，组成任意数量的关联顺序（特别是做梦时），进而形成世界观、情绪、性格及行为习惯。这就好像单词可以组成各种无限可能的句子、段落和章节一样。人的学习和记忆过程，其实就是大脑皮层的神经元之间不断建立连接和关联的过程。随着连接不断加强，你对某项技能的掌握也就越来越熟练、越来越精通。如图 2-58 所示，不同的神经元之间、心理图像之间互相关联，构成了一个巨大的神经网络。

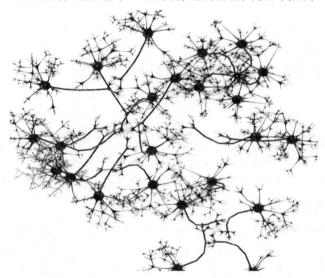

图 2-58 由神经元构成的神经网络

ANN（Artificial Neural Network，人工神经网络），顾名思义，就是使用计算机程序来模拟大脑的神经网络。ANN 的本质是数据结构，对于特定的 AI 算法、AI 模型而言，它的厉害之处在于：它是一个通用的模型，像婴儿的大脑一样，可以学习任何东西，如说话、唱歌、作曲、聊天、下棋、绘画、图形识别。如图 2-59 所示，典型的 ANN 由数千个互连的人工神经元组成，它们按顺序堆叠在一起，构成一个层，然后以层的形式形成数百万个连接。ANN 与大脑的不同之处在于，在很多情况下，每一层仅通过输入和输出接口，与它们之前和之后的神经元层互连，而大脑的互连是全方位的，神经元之间可以任意连接。

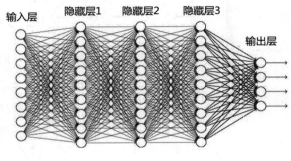

图 2-59　ANN

我们教婴儿认识苹果，可以通过各种各样的苹果（大的、小的、各种颜色的）来训练婴儿。同样的道理，我们训练 ANN，也是通过向其输入大量的标签数据，帮助它学习如何分析和解读数据、找出规律、输出分析结果。2012 年，人工智能科学家吴恩达教授通过对人工智能进行训练，成功地让神经网络识别了猫。在吴教授的实验里，输入数据是一千万张 YouTube 视频中的图像。吴教授的突破在于：将这些神经网络的层数扩展了很多，而不是简单的 4 层，神经元也非常多。吴教授把这次实验定义为深度学习（Deep Learning），这里的深度指神经网络变得更加复杂，有了更多的层。经过深度学习训练的神经网络，在图像识别方面甚至比人类做得更好，识别正确率达到 99%。

使用 ANN 的两个重要工作是训练和推理。训练需要巨大的计算量，一般会放到云上服务器进行，训练完毕后，再去结合具体问题做应用——推理。在云上训练神经网络也有弊端：一是贵，二是对网络的依赖性高。例如汽车自动驾驶，当汽车钻入山洞、隧道等无线网络信号不太好的地方，就可能断网、有延迟，这就给汽车自动驾驶带来了安全隐患。现在我们可以把一些训练工作放到汽车本地进行，这就是边缘计算的概念。边缘计算指在靠近物或数据源头的一侧，采用网络、计算、存储、应用为一体的开发平台，就近提供最近端服务。其应用程序在边缘侧发起，可以产生更快的网络服务响应，以满足实时、安全与隐私保护方面的业务需求。

处理器通过集成支持 AI 运算的 NPU，就可以更加方便地支持本地的边缘计算。深度学习的基本操作是神经元和突触的处理，传统的 CPU（无论是 X86 还是 ARM）只会基本的算术操作（加、减、乘）和逻辑操作（与、或、非），完成一个神经元的处理往往需要上千条的指令，效率很低。而 NPU 一条指令就可以完成一组神经元的处理，并对神经元和突触数据在芯片上的传输提供一系

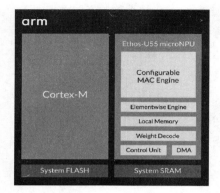

图 2-60　SoC 处理器中的 NPU

列专门的优化和支持,从而在算力性能上比 CPU 提高成百上千倍。

NPU 可以单独设计为一款 ASIC 芯片,也可以以 IP 的形式集成到 ARM 的 SoC 芯片中。目前市场上有很多这方面的公司,如寒武纪、IBM、华为等。ARM 公司也发布了自己的微神经网络内核,可以和自己的 ARM 处理器结合使用。

如图 2-60 所示,Ethos-U55 是 ARM 公司最新发布的一种小型 NPU,可以与 Cortex-M 系列处理器搭配使用。从官方公开的资料上可以看到,Ethos-U55 具有可配置的矩阵乘法单元,支持 CNN 和 RNN,NPU 内部的 SRAM 可以配置的大小范围为 18~50 KB,而 SoC 芯片上 SRAM 可以扩充到 MB 级别。新的处理器估计要到 2021 年发布,哪家芯片厂商会先"吃这个瓜",我们就拭目以待吧。

NPU 和 CPU 协同工作流程如图 2-61 所示,Cortex-M55 通过 APB 接口的寄存器配置启动 Ethos-U55 开始工作,Ethos-U55 接着就会从 NVM Flash 存储器上读取神经元指令,并进行处理。处理结束后,Ethos-U55 再通过 IRQ 中断的形式向 CPU 报告,CPU 根据处理结果做出相应的操作即可。

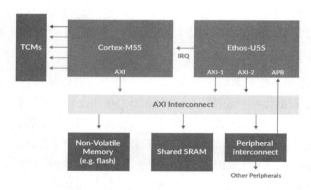

图 2-61　NPU 与 CPU 协同工作

2.7.7　后摩尔时代的 XPU 们

在摩尔定律快要失效的大背景下,各大芯片厂商通过异构计算,集成不同的处理单元来提升处理器的整体性能。XPU 们层出不穷,甚至有人预言:在后摩尔时代,每隔 18 周,集成电路领域就会多一个 XPU,直到 26 个字母被用完。如果你不信,就先看看目前市面上已经出现的 XPU 家族吧。

- APU：Accelerated Processing Unit，加速处理器，AMD 推出的加速图像处理芯片。
- BPU：Brain Processing Unit，地平线公司给自家 AI 芯片的命名。
- CPU：Central Processing Unit，中央处理器，目前 PC 上的主流处理器芯片。
- DPU：Deep learning Processing Unit，深鉴科技设计的深度学习处理器。
- EPU：Emotion Processing Unit，情绪处理单元，通过情绪合成引擎让机器人具有情绪。
- FPU：Floating Processing Unit，浮点计算单元，通用处理器中的浮点运算模块。
- GPU：Graphics Processing Unit，图形处理单元，为图像处理而生。
- HPU：Holographics Processing Unit，全息图像处理器，微软出品的全息计算芯片与设备。
- IPU：Intelligence Processing Unit，Graphcore 公司设计的 AI 处理器。
- KPU：Knowledge Processing Unit，杭州嘉楠耘智推出的人工智能边缘计算芯片。
- MPU/MCU：Microprocessor/Micro controller Unit，微处理器/微控制器。
- NPU：Neural Network Processing Unit，神经网络处理器。
- OPU：Optional-Flow Processing Unit，光流处理器。
- TPU：Tensor Processing Unit，张量处理器，Google 公司推出的人工智能专用处理器。
- VPU：Video Processing Unit，视频处理单元，主要用于视频硬解码。
- WPU：Wearable Processing Unit，可穿戴处理片上系统芯片。
- XPU：百度与 Xilinx 公司在 2017 年 Hotchips 大会上发布的 FPGA 智能云加速，含 256 核。
- ZPU：Zylin Processing Unit，由挪威 Zylin 公司推出的一款 32 位开源处理器。

后摩尔时代，伴随着 AI 和物联网技术的发展，百家争鸣，群雄并起，涌现出越来越多的芯片玩家。不同的玩家根据实际市场需求，将通用处理器与各种创新的处理单元（各种 XPU）进行融合，来应对大数据时代不同类型的海量数据处理需求。不同的运算单元各有自己的编程模型、指令集甚至存储空间，在一个芯片内，如何让各个运算单元协同工作，如何高效互连以减少通信延迟和开销，如何发挥出芯片的最大性能，成为 NoC 最近几年的研究热点。也许未来有一天，随着传统计算机架构向异构计算方向不断迭代和演进，软硬件生态将发生颠覆性变革，是否有统一的编程框架和标准出来，让我们拭目以待吧。

未来很遥远，现实很骨感。我们还是回到当前，继续学习与计算机体系结构相关的知识吧。

2.8　总线与地址

通过前面几节的学习，我们可以看到，CPU 与内存、各种外部设备等 IP 之间都是通过总线相连的。CPU 如果想访问内存，或控制外部设备的运行，该如何操作呢？很简单，通过地址访问。在一个计算机系统中，CPU 内部的寄存器是没有地址的，可直接通过寄存器名访问。而内存和外部设备控制器中的寄存器都需要有一个地址，然后 CPU 才能通过地址去读写这些外部设备控制器的寄存器，控制外部设备的运行，或者根据地址去读写指定的内存单元。

2.8.1　地址的本质

地址到底是什么？在一个计算机系统中，计算机是如何给内存 RAM、外部设备控制器的寄存器分配地址的？在搞清楚这个问题之前，我们需要先把地址的概念搞清楚。学过数字电路的同学应该记得译码器这样一种组合逻辑电路器件：一组输入信号，通过译码转换，会选中一个输出信号，输出信号可以是高电平、低电平，甚至是一个脉冲。计算机的内存简单点理解，其实就是将一系列存储单元和译码器组装在一起。内存中包含很多存储单元，为了方便管理，我们需要将这些存储单元进行编号管理，每一个存储单元对应一个编号。当 CPU 想访问其中一个存储单元时，可通过 CPU 管脚发出一组信号，经过译码器译码，选中与这个信号对应的存储单元，然后就可以直接读写这块内存了。CPU 管脚发出的这组信号，也就是存储单元对应的编号，即地址。

以图 2-62 为例，假如我们的 RAM 容量大小为 4 字节，那么需要两根信号线就可以访问这 4 个存储单元了：当 A1A0 分别等于 00、01、10、11 时，集成在内存 RAM 中的译码器经过译码，就可以分别选中 RAM 中的四个存储单元的其中一个。

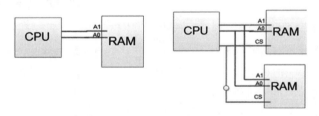

图 2-62　信号线与地址

如果你想把内存 RAM 容量升级到 8 字节，也很简单，直接再加一块 RAM 和一根片选线 CS 就可以了。假如 CS 片选线低电平有效，那么当 CSA1A0 分别为 000、001、010、011 时，CPU 会访问上面一片内存 RAM 的 4 字节存储单元；当 CSA1A0 分别为 100、101、110、111 时，CPU 就会访问下面一片内存 RAM 的 4 字节存储单元。从 CPU 管脚发出的一组由 CSA1A0 组成的不同控制信号，与内存 RAM 中的存储单元一一对应，我们可以把它们看作一组地址编码。对于一个 8 字节大小的 RAM 来说，其存储单元对应的地址编码分别为 000、001、010、011、100、101、110、111。这些控制信号可以通过 CPU 管脚直接发出，不同的控制信号代表不同的地址，通过译码器译码，选中 RAM 中不同的存储单元，实现 CPU 对 RAM 的随机读写。

通过上面的简单示例可以看到，地址的本质其实就是由 CPU 管脚发出的一组地址控制信号。因为这些信号是由 CPU 管脚直接发出的，因此也被称为物理地址。地址信号线的位数决定了寻址空间的大小，如上面的两根 A1A0 地址信号线，有 4 字节的寻址空间；CSA1A0 三根地址信号线有 8 字节的寻址空间。在一个 32 位的计算机系统中，32 位的地址线有 4GB 大小的寻址空间。

需要注意的是，寻址空间和一个计算机系统实际的内存大小并不是一回事。例如在图 2-62 中，我们使用 CSA1A0 表示地址信号线，有 8 字节的寻址空间，但在实际的系统中，我们可能只使用上面一片 RAM 作为我们的内存，那么内存的地址为 000、001、010、011。其他地址 100、101、110、111 是不可访问的。

在带有 MMU 的 CPU 平台下，程序运行一般使用的是虚拟地址，MMU 会把虚拟地址转换为物理地址，然后通过 CPU 管脚发送出去，地址信号通过译码，选中指定的内存存储单元，再进行读写操作。

2.8.2　总线的概念

如果 CPU 和内存 RAM 直接相连，那么内存 RAM 中的每一个存储单元的地址也就确定了。早期的计算机都是直接相连的，现在的计算机系统中 CPU 一般都是通过总线与内存 RAM、外部设备相连的，如图 2-63 所示，CPU 处理器和北桥通过系统总线连接，内存 RAM 和北桥通过内存总线连接，CPU 和各个设备之间可以通过共享总线的方式进行通信。

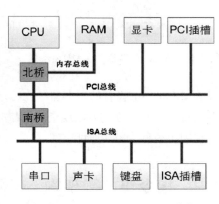

图 2-63　X86 处理器的 PCI 总线

总线其实就是各种数字信号的集合，包括地址信号、数据信号、控制信号等。有的总线还可以为挂到总线上的设备提供电源。一个计算机系统中可能会有各种不同的总线，不同的总线读写时序、工作频率不一样，不同的总线之间通过桥（bridge）来连接。桥一般是一个芯片组电路，用来将总线的电子信号翻译成另一种总线的电子信号。如图 2-63 中的北桥，用来将 CPU 从系统总线发过来的电子信号转换成内存能识别的内存总线信号，或者显卡能识别的 PCI 总线信号，进而完成后续的数据传输和读写过程。

使用总线有很多优点，总线作为一种工业标准，大大促进了计算机生态的发展。大家生产的设备都采用相同的总线接口，都可以很方便地添加到计算机系统中，不同的设备遵循相同的总线协议与计算机通信。在一个计算机系统中，生产显卡、CPU、鼠标、键盘、声卡等周边设备的不可能都是同一个厂家，那么不同厂家生产的设备为什么能方便地集成到一个计算机系统中呢？我们去电脑城攒机时，不同厂家、不同品牌的内存和显卡，为什么插到主板上都可以直接运行呢？原因很简单，大家都遵循相同的总线协议和通信标准，按照约定的标准和接口生产各自的设备就可以了。这就是为什么你买的各种计算机配件，如声卡、显卡、鼠标、键盘、显示器，可以即插即用的原因。

2.8.3　总线编址方式

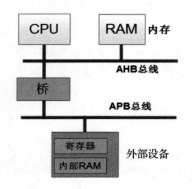

图 2-64　ARM 处理器的 AMBA 总线

内存 RAM 和外部设备都挂到同一个总线上，那么计算机系统如何为这些设备分配地址呢？计算机一般采用两种编址方式：统一编址和独立编址。统一编址，顾名思义，就是内存 RAM 和外部设备共享 CPU 的寻址空间，如图 2-64 所示，ARM、MIPS 架构的 CPU 都采用这种编址方式。

在统一编址模式下，内存 RAM、外部设备控制器的寄存器、集成在外部设备控制器内部的 RAM 共享 CPU 的可寻址空间。在统一编址模式下，CPU 可以像操作内存一样去读写外部设备的寄存器和内部 RAM。

和统一编址相对应的是独立编址。在独立编址模式下，内存 RAM 和外部设备的寄存器独立编址，分别占用不同的地址空间。如 X86 架构的 CPU，外部设备的寄存器有独立的 64KB 空间，需要专门的 IN/OUT 指令才能访问，这片独立编址的 64KB 大小的空间也被称为 I/O 地址空间。

2.9　指令集与微架构

图灵原型机的基本思想是：任何复杂的运算都可以分解为有限个基本指令的组合来完成。我们的 CPU 在设计的时候就是这么干的，只支持有限个基本的运算指令，如加、减、乘、与、或、非、移位、跳转等。这些指令通过不同的组合，可以构成不同的指令序列（程序），实现不同的逻辑功能。

不同架构的处理器支持的指令类型是不同的。ARM 架构的处理器只支持 ARM 指令，X86 架构的处理器只支持 X86 指令。如果你在 ARM 架构的处理器上运行 X86 指令，就无法运行，报未定义指令的错误，因为 ARM 架构的处理器只支持 ARM 指令集中定义的指令。CPU 支持的有限个指令的集合，我们称之为指令集。

2.9.1　什么是指令集

指令集架构（Instruction Set Architecture，ISA）是计算机体系架构的一部分。指令集是一个很虚的东西，是一个标准规范。红灯停、绿灯行、黄灯亮了等一等，只有行人和司机都去遵守这套交通规则，我们的交通系统才能有条不紊地运行下去。指令集也一样，芯片工程师在设计 CPU 时，也要以指令集中规定的指令格式为标准，实现不同的译码电路来支持指令集各种指令的运行。指令集最终的实现就是微架构，就是 CPU 内部的各种译码和执行电路。

编译器厂商在研发编译器工具或 IDE 时，也要以指令集为标准，将我们编写的 C 语言高级程序转换为指令集中规定的各种机器指令。为什么我们编写的高级程序经过编译后，可以直接在 CPU 上运行呢？就是因为 CPU 设计者和编译器开发者遵循的是同一个指令集标准，编译器最终编译生成的指令，都是 CPU 硬件电路支持运行的指令。每一种不同架构的 CPU 一般都需要配套一个对应的编译器。

指令集作为 CPU 和编译器的设计规范和参考标准，主要用来定义指令的格式、操作数的类型、寄存器的分配、地址的格式等，指令集主要由以下内容组成。

- 指令的分发、预取、解码、执行、写回。
- 操作数的类型、存储、存取、旁路转移。
- Load/Store 架构。
- 寄存器。
- 地址的格式、大端模式、小端模式。
- 字节对齐、边界对齐等。

指令集也不是一成不变的，也会随着应用需求的推动不断迭代更新，不断扩充新的指令。例如 ARM 指令集，从最初的 ARM V1 发展到目前的 ARM V8，一直在不断地发展，不断添加新的指令。

- ARM V1：最初版本，26 位寻址空间，无乘法指令，没有商业化。
- ARM V2：增加了乘法指令，支持协处理器。
- ARM V3：寻址范围从 26 位扩展到 32 位。
- ARM V4：首次增加 Thumb 指令集。
- ARM V5：增加了增强型 DSP 指令、Java 指令。

- ARM V6：首次增加 60 多条 SIMD 指令。
- ARM V7：增加长乘法指令、NEON 指令。
- ARM V8：首次增加 64 位指令集、寄存器数量增加到 31 个。

指令集的价值在于大家都遵守同一个标准去开发计算机系统的不同硬件和软件，这非常有利于整个计算机系统生态的构建：IC 工程师在设计 CPU 处理器时，遵守指令集标准，设计出硬件电路，支持标准规定的各种指令的运行；编译器开发者在开发编译器时，也会遵守指令集标准，将程序员编写的高级语言翻译成 CPU 支持运行的指令。从 CPU 到编译器，从编译器到应用程序，一个完整的计算机系统生态就建立起来了。如何吸引更多的开发者基于你的处理器平台做方案，如何吸引更多的开发者基于你的编译器或 IDE 环境开发应用程序，这就涉及行业生态和市场推广了，在此不再一一赘述。

2.9.2　什么是微架构

微架构，对应的英文是 Microarchitecture，也就是处理器架构。集成电路工程师在设计处理器时，会按照指令集规定的指令，设计具体的译码和运算电路来支持这些指令的运行；指令集在 CPU 处理器内部的具体硬件电路的实现，我们就称为微架构。一套相同的指令集，可以由不同形式的电路实现，可以有不同的微架构。在设计一个微架构时，一般需要考虑很多问题：处理器是否支持分支预测，单发射还是多发射，顺序执行还是乱序执行？流水线需要多少级？主频需要多高？Cache 需要多大？需要几级 Cache？根据不同的配置选项，我们可以基于一套指令集设计出不同的微架构。以 ARM V7 指令集为例，基于该套指令集，面向高性能、低功耗等不同的市场定位，ARM 公司设计出了 Cortex-A7、Cortex-A8、Cortex-A9、Cortex-A15、Cortex-A17 等不同的微架构。基于一款相同的微架构，通过不同的配置，也可以设计出不同的处理器类型。不同的 SoC 厂商，获得 ARM 公司的 Cortex-A9 微架构授权后，基于该内核集成不同的 IP，就可以搭建出不同的 SoC 芯片，并最终流向市场。如三星公司的 Exynos 4412 处理器、瑞芯微公司的 RK3188 处理器都采用了 Cortex-A9 内核。

在 X86 处理器领域，目前能获得 X86 指令集授权，并基于该指令集设计微架构和处理器的厂商有三家：Intel、AMD 和上海的兆芯。这三家厂商一般会根据新版本的 X86 指令集设计出各自的微架构，然后基于各自的微架构设计出不同的 CPU。指令集、微架构与处理器三者之间的关系如图 2-65 所示。

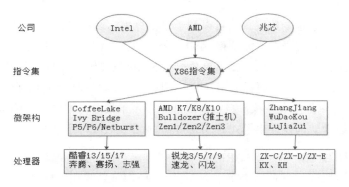

图 2-65　指令集、微架构与处理器的关系

Intel 的酷睿处理器，无论是 i3、i5 还是 i7，都基于相同的微架构，面向市场的不同定位和需求，在处理器主频、核数、Cache 大小等方面进行差异性配置，设计出不同市场定位的处理器。AMD 系列的处理器也是如此，基于 Zen3 微架构，通过不同配置，可以设计出锐龙 3、锐龙 5、锐龙 7 等面向不同市场定位的处理器。国产的兆芯处理器，也有自己设计的 ZhangJiang、WuDaoKou 等微架构，然后基于这些微架构设计出不同系列的处理器。

X86 指令集因为专利垄断和授权限制，除了 Intel、AMD、兆芯（VIA 合并后的公司）这三家公司，其他公司一般无法获得授权去设计和生产自己的 X86 处理器。而 ARM 则不同，通过开放 ARM 指令集授权，其他公司可以基于授权的指令集去设计自己的微架构和 SoC 芯片，或者基于 ARM 官方的微架构直接去设计自己的 SoC 处理器。

在嵌入式处理器中，微架构不等于 SoC，大家不要把概念混淆了，微架构一般也称为 CPU 内核。在一个 ARM SoC 芯片上，我们把 CPU 内核和各种外设 IP 通过 AMBA 总线连接起来，构成一个片上系统，即 System On Chip，简称 SoC。

在嵌入式芯片厂商中，并不是所有的芯片厂商都有能力和精力去设计微架构。除了 ARM 公司和几个技术积累比较深厚的芯片巨头，其他小芯片厂商、创业公司更倾向于直接使用 ARM 公司设计的微架构来快速搭建自己的 SoC 芯片,这种设计模式可以大大减少芯片的开发难度和成本。这种商业模式得益于 ARM 公司灵活的 IP 授权方式：ARM 公司自己不生产芯片，也不卖芯片，主要靠 IP 授权盈利。面对不同的芯片厂商和市场需求，ARM 公司有多种灵活的授权方式，目前主要有以下三种。

- 指令集/架构授权。
- 内核授权。
- 使用授权。

一个芯片厂商购买了指令集授权，可以基于该指令集实现自己的微架构，甚至可以对该指令集进行扩展或缩减。从目前来看，能获得 ARM 公司的指令集授权，并有能力设计微架构的公司不多，基本上也就是几个芯片巨头，如苹果公司的 Swift 微架构、高通公司的 Krait 微架构、三星公司的猫鼬微架构（三星公司目前已放弃自研）。除此之外，获得指令集授权的还有华为和龙芯，龙芯购买了 MIPS 指令集永久授权，自己又添加了很多条指令，根据该指令集设计出了 GS464E 微架构，然后基于该微架构设计出了龙芯 3B2000、龙芯 3A1000 等处理器。

内核授权，又称为微架构授权。ARM 公司根据自家的指令集标准设计出不同的微架构，其他芯片公司购买这个微架构，即 CPU 内核，然后使用 AMBA 总线和各种 IP 模块连接，就可以快速搭建出一个片上系统，即 SoC 芯片，封装测试通过后就可以快速推向市场销售了。ARM 的微架构授权客户有很多，国外的公司有三星、飞思卡尔、ST、德州仪器，国内的公司有海思、瑞芯微、全志、联发科等。微架构授权的特点是客户不能对 ARM 的 CPU 内核（微架构）进行修改。为了满足不同客户的不同需求，基于一套相同的指令集，ARM 公司会设计出不同的微架构，甚至会开放微架构中的一些可配置选项（如 Cache 大小），以方便客户搭建出差异化的处理器产品。ARM 指令集与微架构如表 2-1 所示。

表 2-1　ARM指令集与微架构

指令集版本	ARM V7	ARM V8
Cortex-A内核	低耗节能：Cortex-A5、A7 能耗平衡：Cortex-A8、A9 高端性能：Cortex-A15、A17	低耗节能：Cortex-A32、A35 能耗平衡：Cortex-A53、A55 高端性能：Cortex-A75、A77
Cortex-M内核	低功耗：Cortex-M3、M4 高性能：Cortex-M7	低功耗：Cortex-M23 性能平衡：Cortex-M33
Cortex-R内核	Cortex-R4、R5、R7、R8	Cortex-R52

如果一个公司刚刚建立，处理器的设计和研发能力不是很强，但是又发掘到了不错的市场需求，想快速设计出一款 SoC 芯片产品来打开市场，此时就可以考虑使用授权。客户可以直接使用已经封装好的 ARM 处理器，不仅 CPU 内核的硬件电路已经设计好，连工艺制程、芯片生产厂家也帮你选好了。这种授权模式大大减轻了客户的设计负担，客户只需要关心自己的业务设计，快速做出产品推向市场，赢得市场先机。

当前的主流处理器市场基本上被 X86 和 ARM 瓜分。X86 指令集不授权，不开放内核，靠 X86 专利垄断制造行业壁垒，抬高其他处理器厂商的准入门槛，所以你能看到市面上的 X86 CPU 厂家只有那几个巨头。ARM 公司自己不生产 CPU，靠 IP 授权盈利，众多 SoC 芯片厂商购买了 ARM 公司的 IP 授权后就可以自己设计和制造 CPU，所以 ARM 处理器市场就比较热闹，各种芯片厂商、创业公司、处理器层出不穷，ARM 因此也构建了一个庞大的 ARM 系统生态，垄断移动市场。以 ARM V8 指令集为例，如图 2-66 所示，我们可以看到基于该指令集，市场上出现的不同微架构，以及各种处理器和芯片厂商。他们和 ARM 公司一起构建了整个 ARM 开发生态。

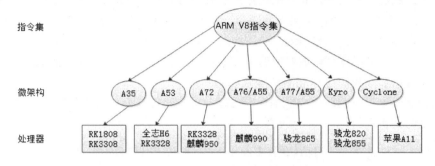

图 2-66　ARM V8 指令集的开发生态

目前市面上还有一些免费开源的指令集架构，如 RISC-V 指令集。RISC-V 指令集和 ARM 一样，同属于 RISC 指令集，两者都可以看作 RISC 指令集的一个分支。RISC-V 属于 RISC 的第五个版本，因此叫作 RISC-V。RISC-V 指令集除了免费开源的诱人利好，还有架构精简、模块化设计灵活、指令可扩展定制等后发优势，目前已经有公司基于该指令集开发出自己的处理器，如平头哥半导体有限公司发布的玄铁 910。RISC-V 会不会对 ARM 系统生态构成冲击，还需时间验证。

2.9.3　指令助记符：汇编语言

前面已经提到，编译器开发商在针对某种架构的 CPU 开发编译器工具时，指令集是一个非常重要的参考。指令集是一个标准，工程师在设计 CPU 时会参考指令集，设计出对应的指令译码和执行电路，支持指令集中定义的各种指令在 CPU 上运行。编译器开发商在设计编译器时，也会参考指令集，将我们编写的高级语言程序翻译成 CPU 支持运行的二进制指令。

一个指令通常由操作码和操作数组成。指令格式是二进制的，就是一串数字，非常不好记，可读性差。如 3+4－5 运算，在 ARM 平台下对应的二进制机器指令如下。

```
1110001110100000000000000000000011
1110001010100000000000000000000100
1110001001010000000000000000000101
```

为了方便编程，我们给这些二进制指令定义了各种助记符，这种助记符其实就是汇编指令。一段汇编程序经过汇编器的翻译，才能变成 CPU 真正能识别、译码和运行的二进制指令。上面的二进制机器指令，使用 ARM 汇编指令表示如下。

```
MOV R0, #3
ADD R0, R0, #4
SUB R0, R0, #5
```

作为嵌入式底层、驱动开发者，笔者觉得掌握一门汇编语言是很有必要的。以 ARM 汇编语言为例，一方面，我们可以以汇编语言为媒介，深入学习 ARM 体系架构和 CPU 内部的工作原理；另一方面，我们也可以以汇编语言为工具，通过反汇编，深入理解 C 高级语言。任何编译型的高级语言，最终都会被编译器翻译成对应的汇编指令（二进制指令），通过汇编语言来分析 C 语言的底层实现，可以加深我们对 C 语言的理解，如函数调用、参数传递、中断处理、堆栈管理等。我们将可执行文件通过反编译生成汇编代码进行分析，就可以很直观地看到高级语言的这些过程在底层到底是怎么实现的。

在一些嵌入式软件优化、启动代码、Linux 内核 OOPS 调试等场合，也需要你对汇编语言有一定的掌握。不同的编译器除了支持指令集规定的标准汇编指令，还会自己定义各种伪汇编指令，以方便程序的编写。掌握这些伪指令，对于我们分析计算机底层的工作原理和机制也很有帮助。

本书的写作初衷，是为从事嵌入式学习和开发的人员服务，而 ARM 又是目前嵌入式开发的主流平台，所以接下来的一章，我们将会以 ARM 微架构为例，重点讲解 ARM 体系结构、ARM 指令和 ARM 汇编语言设计的一些知识，为后续的 C 语言进阶学习打下基础。

3

第 3 章
ARM 体系结构与汇编语言

在嵌入式开发领域，ARM 架构的处理器占了 90%以上的市场份额，大多数人学习嵌入式都是从 ARM 开始的。基于这个现实背景，本章将带领大家学习 ARM 常用的一些汇编指令及汇编程序的编写。预期的学习收获有两个：一是以 ARM 汇编指令为媒介，深入了解 ARM 体系结构和工作流程；二是掌握 ARM 汇编程序的编写技巧，能看懂反汇编代码，为后面深入学习 C 语言打下基础。通过反汇编分析，我们可以从体系结构和底层汇编这样一个新视角去窥探程序的运行机制，如函数调用、参数传递、内存中堆栈的动态变化等，会对 C 语言有一个更深的理解。

3.1 ARM 体系结构

计算机的指令集一般可分为 4 种：复杂指令集（CISC）、精简指令集（RISC）、显式并行指令集（EPIC）和超长指令字指令集（VLIW）。我们在嵌入式学习和工作中需要经常打交道的是 RISC 指令集。RISC 指令集相对于 CISC 指令集，主要有以下特点。

● Load/Store 架构，CPU 不能直接处理内存中的数据，要先将内存中的数据 Load（加载）到寄存器中才能操作，然后将处理结果 Store（存储）到内存中。
● 固定的指令长度、单周期指令。
● 倾向于使用更多的寄存器来存储数据，而不是使用内存中的堆栈，效率更高。

ARM 指令集虽然属于 RISC，但是和原汁原味的 RISC 相比，还是有一些差异的，具体如下。

- ARM 有桶型移位寄存器，单周期内可以完成数据的各种移位操作。
- 并不是所有的 ARM 指令都是单周期的。
- ARM 有 16 位的 Thumb 指令集，是 32 位 ARM 指令集的压缩形式，提高了代码密度。
- 条件执行：通过指令组合，减少了分支指令数目，提高了代码密度。
- 增加了 DSP、SIMD/NEON 等指令。

ARM 处理器有多种工作模式，如表 3-1 所示。应用程序正常运行时，ARM 处理器工作在用户模式（User mode），当程序运行出错或有中断发生时，ARM 处理器就会切换到对应的特权工作模式。用户模式属于普通模式，有些特权指令是运行不了的，需要切换到特权模式下才能运行。在 ARM 处理器中，除了用户模式是普通模式，剩下的几种工作模式都属于特权模式。

表 3-1　ARM处理器的不同工作模式

处理器模式	模式编码	模式介绍
User mode	0B10000	应用程序正常运行时的工作模式
FIQ mode	0B10001	快速中断模式，中断优先级比IRQ高
IRQ mode	0B10010	中断模式
Supervisor mode	0B10011	管理模式，保护模式，复位和软中断时一般都会进入该模式
Abort mode	0B10111	数据存取异常、指令读取失败时会进入该模式
Undefined mode	0B11011	CPU遇到无法识别、未定义的指令时，会进入该模式
System mode	0B11111	类似用户模式，但可运行特权OS任务，如切换到其他模式
Monitor mode	0B10110	仅限于安全扩展

为了保证计算机能长期安全稳定地运行，CPU 提供了多种工作模式和权限管理。应用程序正常运行时，处理器处于普通模式，没有权限对内存和底层硬件进行操作。应用程序如果要读写磁盘上的音频数据，驱动声卡播放音乐，往屏幕写数据显示歌词，则要首先通过系统调用或软中断进入处理器特权模式，运行操作系统内核或硬件驱动代码，才能对底层的硬件设备进行读写操作。

在 ARM 处理器内部，除了基本的算术运算单元、逻辑运算单元、浮点运算单元和控制单元，还有一系列寄存器，包括各种通用寄存器、状态寄存器、控制寄存器，用来控制处理器的运行，保存程序运行时的各种状态和临时结果，如图 3-1 所示。

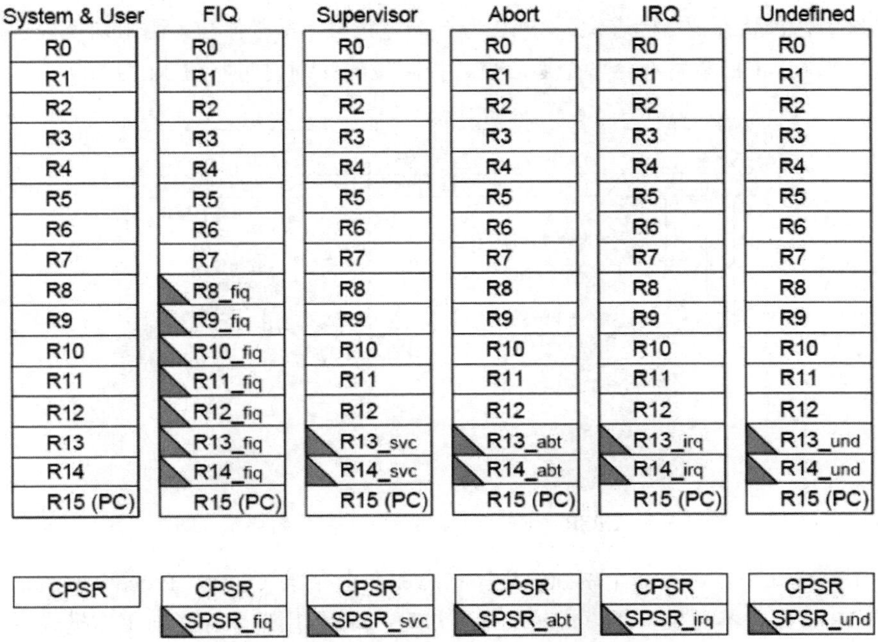

图 3-1　ARM 处理器中的寄存器

（来源：ARM官方手册）

　　ARM 处理器中的寄存器可分为通用寄存器和专用寄存器两种。寄存器 R0~R12 属于通用寄存器，除了 FIQ 工作模式，在其他工作模式下这些寄存器都是共用、共享的：R0~R3 通常用来传递函数参数，R4~R11 用来保存程序运算的中间结果或函数的局部变量等，R12 常用来作为函数调用过程中的临时寄存器。ARM 处理器有多种工作模式，除了这些在各个模式下通用的寄存器，还有一些寄存器在各自的工作模式下是独立存在的，如 R13、R14、R15、CPSR、SPSR 寄存器，在每个工作模式下都有自己单独的寄存器。R13 寄存器又称为堆栈指针寄存器（Stack Pointer，SP），用来维护和管理函数调用过程中的栈帧变化，R13 总是指向当前正在运行的函数的栈帧，一般不能再用作其他用途。R14 寄存器又称为链接寄存器（Link Register，LR），在函数调用过程中主要用来保存上一级函数调用者的返回地址。寄存器 R15 又称为程序计数器（Program Counter，PC），CPU 从内存取指令执行，就是默认从 PC 保存的地址中取的，每取一次指令，PC 寄存器的地址值自动增加。CPU 一条一条不停地取指令，程序也就源源不断地一直运行下去。在 ARM 三级流水线中，PC 指针的值等于当前正在运行的指令地址 + 8，后续的 32 位处理器虽然流水线的级数不断增加，但为了简化编程，PC 指针的值继续延续了这种计算方式。

　　当前处理器状态寄存器（Current Processor State Register，CPSR）主要用来表征当前处理器的运行状态。除了各种状态位、标志位,CPSR 寄存器里也有一些控制位,用来切换处理器的工作模式和中断使能控制。CPSR 寄存器各个标志位、控制位的详细说明如图 3-2 所示。

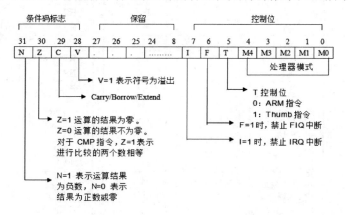

图 3-2　CPSR 寄存器的标志位、控制位的详细说明

在每种工作模式下,都有一个单独的程序状态保存寄存器(Saved Processor State Register,SPSR)。当 ARM 处理器切换工作模式或发生异常时,SPSR 用来保存当前工作模式下的处理器现场,即将 CPSR 寄存器的值保存到当前工作模式下的 SPSR 寄存器。当 ARM 处理器从异常返回时,就可以从 SPSR 寄存器中恢复原先的处理器状态,切换到原来的工作模式继续运行。

在 ARM 所有的工作模式中,有一种工作模式比较特殊,即 FIQ 模式。为了快速响应中断,减少中断现场保护带来的时间开销,在 FIQ 工作模式下,ARM 处理器有自己独享的 R8~R12 寄存器。

3.2　ARM 汇编指令

接下来的几节我们将从实用角度出发,学习 ARM 常用的一些汇编指令,如存储器访问指令、数据传送指令、算术逻辑运算指令、跳转指令等。一个完整的 ARM 指令通常由操作码+操作数组成,指令的编码格式如下。

```
<opcode> {<cond> {s} <Rd>,<Rn> {,<operand2>}}
```

这是一个完整的 ARM 指令需要遵循的格式规则,指令格式的具体说明如下。

● 使用<>标起来的是必选项,使用{ }标起来的是可选项。

● <opcode> 是二进制机器指令的操作码助记符,如 MOV、ADD 这些汇编指令都是操作码的指令助记符。

● cond：执行条件，ARM 为减少分支跳转指令个数，允许类似 BEQ、BNE 等形式的组合指令。

● S：是否影响 CPSR 寄存器中的标志位，如 SUBS 指令会影响 CPSR 寄存器中的 N、Z、C、V 标志位，而 SUB 指令不会。

● Rd：目标寄存器。

● Rn：第一个操作数的寄存器。

● operand2：第二个可选操作数，灵活使用第二个操作数可以提高代码效率。

在熟悉了 ARM 指令的基本格式后，我们接下来就开始学习 ARM 常用的一些汇编指令。

3.2.1　存储访问指令

ARM 指令集属于 RISC 指令集，RISC 处理器采用典型的加载/存储体系结构，CPU 无法对内存里的数据直接操作，只能通过 Load/Store 指令来实现：当我们需要对内存中的数据进行操作时，要首先将这个数据从内存加载到寄存器，然后在寄存器中对数据进行处理，最后将结果重新存储到内存中。ARM 处理器属于冯•诺依曼架构，程序和数据都存储在同一存储器上，内存空间和 I/O 空间统一编址，ARM 处理器对程序指令、数据、I/O 空间中外设寄存器的访问都要通过 Load/Store 指令来完成。ARM 处理器中经常使用的 Load/Store 指令的使用方法如下。

```
LDR R1,[R0]     ;将 R0 中的值作为地址，将该地址上的数据保存到 R1
STR R1,[R0]     ;将 R0 中的值作为地址，将 R1 中的值存储到这个内存地址
LDRB/STRB       ;每次读写一字节，LDR/STR 默认每次读写 4 字节
LDM/STM         ;批量加载/存储指令，在一组寄存器和一片内存之间传输数据
SWP R1,R1,[R0]  ;将 R1 与 R0 中地址指向的内存单元中的数据进行交换
SWP R1,R2,[R0]  ;将[R0]存储到 R1，将 R2 写入[R0]这个内存存储单元
```

在 ARM 存储访问指令中，我们经常使用的是 LDR/STR、LDM/STM 这两对指令。LDR/STR 指令是 ARM 汇编程序中使用频率最高的一对指令，每一次数据的处理基本上都离不开它们。LDM/STM 指令常用来加载或存储一组寄存器到一片连续的内存，通过和堆栈格式符组合使用，LDM/STM 指令还可以用来模拟堆栈操作。LDM/STM 指令常和表 3-2 的堆栈格式组合使用。

表 3-2　不同类型的堆栈

堆栈格式	说　　明	备　　注
FA	Full Ascending	满递增堆栈
FD	Full Descending	满递减堆栈
EA	Empty Ascending	空递增堆栈
ED	Empty Descending	空递减堆栈

如图 3-3 所示，在一个堆栈内存结构中，如果堆栈指针 SP 总是指向栈顶元素，那么这个栈就是满栈；如果堆栈指针 SP 指向的是栈顶元素的下一个空闲的存储单元，那么这个栈就是空栈。

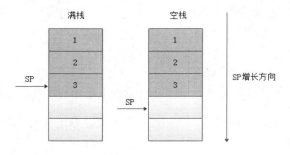

图 3-3　满栈与空栈的区别

每入栈一个元素，栈指针 SP 都会往栈增长的方向移动一个存储单元。如果栈指针 SP 从高地址往低地址移动，那么这个栈就是递减栈；如果栈指针 SP 从低地址往高地址移动，那么这个栈就是递增栈。ARM 处理器使用的一般都是满递减堆栈，在将一组寄存器入栈，或者从栈中弹出一组寄存器时，我们可以使用下面的指令。

```
LDMFD SP!,{R0-R2,R14}  ;将内存栈中的数据依次弹出到 R14，R2，R1，R0
STMFD SP!,{R0-R2,R14}  ;将 R0，R1，R2，R14 依次压入内存栈
```

这里需要注意的一个细节是，在入栈和出栈过程中要留意栈中各个元素的入栈出栈顺序。栈的特点是先入后出（First In Last Out，FILO），栈元素在入栈操作时，STMFD 会根据大括号{}中寄存器列表中各个寄存器的顺序，从左往右依次压入堆栈。在上面的例子中，R0 会先入栈，接着 R1、R2 入栈，最后 R14 入栈，入栈操作完成后，栈指针 SP 在内存中的位置如图 3-4 左侧所示。栈元素在出栈操作时，顺序刚好相反，栈中的元素先弹出到 R14 寄存器中，接着是 R2、R1、R0。将栈中的元素依次弹出到 R14、R2 寄存器后，堆栈指针在内存中的位置如图 3-4 右侧所示。

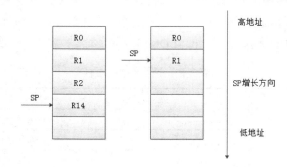

图 3-4　入栈与出栈

除此之外，ARM 还专门提供了 PUSH 和 POP 指令来执行栈元素的入栈和出栈操作。PUSH 和 POP 指令的使用方法如下。

```
PUSH  {R0-R2,R14}     ;将 R0、R1、R2、R14 依次压入栈
POP   {R0-R2,R14}     ;将栈中的数据依次弹出到 R14、R2、R1、R0
```

3.2.2　数据传送指令

LDR/STR 指令用来在寄存器和内存之间输送数据。如果我们想要在寄存器之间传送数据，则可以使用 MOV 指令。MOV 指令的格式如下。

```
MOV {cond} {S} Rd, operand2
MVN {cond} {S} Rd, operand2
```

其中，{cond}为条件指令可选项，{S}用来表示是否影响 CPSR 寄存器的值，如 MOVS 指令就会影响寄存器 CPSR 的值，而 MOV 则不会。MVN 指令用来将操作数 operand2 按位取反后传送到目标寄存器 Rd。操作数 operand2 可以是一个立即数，也可以是一个寄存器。

MOV 和 MVN 指令的一般使用方法如下。

```
MOV R1, #1        ;将立即数 1 传送到寄存器 R1 中
MOV R1, R0        ;将 R0 寄存器中的值传送到 R1 寄存器中
MOV PC, LR        ;子程序返回
MVN R0, #0xFF     ;将立即数 0xFF 取反后赋值给 R0
MVN R0, R1        ;将 R1 寄存器的值取反后赋值给 R0
```

3.2.3　算术逻辑运算指令

算术运算指令包括基本的加、减、乘、除，逻辑运算指令包括与、或、非、异或、清除等。指令格式如下。

```
ADD {cond} {S} Rd, Rn, operand2    ;加法
ADC {cond} {S} Rd, Rn, operand2    ;带进位加法
SUB {cond} {S} Rd, Rn, operand2    ;减法
AND {cond} {S} Rd, Rn, operand2    ;逻辑与运算
ORR {cond} {S} Rd, Rn, operand2    ;逻辑或运算
EOR {cond} {S} Rd, Rn, operand2    ;异或运算
BIC {cond} {S} Rd, Rn, operand2    ;位清除指令
```

算术逻辑运算指令的基本使用方法及说明如下。

```
ADD R2, R1, #1      ;R2=R1+1
ADC R1, R1, #1      ;R1=R1+1+C（其中 C 为 CPSR 寄存器中进位）
SUB R1, R1, R2      ;R1=R1-R2
SBC R1, R1, R2      ;R1=R1-R2-C
```

```
AND R0, R0, #3          ;保留 R0 的 bit0 和 1，其余位清除
ORR R0, R0, #3          ;置位 R0 的 bit0 和 bit1
EOR R0, R0, #3          ;反转 R0 中的 bit0 和 bit1
BIC  R0, R0, #3         ;清除 R0 中的 bit0 和 bit1
```

3.2.4 操作数：operand2 详解

ARM 指令的可选项很多，操作数也很灵活。很多 ARM 指令会使用第二个参数 operand2：可以是一个常数，也可以是寄存器+偏移的形式。操作数 operand2 在汇编程序中经常出现的两种格式如下。

```
#constant
Rm{, shift}
```

第一种格式比较简单，操作数是一个立即数，第二种格式可以直接使用寄存器的值作为操作数。在 3.2.3 节中的 ADD、SUB、AND 指令示例中，第二个操作数要么是一个常数，要么是一个寄存器。在第二种格式中，通过{, shift}可选项，我们还可以通过多种移位或循环移位的方式，构建更加灵活的操作数。可选项{, shift}可以选择的移位方式如下。

```
#constant,n  ;将立即数 constant 循环右移 n 位
ASR #n       ;算术右移 n 位，n 的取值范围：[1,32]
LSL #n       ;逻辑左移 n 位，n 的取值范围：[0,31]
LSR #n       ;逻辑右移 n 位，n 的取值范围：[1,32]
ROR #n       ;向右循环移 n 位，n 的取值范围：[1,31]
RRX          ;向右循环移 1 位，带扩展
type Rs      ;仅在 ARM 中可用，其中 type 指 ASP、LSL、LSR、ROR，Rs 是提供位移量的寄存器名称
```

可选性指令的使用示例及说明如下。

```
ADD R3, R2, R1, LSL #3   ;R3=R2+R1<<3
ADD R3, R2, R1, LSL R0   ;R3=R2+R1<<R0
ADD IP, IP, #16, 20      ;IP=IP+立即数 16 循环右移 20 位
```

3.2.5 比较指令

比较指令用来比较两个数的大小，或比较两个数是否相等。比较指令的运算结果会影响 CPSR 寄存器的 N、Z、C、V 标志位，具体的标志位说明可参考前面的 CPSR 寄存器介绍。比较指令的格式如下。

```
CMP {cond} Rn, operand2   ;比较两个数大小
CMN {cond} Rn, operand2   ;取负比较
```

比较指令的使用示例及说明如下。

```
CMP R1, #10       ;R1-10，运算结果会影响 N、Z、C、V 位
```

```
CMP R1，R2          ;R1-R2，比较结果会影响 N、Z、C、V 位
CMN R0，#1          ;R0-（-1）将立即数取负，然后比较大小
```

比较指令的运行结果 Z=1 时，表示运算结果为零，两个数相等；N=1 表示运算结果为负，N=0 表示运算结果为非负，即运算结果为正或者为零。

3.2.6　条件执行指令

为了提高代码密度，减少 ARM 指令的数量，几乎所有的 ARM 指令都可以根据 CPSR 寄存器中的标志位，通过指令组合实现条件执行。如无条件跳转指令 B，我们可以在后面加上条件码组成 BEQ、BNE 组合指令。BEQ 指令表示两个数比较，结果相等时跳转；BNE 指令则表示结果不相等时跳转。CPSR 寄存器中的标志位根据需要可以任意搭配成不同的条件码，和 ARM 指令一起组合使用。ARM 指令的条件码如表 3-3 所示。

表 3-3　ARM指令的条件码

条件码	CPSR 标志位	说　　明	条件码	CPSR 标志位	说　　明
EQ	Z=1	相等	HI	C置位，Z清零	无符号数大于
NE	Z=0	不相等	LS	C清零，Z置位	有符号数小于或等于
CS/HS	C=1	无符号数大于或等于	GE	N=V	有符号数大于或等于
CC/LO	C=0	无符号数小于	LT	N!=V	有符号数小于
MI	N置位	负数	GT	Z清零，N=V	有符号数大于
PL	N清零	正数或零	LE	Z置位，N!=V	有符号数小于或等于
VS	V置位	溢出	AL	忽略	无条件执行
VC	V清零	未溢出	NV	忽略	从不执行

条件执行经常出现在跳转或循环的程序结构中。如下面的汇编程序，通过循环结构，我们可以实现数据块的搬运功能。我们可以将无条件跳转指令 B 和条件码 NE 组合在一起使用，构成一个循环程序结构。

```
AREA COPY,CODE,READONLY
    ENTRY
START
    LDR R0,=SRC        ;源地址
    LDR R1,=DST        ;目的地址
    MOV R2,#10         ;复制循环次数
LOOP
    LDR R3,[R0],#4     ;从源地址取数据
    STR R3,[R1],#4     ;复制到目的地址
    SUBS R2, R2,#1     ;循环次数减一
```

```
    BNE LOOP                ;只要 R2 不等于 0，继续循环

AREA COPYDATA, DATA, READWRITE
SRC DCD 1,2,3,4,5,6,7,8,9,0
DST DCD 0,0,0,0,0,0,0,0,0,0
    END
```

3.2.7　跳转指令

在函数调用的场合，以及循环结构、分支结构的程序中经常会用到跳转指令。ARM 指令集提供了 B、BL、BX、BLX 等跳转指令，每个指令都有各自的用武之地和使用场景。跳转指令的格式如下。

```
B {cond} label      ;跳转到标号 label 处执行
B {cond} Rm         ;寄存器 Rm 中保存的是跳转地址
BL {cond} label
BX {cond} label
BLX {cond} label
```

1. B label

跳转到标号 label 处，B 跳转指令的跳转范围大小为[0, 32MB]，可以往前跳，也可以往后跳。无条件跳转指令 B 主要用在循环、分支结构的汇编程序中，使用示例如下。

```
    CMP R2, #0
    BEQ label       ;若 R2=0,则跳转到 label 处执行
    ...
label
    ...
```

2. BL label

BL 跳转指令表示带链接的跳转。在跳转之前，BL 指令会先将当前指令的下一条指令地址（即返回地址）保存到 LR 寄存器中，然后跳转到 label 处执行。BL 指令一般用在函数调用的场合，主函数在跳转到子函数执行之前，会先将返回地址，即当前跳转指令的下一条指令地址保存到 LR 寄存器中；子函数执行结束后，LR 寄存器中的地址被赋值给 PC，处理器就可以返回到原来的主函数中继续运行了。

```
;主程序
    ...
    BL subfunc          ;跳到 subfunc 执行，在跳之前将返回地址保存在 LR
    ...                 ;子程序返回后接着从此处继续执行

;子程序
```

```
subfunc
    ...
    MOV PC, LR                ;子程序执行完，将返回地址赋值给 PC，返回到主函数
```

3. BX Rm

BX 表示带状态切换的跳转。Rm 寄存器中保存的是跳转地址，要跳转的目标地址处可能是 ARM 指令，也可能是 Thumb 指令。处理器根据 Rm[0]位决定是切换到 ARM 状态还是切换到 Thumb 状态。

- 0：表示目标地址处是 ARM 指令，在跳转之前要先切换至 ARM 状态。
- 1：表示目标地址处是 Thumb 指令，在跳转之前要先切换至 Thumb 状态。

BLX 指令是 BL 指令和 BX 指令的综合，表示带链接和状态切换的跳转，使用方法和上面相同，不再赘述。

3.3　ARM 寻址方式

ARM 属于 RISC 体系架构，一个 ARM 汇编程序中的大部分汇编指令，基本上都和数据传输有关：在内存-寄存器、内存-内存、寄存器-寄存器之间来回传输数据。不同的 ARM 指令又有不同的寻址方式，比较常见的寻址方式有寄存器寻址、立即寻址、寄存器偏移寻址、寄存器间接寻址、基址寻址、多寄存器寻址、相对寻址等。

3.3.1　寄存器寻址

寄存器寻址比较简单，操作数保存在寄存器中，通过寄存器名就可以直接对寄存器中的数据进行读写。

```
MOV R1, R2                ;将寄存器 R2 中的值传送到 R1
SUB R1, R2, R3            ;运行减法运算 R2-R3，并将结果保存到 R1 中
```

3.3.2　立即数寻址

在立即数寻址中，ARM 指令中的操作数为一个常数。立即数以 # 为前缀，0x 前缀表示该立即数为十六进制，不加前缀默认是十进制。

```
ADD R1, R1, #1            ;将 R1 寄存器中的值加 1，并将结果保存到 R1 中
MOV R1, #0xFF             ;将十六进制常数 0xFF 写到 R1 寄存器中
MOV R1, #12               ;将十进制常数 12 放到 R1 寄存器中
ADD R1, R1, #16, 20       ;R1 = R1 + 立即数 16 循环右移 20 位
```

3.3.3　寄存器偏移寻址

寄存器偏移寻址可以看作寄存器寻址的一种特例，通过第二个操作数 operand2 的灵活配置，我们可以将第二个操作数做各种左移和右移操作，作为新的操作数使用。

```
MOV R2, R1, LSL #3      ;R2 = R1<<3
ADD R3, R2, R1, LSL #3  ;R3 = R2 + R1<<3
ADD R3, R2, R1, LSL R0  ;R3 = R2 + R1<<R0
```

常见的移位操作有逻辑移位和算术移位，两者的区别是：逻辑移位无论是左移还是右移，空缺位一律补 0；而算术移位则不同，左移时空缺位补 0，右移时空缺位使用符号位填充。

3.3.4　寄存器间接寻址

寄存器间接寻址主要用来在内存和寄存器之间传输数据。寄存器中保存的是数据在内存中的存储地址，我们通过这个地址就可以在寄存器和内存之间传输数据。C 语言中的指针操作，在汇编层次其实就是使用寄存器间接寻址实现的。寄存器间接寻址的使用示例及说明如下所示。

```
LDR R1, [R2] ;将 R2 中的值作为地址，取该内存地址上的数据，保存到 R1
STR R1, [R2] ;将 R2 中的值作为地址，将 R1 寄存器的值写入该内存地址
```

3.3.5　基址寻址

基址寻址其实也属于寄存器间接寻址。两者的不同之处在于，基址寻址将寄存器中的地址与一个偏移量相加，生成一个新地址，然后基于这个新地址去访问内存。

```
LDR R1, [FP, #2]   ;将 FP 中的值加 2 作为新地址，取该地址上的值保存到 R1
LDR R1, [FP, #2]!  ;FP=FP+2，然后将 FP 指定的内存单元数据保存到 R1 中
LDR R1, [FP, R0]   ;将 FP+R0 作为新地址，取该地址上的值保存到 R1
LDR R1, [FP, R0, LSL #2] ;将 FP+R0<<2 作为新地址，读取该内存地址上的值保存到 R1
LDR R1, [FP], #2   ;将 FP 中的值作为地址，读取该地址上的值保存到 R1，然后 FP 中的值加 2
STR R1, [FP, #-2]  ;将 FP 中的值减 2，作为新地址，将 R1 中的值写入该地址
STR R1, [FP], #-2  ;将 FP 中的值作为地址，将 R1 中的值写入此地址，然后 FP 中的值减 2
```

基址寻址一般用在查表、数组访问、函数的栈帧管理等场合。根据偏移量的正负，基址寻址又可以分为向前索引寻址和向后索引寻址，如上面的第 1 条和第 3 条指令，就是向后索引寻址，而第 6 条指令则为向前索引寻址。

3.3.6　多寄存器寻址

STM/LDM 指令就属于多寄存器寻址，一次可以传输多个寄存器的值。

```
LDMIA SP!, {R0-R2,R14} ;将内存栈中的数据依次弹出到 R14、R2、R1、R0
STMDB SP!, {R0-R2,R14} ;将 R0、R1、R2、R14 依次压入栈
LDMFD SP!, {R0-R2,R14} ;将内存栈中的数据依次弹出到 R14、R2、R1、R0
STMFD SP!, {R0-R2,R14} ;将 R0、R1、R2、R14 依次压入栈
```

在多寄存器寻址中，用大括号 {} 括起来的是寄存器列表，寄存器之间用逗号隔开，如果是连续的寄存器，还可以使用连接符 - 连接，如 R0-R3，就表示 R0、R1、R2、R3 这 4 个寄存器。LDM/STM 指令一般和 IA、IB、DA、DB 组合使用，分别表示 Increase After、Increase Before、Decrease After、Decrease Before。

LDM/STM 指令也可以和 FD、ED、FA、EA 组合使用，用于堆栈操作。栈是程序运行过程中非常重要的一段内存空间，栈是 C 语言运行的基础，函数内的局部变量、函数调用过程中要传递的参数、函数的返回值一般都是保存在栈中的。可以这么说，没有栈，C 语言就无法运行。在嵌入式系统的一些启动代码中，你会看到，在运行 C 语言程序之前，必须要先运行一段汇编代码初始化内存和栈指针 SP，然后才能跳到 C 语言程序中运行。

ARM 没有专门的入栈和出栈指令，ARM 中的栈操作其实就是通过上面所讲的 STM/LDM 指令和栈指针 SP 配合操作完成的。栈一般可以分为以下 4 类。

● 递增栈 A：入栈时，SP 栈指针从低地址往高地址方向增长。
● 递减栈 D：入栈时，SP 栈指针从高地址往低地址方向增长。
● 满栈 F：SP 栈指针总是指向栈顶元素。
● 空栈 E：SP 栈指针总是指向栈顶元素的下一个空闲存储单元。

ARM 默认使用满递减堆栈，通过 STMFD/LDMFD 指令配对使用，完成堆栈的入栈和出栈操作。ARM 中的 PUSH 和 POP 指令其实就是 LDM/STM 的同义词，是 LDMFD 和 STMFD 组合指令的助记符。PUSH 指令和 POP 指令的使用示例如下。

```
STMFD SP!, {R0-R2,R14}    ;将 R0、R1、R2、R14 依次压入栈
LDMFD SP!, {R0-R2,R14}    ;将栈中的数据依次弹出到 R14、R2、R1、R0
PUSH  {R0-R2,R14}         ;将 R0、R1、R2、R14 依次压入栈
POP   {R0-R2,R14}         ;将栈中的数据依次弹出到 R14、R2、R1、R0
```

3.3.7　相对寻址

相对寻址其实也属于基址寻址，只不过它是基址寻址的一种特殊情况。特殊在什么地方呢？它是以 PC 指针作为基地址进行寻址的，以指令中的地址差作为偏移，两者相加后得到的就是一个新地址，然后可以对这个地址进行读写操作。ARM 中的 B、BL、ADR 指令其实都是采用相对寻址的。

```
    ...
    B LOOP
    ...

LOOP MOV R0,#1
    MOV R1,R0
    ...
```

在上面的示例代码中，B LOOP 指令其实就等价于：

```
ADD PC, PC, #OFFSET
```

其中 OFFSET 为 B LOOP 这条当前正在执行的指令地址与地址标号 LOOP 之间的地址偏移。B 指令的前后跳转范围为[0, 32MB]，如果你编写的程序生成的二进制文件小于 32MB，基本上就可以随意地使用 B 指令跳转了，放心吧，不会出现什么问题的。

除此之外，很多与位置无关的代码，如动态链接共享库，其在汇编代码层次的实现其实也是采用相对寻址的。程序中使用相对寻址访问的好处是不需要重定位，将代码加载到内存中的任何地址都可以直接运行。

3.4　ARM 伪指令

什么是 ARM 伪指令？顾名思义，ARM 伪指令并不是 ARM 指令集中定义的标准指令，而是为了编程方便，各家编译器厂商自定义的一些辅助指令。伪指令有点类似 C 语言中的预处理命令，在程序编译时，这些伪指令会被翻译为一条或多条 ARM 标准指令。常见的 ARM 伪指令主要有 4 个：ADR、ADRL、LDR、NOP，它们的使用示例如下。

```
ADR R0, LOOP          ;将标号 LOOP 的地址保存到 R0 寄存器中
ADRL R0, LOOP         ;中等范围的地址读取
LDR R0, =0x30008000   ;将内存地址 0x30008000 赋值给 R0
NOP                   ;空操作，用于延时或插入流水线中暂停指令的运行
```

NOP 伪指令比较简单，其实就相当于 MOV R0, R0。在以后的学习和工作中，大家在 ARM 汇编程序中经常看到的就是 LDR 伪指令。

3.4.1　LDR 伪指令

LDR 伪指令通常会让很多朋友感到迷惑，容易和加载指令 LDR 混淆。通过上面的学习，我们已经知道，ARM 属于 RISC 架构，不能对内存中的数据直接操作，ARM 通常会使用 LDR/STR 这对加载/存储指令，先将内存中的数据加载到寄存器，然后才能对寄存器中的数据进行操作，最

后把寄存器中的处理结果存储到内存中。LDR 伪指令的主要用途是将一个 32 位的内存地址保存到寄存器中。

在寄存器之间传递数据可以使用 MOV 指令，但是当传递的一个内存地址是 32 位的立即数时，MOV 指令就应付不了了，如下面的第 2 条指令。

```
MOV R0, #200            ;往寄存器传递一个立即数，指令正常
MOV R0, #0x30008000     ;往寄存器传递一个 32 位的立即数，指令异常
```

当我们往寄存器传递的地址是一个 32 位的常数时，为什么不能使用 MOV，而要使用 LDR 伪指令呢？这还得从 ARM 指令的编码格式说起。RISC 指令的特点是单周期指令，指令的长度一般都是固定的。在一个 32 位的系统中，一条指令通常是 32 位的，指令中包括操作码和操作数，如图 3-5 所示。

15	14	13	12	11	10	9	8	7	6	5	4	3	2	1	0
0	0	1	0	0	Rd			imm8							

图 3-5 ARM 指令的编码格式

指令中的操作码和操作数共享 32 位的存储空间：一般前面的操作码要占据几个比特位，剩下来的留给操作数的编码空间就小于 32 位了。当编译器遇到 MOV R0, #0x30008000 这条指令时，因为后面的操作数是 32 位，编译器就无法对这条指令进行编码了。为了解决这个难题，编译器提供了一个 LDR 伪指令来完成上面的功能。

```
LDR R0, =0x30008000
```

在上面的示例代码中，LDR 不是普通的 ARM 加载指令，而是一个伪指令。为了与 ARM 指令集中的加载指令 LDR 区别开来，LDR 伪指令中的操作数前一般会有一个等于号 = ，用来表示该指令是个伪指令。通过 LDR 伪指令，编译器就解决了向一个寄存器传送 32 位的立即数时指令无法编码的难题。

因为伪指令并不是 ARM 指令集中定义的标准指令，所以 CPU 硬件译码电路并不支持直接运行这些伪指令。在程序编译期间，这些伪指令会被标准的 ARM 指令替代。编译器在处理伪指令时，根据伪指令中的操作数大小，会使用不同的 ARM 标准指令替代。如当 LDR 伪指令中的操作数小于 8 位时，LDR 伪指令一般会被 MOV 指令替代。下面的两行汇编指令其实是等价的。

```
LDR R0, =200
MOV R0, #200
```

当 LDR 伪指令中的操作数大于 8 位时，LDR 伪指令会被编译器转换为 LDR 标准指令+文字池的形式。

```
LDR R0, =0x30008000     ;伪指令
```

```
LDR R0, [PC, #OFFSET]      ;翻译成的标准指令
...
...
DCD 0x30008000             ;文字池
```

在上面的示例代码中，当 LDR 伪指令中的操作数为一个 32 位的立即数时，编译器会首先在内存中分配一个 4 字节大小的存储单元，然后将这个 32 位的地址 0x30008000 存放到该存储单元中，该存储单元通常也叫作文字池（literal pool）。接着编译器计算出该存储单元到 LDR 伪指令之间的偏移 OFFSET，然后使用寄存器相对寻址，就可以将这个 32 位的立即数送到 R0 寄存器中。偏移量 OFFSET 的大小一般要小于 4KB，所以在分析汇编代码时你会看到，存放这些 32 位地址常量的文字池一般紧挨着当前指令的代码段，直接放置在当前代码段的后面。

搞清楚了 LDR 指令和 LDR 伪指令之间的区别和各自的用途，以后在汇编代码中再遇到这两个指令，我们就可以不慌不忙、从容应对了。不要不在意这些细节，当你阅读代码时，这些模棱两可的细节问题往往更容易成为阅读障碍和拦路虎。

```
LDR R0, =0x30008000    ;有=号的就是伪指令，将立即数 0x30008000 送到 R0
LDR R0, =LOOP          ;将标号 LOOP 表示的地址送到 R0
LDR R0, [R1]           ;R1 中的值作为地址，将该地址上的值送到 R0
LDR R0, LOOP           ;将标号 LOOP 表示的内存地址上的数据送到 R0
```

3.4.2 ADR 伪指令

ADR 伪指令的功能与 LDR 伪指令类似，将基于 PC 相对偏移的地址值读取到寄存器中。ADR 为小范围的地址读取伪指令，底层使用相对寻址来实现，因此可以做到代码与位置无关。ADR 伪指令的使用示例代码如下。

```
ADR R0, LOOP
...
...
LOOP
    b LOOP
```

在上面的示例代码中，ADR 伪指令的作用是将标号 LOOP 表征的内存地址送到寄存器 R0 中。编译器在编译 ADR 伪指令时，会首先计算出当前正在执行的 ADR 伪指令地址与标号 LOOP 之间的地址偏移 OFFSET，然后使用 ARM 指令集中的一条标准指令代替之，如使用 ADD 指令将标号表征的地址送到寄存器 R0 中。

```
OFFSET = LOOP-(PC-8)
ADD R0, PC, #OFFSET
```

ADR 伪指令和 LDR 伪指令的相似之处在于：两者都是为了加载一个地址到指定的寄存器中。

两者的不同之处在于：LDR 伪指令通常被翻译为 ARM 指令集中的 LDR 或 MOV 指令，而 ADR 伪指令则通常会被 ADD 或 SUB 指令代替。在用途上，LDR 伪指令主要用来操作外部设备的寄存器，而 ADR 伪指令主要用来通过相对寻址，生成与位置无关的代码。在一个程序中，只要各个标号之间的相对位置不变，使用 ADR 伪指令就可以做到与位置无关，将指令代码加载到内存中的任何位置都可以正常运行。在寻址方式上，LDR 使用绝对地址，而 ADR 则使用相对地址，LDR 和 ADR 伪指令的地址适用范围也不同，LDR 伪指令适用的地址范围为[0, 32GB]，而 ADR 伪指令则要求当前指令和标号必须在同一个段中，地址偏移范围也较小，地址对齐时偏移范围为[0,1020]，地址未对齐时偏移范围为[0, 4096]。

3.5　ARM 汇编程序设计

熟悉了 ARM 体系结构和常用的汇编指令，我们就可以尝试编写简单的 ARM 汇编程序了。在一段完整的汇编程序中，不仅包含了各种汇编指令和伪指令，还包含了各种伪操作。伪操作可以让程序员更加方便地编写汇编程序，实现更加复杂的逻辑功能。

3.5.1　ARM 汇编程序格式

ARM 汇编程序是以段（section）为单位进行组织的。在一个汇编文件中，可以有不同的 section，分为代码段、数据段等，各个段之间相互独立，一个 ARM 汇编程序至少要有一个代码段。我们可以使用 AREA 伪操作来标识一个段的起始、段名和段的读写属性。

```
AREA COPY,CODE,READONLY        ;当前段属性为代码段，只读，段名为 COPY
    ENTRY
START
    LDR R0,=SRC
    LDR R1,=DST
    MOV R2,#10
LOOP
    LDR R3,[R0],#4
    STR R3,[R1],#4
    SUBS R2, R2,#1
    BNE LOOP

AREA COPYDATA,DATA,READWRITE ;数据段，读写权限，段名为 COPYDATA
SRC DCD 1,2,3,4,5,6,7,8,9,0
DST DCD 0,0,0,0,0,0,0,0,0,0
    END
```

上面的汇编程序实现了数据块的复制功能。该汇编程序由两个程序段组成：一个代码段，一个数据段，两个段相互独立，由 AREA 伪操作来标识一个段的起始、段名、段的属性（CODE、DATA）和读写权限（READONLY、READWRITE）。

C 程序一般都是从 main() 函数开始执行的，那汇编程序从哪里开始执行呢？ARM 汇编程序通过 ENTRY 这个伪操作来标识汇编程序的运行入口，使用伪操作 END 来标识汇编程序的结束。

在 ARM 汇编程序中可以使用标号。像 C 语言一样，在汇编语言中，标号代表的指令地址，如上述代码中的 LOOP 标号，和 BNE 指令结合使用可以构建一个循环程序结构。

在 C 程序中，我们可以使用 // 或 /**/ 来注释代码；在汇编程序中，我们同样也可以添加注释，我们使用分号；来注释代码。在一个空行的行首或者一条指令语句的末尾添加一个分号，然后就可以在分号后面添加注释，以增加程序的可读性。

3.5.2 符号与标号

在 ARM 汇编程序中，我们可以使用符号来标识一个地址、变量或数字常量。当用符号来标识一个地址时，这个符号通常又被称为标号。

符号的命名规则和 C 语言的标识符命名规则一样：由字母、数字和下画线组成，符号的开头不能使用数字，但标号除外。标号比较任性，标号的开头不仅可以是数字，甚至整个标号可以是一个纯数字。

符号的命名在其作用域内必须唯一，不能与系统内部或系统预定义的符号同名，不能与指令助记符、伪指令同名。一般情况下，一个符号的作用域是整个汇编源文件。有时候我们会直接通过数字 [0,99] 而不是使用字符来进行地址引用，我们称这种数字为局部标号。局部标号的作用域为当前段，在汇编程序中，我们可以使用下面的格式来引用局部标号。

```
%{F|B|A|T} N{routename}
```

在局部标号的引用格式中，由大括号 {} 括起来的部分是可选项，N 表示局部标号，其余的参数说明如下。

- %：引用符号，对一个局部标号产生引用。
- F：指示编译器只向前搜索。
- B：指示编译器只向后搜索。
- A：指示编译器搜索宏的所有宏命令层。
- T：指示编译器搜索宏的当前层。
- N：局部标号的名字。

● routename：局部标号作用范围名称，使用 ROUT 定义。

若 B、F 没有指定，编译器将默认先向后搜索，然后向前搜索。若 A、T 都没指定，则汇编程序默认搜索从当前层到最顶层的所有宏命令，但不搜索较低层的宏命令。如果在标签中或者对一个标签的引用中指定了 routename，则汇编程序将其与最近的一个前 ROUT 指令的名称进行比较，如果不匹配，则汇编程序会生成一条错误消息，汇编失败。

在汇编代码中，使用局部标号的示例程序如下：

```
AREA COPY,CODE,READONLY
    ENTRY
START
    LDR R0,=SRC
    LDR R1,=DST
    MOV R2,#10
0
    LDR R3,[R0],#4
    STR R3,[R1],#4
    SUBS R2, R2,#1
    BNE %B0          ;跳到前面的局部标号 0 处，构成循环程序结构
AREA COPYDATA,DATA,READWRITE
SRC DCD 1,2,3,4,5,6,7,8,9,0
DST DCD 0,0,0,0,0,0,0,0,0,0
    END
```

在上面的汇编程序中，我们定义了一个局部标号：0，然后通过 BNE %B0 指令引用了这个标号，B 表示向后跳转，程序直接跳到了局部标号 0 处的代码执行，构成了一个循环程序结构。

3.5.3　伪操作

在 C 语言中，为了编程方便，编译器会定义一系列预处理命令，并用 # 来标识，如#include、#define、#if、#else、#end 等。这些预处理命令并不是真正的 C 语言关键字，而是为了编程方便，编译器提供给我们使用的预定义标识符。一个 C 程序经过预处理之后，这些预处理命令一般会全部消失，预处理后的代码也就变成了一个完全由 C 语言关键字和标准语法构成的原汁原味的 C 程序，然后编译器才能去对这些源程序进行语法、语义分析，最后编译成二进制可执行文件。在整个编译过程中，编译器是不认识这些预处理命令的。如果在编译之前不做预处理操作，则编译器就会报错，这一点大家要搞明白。

同样的道理，在汇编语言中，为了编程方便，汇编器也定义了一些特殊的指令助记符，以方便对汇编程序做各种处理。如使用 AREA 来定义一个段（section），使用 GBLA 来定义一个数据，使用 ENTRY 来指定汇编程序的执行入口等，这些指令助记符统称为伪指令或伪操作。伪操作是

为编写汇编程序服务的，即使在同一个 CPU 架构下，不同的编译环境或汇编器虽然会遵循和兼容同一套指令集，但是可能会定义各自不同的伪操作，它们的使用方法和格式也各不相同。

伪操作一般用在符号定义、数据定义、汇编程序结构控制等场合。在一个汇编程序中经常使用的伪操作如下。

```
GBLA a                        ;定义一个全局算术变量 a，并初始化为 0
a SETA 10                     ;给算术变量 a 赋值为 10
GBLL b                        ;定义一个全局逻辑变量 b，并初始化为{false}
b SETL 20                     ;给逻辑变量 b 赋值为 20
GBLS STR                      ;定义一个全局字符串变量 STR，并初始化为 0
STR SETS "zhaixue.cc"         ;给变量 STR 赋值为"zhaixue.cc"
LCLA a                        ;定义一个局部算术变量 a，并初始化为 0
LCLL b                        ;定义一个局部逻辑变量 b，并初始化为{false}
LCLS name                     ;定义一个局部字符串变量 name，并初始化为 0
name SETS "wanglitao"         ;给局部字符串变量赋值
```

关于数据定义，常用的伪操作有 DCD、DCB、SPACE、DATA，这些伪操作的使用方法如下所示。

```
DATA1 DCB 10,20,30,40         ;分配一片连续的字节存储单元并初始化
STR   DCB "zhaixue.cc"        ;给字符串分配一片连续的存储单元并初始化
DATA2 DCD 10,20,30,40         ;分配一片连续的字存储单元并初始化
BUF   SPACE 100               ;给 BUF 分配 100 字节的存储单元并初始化为 0
```

除此之外，还有一些其他常用的伪操作，如用来标识程序的入口地址、程序的结束地址、用来定义段的属性等，具体如表 3-4 所示。

表 3-4　伪操作

伪　操　作	说　明
ALIGN	地址对齐
AREA	用来定义一个代码段或数据段，常用的段属性为 CODE / DATA
CODE16/CODE32	指示编译器后面的指令为 THUMB/ARM 指令
ENTRY	指定汇编程序的执行入口
END	用来告诉编译器源程序已到了结尾，停止编译
EQU	赋值伪指令，类似宏，给常量定义一个符号名
EXPORT/GLOBAL	声明一个全局符号，可以被其他文件引用
IMPORT/EXTERN	引用其他文件的全局符号前，要先 IMPORT
GET/INCLUDE	包含文件，并将该文件当前位置进行编译，一般包含的是程序文件
INCBIN	包含文件，但不编译，一般包含的是数据、配置文件等

有了这些伪操作辅助，我们就可以设计出更加灵活、功能更加复杂的程序结构，也可以定义一个个汇编子程序，然后在主程序中分别去调用它们，实现汇编语言的模块化编程。

```
IMPORT sum

AREA SUM_ASM,CODE,READONLY
    EXPORT SUM_ASM
SUM_ASM
    STR LR,[SP,#-4]        ;保存调用者的返回地址
    LDR R0,=0X3
    LDR R1,=0X4
    BL sum                 ;调用其他文件里的子程序
    LDR PC,[SP],#4         ;返回主程序，继续运行
    END
```

在上面的汇编程序中，我们实现了一个汇编子程序 SUM_ASM，使用 EXPORT 伪操作将其声明为一个全局符号，然后其他汇编程序或 C 程序就可以直接调用它了。

SUM_ASM 汇编子程序自身又调用了其他子程序 sum，这个 sum 子程序可以是一个汇编子程序，也可以是一个使用 C 语言定义的函数。在调用之前我们要先使用 IMPORT 伪操作把 sum 子程序导入进来，然后就可以直接使用 BL 指令跳转过去运行了。只要遵循一些约定的规则，C 程序和汇编程序其实是可以相互调用的，从汇编指令的层面上看，它们之间并无本质的区别。

3.6　C 语言和汇编语言混合编程

在一些嵌入式场合，我们经常看到 C 程序和汇编程序相互调用、混合编程。如在 ARM 启动代码中，系统一上电首先运行的是汇编代码，等初始化好内存堆栈环境后，才会跳到 C 程序中执行。对嵌入式软件进行优化时，在一些性能要求比较高的场合，通常会在 C 语言程序中内嵌一些汇编代码。作为一名嵌入式工程师，掌握 C 语言和汇编的混合编程还是很有必要的。

3.6.1　ATPCS 规则

无论是在汇编程序中调用 C 程序，还是在 C 程序中内嵌汇编程序，往往都要牵扯到子程序的调用、子程序的返回、参数传递这些问题。从指令集层面看 C 语言和汇编语言，两者其实并无根本差别，都是指令集的不同程度的封装而已，最终都会被翻译成二进制机器指令。一个乌干达人和一个北爱尔兰人，说着不同的语言，用着不同的货币，有着不同的习俗和信仰，只要他们认可并遵守同一套贸易规则，一样可以相互往来做生意。C 程序和汇编程序也是这样的，只要共同遵守一些约定的规则，它们之间也可以相互调用。因此，在学习 C 语言和 ARM 汇编语言混合编程

之前，我们需要先了解一下 ATPCS 规则。

ATPCS 的全称是 ARM-Thumb Procedure Call Standard，其核心内容就是定义了 ARM 子程序调用的基本规则及堆栈的使用约定等。如 ATPCS 规定了 ARM 程序要使用满递减堆栈，入栈/出栈操作要使用 STMFD/LDMFD 指令，只要所有的程序都遵循这个约定，ARM 程序的格式也就统一了，我们编写的 ARM 程序也就可以在各种各样的 ARM 处理器上运行了。

ATPCS 最重要的内容是定义了子程序调用的具体规则，无论是程序员编写程序，还是编译器开发商开发编译器工具，一般都要遵守它。规则的主要内容如下。

● 子程序间要通过寄存器 R0~R3（可记作 a0~a3）传递参数，当参数个数大于 4 时，剩余的参数使用堆栈来传递。
● 子程序通过 R0~R1 返回结果。
● 子程序中使用 R4~R11（可记作 v1~v8）来保存局部变量。
● R12 作为调用过程中的临时寄存器，记作 IP。
● R13 作为堆栈指针寄存器，一般记作 SP。
● R14 作为链接寄存器，用来保存函数调用者的返回地址，记作 LR。
● R15 作为程序计数器，总是指向当前正在运行的指令，记作 PC。

在 ARM 平台下，无论是 C 程序，还是汇编程序，只要大家遵守 ARM 子程序之间的参数传递和调用规则，就可以很方便地在一个 C 程序中调用汇编子程序，或者在一个汇编程序中调用 C 程序。

以图 3-6 为例，我们在一个 C 源文件 main.c 中定义了 main()函数和 sum()函数，在一个汇编源文件 SUM.S 中定义了一个汇编子程序 SUM_ASM。在 main()函数中，我们直接调用了汇编子程序 SUM_ASM，而在 SUM_ASM 的汇编代码实现中，又调用了在 C 源文件中定义的 sum()函数。使用交叉编译器 arm-linux-gcc 编译这两个源文件，你会发现编译没有任何问题，而且还可以在 ARM 平台上正常运行。

图 3-6　C 程序和汇编程序的相互调用

3.6.2　在 C 程序中内嵌汇编代码

为了能在 C 程序中内嵌汇编代码，ARM 编译器在 ANSI C 标准的基础上扩展了一个关键字 __asm。通过这个关键字，我们就可以在 C 程序中内嵌 ARM 汇编代码。在 C 程序中内嵌汇编代码的格式如下。

```
__asm
{
    指令        /*我是注释*/
    …
    [指令]
}
```

这里有个细节需要注意一下，如果你想在内嵌的汇编代码中添加注释，记得要使用 C 语言的 /**/ 注释符，而不是汇编语言的分号注释符。接下来我们就通过一个数据块复制的例子，给大家演示一下在 C 程序中内嵌汇编代码的方法。

```
//main.c
int src[10] = {1,2,3,4,5,6,7,8,9};
int dst[10] = {0};

//数据块复制的 C 语言实现
int data_copy_c(void)
{
    for(int i = 0; i < 10; i++)
        dst[i] = src[i];
    return 0;
}

//数据块复制的内嵌 ARM 汇编实现
int data_copy_asm(void)
{
    __asm
    {
        LDR R0, =src
        LDR R1, =dst
        MOV R2, #10
    LOOP:
        LDR R3,[R0],#4
        STR R3,[R1],#4
        SUBS R2,R2,#1
        BNE LOOP
    }
}
```

为了能在 C 程序中内嵌汇编代码，不同的编译器基于 ANSI C 标准扩展了不同的关键字，使用的汇编格式可能也不太一样。如 GNU ARM 编译器提供了一个 __asm__ 关键字，它的使用方法如下。

```
__asm__ __volatile__
    (
        "汇编语句;"

        ...

        "汇编语句;"
    );
```

在一个 C 程序中，如果看到一段代码使用 __asm__ 修饰，表示这段代码为内嵌汇编。__asm__ 的后面还可以选择使用 __volatile__ 关键字修饰，用来告诉编译器不要优化这段代码。

3.6.3　在汇编程序中调用 C 程序

在 C 程序中可以内嵌汇编代码，在汇编程序中同样也可以调用 C 程序。在调用的时候，我们要注意根据 ATPCS 规则来完成参数的传递，并配置好 C 程序传递参数和保存局部变量所依赖的堆栈环境，然后使用 BL 指令直接跳转即可。

```
;汇编文件 SUM.S，定义了汇编子程序：SUM_ASM
IMPORT sum
AREA SUM_ASM,CODE,READONLY
    EXPORT SUM_ASM
SUM_ASM
    LDR R0,=0X3          ;参数传递
    LDR R1,=0X4          ;参数传递
    BL sum               ;在汇编程序中调用 C 语言函数
    MOV PC,LR
    END


//C 程序源文件 main.c，定义了 C 函数：sum()
int sum(int a,int b)
{
    int result;
    result = a + b;
    printf("result = %d\n", result);
    return result;
}


int main(void)
{
    SUM_ASM(); //在 C 程序中调用汇编子程序
```

```
    return 0;
}
```

在上面的示例代码中，我们定义了两个文件：汇编文件 SUM.S 和 C 源文件 main.c。在汇编文件 SUM.S 中定义了一个汇编子程序 SUM_ASM，在 C 程序源文件 main.c 中定义了一个 C 语言函数 sum()。在 main()函数中，我们首先调用汇编子程序 SUM_ASM，然后在 SUM_ASM 汇编程序中又调用了 main.c 中的 C 函数 sum()，并通过寄存器 R0、R1 将参数传递给了 sum()函数。使用 arm-linux-gcc 命令编译这两个源文件并运行，你会发现可以得到正确的运行结果，这也说明了 C 程序和汇编程序之间相互调用完全可行。

```
# arm-linux-gnueabi-gcc -o a.out main.c SUM.S
# ./a.out
```

在函数调用过程中，如图 3-7 所示，当要传递的参数大于 4 个时，除了前 4 个参数使用寄存器 R0~R3 传递，剩余的参数要使用堆栈进行传递，这时候就需要编译器通过栈指针来进行管理和维护，具体细节可以参考第 5 章。

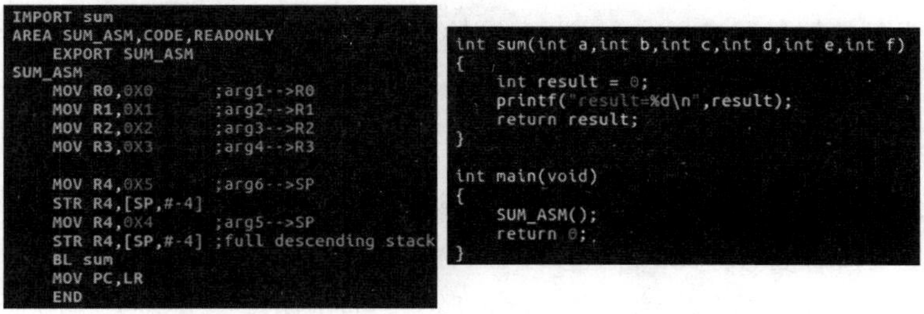

图 3-7　程序调用过程中的参数传递

3.7　GNU ARM 汇编语言

在 ARM 平台下从事嵌入式软件开发,大家会遇到各种不同的集成开发环境和编译器,如 IAR、ADS1.2、RVDS、Keil MDK、RealView MDK、ARM 交叉编译器 arm-linux-gcc 等。如果将这些不同的 IDE 归类,一般可以分为两大类:一类 IDE 内部集成了 ARM 编译器,另一类则使用开源的 GNU GCC for ARM 编译器,为了方便,在后续的文字中我们就简称为 GNU ARM 编译器。

3.7.1　重新认识编译器

编译器到底是什么？在很多人的概念中，编译器可能就是一个 gcc 命令，用来将 C 源程序编译成可执行文件。其实编译器不仅仅是一个简单的 gcc 或 arm-linux-gcc 命令，而是一套完整的工具集。一套完整的编译工具集主要包括以下几部分。

- 编译器：用来将 C 源文件编译成汇编文件。
- 汇编器：用来将汇编文件汇编成目标文件。
- 链接器：用来将目标文件组装成可执行文件。
- 二进制转化工具：objdump、objcopy、strip 等。
- 库打包工具：ar。
- 调试工具：gdb、nm。
- 库/头文件：根据 C 语言标准定义的 API 实现的 C 标准库及对应的头文件。

　　一套完整的编译器工具集，不仅包含编译器，还有各种各样的工具、函数库、头文件等。编译器只不过是我们叫顺口了而已，大家以后可以刷新一下这个概念了。我们口中所说的编译器，其实不仅仅指编译器，还包括各种二进制工具、C 标准库的实现、头文件等。

　　不同的 ARM 编译器开发商，会根据 ARM 指令集规定的标准指令去开发各自的编译器软件。目前市面上比较常见的编译器有 ARM 公司开发的 ARMCC 编译器、IAR ARM C/C++ 编译器、开源的 GNU GCC for ARM 交叉编译器。不同的 IDE 一般都会内嵌上面三种编译器中的一种，或者 IDE 和编译器分别独立发布，甚至有些 IDE 还可以通过配置，支持多种编译器。

　　各种厂商的编译器因为遵循同一套 ARM 指令集标准，因此经过不同编译器编译的程序都可以在同一台 ARM 处理器上运行。市面上各种 ARM 编译器之间的唯一的区别就是汇编指令的格式有所差异，造成差异的原因是各家编译器厂商各自扩展的伪操作（伪指令）不同，如图 3-8 所示：

各家编译器厂商虽然都遵循同一套 ARM 指令集，但是都根据自己的产品需求和定位，各自扩展了不同的伪操作。

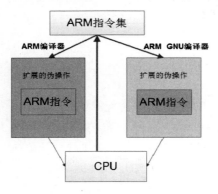

图 3-8　ARM 指令集与伪操作

　　以 ARM 公司官方发布的 ARM 编译器和开源的 GNU ARM 编译器为例，如图 3-8 所示，它们之间的主要差别在于伪操作。编译器开发商在设计编译器时会参考 ARM 指令集，将 C 程序翻译成 CPU 能够识别并运行的 ARM 标准指令。除此之外，为了方便汇编程序的编写，不同的编译器还会扩展一些各自的语法特性，这些扩展的伪指令和语法特性被称为伪操作。这些伪操作主要用来辅助程序员在编程时定义数据，定义不同的代码段和数据段，设计汇编程序的分支跳转结构，以及用来将汇编指令组装成一个可以运行的汇编程序。我们学习编写汇编程序，除了要掌握指令集中定义的 ARM 指令，还要了解不同编译器扩展的伪操作及它们之间的差别。

3.7.2 GNU ARM 编译器的伪操作

不同的 ARM 编译器之间的伪操作差别还是蛮大的。以 ARM 编译器和 GNU ARM 编译器为例，我们可以对比一下它们在数据定义、程序结构方面的差别，如表 3-5 所示。

表 3-5 不同编译器的伪操作对比

ARM 编译器	GNU ARM 编译器	伪操作说明
AREA copy, CODE, …	.text	定义一个代码段
AREA , dat, DATA,…	.data	定义一个数据段
使用 ; 注释	使用 /* */ 或 @ 注释	汇编程序中的注释方式
DCD	.long .word	分配一片连续的字存储单元
Entry	ENTRY(_start)	汇编程序的执行入口
END	.end	汇编程序的结束标记
CODE32	.arm / .code 32	告诉编译器后面指令为ARM指令
CODE16	.thumb / .code 16	告诉编译器后面指令为THUMB指令
SPACE	.space	分配一片连续的内存并初始化为0
GBLL、GBLA	.global	定义一个全局变量
EXPORT、GLOBAL	.global	全局符号声明，可以被其他文件引用
IMPORT、EXTERN	.extern	引用其他文件的全局符号前要先声明
EQU、SETL、SETA	.equ .set	赋值语句，为一个变量赋值
IF、ELSE、ENDIF	.ifdef .else .endif	条件汇编
MACRO / MEND	.macro / .endm	宏定义
GET INCLUDE	.include	文件包含，并展开编译
INCBIN	.incbin	文件包含，不编译

在后面的内容中，我们会经常使用 ARM 反汇编代码来分析 C 语言的底层运行机制。为了能看懂反汇编代码，我们还需要熟悉一下在一个反汇编文件中经常看到的各种 GNU ARM 伪指令操作，如表 3-6 所示。

表 3-6　常用的GNU ARM伪指令操作

伪操作	说　明
ENTRY(_start)	定义汇编程序的执行入口
@、#	代码中的注释、整行注释符号
.section .text, "x"	定义一个段，a：只读；w：读写；x：执行
.align、.balign	地址对齐方式，按照指定字节数对齐
label:	标号，以冒号结尾
.byte	把字节插入目标文件
.quad、.long、.word、.byte、.short	分配不同大小的存储空间，插入目标文件
.string、.ascii、.asciz	定义字符串、字符、以NULL结束的字符串
.rept、.endr	重复定义
.float	浮点数定义
.space 10 FF	分配一片连续的10字节空间，填充为FF
.equ、.set	赋值语句
.type func ,@function	指定符号类型为函数
.type num ,@object	指定符号类型为对象
.include、.incbin	展开头文件、二进制文件
tmp .reg、.unreg r12	为寄存器取别名
.pool、.ltorg	声明一个文字池，一般用来存放32位地址
.comm buf, 20	申请一段buf
OUTPUT_ARCH(arm)	指定可执行文件运行平台
OUTPUT_FORMAT("elf32-littlearm")	指定输出可执行文件格式
#、$	直接操作数前缀
.arch	指定指令集版本
.file	汇编对应的 C 源文件
.fpu	浮点类型
.reg	寄存器重新命名：lr_svc、.req、r14
.size	设置指定符号的大小

3.7.3　GNU ARM 汇编语言中的标号

汇编语言中的符号定义规则，和 C 语言中标识符的定义规则类似：由字母、数字和下画线构成。GNU ARM 编译器除了遵循标识符的一般规则，还有一些特殊的地方需要注意：GNU ARM 汇编语言中的标识符可以由字母、数字、下画线和"."构成，局部标号可以由纯数字构成。GNU 格式的局部标号由数字 N 组成，在引用时使用 Nf 或 Nb 的形式，分别表示向前搜索或向后搜索。除此之外，GNU ARM 汇编语言使用标号_start 作为汇编程序的入口，如果你希望该标号被其他文件引用，只要在定义的地方使用.global 伪操作声明一下就可以了。

```
.global _start
...
1:
sub r0, r1, r2
beq 1b
b   2f
add r0, r0, #1
2:
add r1, r1, #2
```

3.7.4　.section 伪操作

在 GNU ARM 汇编语言中，用户可以使用 .section 伪操作自定义一个段，使用格式如下。

```
.section <section name> {,"<flags>"}
.section .mysection "awx"      @注释：定义一个可写、可执行的段
.align 2
```

在使用伪操作.section 定义一个段时，每个段以段名开始，以下一个段名或文件结尾作为结束标记。在定义段名时，注意不要和系统预留的段名冲突，如.text、.data、.bss、.rodata 都是编译器系统预留的段名，分别表示代码段、数据段、BSS 段、只读数据段。我们可以通过 readelf 命令来查看系统预留的段名。

```
# readelf  -S  a.out
There are 13 section headers, starting at offset 0x330:
Section Headers:
  [Nr] Name            Type        Addr     Off    Size   ES Flg Lk Inf Al
  [ 0]                 NULL        00000000 000000 000000 00      0   0  0
  [ 1] .text           PROGBITS    00000000 000034 000068 00  AX  0   0  1
  [ 2] .rel.text       REL         00000000 000298 000030 08  I  11   1  4
  [ 3] .data           PROGBITS    00000000 00009c 000008 00  WA  0   0  4
  [ 4] .bss            NOBITS      00000000 0000a4 000004 00  WA  0   0  4
  [ 5] .rodata         PROGBITS    00000000 0000a4 000010 00  A   0   0  1
  [ 6] .comment        PROGBITS    00000000 0000b4 000036 01  MS  0   0  1
  [ 7] .note.GNU-stack PROGBITS    00000000 0000ea 000000 00      0   0  1
  [ 8] .eh_frame       PROGBITS    00000000 0000ec 000044 00  A   0   0  4
  [ 9] .rel.eh_frame   REL         00000000 0002c8 000008 08  I  11   8  4
```

[10]	.shstrtab	STRTAB	00000000 0002d0 00005f 00	0	0	1
[11]	.symtab	SYMTAB	00000000 000130 000110 10	12	11	4
[12]	.strtab	STRTAB	00000000 000240 000057 00	0	0	1

3.7.5 基本数据格式

在 GNU ARM 汇编语言中，有时候我们需要定义一些常数。在定义数据的过程中有一些细节需要注意。

二进制数据通常以 0B 或 0b 开头，八进制数据以 0 开头，十六进制数据以 0x 开头，十进制数据则以非 0 数字开头。负数前面加"−"，取补用"~"，不相等用"<>"，其他运算符号如+、−、*、%、<、<<、>、>>、|、&、^、!、==、>=、&& 与 C 语言语法相似。

字符串常量要用双引号""括起来。使用.ascii 定义字符串时要自行在结尾加'\0'，.string 伪操作可以定义多个字符串，使用.asciz 伪操作可以定义一个以 NULL 字符结尾的字符串，使用 .rept 伪操作可以重复定义数据。

```
.ascii  "hello\0"
.string "hello", "world!"
.asciz  "hello"
.rept 3 .byte 0x10 .endr
```

还有一个需要注意的细节就是，在 GNU ARM 汇编程序中经常使用小圆点 . 表示当前指令的地址。这些细节大家最好都了解和学习一下，根据笔者以往的经验，这些不起眼的小细节往往会成为大家分析代码时的阅读障碍，而且在文档中很难找到关于它们的介绍信息。

3.7.6 数据定义

在 GNU ARM 汇编程序中，如果我们想定义一个浮点数，那么可以使用下面的伪操作来定义。

```
标签: 命令
f:
.float 3.14
.equ f,3.1415
```

我们可以使用.float 伪操作定义一个浮点数 f，并初始化为 3.14。如果你想将这个浮点数重新赋值为 3.1415，则可以通过 .equ 伪操作来完成。

.equ 伪操作除了给数据赋值，还可以把常量定义在代码段中，然后在代码中直接引用。这一点有点类似 C 语言中的 #define 宏定义。

```
.section .data
```

```
.equ DELAY,100
...

.section .text
...
MOV R0,$DELAY
...
```

3.7.7　汇编代码分析实战

"光说不练假把式"，有了 GNU ARM 汇编语言的基础之后，接下来我们做一个实验：在 Linux 环境下编写一个 C 程序，使用 ARM 交叉编译器将其编译为汇编文件，然后利用本节所学的知识分析该汇编文件的组织结构。

C 程序源码如下。

```
//hello.c
#include <stdio.h>

int global_val = 10;
int global_uvar;

int add(int a, int b)
{
    return a + b;
}


int main (void)
{
    int sum;
    sum = add(1, 2);
    printf ("hello world!\n");
    return 0;
}
```

接下来我们将这个 hello.c 源文件编译为汇编程序文件，并对其进行分析。

```
# arm-linux-gnueabi-gcc -S hello.c
# cat hello.s
    .arch armv5t                    ;指令集版本
    .fpu softvfp                    ;浮点类型
    .eabi_attribute 20, 1           ;EABI 接口属性
    .eabi_attribute 21, 1
    .eabi_attribute 23, 3
    .eabi_attribute 24, 1
```

```
        .eabi_attribute 25, 1
        .eabi_attribute 26, 2
        .eabi_attribute 30, 6
        .eabi_attribute 34, 0
        .eabi_attribute 18, 4
        .file   "hello.c"              ;当前汇编文件对应的源文件名
        .global global_val             ;声明一个全局符号，声明后其他文件可以引用
        .data                          ;声明一个数据段
        .align  2                      ;数据段对齐方式：2 的 2 次方，即 4 字节对齐
        .type   global_val, %object    ;设置全局符号的类型为变量
        .size   global_val, 4          ;设置全局符号的大小为 4 字节
global_val:
        .word   10                     ;为 global_val 分配一个字大小的存储空间，初始化为 10
        .comm   global_uvar,4,4        ;在 .comm 临时段中申请一段命名空间
        .text                          ;代码段起始地址
        .align  2                      ;代码段对齐方式：2 的 2 次方，即 4 字节对齐
        .global add                    ;声明一个全局符号：add
        .syntax unified
        .arm                           ;当前代码段指令为 ARM 指令
        .type   add, %function         ;设置符号 add 的类型为函数
add:                                   ;标号，表示函数 add 的入口地址
        @ args = 0, pretend = 0, frame = 8        ;注释
        @ frame_needed = 1, uses_anonymous_args = 0
        @ link register save eliminated.
        str fp, [sp, #-4]!
        add fp, sp, #0
        sub sp, sp, #12
        str r0, [fp, #-8]
        str r1, [fp, #-12]
        ldr r2, [fp, #-8]
        ldr r3, [fp, #-12]
        add r3, r2, r3
        mov r0, r3
        sub sp, fp, #0
        @ sp needed
        ldr fp, [sp], #4
        bx  lr
        .size   add, .-add             ;add 函数大小=当前地址(函数结束地址)-add 函数开始地址
        .section .rodata               ;定义一个新的 section：.rodata 只读数据段
        .align  2                      ;只读数据段对齐方式：4 字节对齐
.LC0:                                  ;标号，用来表示字符串的地址
        .ascii  "hello world!\000"     ;定义一个字符串
        .text                          ;新的代码段开始地址
        .align  2                      ;
        .global main                   ;声明一个全局符号：main
        .syntax unified
        .arm
```

```
        .type    main, %function        ;将全局符号 main 的类型设置为函数
main:
        @ args = 0, pretend = 0, frame = 8
        @ frame_needed = 1, uses_anonymous_args = 0
        push {fp, lr}
        add  fp, sp, #4
        sub  sp, sp, #8
        mov  r1, #2
        mov  r0, #1
        bl   add
        str  r0, [fp, #-8]
        ldr  r0, .L5
        bl   puts
        mov  r3, #0
        mov  r0, r3
        sub  sp, fp, #4
        @ sp needed
        pop  {fp, pc}
.L6:
        .align   2
.L5:
        .word    .LC0                    ;分配内存，用来存放 printf 要打印的字符串地址：.LC0
        .size    main, .-main            ;设置 main 函数大小=当前地址 - main 开始地址
        .ident   "GCC: (Ubuntu/Linaro 5.4.0-6ubuntu1~16.04.9) 5.4.0 20160609"  ;编译器标识
        .section .note.GNU-stack,"",%progbits
```

4

第 4 章
程序的编译、链接、安装和运行

在 Windows 下开发一个 C 程序，一般都会用到集成开发环境（Integrated Development Environment，IDE），如 VC++ 6.0、C-Free、Visual Studio、Keil 等。IDE 界面友好，使用方便，5 分钟就可以快速上手：新建一个工程/源文件，编辑程序，点击界面上的 Run 按钮，然后我们编写的程序就可以运行了。至于程序是如何编译和运行的，我们无须操心，因为 IDE 已经为我们封装好了：IDE 集程序编辑器、工程管理器、编译器、汇编器、链接器、调试器、二进制工具、库、头文件于一身，留给用户的使用接口就是创建一个工程，编写代码，运行代码。这种一站式开发方式大大简化了软件的开发，程序员只需要关注自己要实现的业务逻辑和功能代码即可，至于底层是如何编译运行的，不用关心。

嵌入式开发和桌面开发不太一样：处理器平台和软件生态碎片化、多样化。为了提高性价比，不同的嵌入式系统往往采取更灵活的配置：不同的 CPU 平台、不同大小的存储、不同的启动方式，导致我们在编译程序时，有时候不仅要考虑一个嵌入式平台的内存、存储器的地址空间，还要考虑将我们的程序代码"烧"写到什么地方、加载到内存什么地方、如何执行。这就要求嵌入式工程师必须了解在程序运行的背后，它们是如何编译、链接和运行的。有了这些理论支撑，我们才可能灵活地根据硬件平台的差异去完成软件层面的编译优化和配置。

关于编译原理方面的图书，比较经典的就是"龙书""虎书"和"鲸书"，此外还有 *Linkers and Loaders* 和《程序员的自我修养》。尤其是《程序员的自我修养》这本书，中文语境和写作思维更适合国内的程序员阅读，把程序的编译、链接、运行的各个细节都已经讲得很清楚了。对于嵌入式工程师来说，对编译原理要掌握到什么程度，才能满足工作的需要呢？这是一个值得研究的问题：嵌入式工程师大多数拥有电子、电气、自动化专业背景，不可能像计算机专业的学生那样掌握程序编译过程中的每一个细节，如语法分析、词法分析等。虽然没有这个必要，但也不能对编译原理只有一个感性的认识，忽视一些关键的知识点和细节，在实际项目中将无法给我们的工程实践带来理论上的帮助和支撑。

市面上关于编译原理的图书，基本上都是基于 X86 平台讲解的，目前还没有看到基于 ARM 平台的。而对于嵌入式工程师来说，绝大多数时候都是基于 ARM 平台进行开发工作，基于这个背景和需求，本章的写作重点也就清晰了：参考前面提到的经典图书，结合 ARM 平台，把程序的编译、链接、安装和运行的基本原理串起来再给大家梳理一遍，并对嵌入式开发中的一些关键知识点和理论（如 U-boot 的加载、重定位）着重分析。对于 ARM 裸机程序运行的环境配置、Linux 内核模块的加载运行机制等在编译原理的图书中很少提及的实际案例，也是本章分析的重点。而对于一些与嵌入式开发不太相关的内容（如语法分析、词法分析等），我们稍作了解就可以了，不必过于纠结细节，以防陷入其中无法自拔，打击学习的自信和热情。总之，本章的写作遵循的基本原则就是：适合嵌入式工程师阅读，不会去纠结一些太复杂烦琐的细节问题，着重讲解在实际的嵌入式开发中需要掌握的一些关键知识点和核心理论。

为了达到更好的学习效果，在学习之前，确保你的手上有一台可以运行 Linux 操作系统的计算机或虚拟机，并且在 Linux 环境下已经安装了 GCC 编译器和 gcc-arm-linux-gnueabi 交叉编译器。如果没有安装，则可以在 Linux 联网环境下使用下面的命令在线安装。

```
# apt-get install gcc-arm-linux-gnueabi gcc //Ubuntu
# yum install gcc-arm-linux-gnueabi gcc     //Fedora
```

安装好编译工具后，我们就正式开启本章的学习之旅吧。

4.1 从源程序到二进制文件

程序的编译过程，其实就是将我们编写的 C 源程序翻译成 CPU 能够识别和运行的二进制机器指令的过程。关于 C 程序我们已经很熟悉了：一个 C 程序主要由一行行 C 语言语句组成，不同的语句构成一个个代码块或函数，每个语句由 C 语言的关键字、运算符、预处理命令、用户定义的变量名、函数名等很多 token 构成。一个 C 语言项目通常由多个文件组成。

```
//sub.c
int add(int a, int b)
{
    return a + b;
}
```

```
int sub(int a, int b)
{
    return a - b;
}

//sub.h
int add(int a, int b);
int sub(int a, int b);


//main.c
#include <stdio.h>
#include "sub.h"

int global_val = 1;
int uninit_val;

int main(void)
{
    int a, b;
    static int local_val = 2;
    static int uninit_local_val;
    a = add(2, 3);
    b = sub(5, 4);
    printf("a = %d\n", a);
    printf("b = %d\n", b);
    return 0;
}
```

在上面的程序中，我们创建了 2 个 C 程序源文件：main.c 和 sub.c。在 main.c 中定义了项目的入口函数 main()，在 main()函数中我们调用了 add()和 sub()函数对数据进行加、减运算。add() 和 sub() 函数在 sub.c 文件中定义，并在 sub.h 头文件中声明。在 main.c 中调用这两个函数之前，我们首先要把 sub.h 头文件包含进来，对这两个函数进行函数原型声明，编译器在编译程序时会根据这些函数声明对我们的源程序进行语法检查：检查实参类型、返回结果类型和函数声明的类型是否匹配。

以上就是一个典型的 C 程序项目中多文件的组织原则：可以把 sub.c 看作一个模块，定义了很多 API 函数供其他模块调用，并将这些 API 的声明封装在 sub.h 头文件中。如果其他模块想调用 sub.c 中的函数，则要先#include"sub.h"这个头文件，然后就可以直接使用了。如果我们想让上面的程序在 ARM 平台上运行，则要使用 ARM 交叉编译器将 C 源程序编译生成 ARM 格式的二进制可执行文件。

```
# arm-linux-gnueabi-gcc -o a.out main.c sub.c
# ./a.out
```

　　将生成的二进制文件复制到 ARM 平台上就可以直接运行了。ARM 交叉编译器成功地将 C 源程序翻译为可执行文件，这中间的过程我们先不管，我们先看看生成的可执行文件 a.out 到底长什么样。在 Shell 终端下用你修长的手指敲入 readelf 命令，将会看到如下信息。

```
# readelf -h a.out
ELF Header:
  Magic:   7f 45 4c 46 01 01 01 00 00 00 00 00 00 00 00 00
  Class:                             ELF32
  Data:                              2's complement, little endian
  Version:                           1 (current)
  OS/ABI:                            UNIX - System V
  ABI Version:                       0
  Type:                              EXEC (Executable file)
  Machine:                           ARM
  Version:                           0x1
  Entry point address:               0x10310
  Start of program headers:          52 (bytes into file)
  Start of section headers:          7360 (bytes into file)
  Flags:                             0x5000200, Version5 EABI, soft-float ABI
  Size of this header:               52 (bytes)
  Size of program headers:           32 (bytes)
  Number of program headers:         9
  Size of section headers:           40 (bytes)
  Number of section headers:         30
  Section header string table index: 27
```

　　查看可执行文件 a.out 的 section header。

```
# readelf -S a.out     //大写的S
There are 30 section headers, starting at offset 0x1cc0:
Section Headers:
  [Nr] Name              Type            Addr     Off    Size   ES Flg Lk Inf Al
  [ 0]                   NULL            00000000 000000 000000 00      0   0  0
  [ 1] .interp           PROGBITS        00010154 000154 000013 00   A  0   0  1
  [ 2] .note.ABI-tag     NOTE            00010168 000168 000020 00   A  0   0  4
  [ 3] .note.gnu.build-i NOTE            00010188 000188 000024 00   A  0   0  4
  [ 4] .gnu.hash         GNU_HASH        000101ac 0001ac 00002c 04   A  5   0  4
  [ 5] .dynsym           DYNSYM          000101d8 0001d8 000050 10   A  6   1  4
  [ 6] .dynstr           STRTAB          00010228 000228 000043 00   A  0   0  1
  [ 7] .gnu.version      VERSYM          0001026c 00026c 00000a 02   A  5   0  2
  [ 8] .gnu.version_r    VERNEED         00010278 000278 000020 00   A  6   1  4
  [ 9] .rel.dyn          REL             00010298 000298 000008 08   A  5   0  4
  [10] .rel.plt          REL             000102a0 0002a0 000020 08  AI  5  22  4
  [11] .init             PROGBITS        000102c0 0002c0 00000c 00  AX  0   0  4
```

```
[12] .plt            PROGBITS        000102cc 0002cc 000044 04  AX  0   0  4
[13] .text           PROGBITS        00010310 000310 000248 00  AX  0   0  4
[14] .fini           PROGBITS        00010558 000558 000008 00  AX  0   0  4
[15] .rodata         PROGBITS        00010560 000560 000014 00  A   0   0  4
[16] .ARM.exidx      ARM_EXIDX       00010574 000574 000008 00  AL 13   0  4
[17] .eh_frame       PROGBITS        0001057c 00057c 000004 00  A   0   0  4
[18] .init_array     INIT_ARRAY      00020f0c 000f0c 000004 00  WA  0   0  4
[19] .fini_array     FINI_ARRAY      00020f10 000f10 000004 00  WA  0   0  4
[20] .jcr            PROGBITS        00020f14 000f14 000004 00  WA  0   0  4
[21] .dynamic        DYNAMIC         00020f18 000f18 0000e8 08  WA  6   0  4
[22] .got            PROGBITS        00021000 001000 000020 04  WA  0   0  4
[23] .data           PROGBITS        00021020 001020 000010 00  WA  0   0  4
[24] .bss            NOBITS          00021030 001030 00000c 00  WA  0   0  4
[25] .comment        PROGBITS        00000000 001030 00003b 01  MS  0   0  1
[26] .ARM.attributes ARM_ATTRIBUTES  00000000 00106b 00002a 00      0   0  1
[27] .shstrtab       STRTAB          00000000 001bb6 00010a 00      0   0  1
[28] .symtab         SYMTAB          00000000 001098 000780 10     29  91  4
[29] .strtab         STRTAB          00000000 001818 00039e 00      0   0  1
Key to Flags:
  W (write), A (alloc), X (execute), M (merge), S (strings)
  I (info), L (link order), G (group), T (TLS), E (exclude), x (unknown)
  O (extra OS processing required) o (OS specific), p (processor specific)
```

　　readelf -h 命令主要用来获取可执行文件的头部信息，主要包括可执行文件运行的平台、软件版本、程序入口地址，以及 program headers、section header 等信息。通过文件的头部信息，我们可以知道在 a.out 可执行文件里一共有多少个 section headers。

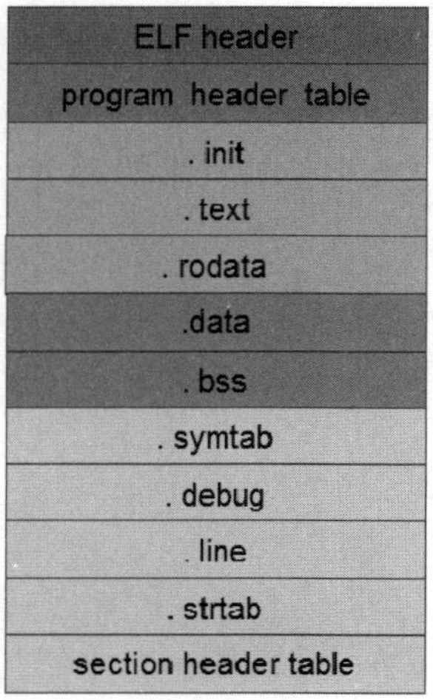

图 4-1　可执行文件的内部结构

　　section headers 是干什么用的呢？它主要用来描述可执行文件的 section 信息。如图 4-1 所示，一个可执行文件通常由不同的段（section）构成：代码段、数据段、BSS 段、只读数据段等。每个 section 用一个 section header 来描述，包括段名、段的类型、段的起始地址、段的偏移和段的大小等。一个可执行文件中的每一个 section 都有一个 section header，将这些 section headers 集中放到一起，就是 section header table，翻译成中文就是节头表。我们可以使用 readelf -S 命令来查看一个可执行文件的节头表。

　　通过 section header table 信息，我们可以窥探一个可执行文件的基本构成：一个可执行文件由一系列 section 组成，section header table 自身也是以一个 section 的形式存储在可执行文件中的。section header table 里的各个 section header 用来描述各个 section 的名称、类型、起始地址、大小等信息。除此之外，可执行文件还会有一个文件头 ELF header，用来描述文件类型、要运行的处理器平台、入口地址等信息。当程序运行时，加载器会根据此文件头来获取可执行文件的一些信息。

在一个可执行文件中，我们比较熟悉的 section 有.text、.data、.bss，就是我们常说的代码段、数据段、BSS 段。C 程序中定义的函数、变量、未初始化的全局变量经过编译后会放置在不同的段中：函数翻译成二进制指令放在代码段中，初始化的全局变量和静态局部变量放在数据段中。BSS 段比较特殊，一般来讲，未初始化的全局变量和静态变量会放置在 BSS 段中，但是因为它们未初始化，默认值全部是 0，其实没有必要再单独开辟空间存储，为了节省存储空间，所以在可执行文件中 BSS 段是不占用空间的。但是 BSS 段的大小、起始地址和各个变量的地址信息会分别保存在节头表 section header table 和符号表.symtab 里，当程序运行时，加载器会根据这些信息在内存中紧挨着数据段的后面为 BSS 段开辟一片存储空间，为各个变量分配存储单元。

知道了可执行文件的基本构成，我们也就知道了程序编译的大概流程，如图 4-2 所示，就是将 C 程序中定义的函数、变量，挑挑拣拣、加以分类，分别放置在可执行文件的代码段、数据段和 BSS 段中。程序中定义的一些字符串、printf 函数打印的字符串常量则放置在只读数据段.rodata 中。如果程序在编译时设置为 debug 模式，则可执行文件中还会有一个专门的.debug section，用来保存可执行文件中每一条二进制指令对应的源码位置信息。根据这些信息，GDB 调试器就可以支持源码级的单步调试，否则你单步执行的都是二进制指令，可读性不高，不方便调试。在最后环节，编译器还会在可执行文件中添加一些其他 section，如.init section，这些代码来自 C 语言运行库的一些汇编代码，用来初始化 C 程序运行所依赖的环境，如内存堆栈的初始化等。

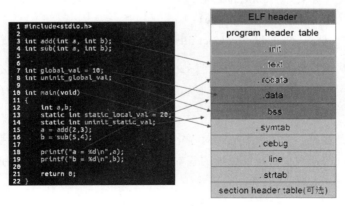

图 4-2　从 C 程序到可执行文件

从 C 程序到可执行文件，整个编译过程并不是一气呵成、一步完成的，而是环环相扣、多步执行的。如图 4-3 所示，程序的整个编译流程主要分为以下几个阶段：预处理、编译、汇编、链接。每个阶段需要调用不同的工具去完成，上一阶段的输出作为下一阶段的输入，步步推进。

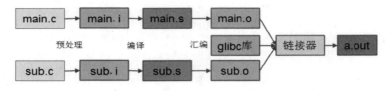

图 4-3　程序的编译、链接流程

在一个多文件的 C 项目中，编译器是以 C 源文件为单位进行编译的。在编译的不同阶段，编译程序（如 gcc、arm-linux-gcc）会调用不同的工具来完成不同阶段的任务。在编译器安装路径的 bin 目录下，你会看到各种各样的编译工具，gcc 在程序编译过程中会分别调用它们，常见的工具有预处理器、编译器、汇编器、链接器。

- 预处理器：将源文件 main.c 经过预处理变为 main.i。
- 编译器：将预处理后的 main.i 编译为汇编文件 main.s。
- 汇编器：将汇编文件 main.s 编译为目标文件 main.o。
- 链接器：将各个目标文件 main.o、sub.o 链接成可执行文件 a.out。

最后生成的可执行文件 a.out 其实也是目标文件（object file），唯一不同的是，a.out 是一种可执行的目标文件。目标文件一般可以分为 3 种。

- 可重定位的目标文件（relocatable files）。
- 可执行的目标文件（executable files）。
- 可被共享的目标文件（shared object files）。

汇编器生成的目标文件是可重定位的目标文件，是不可执行的，需要链接器经过链接、重定位之后才能运行。可被共享的目标文件一般以共享库的形式存在，在程序运行时需要动态加载到内存，跟应用程序一起运行。

如果能坚持看到这里，相信大家已经对程序编译的基本流程有了一个大致的了解。可这还远远不够，接下来的几节，我们将按照编译的基本流程：预处理、编译、汇编和链接，进一步去深入学习。

4.2　预处理过程

为了方便编程，编译器一般为开发人员提供一些预处理命令，使用 # 标识。我们常见的预处理命令如下。

- 头文件包含：#include。
- 定义一个宏：#define。
- 条件编译：#if、#else、#endif。
- 编译控制：#pragma。

编译器提供的这些预处理命令，大大方便了程序的编写：通过头文件包含可以实现模块化编程；使用宏可以定义一个常量，提高程序的可读性；通过条件编译可以让代码兼容不同的处理器架构和平台，以最大限度地复用公用代码。通过#pragma 预处理命令可以设定编译器的状态，指示编译器完成一些特定的动作。

- #pragma pack([n])：指示结构体和联合成员的对齐方式。
- #pragma message("string")：在编译信息输出窗口打印自己的文本信息。
- #pragma warning：有选择地改变编译器的警告信息行为。
- #pragma once：在头文件中添加这条指令，可以防止头文件多次编译。

预处理过程，其实就是在编译源程序之前，先处理源文件中的各种预处理命令。编译器是不认识预处理指令的，在编译之前不先把这些预处理命令处理掉，编译器就会报错。预处理主要包括以下操作。

- 头文件展开：将 #include 包含的头文件内容展开到当前位置。
- 宏展开：展开所有的宏定义，并删除#define。
- 条件编译：根据宏定义条件，选择要参与编译的分支代码，其余的分支丢弃。
- 删除注释。
- 添加行号和文件名标识：编译过程中根据需要可以显示这些信息。
- 保留#pragma 命令：该命令会在程序编译时指示编译器执行一些特定行为。

一个源程序在预处理前后有什么变化呢？我们写了一个测试程序，分别使用预处理命令去定义一些宏和条件编译。

```
//sub.h
int add (int, int);
int sub (int, int);

//main.c
#include "sub.h"
#define PI 3.14
```

```
void platform_init()
{
    #ifdef ARM
        printf("ARM platform init...\n");
    #else
        printf("X86 platform init...\n");
    #endif
}

#pragma pack(2)
#pragma message("build main.c...\n");
float f = PI;

int main(void)
{
    platform_init();
    add(2, 3);
    sub(5, 4);
    return 0;
}
```

对上面的 C 程序只作预处理操作，不编译，将输出的信息重定向到 main.i 文件。

```
#arm-linux-gnueabi-gcc -E main.c > main.i
#cat main.i
#1 "main.c"
#1 "<built-in>"
#1 "<command-line>"
#1 "/usr/include/stdc-predef.h" 1 3 4
#1 "<command-line>" 2
#1 "main.c"

#1 "/usr/include/stdio.h" 1 3 4
#27 "/usr/include/stdio.h" 3 4
…
extern int printf (const char *__restrict __format, ...);
…
#1 "sub.h" 1
int add (int, int);
int sub (int, int);
#3 "pre_build.c" 2

void platform_init()
{
  printf("X86 platform init...\n");
}
```

```
#pragma pack(2)
#13 "pre_build.c"
#pragma message("build main.c...\n");
#13 "pre_build.c"

float f = 3.14;
int main(void)
{
    platform_init();
    add(2,3);
    sub(5,4);
    return 0;
}
```

通过预处理前后源文件的变化对比，我们可以看到：当预处理器遇到 #include 命令时，会直接将包含的头文件内容展开，并删除 #include；当遇到#define 宏时，执行同样的操作。当遇到条件编译指令时，会根据开发者定义的宏标记，选择要参与编译的代码部分，其余部分删除，经过预处理后，#pragma 保留，指示编译器在后续的编译阶段执行一些特定的操作。继续编译预处理后的 C 程序，在编译信息提示窗口里，我们会看到自己添加的编译提示信息。

```
#arm-linux-gnueabi-gcc  main.i
main.c:17:9:  note: #pragma message: build main.c…
```

4.3　程序的编译

春节临近，一年一度的春运又要开始了：北京各大机关单位的小李、小张、小王纷纷挤上火车，陆陆续续回到家乡，名字又变成了李处、张处、王处；上海写字楼里的 Eric、Victor、Candy、Mandy 也纷纷挤上火车回到家乡，名字又变成了富贵、铁柱、翠花、二妮子；而在遥远的南方，深圳各个大厦、档口里的刘总、赵总、张老板、李老板也陆陆续续回到家乡，名字又变成了阿强、阿珍、靓仔、衰仔……

经过预处理后的源文件，退去一切包装，注释被删除，各种预处理命令也基本上被处理掉，剩下的就是原汁原味的 C 代码了。接下来的第二步，就开始进入编译阶段。编译阶段主要分两步：第一步，编译器调用一系列解析工具，去分析这些 C 代码，将 C 源文件编译为汇编文件；第二步，通过汇编器将汇编文件汇编成可重定位的目标文件。

我们按照这个流程继续往下分析。

4.3.1　从 C 文件到汇编文件

从 C 文件到汇编文件，其实就是从高级语言到低级语言的转换。通过前面的学习我们知道，一个汇编文件是以段为单位来组织程序的：代码段、数据段、BSS 段等，各个段之间相互独立。我们可以使用 AREA 或.section 伪操作来定义一个段。

看到这里，聪明又机智的你可能已经发现：汇编程序的组织结构和二进制目标文件已经很接近了。没错，两者本质上其实就是等价的，汇编指令就是二进制指令的助记符，唯一的差异就是汇编语言的程序结构需要使用各种伪操作来组织。汇编文件经过汇编器汇编后，处理掉各种伪操作命令，就是二进制目标文件了。

从 C 源文件到汇编文件的转换，其实就是将 C 文件中的程序代码块、函数转换为汇编程序中的代码段，将 C 程序中的全局变量、静态变量、常量转换为汇编程序中的数据段、只读数据段。道理很简单，但真正实现起来却没那么简单，别的不说，就单单 C 语句解析就是一门大学问。总体来讲，编译过程可以分为以下 6 步。

（1）词法分析。

（2）语法分析。

（3）语义分析。

（4）中间代码生成。

（5）汇编代码生成。

（6）目标代码生成。

词法分析是编译过程的第一步，主要用来解析 C 程序语句。词法分析一般会通过词法扫描器从左到右，一个字符一个字符地读入源程序，通过有限状态机解析并识别这些字符流，将源程序分解为一系列不能再分解的记号单元——token。

token 是字符流解析过程中有意义的最小记号单元，常见的 token 如下。

- C 语言的各种关键字：int、float、for、while、break 等。
- 用户定义的各种标识符：函数名、变量名、标号等。
- 字面量：数字、字符串等。
- 运算符：C 语言标准定义的 40 多个运算符。
- 分隔符：程序结束符分号、for 循环中的逗号等。

假如我们的 C 源程序中有下面这么一条语句。

```
sum = a + b / c ;
```

经过词法扫描器扫描分析后，就分解成了 8 个 token："sum""=""a""+""b""/""c"
";"，很多 C 语言初学者在编写程序时，不小心输入了中文符号、圆角/半角字符导致编译出错，
其实就发生在这个阶段。

词法分析结束后，接着进行语法分析。语法分析主要是对前一阶段产生
的 token 序列进行解析，看是否能构建成一个语法上正确的语法短语（程序、
语句、表达式等）。语法短语用语法树表示，是一种树型结构，不再是线性
序列。如图 4-4 所示，上面的 token 序列，经过语法分析，就可以分解为一
个语法上正确的语法树。

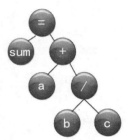

图 4-4　语法树

语法分析工具在对 token 序列分析过程中，如果发现不能构建语法上正
确的语句或表达式，就会报语法错误：syntax error。如果程序语句后面少了
一个语句结束符分号或者在 for 循环中少了一个分号，报的错误都属于这种
语法错误。大家在调试程序时，再遇到 syntax error 的字眼，应该知道问题出在什么地方了吧。

语法分析如果没有出现什么错误，接下来就会进入下一阶段：语义分析。语法分析仅仅对程
序做语法检查，对程序、语句的真正意义并不了解，而语义分析主要对语法分析输出的各种表达
式、语句进行检查，看看有没有错误。如果你传递给函数的实参与函数声明的形参类型不匹配，
或者你使用了一个未声明的变量，或者除数为零了，break 在循环语句或 switch 语句之外出现了，
或者在循环语句之外发现了 continue 语句，一般都会报语义上的错误或警告。

语义分析通过后，接下来就会进入编译的第四个阶段：生成中间代码。在语法分析阶段输出
的表达式或程序语句，还是以语法树的形式存储，我们需要将其转换为中间代码。中间代码是编
译过程中的一种临时代码，常见的有三地址码、P-代码等。

中间代码和语法树相比，有很多优点：中间代码是一维线性序列结构，类似伪代码，编译器
很容易将中间代码翻译成目标代码。如上面的表达式语句。

```c
int main (void)
{
    int sum = 0;
    int a = 2;
    int b = 1;
    int c = 1;
    sum = a + b / c;
    return 0;
}
```

使用下面的命令就可以生成对应的三地址码。

```
#arm-linux-gnueabi-gcc -fdump-tree-gimple main.c
main ()
{
  int D.4227;
  int D.4228;

  {
    int sum;
    int a;
    int b;
    int c;

    sum = 0;
    a = 2;
    b = 1;
    c = 1;
    D.4227 = b / c;
    sum = D.4227 + a;
    D.4228 = 0;
    return D.4228;
  }
  D.4228 = 0;
  return D.4228;
}
```

C 程序语句 sum = a + b / c; 编译为三地址码后，就变成了上面所示的类似伪代码的语句。中间码一般和平台是无关的，如果你想将 C 程序编译为 X86 平台下的可执行文件，那么最后一步就是根据 X86 指令集，将中间代码翻译为 X86 汇编程序；如果你想编译成在 ARM 平台上运行的可执行文件，那么就要参考 ARM 指令集，根据 ATPCS 规则分配寄存器，将中间代码翻译成 ARM 汇编程序。

根据上面的三地址码，我们可以尝试将其使用 ARM 汇编指令实现：变量 a、b、c 分别放到寄存器 R0、R1、R2 中，临时变量 D.4427 使用 R3 代替，然后使用 ADD 命令完成累加。

```
MOV R0, #2
MOV R1, #1
MOV R2, #1
DIV R3, R1, R2
ADD R0, R0, R3
```

当然，上面的示例只是为了演示三地址码到 ARM 汇编程序的转换。ARM 交叉编译器到底是如何实现的，我们使用 arm-linux-gnueabi-gcc -S 命令或反汇编可执行文件，即可看到汇编代码的具体实现。

```
00010434 <main>:
  10434:e92d4800       push    {fp, lr}
  10438:e28db004       add     fp, sp, #4
  1043c:e24dd010       sub     sp, sp, #16
  10440:e3a03000       mov     r3, #0
  10444:e50b3014       str     r3, [fp, #-20]; 0xffffffec
  10448:e3a03002       mov     r3, #2
  1044c:e50b3010       str     r3, [fp, #-16]
  10450:e3a03001       mov     r3, #1
  10454:e50b300c       str     r3, [fp, #-12]
  10458:e3a03001       mov     r3, #1
  1045c:e50b3008       str     r3, [fp, #-8]
  10460:e51b1008       ldr     r1, [fp, #-8]
  10464:e51b000c       ldr     r0, [fp, #-12]
  10468:eb000008       bl 10490 <__aeabi_idiv>
  1046c:e1a03000       mov     r3, r0
  10470:e1a02003       mov     r2, r3
  10474:e51b3010       ldr     r3, [fp, #-16]
  10478:e0823003       add     r3, r2, r3
  1047c:e50b3014       str     r3, [fp, #-20]; 0xffffffec
  10480:e3a03000       mov     r3, #0
  10484:e1a00003       mov     r0, r3
  10488:e24bd004       sub     sp, fp, #4
  1048c:e8bd8800       pop     {fp, pc}
```

4.3.2　汇编过程

　　汇编过程是使用汇编器将前一阶段生成的汇编文件翻译成目标文件。汇编器的主要工作就是参考 ISA 指令集，将汇编代码翻译成对应的二进制指令，同时生成一些必要的信息，以 section 的形式组装到目标文件中，后面的链接过程会用到这些信息。如图 4-5 所示，汇编的流程主要包括词法分析、语法分析、指令生成等过程。

　　编译器在编译一个项目时，是以 C 源文件为单位进行编译的，每一个源文件经过编译，生成一个对应的目标文件。如图 4-6 所示，本章开头我们创建的 main.c 和 sub.c 文件，经过编译阶段后，会生成对应的 main.o 和 sub.o 两个目标文件。main.o 和 sub.o 是不可执行的，属于可重定位的目标文件，它们要经过链接器重定位、链接之后，才能组装成一个可执行的目标文件 a.out。

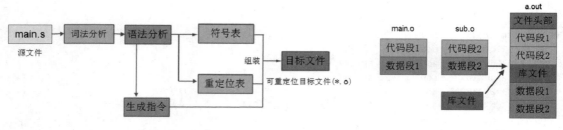

图 4-5　汇编过程　　　　　　　　　　　　　　图 4-6　链接过程

　　通过编译生成的可重定位目标文件，都是以零地址为链接起始地址进行链接的。也就是说，编译器在将源文件翻译成可重定位目标文件的过程中，将不同的函数编译成二进制指令后，是从零地址开始依次将每一个函数的指令序列存放到代码段中，每个函数的入口地址也就从零地址开始依次往后偏移。我们使用 readelf 命令分析 main.o 和 sub.o 这两个目标文件。

```
#readelf -S main.o sub.o

There are 13 section headers, starting at offset 0x330:
Section Headers:
  [Nr] Name              Type            Addr     Off    Size   ES Flg Lk Inf Al
  [ 0]                   NULL            00000000 000000 000000 00      0   0  0
  [ 1] .text             PROGBITS        00000000 000034 000068 00  AX  0   0  1
  [ 2] .rel.text         REL             00000000 000298 000030 08   I 11   1  4
  [ 3] .data             PROGBITS        00000000 00009c 000008 00  WA  0   0  4
  [ 4] .bss              NOBITS          00000000 0000a4 000004 00  WA  0   0  4
  [ 5] .rodata           PROGBITS        00000000 0000a4 000010 00   A  0   0  1
  [ 6] .comment          PROGBITS        00000000 0000b4 000036 01  MS  0   0  1
  [ 7] .note.GNU-stack   PROGBITS        00000000 0000ea 000000 00      0   0  1
  [ 8] .eh_frame         PROGBITS        00000000 0000ec 000044 00   A  0   0  4
  [ 9] .rel.eh_frame     REL             00000000 0002c8 000008 08   I 11   8  4
  [10] .shstrtab         STRTAB          00000000 0002d0 00005f 00      0   0  1
  [11] .symtab           SYMTAB          00000000 000130 000110 10     12  11  4
  [12] .strtab           STRTAB          00000000 000240 000057 00      0   0  1
```

　　通过打印信息可以看到：main.o 和 sub.o 这两个目标文件在编译时，都是以零地址为基址进行代码段的组装。在每个可重定位目标文件中，函数或变量的地址其实就是它们在文件中相对于零地址的偏移。每个目标文件都是这样，那么问题就来了：在后面的链接过程中，链接器在将各个目标文件组装在一块时，各个目标文件的参考起始地址就发生了变化，那么这个目标文件内的函数或变量的地址也要随之更新，否则我们就无法通过函数名去引用函数，无法通过变量名去引用变量。

　　那么如何操作呢？很简单，链接器将各个目标文件组装在一起后，我们需要重新修改各个目标文件中的变量或函数的地址，这个过程一般称为重定位。一个项目中有那么多文件，编译生成了那么多目标文件，链接器如何知道哪些函数或变量需要重定位呢？很简单，我们把需要重定位的符号收集起来，生成一个重定位表，以 section 的形式保存到每个可重定位目标文件中就可以了。

除此之外，一个文件中的所有符号，无论是函数名还是变量名，无论其是否需要重定位，我们一般也会收集起来，生成一个符号表，以 section 的形式添加到每一个可重定位目标文件中。

在上面的例子中，main.o 中的 main 函数引用了 sub.o 中的 add 和 sub 函数。在链接器组装过程中，add 和 sub 函数的地址发生了变化；在链接器组装之后，需要重新计算和更新 add 和 sub 函数的新地址，这个过程就是重定位。

4.3.3　符号表与重定位表

符号表和重定位表是非常重要的两个表，这两个表为链接过程提供各种必要的信息。在汇编阶段，汇编器会分析汇编语言中各个 section 的信息，收集各种符号，生成符号表，将各个符号在 section 内的偏移地址也填充到符号表内。我们可以使用命令来查看目标文件的符号表信息。

```
#readelf -s sub.o //注：小写的 s

Symbol table '.symtab' contains 10 entries:
   Num:    Value  Size Type    Bind   Vis      Ndx Name
     0: 00000000     0 NOTYPE  LOCAL  DEFAULT  UND
     1: 00000000     0 FILE    LOCAL  DEFAULT  ABS sub.c
     2: 00000000     0 SECTION LOCAL  DEFAULT    1
     3: 00000000     0 SECTION LOCAL  DEFAULT    2
     4: 00000000     0 SECTION LOCAL  DEFAULT    3
     5: 00000000     0 SECTION LOCAL  DEFAULT    5
     6: 00000000     0 SECTION LOCAL  DEFAULT    6
     7: 00000000     0 SECTION LOCAL  DEFAULT    4
     8: 00000000    13 FUNC    GLOBAL DEFAULT    1 add
     9: 0000000d    11 FUNC    GLOBAL DEFAULT    1 sub
```

在整个编译过程中，符号表主要用来保存源程序中各种符号的信息，包括符号的地址、类型、占用空间的大小等。这些信息一方面可以辅助编译器作语义检查，看源程序是否有语义错误；另一方面也可以辅助编译器编译代码的生成，包括地址与空间的分配、符号决议、重定位等。

符号表本质上是一个结构体数组，在 ARM 平台下，定义在 Linux 内核源码的 /arch/arm/include/asm/elf.h 文件中。

```
typedef struct elf32_sym
{
  Elf32_Word st_name;          //符号名，字符串表中的索引
```

```
    Elf32_Addr st_value;         //符号对应的值
    Elf32_Word st_size;          //符号大小，如 int 类型数据符号=4
    unsigned char st_info;       //符号类型和绑定信息
    unsigned char st_other;
    Elf32_Half st_shndx;         //符号所在的段
} Elf32_Sym;
```

符号表中的每一个符号，都有符号值和类型。符号值本质上是一个地址，可以是绝对地址，一般出现在可执行目标文件中；也可以是一个相对地址，一般出现在可重定位目标文件中。符号的类型主要有以下几种。

- OBJECT：对象类型，一般用来表示我们在程序中定义的变量。
- FUNC：关联的是函数名或其他可引用的可执行代码。
- FILE：该符号关联的是当前目标文件的名称。
- SECTION：表明该符号关联的是一个 section，主要用来重定位。
- COMMON：表明该符号是一个公用块数据对象，是一个全局弱符号，在当前文件中未分配空间。
- TLS：表明该符号对应的变量存储在线程局部存储中。
- NOTYPE：未指定类型，或者目前还不知道该符号类型。

我们已经知道，编译器是以 C 源文件为单位编译程序的。如果在一个 C 源文件中，我们引用了在其他文件中定义的函数或全局变量，那么编译器会不会报错呢？

其实编译器是不会报错的，只要你在调用之前声明一下，编译器就会认为你引用的这个全局变量或函数可能在其他文件、库中定义，在编译阶段暂时不会报错。在后面的链接过程中，链接器会尝试在其他文件或库中查找你引用的这个符号的定义，如果真的找不到才会报错，此时的错误类型是链接错误，错误提示信息如下所示。

```
main.c (.text+0x37): undefined reference to 'add'
main.c (.text+0x46): undefined reference to 'sub'
collect2: error: ld returned 1 exit status
```

编译器在给每个目标文件生成符号表的过程中，如果在当前文件中没有找到符号的定义，也会将这些符号搜集在一起并保存到一个单独的符号表中，以待后续填充，这个符号表就是重定位符号表。如在 main.o 中，引用了 add 和 sub 这两个在别的文件中定义的符号，我们查看 main.o 的符号表（.symtab）。

```
#readelf -s main.o
Symbol table '.symtab' contains 17 entries:
  Num:    Value  Size Type    Bind   Vis      Ndx Name
    0: 00000000     0 NOTYPE  LOCAL  DEFAULT  UND
```

```
  1: 00000000     0 FILE    LOCAL  DEFAULT  ABS main.c
  2: 00000000     0 SECTION LOCAL  DEFAULT  1
  3: 00000000     0 SECTION LOCAL  DEFAULT  3
  4: 00000000     0 SECTION LOCAL  DEFAULT  4
  5: 00000000     0 SECTION LOCAL  DEFAULT  5
  6: 00000000     4 OBJECT  LOCAL  DEFAULT  4 uninit_local_val.1945
  7: 00000004     4 OBJECT  LOCAL  DEFAULT  3 local_val.1944
  8: 00000000     0 SECTION LOCAL  DEFAULT  7
  9: 00000000     0 SECTION LOCAL  DEFAULT  8
 10: 00000000     0 SECTION LOCAL  DEFAULT  6
 11: 00000000     4 OBJECT  GLOBAL DEFAULT  3 global_val
 12: 00000004     4 OBJECT  GLOBAL DEFAULT  COM uninit_val
 13: 00000000   104 FUNC    GLOBAL DEFAULT  1 main
 14: 00000000     0 NOTYPE  GLOBAL DEFAULT  UND add
 15: 00000000     0 NOTYPE  GLOBAL DEFAULT  UND sub
 16: 00000000     0 NOTYPE  GLOBAL DEFAULT  UND printf
```

在 main.o 的符号表中，你会看到 add 和 sub 这两个符号的信息处于未定义状态（NOTYPE），需要后续填充。同时，在 main.o 中会使用一个重定位表.rel.text 来记录这些需要重定位的符号。我们使用 readelf 命令分别去查看 main.o 的重定位表和 section header table 信息。

```
#readelf -S main.o //注：大写的 S
There are 13 section headers, starting at offset 0x330:
Section Headers:
 [Nr] Name            Type       Addr     Off    Size   ES Flg Lk Inf Al
 [ 0]                 NULL       00000000 000000 000000 00     0   0 0
 [ 1] .text           PROGBITS   00000000 000034 000068 00  AX 0   0 1
 [ 2] .rel.text       REL        00000000 000298 000030 08  I  11  1 4
 [ 3] .data           PROGBITS   00000000 00009c 000008 00  WA 0   0 4
 [ 4] .bss            NOBITS     00000000 0000a4 000004 00  WA 0   0 4
 [ 5] .rodata         PROGBITS   00000000 0000a4 000010 00  A  0   0 1
 [ 6] .comment        PROGBITS   00000000 0000b4 000036 01  MS 0   0 1
 [ 7] .note.GNU-stack PROGBITS   00000000 0000ea 000000 00     0   0 1
 [ 8] .eh_frame       PROGBITS   00000000 0000ec 000044 00  A  0   0 4
 [ 9] .rel.eh_frame   REL        00000000 0002c8 000008 08  I  11  8 4
 [10] .shstrtab       STRTAB     00000000 0002d0 00005f 00     0   0 1
 [11] .symtab         SYMTAB     00000000 000130 000110 10     12 11 4
 [12] .strtab         STRTAB     00000000 000240 000057 00     0   0 1

#readelf -r main.o

Relocation section '.rel.text' at offset 0x298 contains 6 entries:
 Offset     Info     Type            Sym.Value  Sym. Name
00000019  00000e02 R_386_PC32         00000000   add
0000002b  00000f02 R_386_PC32         00000000   sub
0000003c  00000501 R_386_32           00000000   .rodata
00000041  00001002 R_386_PC32         00000000   printf
```

```
0000004f  00000501 R_386_32          00000000  .rodata
00000054  00001002 R_386_PC32        00000000  printf
#readelf -r sub.o
There are no relocation in this file
```

通过对比我们可以看到，main.o 目标文件比 sub.o 多了一个 section：重定位表.rel.text。在重定位表.rel.text 中，我们可以看到需要重定位的符号 add、sub 及库函数 printf。重定位表中的这些符号所关联的地址，在后面的链接过程中经过重定位，会更新为新的实际地址。

4.4 链接过程

在介绍链接过程之前，我们先总结和复习一下前面所学的知识。在一个 C 项目的编译中，编译器以 C 源文件为单位，将一个个 C 文件翻译成对应的目标文件。生成的每一个目标文件都是由代码段、数据段、BSS 段、符号表等 section 组成的。这些 section 从目标文件的零偏移地址开始按照顺序依次排放，每个段中的符号相对于零地址的偏移，其实就是每个符号的地址，这样程序中定义的变量、函数名等，都有了一个暂时的地址。

为什么说这些地址是暂时的呢？因为在后续的链接过程中，这些目标文件中的各个 section 会重新拆分组装，每个 section 的起始参考地址都会发生变化，导致每个 section 中定义的函数、全局变量等符号的地址也要随之发生变化，需要重新修改，即重定位。这些函数、全局变量等符号同时被编译工具收集起来，放到一个符号表里，符号表也以 section 的形式被放置在目标文件中。这些目标文件是不可执行的，它们需要经过链接器链接、重定位后才能运行。

本节将会接着上一节继续分析编译之后的链接过程。链接主要分为 3 个过程：分段组装、符号决议和重定位。

4.4.1 分段组装

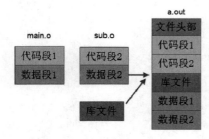

图 4-7 程序的链接过程

链接过程的第一步，就是将各个目标文件分段组装。链接器将编译器生成的各个可重定位目标文件重新分解组装：将各个目标文件的代码段放在一起，作为最终生成的可执行文件的代码段；将各个目标文件的数据段放在一起，作为可执行文件的数据段。其他 section 也会按照同样的方法进行组装，最终就生成了一个如图 4-7 所示的可执行文件的雏形。

除了代码段、数据段的分解组装需要关注，还有一个重要的 section 需要我们了解一下：符号表。链接器会在可执行文件中创建一个全局的符号表，收集各个目标文件符号表中的符号，然后将其统一放到全局符号表中。通过这步操作，一个可执行文件中的所有符号都有了自己的地址，并保存在全局符号表中，但此时全局符号表中的地址还都是原来在各个目标文件中的地址，即相对于零地址的偏移。

在链接过程中，不同的代码段如何组装？这也是很讲究的。链接生成的可执行文件最终是要被加载到内存中执行的，那么要加载到内存中的什么地方呢？一般来讲，程序在链接程序时需要指定一个链接起始地址，链接开始地址一般也就是程序要加载到内存中的地址。在链接过程中，各个段在可执行文件中的先后组装顺序也是一个需要考虑的问题，一个可执行程序肯定会有入口地址的，一般先执行的代码要放到前面。那么如何指定程序的链接地址和各个段的组装顺序呢？很简单，通过链接脚本就可以了。

链接脚本本质上是一个脚本文件。在这个脚本文件里，不仅规定了各个段的组装顺序、起始地址、位置对齐等信息，同时对输出的可执行文件格式、运行平台、入口地址等信息做了详细的描述。链接器就是根据链接脚本定义的规则来组装可执行文件的，并最终将这些信息以 section 的形式保存到可执行文件的 ELF Header 中。一个简单的链接脚本示例如下。

```
OUTPUT_FORMAT("elf32-littlearm")  ;输出 ELF 文件格式
OUTPUT_ARCH("arm")                ;输出可执行文件的运行平台为 arm
ENTRY(_start)                     ;程序入口地址
SECTIONS                          ;各段描述
{   . = 0x60000000;               ;代码段的起始地址
   .text: { *(.text)}             ;代码段描述：所有.o 文件中的.text 段
   . = 0x60200000;                ;数据段的起始地址
   .data: { *(.data)}             ;数据段描述：所有.o 文件中的.data 段
   .bss : { *(.bss)}              ;BSS 段描述
}
```

假如在一个嵌入式系统中，内存 RAM 的起始地址是 0x60000000，我们在链接程序时，就可以在链接脚本中指定内存中的一个合法地址作为链接起始地址。程序运行时，加载器首先会解析可执行文件中的 ELF Header 头部信息，验证程序的运行平台和加载地址信息，然后将可执行文件加载到内存中对应的地址，程序就可以正常运行了。

在 Windows 或 Linux 环境下编译程序，一般会使用编译器提供的默认链接脚本。程序员只需要关注程序功能和业务逻辑的实现就可以了，不需要关心这些底层是如何编译和链接的。程序写好之后，点击图形界面上的 Run 按钮，或者使用 gcc/make 命令编译后即可运行。如果你对链接脚本有兴趣，则可以使用下面的命令来查看链接器使用的默认链接脚本。

```
#arm-linux-gnueabi-ld --verbose
OUTPUT_FORMAT("elf32-littlearm", "elf32-bigarm",
              "elf32-littlearm")
```

```
OUTPUT_ARCH(arm)
ENTRY(_start)
SECTIONS
{
 ...
 .init          :
 {
   KEEP (*(SORT_NONE(.init)))
 }
 .text          :
 {
   *(.text.unlikely .text.*_unlikely .text.unlikely.*)
   *(.text.exit .text.exit.*)
   *(.text.startup .text.startup.*)
   *(.text.hot .text.hot.*)
   *(.text .stub .text.* .gnu.linkonce.t.*)
   *(.gnu.warning)
   *(.glue_7t) *(.glue_7) *(.vfp11_veneer) *(.v4_bx)
 }
 .rodata : { *(.rodata .rodata.* .gnu.linkonce.r.*) }
 .data   :
 {
   PROVIDE (__data_start = .);
   *(.data .data.* .gnu.linkonce.d.*)
   SORT(CONSTRUCTORS)
 }
 . = .;
 __bss_start = . ;    .表示当前代码的地址
 .bss           :
 {
  *(.dynbss)
  *(.bss .bss.* .gnu.linkonce.b.*)
  *(COMMON)
  . = ALIGN(. != 0 ? 32 / 8 : 1);
 }
 _bss_end__ = .
 .comment       0 : { *(.comment) }
 ...
}
```

　　在嵌入式裸机环境下编译程序，尤其是编译 ARM 底层代码，很多时候我们要根据开发板的不同硬件配置、内存大小和地址，灵活指定链接地址，或者显示指定链接脚本，有时候甚至自己编写链接脚本。

　　U-boot 源码编译的链接脚本 U-boot.lds 一般放在 U-boot 源码的顶层目录下。Linux 内核编译的链接脚本 vmlinux.lds 一般放在 arch/arm/boot/compressed/目录下面。而对于 ARM 裸机程序开发，大多数 IDE 都会提供一些设置接口，如 ADS1.2 集成开发环境。如图 4-8 所示，在 simple 模式下，我们可以直接通过 Debug Setting 界面设置代码段、数据段的起始地址。

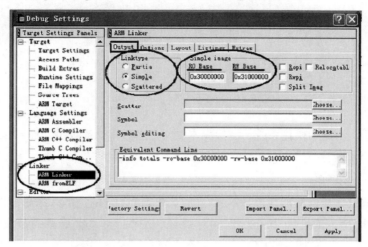

图 4-8　代码段、数据段起始地址配置

如图 4-9 所示，通过链接器的 Layout 选项，我们还可以设置程序的入口地址。

当一个嵌入式系统有多种存储配置（Flash、ROM、SDRAM、片内 SRAM 等），存在各种复杂的地址映射，程序需要加载到不同的 RAM 中运行时，通过上面的界面简单配置已无法满足我们的需求了。ADS1.2 集成开发环境还提供了另一种模式：Scattered 模式，即采用分散加载，通过显式指定 scatter.scf 脚本来指示链接器完成链接过程。分散加载脚本的格式示例如下。

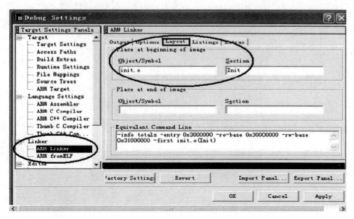

图 4-9　程序的入口地址设置

```
LOAD_ROM 0X00000000        ;程序入口地址
{
    EXEC_ROM 0X0           ;代码段放在 ROM 中
    {
        *(+Ro)
    }
    RAM 0X30008000
    {
        *(+RW , +ZI)   ;数据段、BSS 段放在 RAM 中
    }
}
```

不同的编译器、不同的操作系统，链接脚本的文件名后缀一般也不一样。GCC 编译器的默认链接脚本在/usr/lib/scripts 目录下，而 C-Free 集成开发环境的默认链接脚本则在安装路径下的 mingw/mingw32/lib/ldscripts 下。

不同的编译器默认的链接地址也是不一样的，如笔者在 Ubuntu 16.04 环境下安装的 32 位 GCC 编译器，默认链接起始地址为 0x08048000，32 位 ARM 交叉编译器的默认链接起始地址为 0x10000。在一个由带有 MMU 的 CPU 搭建的嵌入式系统中，程序的链接起始地址往往都是一个虚拟地址，程序运行过程中还需要地址转换，通过 MMU 将虚拟地址转换为物理地址，然后才能访问内存，这部分内容属于 CPU 硬件底层要关心的内容，和编译原理是不冲突的。

4.4.2 符号决议

一个公司的项目通常由多人组成的软件团队共同开发。一个项目一般由产品经理定义功能需求，由架构师进行系统分析和模块划分，然后将各个模块的具体实现分配给不同的人员。开发人员在实现各自模块的编程中，可能会产生一个问题：位于不同模块或不同文件中的全局变量、函数可能存在重名冲突。

```
int i,j;
int count;
int add(int a, int b);
```

当这些全局变量在多个文件中定义时，链接器在链接过程中就会发现：各个文件中定义了相同的全局变量名或函数名，发生了符号冲突，那么最终的可执行文件中到底该使用哪一个呢？

不用担心，链接器早就料到会有这种情况，它有专门的符号决议规则来解决这种符号冲突。规则很简单，形象地概括一下，就是下面的 3 句话。

- 一山不容二虎。
- 强弱可以共存。

● 体积大者胜出。

一山不容二虎，这里的"虎"指强符号。编译器为了解决这种符号冲突，引入了强符号和弱符号的概念：函数名、初始化的全局变量是强符号，而未初始化的全局变量则是弱符号。有了强符号和弱符号的概念后，再理解上面的三句话就比较清晰了：在一个多文件的工程中，强符号不允许多次定义，否则就会发生重定义错误。强符号和弱符号可以在一个项目中共存，当强弱符号共存时，强符号会覆盖掉弱符号，链接器会选择强符号作为可执行文件中的最终符号。

```
//sub.c
int i = 20;

//main.c
int i;
int main(void)
{
  printf("i = %d\n",i);
  return 0;
}
```

使用 gcc 或 arm-linux-gcc 编译上面的两个源文件并运行。

```
#gcc main.c sub.c -o a.out
#./a.out
 i = 20
```

通过程序运行结果你会看到，i 变量的最终值为 20，而不是 0。链接器在进行符号决议时，选择了强符号（sub.c 源文件中定义的 i 符号），丢弃了弱符号（main.c 源文件中定义的未初始化的全局符号 i）。如果修改程序，将 main.c 文件中的 i 也赋一个初值，再去重新编译这两个源文件，就会发现链接器会报重定义错误，因为此时一个项目中出现了两个同名的强符号，一山不容二虎。

链接器也允许一个项目中出现多个弱符号共存。在程序编译期间，编译器在分析每个文件中未初始化的全局变量时，并不知道该符号在链接阶段是被采用还是被丢弃，因此在程序编译期间，未初始化的全局变量并没有被直接放置在 BSS 段中，而是将这些弱符号放到一个叫作 COMMON 的临时块中，在符号表中使用一个未定义的 COMMON 来标记，在目标文件中也没有给它们分配存储空间。

在链接期间，链接器会比较多个文件中的弱符号，选择占用空间最大的那一个，作为可执行文件中的最终符号，此时弱符号的大小已经确定，并被直接放到了可执行文件的 BSS 段中。

```
//sub.c
int i;

//main.c
```

```
char i;
int main (void)
{
    return 0;
}
```

编译和分析上面的 sub.c 和 main.c。

```
#arm-linux-gnueabi-gcc main.c sub.c
#arm-linux-gnueabi-gcc -c main.c sub.c
#readelf -s main.o| grep i
 8: 00000001     1 OBJECT  GLOBAL DEFAULT  COM i

#readelf -s sub.o | grep i
 7: 00000004     4 OBJECT  GLOBAL DEFAULT  COM i

#readelf -s a.out | grep i
63: 0804a01c     4 OBJECT  GLOBAL DEFAULT   26 i
```

通过 readelf 命令分别查看目标文件 main.o 和 sub.o 中的符号 i，你会发现它们都被放置在了 COMMON 块中，大小分别标记为 1 和 4，而最终生成的可执行文件 a.out 中，变量 i 则被放置在 .bss 段中，大小标记为 4 字节。

正常情况下，初始化的全局变量、函数名默认都是强符号，未初始化的全局变量默认是弱符号。如果在项目中有特殊需求，我们也可以将一些强符号显式转化为弱符号。

GNU C 编译器在 ANSI C 语法标准的基础上扩展了一系列 C 语言语法，如提供了一个 __attribute__ 关键字用来声明符号的属性。通过下面的命令，可以将一个强符号转化为弱符号。

```
__attribute__((weak)) int n = 100;
__attribute__((weak)) void fun();
```

为了验证上面的命令是否成功地将一个强符号转化成了弱符号，我们写一个简单的程序来测试。

```
//sub.c
int i = 20;

//main.c
__attribute__((weak)) int i = 10;

int main(void)
{
  printf("i = %d\n",i);
  return 0;
}
```

编译上面的两个源文件并运行，你会看到变量 i 的打印值为 20。在 main.c 中虽然定义了一个初始化的全局变量，但是通过 __attribute__ 属性声明将其显式转化为弱符号后，就避免了"一山不容二虎"的符号冲突，编译器不会报链接错误。

和强符号、弱符号对应的，还有强引用、弱引用的概念。在一个程序中，我们可以定义多个函数和变量，变量名和函数名都是符号，这些符号的本质，或者说这些符号值，其实就是地址。在另一个文件中，我们可以通过函数名去调用该函数，通过变量名去访问该变量。我们通过符号去调用一个函数或访问一个变量，通常称之为引用（reference），强符号对应强引用，弱符号对应弱引用。

在程序链接过程中，若对一个符号的引用为强引用，链接时找不到其定义，链接器将会报未定义错误；若对一个符号的引用为弱引用，链接时找不到其定义，则链接器不会报错，不会影响最终可执行文件的生成。可执行文件在运行时如果没有找到该符号的定义才会报错。

利用链接器对弱引用的处理规则，我们在引用一个符号之前可以先判断该符号是否存在（定义）。这样做的好处是：当我们引用一个未定义符号时，在链接阶段不会报错，在运行阶段通过判断运行，也可以避免运行错误。举个例子，如果我们想实现一个视频解码模块，并最终封装成库的形式提供给应用程序开发者使用。在模块实现的过程中，我们可以将提供给用户的一系列 API 函数声明为弱符号，这样做有两个好处：一是当我们对库中的某些 API 函数的实现不是很满意，或者这些 API 存在 bug，我们有更好的实现时，可以自定义与库函数同名的函数，直接调用它们而不会发生冲突。二是在库的实现过程中，我们可以将某些扩展功能模块中还未完成的一些 API 定义为弱引用。应用程序在调用这些 API 之前，要先判断该函数是否实现，然后才调用运行。这样做的好处就是未来发布新版本库时，无论这些接口是否已经实现，或者已经删除，都不会影响应用程序的正常链接和运行。

```
//decode.h
__attribute__((weak)) void decode();

//decode.c
#include<stdio.h>
__attribute__((weak)) void decode(void)
{
    printf("lib:decode()\n");
}

//main.c
#include <stdio.h>
#include "decode.h"
int main(void)
```

```
{
    if(decode)
        decode();
    printf("return...\n");
    return 0;
}
```

在上面的程序中，我们实现了一个解码库，并将解码库的函数接口声明为弱引用。在 main.c 中，main()函数调用了解码库中的 decode()函数，在调用之前我们先对弱符号的弱引用作了一个判断，这样做的好处是：无论在 decode.c 中 decode()函数是否有定义，都不会影响程序的正常运行。

```
#arm-linux-gnueabi-gcc main.c decode.c
#./a.out
#rm a.out
#arm-linux-gueabi-gcc main.c
#./a.out
```

使用上面的命令单独编译 main.c 或者与 decode.c 文件一起编译，你会发现，我们的程序都可以正常运行。程序的运行结果也从侧面验证了上面的理论分析是正确的。

4.4.3　重定位

经过符号决议，我们解决了链接过程中多文件符号冲突的问题。经过处理之后，可执行文件的符号表中的每个符号虽然都确定下来了，但是还存在一个问题：符号表中的每个符号值，也就是每个函数、全局变量的地址，还是原来各个目标文件中的值，还都是基于零地址的偏移。链接器将各个目标文件重新分解组装后，各个段的起始地址都发生了变化。

在可执行文件中，各个段的起始地址都发生了变化，那么各个段中的符号地址也要跟着发生变化。编译器生成的各个目标文件，以零地址为起始地址放置各个函数的指令代码，各个函数相对于零地址的偏移就是各个函数的入口地址。如图 4-10 中的 main()函数和 sub()函数，它们在原来各自的目标文件中，相对于零地址的偏移分别是 0x10 和 0x30，main.o 文件中代码段的大小为 len，经过链接器分解后，所有目标文件的代码段组装在一起，原来目标文件的各个代码段的起始地址也发生了变化：此时 main()函数和 sub()函数相对于 a.out 文件头的地址也就变成了 0x10 和 len + 0x30。链接器在链接程序时一般会基于某个链接地址 link_addr 进行链接，所以最后 main()函数和 sub()函数的真实地址就变成了 link_addr + 0x10、link_addr + len + 0x30。

程序经过重新分解组装后，无论是代码段，还是数据段，各个符号的真实地址都发生了变化。而此时可执行文件的全局符号表中，各个符号的值还是原来的地址，所以接下来还要修改全局符号表中这些符号的值，将它们的真实地址更新到符号表中。修改完毕后，当我们想通过符号引用去调用一个函数或访问一个变量时，就能找到它们在内存中的真实地址了。

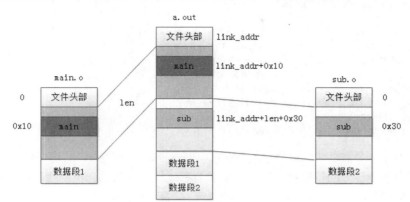

图 4-10　链接过程中的各符号地址变化

　　链接器怎么知道哪些符号需要重定位呢？不要忘了，在各个目标文件中还有一个重定位表，专门记录各个文件中需要重定位的符号。重定位的核心工作就是修正指令中的符号地址，是链接过程中的最后一步，也是最核心、最重要的一步，前面两步的操作，其实都是为这一步服务的。

　　在编译阶段，编译器在将各个 C 源文件生成目标文件的过程中，遇到未定义的符号一般不会报错，编译器会认为这些符号可能会在其他地方定义。在链接阶段，链接器在其他地方找不到该符号的定义，才会报链接错误。编译器在链接阶段会搜集这些未定义的符号，生成一个重定位表，用来告诉链接器，这些符号在文件中被引用，但是在本文件中没有找到定义，有可能在其他文件或库中定义，"我就先不报错了，你链接的时候找找看"。

　　无论是代码段，还是数据段，只要这个段中有需要重定位的符号，编译器都会生成一个重定位表与其对应：.rel.text 或.rel.data。这些重定位表记录各个段中需要重定位的各种符号，并以 section 的形式保存在各个目标文件中。我们可以通过 readelf 或 objdump 命令来查看一个目标文件中的重定位表信息。

```
#arm-linux-gnueabi-objdump -r main.o
main.o:     file format elf32-little
RELOCATION RECORDS FOR [.text]:
OFFSET   TYPE            VALUE
00000019 UNKNOWN         add
0000002b UNKNOWN         sub
0000003c UNKNOWN         .rodata
00000041 UNKNOWN         printf
0000004f UNKNOWN         .rodata
00000054 UNKNOWN         printf
```

```
# arm-linux-gnueabi-readelf -r main.o

Relocation section '.rel.text' at offset 0x298 contains 6 entries:
 Offset     Info     Type            Sym.Value  Sym. Name
00000019  00000e02 R_386_PC32        00000000   add
0000002b  00000f02 R_386_PC32        00000000   sub
0000003c  00000501 R_386_32          00000000   .rodata
00000041  00001002 R_386_PC32        00000000   printf
0000004f  00000501 R_386_32          00000000   .rodata
00000054  00001002 R_386_PC32        00000000   printf
```

重定位表中有一个信息比较重要：需要重定位的符号在指令代码中的偏移地址 offset，链接器修正指令代码中各个符号的值时要根据这个地址信息才能从茫茫的二级制代码中找到它们。链接器读取各个目标文件中的重定位表，根据这些符号在可执行文件中的新地址，进行符号重定位，修改指令代码中引用这些符号的地址，并生成新的符号表。重定位过程中的地址修正其实很简单，如下所示。

重定位新地址 = 新的段基址 + 段内偏移

至此，整个链接过程就结束了，我们跟踪的整个编译流程也就结束了。最终生成的文件就是一个可执行目标文件。

4.5　程序的安装

程序的运行过程，其实就是处理器根据 PC 寄存器中的地址，从内存中不断取指令、翻译指令和执行指令的过程。内存 RAM 的优点是支持随机读写，因此可以支持 CPU 随机读取指令；内存的缺陷是 RAM 属于易失性存储器，一旦断电，内存中原先保存的数据都会消失。现代计算机的存储系统一般采用 ROM + RAM 的组合形式：ROM 中存储的数据断电后不会消失，常用来保存程序的指令和数据，但 ROM 不支持随机存取，因此程序运行时，会首先将指令和数据从 ROM 加载到 RAM，然后 CPU 到 RAM 中取指令就可以了。

4.5.1　程序安装的本质

以 PC 为例，如果你想在计算机上安装《荒野行动》游戏。首先你要从官方网站上下载这个游戏的安装包，接着把它安装到你的 D 盘上。安装成功后，在桌面上会留下一个快捷方式，双击快捷方式，程序开始运行，然后就可以愉快地到大城"刚枪"，到郊区打野了。

软件安装的过程其实就是将一个可执行文件安装到 ROM 的过程。你下载的软件安装包里包含了可以在计算机上运行的可执行文件，游戏开发者为了方便用户使用，将可执行文件、程序运行时需要的动态共享库、安装使用文档等打包压缩，生成可运行的自解压安装包格式。

使用安装包安装软件就是将包中的可执行文件解压出来，然后将可执行文件和动态共享库复制到指定的安装目录，并把这些安装信息告诉操作系统。当用户要运行这个软件时，操作系统就会从安装目录找到这个可执行文件，把它加载到内存执行。无论是在 Linux 环境还是在 Windows 环境，基本上都是遵循这个套路，只不过实现的方式不同而已。

在 Linux 环境下，我们一般将可执行文件直接复制到系统的官方路径/bin、/sbin、/usr/bin 下，程序运行时直接从这些系统默认的路径下去查找可执行文件，将其加载到内存运行。

接下来我们就做一个实验，分别在 Linux 和 Windows 环境下制作一个软件安装包，并分别安装运行。这个软件很简单，就是一个 helloworld 程序。

```c
#include <stdio.h>

int main(void)
{
    printf("hello world!\n");
    return 0;
}
```

我们在 Windows 环境下可以使用 VC++ 6.0 或者 C-Free 等 IDE，将上面的程序编译成一个可执行文件：hello.exe。在 Linux 环境下，我们可以使用 gcc 命令将其编译为一个可执行文件：a.out。完成这一步后，我们就可以给这个可执行文件制作软件安装包。

4.5.2　在 Linux 下制作软件安装包

Linux 操作系统一般可分为两派：Redhat 系和 Debian 系。Redhat 系使用 RPM 包管理机制，而 Debian 系，像 Debian、Ubuntu 等操作系统则使用 deb 包管理机制。

我们在 Linux 环境下安装软件其实就是将可执行文件复制到环境变量 PATH 对应的官方路径下面，常用的路径有/bin、/sbin、/usr/bin、/usr/local/bin 等。当我们在 Shell 终端输入命令时，Shell就会到这些默认路径下去找与该命令相对应的二进制文件，并加载到内存执行。一个成熟的发布软件里，除了可执行文件，一般还会有配套的文档说明、图标等，程序开发者将这些文档一起打包发布，提供自动安装的功能，更方便用户下载和安装。在制作 deb 包时，除了可执行文件，还需要一些控制信息来描述这个安装包，如软件的版本、作者、安装包要安装的路径等，这些控制信息放在一个叫作 control 的文件里。下面我们就写一个简单的 helloworld 程序，并为它制作一个 deb 包。

```
#include <stdio.h>
int main (void)
{
    printf ("hello world!\n");
    return 0;
}
```

编译上面的程序，生成可执行文件 helloword 并运行，测试正常。

```
#gcc -o helloworld helloworld.c
#./helloworld
  hello world!
```

可执行文件 helloworld 生成以后，我们为它制作一个软件安装包，创建一个 helloworld 同名目录，然后进入该目录，分别创建 DEBIAN、usr/local/bin/目录，并在 DEBIAN 目录下创建 control 文件，将可执行文件 helloworld 复制到 usr/local/bin/目录下，操作完成后 helloworld 的目录结构如下所示。

```
root@pc:/home# tree
.
└── helloworld
    ├── DEBIAN
    │   └── control
    └── usr
        └── local
            └── bin
                └── helloworld
```

DEBIAN 目录下的 control 文件用来记录 helloworld 安装包的安装信息，我们可以通过编辑这个文件来配置相关安装信息。

```
package:helloworld
version:1.0
architecture:i386
maintainer:wit
description: deb package demo
```

另外一个目录 usr/local/bin/表示 deb 包的默认安装路径。这两个文件归位后，我们就可以使用 dpkg 命令来制作安装包。

```
# dpkg -b helloworld/ helloworld_1.0_i386.deb
```

如果命令运行无误，就会在 helloworld 的同级目录下，生成一个名为 helloworld_1.0_i386.deb 的安装包。接下来我们使用 dpkg 命令安装这个 deb 包，来验证一下我们制作的安装包是否正常。

```
# dpkg -i helloworld_1.0_i386.deb
Selecting previously unselected package helloworld.
(Reading database ... 412673 files and directories currently installed.)
Preparing to unpack helloworld_1.0_i386.deb ...
Unpacking helloworld (1.0) ...
Setting up helloworld (1.0) ...
```

出现上面的安装信息，说明 helloworld 安装成功：在系统的 /usr/local/bin 下就会看到安装成功的 helloworld 可执行文件。安装成功后，在 Shell 终端的任何目录下，直接输入 helloworld 命令都可以直接运行。当然，也可以通过 dpkg 命令卸载 helloworld 程序。

```
# helloworld
hello world!
# whereis helloworld
helloworld: /usr/local/bin/helloworld
# dpkg -P helloworld    //卸载 helloworld 程序及配置文件
# dpkg -r helloworld    //卸载 helloworld 程序
```

4.5.3　使用 apt-get 在线安装软件

在 Linux 下安装软件，最简单的方法是从网上下载这个二进制文件，然后放到 Linux 的默认路径 PATH 下就可以了。有些程序是采用动态链接编译的，运行时需要依赖一些动态共享库，因此需要打包一起安装。我们下载的软件一般很少是一个单纯的二进制文件，而是压缩包的形式，在这个压缩包里，有二进制程序文件、动态链接库、软件文档说明、安装信息等，甚至有一些自动安装的脚本。在 Debian 和 Ubuntu 环境下，软件压缩包一般为 deb 格式。我们安装软件时，要先从网上下载对应的 deb 包，然后使用 dpkg 工具去解析和安装这个包。当然也可以将自己的二进制文件制成一个 deb 包，放到网上，供其他人下载安装。

因为每个人都可以编译、制作 deb 包，并随意发布到网上，这就很容易造成混乱：软件包鱼龙混杂，质量得不到保证，甚至还有可能混进来一些病毒、钓鱼软件。为了解决这个问题，Ubuntu 操作系统采用一个软件仓库来管理这些 deb 包，第三方开发者发布的软件和工具首先要通过官方验证，然后把这些包放到一个官方网站服务器上，提供给用户下载使用。类似苹果系统的 App Store，当用户使用 apt-get 命令安装软件时，只能到这个服务器下载。考虑到全球各个地方的网络环境差异，官方网站一般会在全球各地配置多个镜像服务器，Ubuntu 用户可以根据自己的网络状况，到网速最快的服务器上去下载和安装 deb 包。这些服务器我们也称为软件源（repository），简称为

"源"。这些服务器的网络地址保存在/etc/apt/source.list 文件中，文件中网络地址的格式如下所示。

```
deb http://us.archive.ubuntu.com/ubuntu/ xenial universe
```

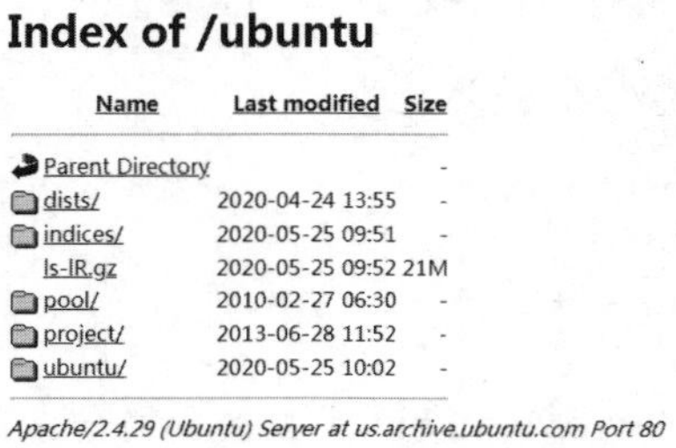

Index of /ubuntu

Name	Last modified	Size
Parent Directory		-
dists/	2020-04-24 13:55	-
indices/	2020-05-25 09:51	-
ls-lR.gz	2020-05-25 09:52	21M
pool/	2010-02-27 06:30	-
project/	2013-06-28 11:52	-
ubuntu/	2020-05-25 10:02	-

Apache/2.4.29 (Ubuntu) Server at us.archive.ubuntu.com Port 80

图 4-11 Ubuntu 的官方软件源

当用户使用 apt-get install 安装软件时，apt-get 工具就会根据这个 source.list 文件中的服务器地址去下载对应的软件包。一般 Ubuntu 默认的软件源是 Ubuntu 官方服务器，打开上面的服务器地址，如图 4-11 所示，你会发现上面有很多软件包的信息，不同分类的 deb 包分别存放在不同的目录下。

对于国内用户来说，访问国外的网站速度可能会慢很多，甚至由于各种因素无法访问。国内一些高校和互联网公司其实也提供了镜像服务器提供下载，大家可以搜索一下阿里云软件源、中科大软件源，一般都能搜索到很多服务器地址。选择其中一个添加到/etc/apt/source.list 文件中，以后再使用 apt-get 安装软件时，就可以直接从国内的服务器上下载 deb 包，速度会快很多。

修改好/etc/apt/source.list 文件后，你还需要使用# apt-get update 命令更新一下源。这个命令的作用是访问/etc/apt/source.list 文件中的每一个服务器，读取可以支持下载的软件列表，并保存到本地计算机中（/var/lib/apt/lists）。这个列表就像饭店里的菜单一样，你去饭店吃饭，要按照菜单点菜。当你要安装的软件不在软件列表中时，很可能就会安装失败。

软件列表的另一个作用是可以帮助你更新软件。服务器上的软件版本会不断更新，你本地已经安装的软件如果和软件列表中的版本不一致，则系统就会提示你软件需要更新。这就和计算机中的软件管家一样，每次开机时，它总会很热心地提示你：你的计算机中有多少个软件可以更新，提示信息如图 4-12 所示。

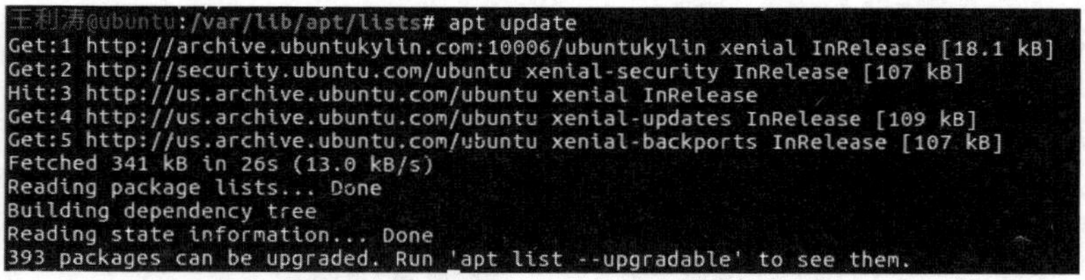

```
王利涛@ubuntu:/var/lib/apt/lists# apt update
Get:1 http://archive.ubuntukylin.com:10006/ubuntukylin xenial InRelease [18.1 kB]
Get:2 http://security.ubuntu.com/ubuntu xenial-security InRelease [107 kB]
Hit:3 http://us.archive.ubuntu.com/ubuntu xenial InRelease
Get:4 http://us.archive.ubuntu.com/ubuntu xenial-updates InRelease [109 kB]
Get:5 http://us.archive.ubuntu.com/ubuntu xenial-backports InRelease [107 kB]
Fetched 341 kB in 26s (13.0 kB/s)
Reading package lists... Done
Building dependency tree
Reading state information... Done
393 packages can be upgraded. Run 'apt list --upgradable' to see them.
```

图 4-12 软件更新提示信息

当然，你也可以使用 apt list 命令去查看具体需要更新的软件包，提示信息如图 4-13 所示。

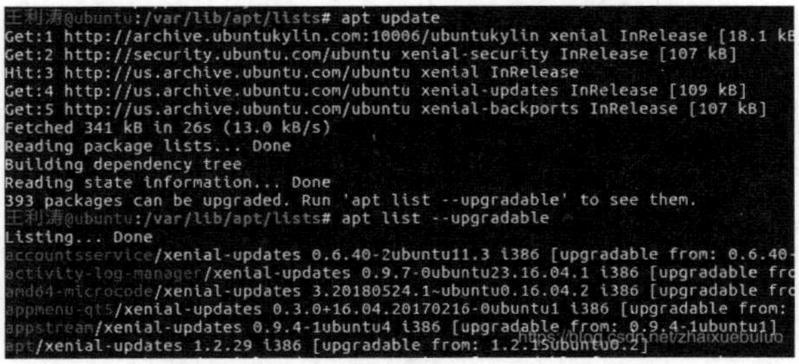

图 4-13　需要更新的软件包信息

如果你想更新这些已经安装的软件，则可以通过 # apt-get upgrade 命令来完成。这个命令会将本地已经安装的软件与刚刚使用 # apt-get update 命令下载到本地的软件列表进行对比，如果发现版本不一致，就会重新安装最新的版本。如果你的系统需要更新的软件包太多，这个更新过程可能需要一定的时间，不要急，耐心等待就可以了。升级成功后，一般会有提示信息，你升级了多少个软件包，这一点类似 Windows 下的软件管家："你已经更新了 32 个常用的软件，恭喜你，打败了全国 99% 的用户……"

使用 apt-get 安装软件的另一个好处是可以自动处理依赖关系。如果你要安装的一个软件 B 依赖 A，那么你在安装 B 的同时，B 所依赖的 A 软件包也会自动安装了。在 /var/lib/dpkg/available 文件中，有软件包的各种详细信息，包括软件版本、软件依赖的包等。

4.5.4　在 Windows 下制作软件安装包

在 Windows 下安装软件，一般我们会首先到网上下载一个软件安装包，双击运行，设置安装路径，然后就可以将程序安装到硬盘里，并生成桌面快捷方式。我们双击桌面上的图标，加载器就可以到磁盘对应的安装路径下加载程序到内存运行。我们以一个简单的 helloworld.exe 程序为例，在 Windows 环境下制作一个安装包。

第一步：准备文件

我们要使用 Visual Studio 或 C-Free 等集成开发环境编译程序，生成可执行文件：helloworld.exe。

```
#include <stdio.h>
int main(void)
{
    int i, j, count=0;
    printf("这是我发布的第一个软件! \n\n");
    while(1)
    {
        for(i = 0; i < 20000; i++)
```

```
        for(j = 0; j < 20000; j++)
            ;
        printf("hello, world! %d\n", count++);
    }
    return 0;
}
```

市面上发布的商业软件，和我们平时写的程序不太一样，它们一般都是一个无限死循环程序，一直在运行，不停地响应和处理用户的各种输入事件，只有当用户主动关闭或遇到异常时才会结束运行。在 Windows 下安装的程序一般都会在桌面上生成一个快捷方式图标，因此制作软件包之前，除了 helloworld.exe 文件，我们还需要准备一个 test.ico 格式的图标文件。

第二步：创建自解压格式文件

选中 helloworld.exe 可执行文件，单击鼠标右键，选中"添加到压缩文件(A)..."，弹出对话框。如图 4-14 所示，在"压缩选项"中选中"创建自解压格式压缩文件"，在"压缩文件名"文本框中输入"helloworld 安装程序.exe"，这个文件名就是我们要制作的安装包的名字。

第三步：制作图标快捷方式

接着上面的步骤，点击"高级→自解压选项"，如图 4-15 所示。

图 4-14　创建自解压格式压缩文件

图 4-15　自解压选项

在弹出的"高级自解压选项"中，单击"添加快捷方式"，如图 4-16 所示。

如图 4-17 所示，在弹出的"添加快捷方式"界面中，设置快捷方式的图标名称和图像路径，以及它所链接的可执行文件名"helloworld.exe"。制作这一步的目的是，当程序安装成功后，在桌面上可以显示你所设置的快捷方式名称及图标。当用户点击快捷方式运行时，就会默认执行它所链接的可执行文件 helloworld.exe。

图 4-16　添加快捷方式

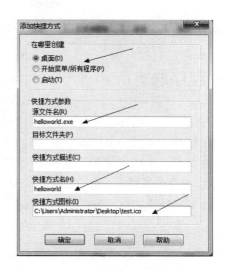

图 4-17　设置快捷方式的图标和名称

第四步：制作安装包的安装界面

在"高级自解压选项"中，点击"文本和图标"选项，设置自解压文件窗口的标题和提示信息，如图 4-18 所示。

在对应的文本框中编辑好相关的提示文本后点击确定，就可以在 helloworld.exe 的当前目录下生成一个名为"helloworld 安装程序.exe"的安装文件。双击该文件，设置安装路径，就可以完成程序的安装：将 helloworld.exe 文件复制到指定的安装路径，并在桌面上生成一个快捷方式，如图 4-19 所示。

图 4-18　制作安装界面的窗口标题

图 4-19　安装界面

双击桌面上的快捷方式，程序正常运行，说明软件安装包制作没问题，安装和运行成功。

4.6　程序的运行

程序的运行分两种情况：一种是在有操作系统的环境下执行一个应用程序；另一种是在无操作系统的环境下执行一个裸机程序。在不同的环境下执行程序，文件的格式一般也会不一样，如在 Linux 环境下，可执行文件是 ELF 格式，而在裸机环境下执行的程序一般是 BIN/HEX 格式。BIN/HEX 文件是纯指令文件，没有其他杂七杂八的辅助信息，而 ELF 文件除了基本的代码段、数据段，还有文件头、符号表、program header table 等用来辅助程序运行的信息。

两种程序虽然运行环境不同，文件格式也有所差异，但原理是相通的：都要将指令加载到内存中的指定位置。而这个指定位置往往又与可执行文件链接时的链接地址有关。

4.6.1　操作系统环境下的程序运行

一个装有操作系统的计算机系统，当执行一个应用程序时，首先会运行一个叫作加载器的程序。加载器会根据软件的安装路径信息，将可执行文件从 ROM 中加载到内存，然后进行一些与初始化、动态库重定位相关的操作，最后才跳转到程序的入口运行。在不同的操作系统下，可以由不同的程序充当"加载器"的角色，如在 Linux 命令行模式下运行一个应用程序，类似 sh、bash 这样的 Shell 终端程序就充当加载器的角色：它们会把程序加载到内存，封装成进程，参与操作系统的调度和运行。

一个可执行文件由不同的 section 组成，分为代码段、数据段、BSS 段等。加载器在加载程序运行时，会将这些代码段、数据段分别加载到内存中的不同位置。可执行文件的文件头提供了文件类型、运行平台、程序的入口地址等基本信息，加载器在加载程序之前会首先根据文件头的信息做一些判断，如果发现程序的运行平台和当前的环境不符，则会报出错处理。

除此之外，可执行文件中还有一个叫作 program header table 的 section，翻译成中文时，不同的资料可能叫法不同，我们可以暂称其为段头表。

段头表中记录的是如何将可执行文件加载到内存的相关信息，包括可执行文件中要加载到内存中的段、入口地址等信息。如图 4-20 所示，可重定位目

图 4-20　可执行文件和可重定位目标文件

标文件因为是不可执行的，不需要加载到内存中，所以段头表这个 section 在目标文件中不是必须存在的，是可选的。而在一个可执行文件中，加载器要加载程序到内存，要依赖段头表提供的信息，因此段头表是必需的。我们可以使用 readelf 命令查看可执行文件的段头表。

```
# arm-linux-gnueabi-readelf -l a.out //注: -l 参数为小写的 L
Elf file type is EXEC (Executable file)
Entry point 0x10310
There are 9 program headers, starting at offset 52
Program Headers:
  Type          Offset   VirtAddr   PhysAddr   FileSiz MemSiz  Flg Align
  EXIDX         0x000574 0x00010574 0x00010574 0x00008 0x00008 R   0x4
  PHDR          0x000034 0x00010034 0x00010034 0x00120 0x00120 R E 0x4
  INTERP        0x000154 0x00010154 0x00010154 0x00013 0x00013 R   0x1
      [Requesting program interpreter: /lib/ld-linux.so.3]
  LOAD          0x000000 0x00010000 0x00010000 0x00580 0x00580 R E 0x10000
  LOAD          0x000f0c 0x00020f0c 0x00020f0c 0x00124 0x00130 RW  0x10000
  DYNAMIC       0x000f18 0x00020f18 0x00020f18 0x000e8 0x000e8 RW  0x4
  NOTE          0x000168 0x00010168 0x00010168 0x00044 0x00044 R   0x4
  GNU_STACK     0x000000 0x00000000 0x00000000 0x00000 0x00000 RW  0x10
  GNU_RELRO     0x000f0c 0x00020f0c 0x00020f0c 0x000f4 0x000f4 R   0x1
```

在 Linux 环境下运行的程序一般都会被封装成进程，参与操作系统的统一调度和运行。在 Shell 环境下运行一个程序，Shell 终端程序一般会先 fork 一个子进程，创建一个独立的虚拟进程地址空间，接着调用 execve 函数将要运行的程序加载到进程空间：通过可执行文件的文件头，找到程序的入口地址，建立进程虚拟地址空间与可执行文件的映射关系，将 PC 指针设置为可执行文件的入口地址，即可启动运行。一段 C 程序、编译生成的可执行文件、可执行文件运行时的进程之间的对应关系如图 4-21 所示。

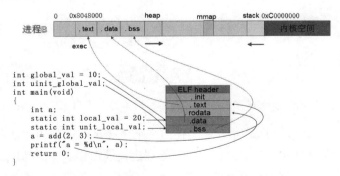

图 4-21　C 程序、可执行文件和进程

一般情况下，程序的入口地址可通过下面的计算公式得到：

程序的入口地址 = 编译时的链接地址 + 一定偏移（程序头等会占用一部分空间）

　　不同的编译器有不同的链接起始地址。在 Linux 环境下，GCC 链接时一般以 0x08040000 为起始地址开始存放代码段，而 ARM GCC 交叉编译器一般以 0x10000 为链接起始地址。紧挨着代码段，从一个 4KB 边界对齐的地址处开始存放数据段。紧挨着数据段，就是 BSS 段。BSS 段后面的第一个 4KB 地址对齐处，就是我们在程序中使用 malloc()/free()申请的堆空间。一个可执行文件加载到内存中执行，它在内存中的地址空间分布如图 4-22 所示。

　　看到这里，集才华和机智于一身的你，心中一个小小的疑惑可能就产生了：在一台计算机上通常会运行多个进程，而每个进程的指令代码在编译时都是采用同一个链接地址的，在运行时它们会被加载到内存中的同一个地址吗？会不会产生地址冲突？

　　放心吧，少年，不会冲突的。你能想到的问题，计算机专家自然也会想到并且早就解决了：程序链接时的链接地址其实都是虚拟地址。如图 4-23 所示，程序运行时，虽然每个进程的地址空间都是一样的，但是每个进程都有自己的页表，页表里的每一个条目叫页表项，页表项里存储的是虚拟地址和物理地址之间的映射关系，相同的虚拟地址经过 MMU 硬件转换后，会分别映射到物理内存的不同区域，彼此相互隔离和独立，一点也不会起冲突。

图 4-22　程序在内存中的地址分布

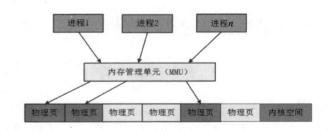

图 4-23　虚拟地址到物理地址的转换

　　对于每一个运行的进程，Linux 内核都会使用一个 task_struct 结构体来表示，多个结构体通过指针构成链表。操作系统基于该链表就可以对这些进程进行管理、调度和运行。不同进程的代码段和数据段分别存储在物理内存不同的物理页上，进程间彼此独立，通过上下文切换，轮流占用 CPU 去执行自己的指令。当 Linux 环境下有多个进程并发运行时，C 源程序、可执行文件、进程和物理内存之间的对应关系如图 4-24 所示。

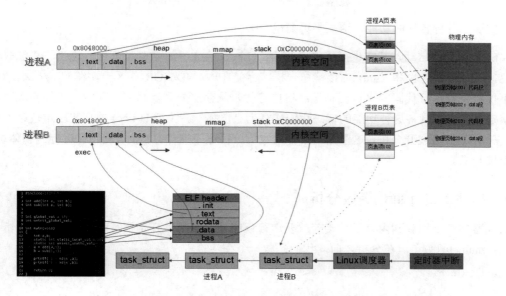

图 4-24　C 源程序、可执行文件、进程和物理内存之间的关系

4.6.2　裸机环境下的程序运行

在操作系统环境下，我们可以通过加载器将程序的指令加载到内存中，然后 CPU 到内存中取指运行。在一个裸机平台下，系统上电后，没有程序运行的环境，我们需要借助第三方工具将程序加载到内存，然后才能正常运行。

很多集成开发环境如 ADS1.2、Keil、RVDS 等 IDE，不仅提供了程序编辑、编译的功能，同时支持程序的运行、调试、烧写。以 ADS1.2 集成开发环境为例，如图 4-25 所示，它可以通过 JTAG 接口和开发板通信，将我们在 PC 上编译好的 BIN/HEX 格式的 ARM 可执行文件下载到开发板的内存中运行。要下载到内存的哪里呢？我们可以根据开发板的实际 RAM 物理地址，在编译程序时通过 ADS1.2 集成开发环境提供的 Debug Setting 设置选项来设置。

在一个嵌入式 Linux 系统中，Linux 内核镜像的运行其实就是裸机环境下的程序运行。Linux 内核镜像一般会借助 U-boot 这个加载工具将其从 Flash 存储分区加载到内存中运行，U-boot 在 Linux 启动过程中扮演了"加载器"的角色。当然 U-boot 的功能绝不仅限于此，现在的 U-boot 功能已经很强

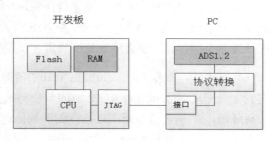

图 4-25　裸机环境下的程序运行

大了，实现了各种各样的功能，这里不再赘述。

U-boot 自身的启动，其实也挺值得研究的。U-boot 在 Linux 启动过程中，充当了"加载器"的角色，但是其自身也和 Linux 内核镜像一样，存储在 NAND/NOR 分区上。在 U-boot 启动过程中，不仅要完成本身代码的"自复制"：将自身代码从存储分区复制到内存中，还要完成自身代码的重定位，一般具备这种功能的代码我们称之为"自举"。关于 U-boot 的自我重定位是怎么实现的，在 4.12 节会展开分析，这里为了不打断我们分析程序编译、链接、安装和运行的整体思路，就暂不展开了。

4.6.3　程序入口 main()函数分析

加载器将指令加载到内存后，接着就要运行程序了，从哪里开始执行呢？这里就要分析程序的入口：main()函数了。在分析之前，我们先做一个小实验。

```c
#include <stdio.h>

int main(void)
{
    printf("hello world 1...\n");
    return 0;
}

int main2(int argc, char *argv[])
{
    printf("hello world 2...\n");
    return 0;
}
```

在上面的程序中，我们定义多个 main()函数，程序编译时会报重定义错误。修改函数名，只保留其中一个 main()函数，你会发现，保留哪个函数名为 main，程序便会执行哪个函数。是不是很神奇？这也说明了在一个项目中，main()函数是所有程序的入口函数。

事实真的如此吗？非也。编译器在编译一个工程时，默认的程序入口是 _start 符号，而不是 main。符号 main 是一个约定符号，它用来告诉编译器在一个项目中哪里是程序的入口点。程序员在开发一个项目时，也会遵守这个约定，使用 main()函数作为项目的入口函数。

兵马未动，粮草先行。其实在 main()函数运行之前，已经有"先头部队"代码提前运行了：它们主要完成运行 main()函数之前的一些初始化工作，如初始化堆栈指针等。栈是 C 语言运行的必备环境，C 语言函数调用过程中的参数传递、函数内部的局部变量都是保存在栈中的（详情请看第 5 章），没有栈 C 语言就无法运行，因此在运行 main()函数之前必须先运行一段汇编代码来初始化堆栈环境。设置好堆栈指针后，这部分代码还要继续初始化一些环境，如初始化 data 段的内容，初始化 static 静态变量和 global 全局变量，并给 BSS 段的变量赋初值：未初始化的全局变量中，int 类型的全部初始化为 0，布尔型的变量初始化为 FALSE，指针型的变量初始化为 NULL。完成初始化环境后，这部分代码还会将用户传入的参数传递给 main，最后才跳入 main()函数运行。

　　这部分初始化代码是在程序编译阶段，由编译器自动添加到可执行文件中的。这部分代码属于 C 运行库（C Running Time，CRT）中的代码，编译器厂商在开发编译器时，除了实现 C 语言标准中规定的 printf、fopen、fread 等标准函数，还会实现这部分初始化代码，完成进入 main()函数之前的一系列初始化操作。

- C 语言运行的基本堆栈环境、进程环境。
- 动态库的加载、释放、初始化、清理等工作。
- 向 main()函数传参 argc、argv，调用 main()函数执行。
- 在 main()函数退出后，调用 exit()函数，结束进程的运行。

　　在 ARM 交叉编译器安装路径下的 lib 目录下，你会看到一个叫作 crt1.o 的目标文件，这个文件其实就是由汇编初始化代码编译生成的，是 CRT 的一部分。在链接过程中，链接器会将 crt1.o 这个目标文件和项目中的目标文件组装在一起，生成最终的可执行文件。我们可以使用 objdump 命令来反汇编这个目标文件。

```
#arm-linux-gnueabi-objdump -D crt1.o > crt1.S
#arm-linux-gnueabi-objdump -D a.out > a.S
Disassembly of section .text:
00000000 <_start>:
   0:   e3a0b000    mov     fp, #0
   4:   e3a0e000    mov     lr, #0
   8:   e49d1004    pop     {r1}        ; (ldr r1, [sp], #4)
   c:   e1a0200d    mov     r2, sp
  10:   e52d2004    push    {r2}        ; (str r2, [sp, #-4]!)
  14:   e52d0004    push    {r0}        ; (str r0, [sp, #-4]!)
  18:   e59fc010    ldr     ip, [pc, #16] ; 30 <_start+0x30>
  1c:   e52dc004    push    {ip}        ; (str ip, [sp, #-4]!)
  20:   e59f000c    ldr     r0, [pc, #12] ; 34 <_start+0x34>
  24:   e59f300c    ldr     r3, [pc, #12] ; 38 <_start+0x38>
  28:   ebfffffe    bl0 <__libc_start_main>
  2c:   ebfffffe    bl0 <abort>
```

　　分别反汇编可执行文件 a.out 和 crt1.o，对比两者的 _start 汇编代码，你会发现两者是一样的：a.out 中的这段汇编代码是由 crt1.o 组装而来的。

　　接下来分析这段汇编代码，从程序入口地址 _start 开始的一段汇编代码，其核心工作就是初始化 C 语言运行依赖的栈环境，并设置栈指针。这段代码在不同的环境下可能不太一样，在嵌入式系统裸机环境下，系统上电后要初始化时钟、内存，然后设置堆栈指针，而在普通的操作系统环境下，内存等各种硬件设备已经工作，堆栈环境也已经初始化完毕，不需要做这一部分工作了，保存一些上下文环境后就可以直接跳到第一个 C 语言入口函数：__libc_start_main。这个函数在 C 标准库中定义，以 glibc-2.30 为例，定义在 libc-start.c 文件中。

```
#define LIBC_START_MAIN __libc_start_main
STATIC int  LIBC_START_MAIN (int (*main) (int, char **,
char ** MAIN_AUXVEC_DECL),
                      int argc, char **argv, __typeof (main) init,
                      void (*fini) (void),
void (*rtld_fini) (void), void *stack_end)
{
    /* Result of the 'main' function.  */
    int result;
    ...
    if (init)
        (*init) (argc, argv, __environ MAIN_AUXVEC_PARAM);
    ...
    result = main (argc, argv, __environ MAIN_AUXVEC_PARAM);
    exit (result);
}
```

__libc_start_main 函数的代码很长，我们简化分析后的大致流程如下：首先设置程序运行的进程环境，加载共享库，解析用户输入的参数，将参数传递给 main()函数，最后调用 main()函数运行。main()函数运行结束后，再调用 exit 函数结束整个进程。

不同的编译器，C 标准库的实现略有差异，和程序员约定的项目入口地址可能也不一样。如 Windows win32 窗口程序约定的入口函数是 WinMain；Visual Studio 和 VC++ 6.0 的 C++编译器约定的项目入口函数是 _tmain；QT、Eclipse 等大多数 IDE 约定的入口函数一般也是 main()函数。

main 只是编译器和程序员约定好的默认入口点，并不是一成不变的，程序员也可以自定义程序入口。如果我们想改变一个项目的入口地址，其实很简单。

```
//test.c

#include <stdio.h>
#include <stdlib.h>

int mymain()
{
    printf("mymain...\n");
    exit(0);
```

```
}
```

在上面的程序中，我们定义了 mymain() 函数，并打算将其设置为我们程序的入口，通过下面的命令就可完成。

```
#arm-linux-gnueabi-gcc -nostartfiles -e <入口函数> xx.c
#arm-linux-gnueabi-gcc -nostartfiles -e mymain test.c
#./a.out
  mymain...
```

编译参数 -nostartfiles 表示不链接 crt1.o 文件。通过这种显式指定函数入口编译生成的可执行程序，也可以正常运行，只是有一个细节需要注意一下，函数退出时不能再使用 return，而要使用 exit 退出，否则就会报段错误。这是因为可执行文件没有链接初始化代码 crt1.o，无法再处理 mymain() 函数退出后的扫尾清理工作，我们在 mymain() 函数内直接调用 exit 结束进程就可以了。

通过本节的学习，相信大家已经对程序的真正入口函数 _start、工程项目的约定入口 main() 函数有了更深入的理解。至此，一个源程序经过编译、链接、安装、加载运行，并跳入我们自己编写的项目入口 main() 函数运行，整个流程已经分析完毕。

4.6.4　BSS 段的小秘密

通过上面的学习，我们已经对程序编译运行的整个流程有了一个基本了解。但还遗漏了一点内容，那就是关于 BSS 段的加载与运行。

对于未初始化的全局变量和静态局部变量，编译器将其放置在 BSS 段中。BSS 段是不占用可执行文件存储空间的，早期的计算机存储资源昂贵而且比较紧张，设置 BSS 段的目的主要就是减少可执行文件的体积，节省磁盘空间。

虽然 BBS 段在可执行文件中不占用存储空间，但是当程序加载到内存运行时，加载器会在内存中给 BSS 段开辟一段存储空间。在 section header table 中会记录 BSS 段的大小，在符号表中会记录每个变量的地址和大小。

```
#readelf -S a.out
Section Headers:
 [Nr] Name            Type         Addr     Off    Size   ES Flg Lk Inf Al
 [ 0]                 NULL         00000000 000000 000000 00      0   0  0
 ...
 [11] .init           PROGBITS     000102c0 0002c0 00000c 00  AX  0   0  4
 [13] .text           PROGBITS     00010310 000310 000248 00  AX  0   0  4
 [23] .data           PROGBITS     00021020 001020 000010 00  WA  0   0  4
 [24] .bss            NOBITS       00021030 001030 00000c 00  WA  0   0  4
```

加载器会根据这些信息，在数据段的后面分配指定大小的内存空间并清零，根据符号表中各个变量的地址，在这片内存中给各个未初始化的全局变量、静态变量分配存储空间。到了这一步，一个程序被加载到内存后，它在内存中的分布如图 4-26 所示。

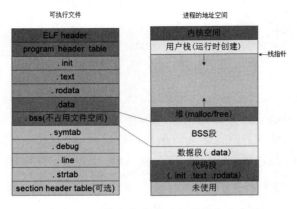

图 4-26　可执行文件和进程虚拟地址空间

最后我们对 BSS 段做一个小结：BSS 段设计的初衷就是为了减少文件体积，节省磁盘资源。编译器对数据段和 BSS 段符号的处理流程是相同的，唯一的差异在于：在可执行文件内不给 BSS 段分配存储空间，在程序运行内存时再分配存储空间和地址。

4.7　链接静态库

在一个软件项目中，为了完成特定功能，除了自定义函数，我们还可以使用别人已经封装好的函数库，如 C 标准库、音视频编解码库等。库函数的使用避免了"造轮子"的重复工作，提高了代码复用率，大大减轻了软件开发的工作量。

库分为静态库和动态库两种。如果我们在项目中引用了库函数，则在编译时，链接器会将我们引用的函数代码或变量，链接到可执行文件里，和可执行程序组装在一起，这种库被称为静态库，即在编译阶段链接的库。动态库在编译阶段不参与链接，不会和可执行文件组装在一起，而是在程序运行时才被加载到内存参与链接，因此又叫作动态链接库。

静态库的本质其实就是可重定位目标文件的归档文件。静态库的制作和使用都很简单，使用 AR 命令就可以将多个目标文件打包为一个静态库。

```
//test.c
```

```
int add(int a, int b)
{
    return a + b;
}
int sub(int a, int b)
{
    return a - b;
}
int mul(int a, int b)
{
    return a * b;
}
int div(int a, int b)
{
    return a / b;
}


//main.c
#include <stdio.h>

int add(int, int);

int main(void)
{
    int sum = 0;
    sum = add(1,2);
    printf("sum = %d\n", sum);
    return 0;
}
```

在上面的程序中，如果我们想把 test.c 文件打包成一个库，然后在 main.c 中调用该库中的 add 函数，可以进行如下操作。

```
# gcc -c test.c              //生成目标文件
# ar rcs libtest.a test.o    //将 test.o 打包成静态库
# gcc main.c -L. -ltest      //指定要链的库的名字和路径
# ./a.out
  sum = 3
```

首先我们将源文件 test.c 编译生成对应的目标文件 test.o，然后使用 ar 命令将多个目标文件打包成 libtest.a，最后在编译 main.c 时，通过参数指定要链接的静态库及其所在路径就可以了。编译参数大写的 L 表示要链接的库的路径，小写的 l 表示要链接的库名字。链接时库的名字要去掉前后缀，如 libtest.a，链接时要指定的库名字为 test。

使用 ar 命令制作静态库时，一些常用的参数介绍如下。

- -c：禁止在创建库时产生的正常消息。
- -r：如果指定的文件已经在库中存在，则替换它。
- -s：无论库是否更新都强制重新生成新的符号表。
- -d：从库中删除指定的文件。
- -o：对压缩文档成员进行排序。
- -q：向库中追加指定文件。
- -t：打印库中的目标文件。
- -x：解压库中的目标文件。

编译器是以源文件为单位编译程序的，链接器在链接过程中逐个对目标文件进行分解组装，这样很容易产生一个问题：如果在一个源文件中我们定义了 100 个函数，而只使用了其中的 1 个，那么链接器在链接时也会把这 100 个函数的代码指令全部组装到可执行文件中，这会让最终生成的可执行文件体积大大增加。使用 readelf 命令查看 a.out 你会发现，虽然我们在 main()函数中只调用了 add()函数，但是在 a.out 文件中除了 add()函数，sub()、mul()、div()等函数也都链接了进来，这可如何是好呢？

```
# readelf -s a.out

Symbol table '.symtab' contains 74 entries:
  Num:    Value  Size Type    Bind    Vis      Ndx Name
    ...
   52: 08048475    13 FUNC    GLOBAL DEFAULT   14 add
   64: 08048330     0 FUNC    GLOBAL DEFAULT   14 _start
   56: 08048499    12 FUNC    GLOBAL DEFAULT   14 div
   66: 0804a01c     0 NOTYPE  GLOBAL DEFAULT   26 __bss_start
   67: 0804842b    74 FUNC    GLOBAL DEFAULT   14 main
   68: 0804848d    12 FUNC    GLOBAL DEFAULT   14 mul
   72: 08048482    11 FUNC    GLOBAL DEFAULT   14 sub
```

解决这个问题其实很简单：我们在封装函数库时，将每个函数都单独使用一个源文件实现，然后将多个目标文件打包即可。

```
//add.c
int add(int a, int b)
{
    return a + b;
}

//sub.c
int sub(int a, int b)
{
    return a - b;
```

```
}

//mul.c
int mul(int a, int b)
{
    return a * b;
}

//div.c
int div(int a, int b)
{
    return a / b;
}


//main.c
#include <stdio.h>
int add(int, int);

int main(void)
{
    int sum;
    sum = add(1, 2);
    printf("sum = %d\n", sum);
    return 0;
}
```

我们将上面的源文件分别编译，打包生成静态库，再去调用库中的 add()函数，你会发现，sub()、mul()、div()等函数就不会再链接到可执行文件中了。

```
# gcc -c add.c sub.c mul.c div.c
# ar rcs libtest.a add.o sub.o mul.o div.o
# gcc main.c -L. -ltest
# ./a.out
# readelf -s a.out
Symbol table '.symtab' contains 71 entries:
  Num:    Value  Size Type    Bind   Vis      Ndx Name
   ...
  52: 08048475   13 FUNC    GLOBAL DEFAULT   14 add
  64: 08048330    0 FUNC    GLOBAL DEFAULT   14 _start
  66: 0804a01c    0 NOTYPE  GLOBAL DEFAULT   26 __bss_start
  67: 0804842b   74 FUNC    GLOBAL DEFAULT   14 main
```

C 标准库其实就是这么干的：在 glibc 源码中，你会看到，每一个库函数都是单独使用一个同名的源文件实现的。printf()函数单独定义在 printf.c 文件中，scanf()函数单独定义在 scanf.c 文件中，如果你调用了一个 printf()函数，则链接器只是将 printf()函数的目标文件链接到你的可执行文件中。

通过这种打包形式,可执行文件的体积被大大减少了。

静态链接还会产生另外一个问题。如 C 标准库里的 printf()函数,可能多个程序都调用了它,链接器在链接时就要将 printf 的指令添加到多个可执行文件中。在一个多任务环境中,当多个进程并发运行时,你会发现内存中有大量重复的 printf 指令代码,很浪费内存资源。那么有没有解决的办法呢?肯定是有的,动态链接这时候就开始低调登场了。

4.8 动态链接

我们都看到了静态链接的缺点:生成的可执行文件体积较大,当多个程序引用相同的公共代码时,这些公共代码会多次加载到内存,浪费内存资源。尤其对于一些内存配置较低的嵌入式系统,当过多的进程并发运行时,系统就可能因为内存爆满而无法流畅运行。

为了解决这个问题,动态链接对静态链接做了一些优化:对一些公用的代码,如库,在链接期间暂不链接,而是推迟到程序运行时再进行链接。这些在程序运行时才参与链接的库被称为动态链接库。程序运行时,除了可执行文件,这些动态链接库也要跟着一起加载到内存,参与链接和重定位过程,否则程序可能就会报未定义错误,无法运行。

动态链接的好处是节省了内存资源:加载到内存的动态链接库可以被多个运行的程序共享,使用动态链接可以运行更大的程序、更多的程序,升级也更加简单方便。现在主流的软件一般都喜欢采用这种开发方式。在 Windows 下解压一个软件安装包,你会发现里面有很多.dll 后缀的文件,这些文件其实就是动态链接库,需要和可执行文件一起安装到系统中。程序运行前会首先把它们加载到内存,链接成功后程序才能运行。

在 Linux 环境下也是如此,只不过动态库的文件变成了以 .so 为后缀。一个软件采用动态链接,版本升级时主程序的业务逻辑或框架不需要改变,只需要更新对应的 .dll 或 .so 文件就可以了,简单方便,也避免了用户重复安装卸载软件。以上面的 main.c、add.c、sub.c、mul.c、div.c 程序为例,我们可以将 add.c、sub.c、mul.c、div.c 封装成动态库 libtest.so,然后在程序运行时动态加载到内存。

```
#gcc -fPIC -shared add.c sub.c mul.c div.c -o libtest.so
#gcc main.c libtest.so
#./a.out
 ./a.out: error while loading shared libraries: libtest.so:
 cannot open shared object file: No such file or directory
#cp libtest.so /usr/lib
#./a.out
 sum = 3
```

在上面的程序中，可执行文件 a.out 是采用动态链接生成的，所以在运行 a.out 之前，libtest.so 这个动态链接库要放到/lib、/usr/lib 等系统默认的库路径下，否则 a.out 就会动态链接失败，无法正常运行。

在 Linux 环境下，当我们运行一个程序时，操作系统首先会给程序 fork 一个子进程，接着动态链接器被加载到内存，操作系统将控制权交给动态链接器，让动态链接器完成动态库的加载和重定位操作，最后跳转到要运行的程序。动态链接器在 C 标准库中实现，是 glibc 的一部分，主要完成程序运行前的动态链接工作，在可执行文件的 .interp 段中存放的有动态链接器的加载路径，我们可以通过 objdump 命令查看。

```
#arm-linux-gnueabi-objdump -j .interp -s a.out
a.out:     file format elf32-littlearm
Contents of section .interp:
 10154 2f6c6962 2f6c642d 6c696e75 782e736f  /lib/ld-linux.so
 10164 2e3300                               .3.
```

通过上面的信息可以看到，动态链接器本身也是一个动态库，即/lib/ld-linux.so 文件。动态链接器被加载到内存后，会首先给自己重定位，然后才能运行。像这种自己给自己重定位然后自动运行的行为，我们一般称为自举。在嵌入式系统中，大家比较熟悉的 U-boot 也有自举功能，它在系统上电启动后会完成代码的自我复制和重定位操作，然后加载 Linux 内核镜像运行。

动态链接器解析可执行文件中未确定的符号及需要链接的动态库信息，将对应的动态库加载到内存，并进行重定位操作。这个过程其实和静态链接的重定位过程一样，只不过推迟到了运行阶段而已。重定位结束后，程序中要引用的所有符号都有了地址和定义，动态链接器将控制权交给要执行的程序，跳转到该程序运行。动态链接库在内存空间中的布局如图 4-27 所示。

动态链接需要考虑的一个重要问题是加载地址。一个静态链接的可执行文件在运行时，一般加载地址等于链接地址，而且这个地址是固定的。可执行文件是操作系统帮我们创建一个子进程后，第一个被加载到进程空间的文件，此时进程的地址空间一马平川，还未被占用，所以不用考虑地址空间资源的问题。动态链接库加载到内存中的地址则是随机的，因为每一个可执行文件的大小不同，加载到内存后剩余的地址空间也不尽相同，动态链接库的地址要根据进程地址空间的实际空闲情况随机分配。在这种情况下，动态链接库

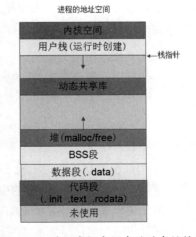

图 4-27　进程虚拟空间中的动态链接库

该如何运行呢？

很容易想到的一个方法就是装载时重定位。在静态链接过程中，每个目标文件中的代码段都被分解组装，起始地址发生了变化，要进行重定位，然后程序才可以运行。类似静态链接的重定位，动态链接库被加载到内存后，目标文件的起始地址也发生了变化，需要重定位。一个可执行文件对动态链接库的符号引用，要等动态链接库加载到内存后地址才能确定，然后对可执行文件中的这些符号修改即可。以上面的例子为例，main()函数调用了 add()函数，但 add()函数的地址还不确定，等到 libtest.so 加载到内存后，add()函数的地址才能确定下来。加载器通过动态链接、重定位操作，更新了符号表中 add()函数的实际地址，并修正 main()函数指令中引用 add()函数的地址，然后程序才可以正常运行。

这种装载时重定位操作，虽然解决了可执行文件中对绝对地址的引用问题，但也带来了另外一个问题：对于每个进程，动态库被加载到了内存的不同地址，也只能被进程自身共享，无法在多个进程间共享，无法节省内存，违背了动态库的设计初衷。如果有一种好方法，将我们的动态库设计成无论放到哪里，都可以执行，而且可以被多个进程共享，那么这个问题就迎刃而解了。

4.8.1 与地址无关的代码

如果想让我们的动态库放到内存的任何位置都可以运行，都可以被多个进程共享，一种比较好的方法是将我们的动态库设计成与地址无关的代码。其实现思路很简单：将指令中需要修改的部分（如对绝对地址符号的引用）分离出来，剩余的部分就和地址无关了，放到哪里都可以执行，而且可以被多个进程共享。需要被修改的指令（符号）和数据在每个进程中都有一个副本，互不影响各自的运行。

先把需要修改的部分放到一边，暂且不谈，我们先讨论动态库中与地址无关的代码部分。与地址无关的代码实现也很简单，编译代码时加上-fPIC 参数即可。PIC 是 Position-Independent Code 的简写，即与地址无关的代码。加上-fPIC 参数生成的指令，实现了代码与地址无关，放到哪里都可以执行。

```
#arm-linux-gnueabi-gcc -fPIC -c main.c
```

实现 PIC 需要底层相关的技术支撑，不同的平台有不同的实现方式。实现代码与地址无关，在模块内部，对函数和全局变量的引用要避免使用绝对地址，一般可以使用相对跳转代替。以 ARM 平台为例，可以采用相对寻址来实现。ARM 有多种寻址方式，其中有一种叫相对寻址，以 PC 为基址，以当前指令和目标地址的差作为偏移量，两者相加的地址即操作数的有效地址。ARM 汇编中的 B、BL、ADR、ADRL 等指令都是采用相对寻址实现的。

```
    ...
    B LOOP
    ...
LOOP
    MOV R0, #1
    MOV R1, R0
    ...
```

在上面的代码中，B LOOP 指令其实就等价于：

```
ADD PC, PC, #OFFSET
```

其中 OFFSET 为 B LOOP 当前指令地址与 LOOP 标号之间的地址偏移。通过这种相对寻址的符号引用，可以做到代码与地址无关：你把这段代码放在内存中的任何位置，它都无须重定位，直接运行即可。

4.8.2　全局偏移表

在动态库的设计中，对于模块内的符号相互引用，我们通过相对寻址很容易实现代码与地址无关。但是当动态库作为第三方模块被不同的应用程序引用时，库中的一些绝对地址符号（如函数名）将不可避免地被多次调用，需要重定位。动态库中的这些绝对地址符号，如何能做到同时被不同的应用程序引用呢？

解决这个问题的核心思想其实也很简单：每个应用程序将引用的动态库（绝对地址）符号收集起来，保存到一个表中，这个表用来记录各个引用符号的地址。当程序在运行过程中需要引用这些符号时，可以通过这个表查询各个符号的地址。这个表被称为全局偏移表（Global Offset Table，GOT）。

在一个可执行文件中，其引用的动态库中的绝对地址符号（如函数名）会被分离出来，单独保存到 GOT 表中，GOT 表以 section 的形式保存在可执行文件中，这个表的地址在编译阶段就已经确定了。当程序运行需要引用动态库中的函数时，会将动态库加载到内存，根据动态库被加载到内存中的具体地址，更新 GOT 表中的各个符号（函数）的地址。等下次该符号被引用时，程序可以直接跳到 GOT 表查询该符号的地址，如果找到要调用的函数在内存中的实际地址，就可以直接跳过去执行了。因为 GOT 表在可执行文件中的位置是固定不变的，所以程序中访问 GOT 表的指令也是固定不变的，唯一需要变化的是：动态库加载到内存后，库中的各个函数的位置确定，在 GOT 表中实时更新各个符号在内存中的真实地址就可以了。

这样做的好处是：在内存中只需要加载一份动态库，当不同的程序运行时，只要修改各自的 GOT 表，它们引用的符号都可以指向同一份动态库，就可以达到不同程序共享同一个动态库的目标了。动态链接过程中的 GOT 表如图 4-28 所示。

图 4-28　动态链接过程中的 GOT 表

4.8.3　延迟绑定

　　动态链接通过使用"与地址无关"这一技术，加载到内存任意地址都可以运行。"与地址无关"这一技术在 ARM 平台可以使用相对寻址来实现。ARM 相对寻址的本质其实就是寄存器间接寻址，只不过基址换成了 PC 而已，访问效率还是比较低的，包括程序运行之前的动态链接和重定位操作，也会对程序的及时响应和性能造成一定的影响。我们假设一个软件中有几百个地方使用了动态链接，如果把所有的动态库一次性全部加载到内存并一一对它们进行重定位，会耗费不少的时间。程序中存在大量的 if-else 分支，并不是所有的指令都能执行到，我们加载到内存的动态库可能根本就没有被调用到，这又会白白浪费内存空间。基于这个原因，可执行文件一般都采用延迟绑定：程序在运行时，并不急着把所有的动态库都加载到内存中并进行重定位。当动态库中的函数第一次被调用到时，才会把用到的动态库加载到内存中并进行重定位。这样做既节省了内存，又可以提高程序的运行速度，因此得到广泛应用。

　　我们反汇编上一节的 a.out，查看 main() 函数对应的 ARM 汇编代码。

```
#arm-linux-gnueabi-objdump -D a.out
00010608 <main>:
   10608:e92d4800        push    {fp, lr}
   1060c:e28db004        add     fp, sp, #4
   10610:e24dd008        sub     sp, sp, #8
   10614:e3a03000        mov     r3, #0
   10618:e50b3008        str     r3, [fp, #-8]
   1061c:e3a01002        mov     r1, #2
   10620:e3a00001        mov     r0, #1
   10624:ebffff9e        bl104a4 <add@plt>
     ...


Disassembly of section .plt:
00010490 <add@plt-0x14>:                ;跳转到动态链接器 linux-ld.so
   10490:e52de004        push    {lr}         ;(str lr, [sp, #-4]!)
   10494:e59fe004        ldr     lr, [pc, #4] ;104a0 <_init+0x1c>
   10498:e08fe00e        add     lr, pc, lr
   1049c:e5bef008        ldr     pc, [lr, #8]! ;pc=0x21008
   104a0:00010b60        andeq   r0, r1, r0, ror #22
```

```
000104a4 <add@plt>:
  104a4:e28fc600    add    ip, pc, #0, 12      ;pc=104ac+10000+b60
  104a8:e28cca10    add    ip, ip, #16, 20     ;0x10000
  104ac:e5bcfb60    ldr    pc, [ip, #2912]!    ;0xb60;pc=0x2100c
000104b0 <printf@plt>:
  104b0:e28fc600    add    ip, pc, #0, 12      ;pc=104ac+10000+b60
  104b4:e28cca10    add    ip, ip, #16, 20     ;0x10000
  104b8:e5bcfb58    ldr    pc, [ip, #2904]!    ;0xb58 ;pc=21010

Disassembly of section .got: ;未重定位之前的 GOT 表：全部跳到动态链接器执行
00021000 <_GLOBAL_OFFSET_TABLE_>:
  21000:00020f10    andeq  r0, r2, r0, lsl pc
  ...      ;21004~2100b 为保留地址，存放的是动态链接器和入口地址及相关信息
  2100c:00010490    muleq  r1, r0, r4      ;未重定位之前跳到 0x10490
  21010:00010490    muleq  r1, r0, r4      ;重定位后直接跳到函数处执行
  21014:00010490    muleq  r1, r0, r4
  21018:00010490    muleq  r1, r0, r4
  2101c:00010490    muleq  r1, r0, r4
  21020:00000000    andeq  r0, r0, r0
```

分析上面的反汇编代码，找到 main()函数中调用 add 的代码部分（第 10624 行），我们可以看到：调用 add 的指令跳到了 0x104a4<add@plt>处执行。在 0x104a4 地址处，我们看到这里并不是 add()函数实现的地方，而是一个跳转命令，跳到了 GOT 表中地址为 0x2100c 的地方。一般情况下，GOT 表中的每一项存放的都是符号的真实地址，但此时因为 add 第一次被调用，相应的动态库还没有加载到内存中，需要调用动态链接器去加载 add 的动态库，所以此时大家可以看到 GOT 表中每一项都是相同的值：0x10490。在 0x10490 地址处是一个跳转指令，跳转到动态链接器去执行，动态链接器的入口地址保存在 GOT 表的 0x21008~0x2100b 处。动态链接器的主要工作就是加载动态库到内存中并进行重定位操作：把 add 动态库加载到内存中，然后将 add 的实际地址更新到 GOT 表中保存 add 地址的那一项 0x2100c 地址处。此时在 GOT 表的 0x2100c 处保存的不再是默认的动态链接器地址 0x10490，而是 add()函数加载到内存中的实际地址。等第二次再调用 add()函数时，就可以根据 GOT 表中的实际地址直接跳过去执行了。延迟绑定的基本流程如图 4-29 所示。

指令代码中每一个使用动态链接的符号<x@plt>，都被保存在过程链接表（Procedure Linkage Table，PLT，以.plt 为后缀）中。过程链接表其实就是一个跳转指令，它无法单独工作，要和 GOT 表相关联，协同工作。当程序中引用某个符号时，就会从过程链接表跳转到 GOT 表，跳到 GOT 表中对应

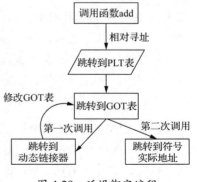

图 4-29　延迟绑定流程

的项。如当程序中第一次引用<printf@plt>符号时，会跳到 GOT 表的 0x21010 处。在 0x21010 处，存放的是动态链接库的地址 0x10490；动态链接库加载 printf()函数到内存，然后会将 printf()函数在内存中的实际地址保存在 0x21010 处，再将控制权交给 printf()函数执行。等程序第二次调用 printf()函数时，再次通过 PLT 表跳到 GOT 表的 0x21010 处，因为此时该地址上保存的是 printf()函数在内存中的实际地址，所以就可以直接跳转过去执行了。

过程链接表 PLT 本质上是一个数组，每一个在程序中被引用的动态链接库函数，都在数组中对应其中一项，跳转到 GOT 表中的对应项。PLT 表中有两个特殊项，PLT[0]会关联到动态链接器的入口地址，而 PLT[1]则会关联到初始化函数：__libc_start_main()，该函数会初始化 C 语言运行的进本环境；调用 main()函数，等 main()函数运行结束时，再根据 main()函数的返回值做相应的处理；负责 main()函数运行结束后的清理工作。

C 标准库其实就是以动态共享库的封装形式保存在 Linux 系统中的。不同的应用程序都会调用 printf() 函数，当它们在内存中运行时，只需要加载一份 printf()函数代码到内存就可以了。各个应用程序在引用 printf 这个符号时，就会启动动态链接器，将这份代码映射到各自进程的地址空间，更新各自 GOT 表中 printf()函数的实际地址，然后通过查询 GOT 表找到 printf()函数在内存中的实际地址，就可通过间接访问跳转执行。

4.8.4 共享库

现在大多数软件都是采用动态链接的方式开发的，不仅可以节省内存空间，升级维护也比较方便。在发布软件包时，可执行文件及其依赖的动态链接共享库被一起打包发布，如果你依赖的是系统默认自带的共享库，如 C 标准库，则不需要跟软件一起打包。程序安装时，可执行文件会复制到 Linux 系统的默认路径下，如/bin、/sbin、/usr/bin、/usr/sbin、/usr/local/bin 等，这些路径由环境变量 PATH 管理和维护。可执行文件依赖的共享库一般要放到库的默认路径下面，如/lib、/usr/lib 等。当程序运行时，动态链接器首先被加载到内存运行，动态链接器会分析可执行文件，从可执行文件的.dynamic 段中查询该程序运行需要依赖的动态共享库，然后到库的默认路径下查找这些共享库，加载到内存中并进行动态链接，链接成功后将 CPU 的控制权交给可执行程序，我们的程序就可以正常运行了。

动态链接器在查找共享库的过程中，除了到系统默认的路径（/lib、/usr/lib）下查找，也会到用户指定的一些路径下去查找，用户可以在/etc/ld.so.conf 文件中添加自己的共享库路径。为减少每次查找文件的时间消耗，/etc/ld.so.conf 修改后，我们也可以使用 ldconfig 命令生成一个缓存/etc/ld.so.chche 以提高查找效率。每当我们新增、删除或修改共享库的路径时，使用 ldconfig 更新一下缓存就可以了。

系统中的所有程序在运行时，都会按照上面的这种方式查找共享库。有时候我们也可以使用 LD_LIBRARY_PATH 环境变量临时改变共享库的查找路径，而不会影响系统中的其他应用程序。我们可以将多个共享库的路径添加到这个环境变量中，各个路径用冒号隔开。

```
# export LD_LIBRARY_PATH = /home/wit/lib:/usr/test/lib
```

通过前面 8 节的学习，我们对程序的编译、链接、安装、运行和动态链接等基本流程有了一个系统的认识。如果你对这些内容比较感兴趣，想深入学习更多的细节，可以去阅读本章开头推荐的几本书。作为一名嵌入式工程师，笔者觉得把前面几节的知识掌握就已经足够了：有了这些理论基础，再去分析嵌入式系统中一些比较难理解的知识点，就不会感到那么吃力和困难了，因为你会发现其实很多道理都是相通的。

4.9　插件的工作原理

很多软件为了扩展方便，具备通用性，普遍都支持插件机制：主程序的逻辑功能框架不变，各个具体的功能和业务以动态链接库的形式加载进来。这样做的好处是软件发布以后不用重新编译，可以直接通过插件的形式来更新功能，实现软件升值。

插件的本质其实就是共享动态库，只不过组装的形式比较复杂。有了前面的知识铺垫，我们再去理解插件的工作原理就很轻松了：主程序框架引用的外部模块符号，运行时以动态链接库的形式加载进来并进行重定位，就可以直接调用了。我们只需要将这些功能模块实现，做成支持动态加载的插件，就可以很方便地扩展程序的功能了。Linux 提供了专门的系统调用接口，支持显式加载和引用动态链接库，常用的系统调用 API 如下。

（1）加载动态链接库。

```
void *dlopen (const char *filename, int flag);
void *Handle = dlopen ("./libtest.so", RTLD_LAZY);
```

dlopen() 函数返回的是一个 void *类型的操作句柄，我们通过这个句柄就可以操作显式加载到内存中的动态库。函数的第一个参数是要打开的动态链接库，第二个参数是打开标志位，经常使用的标记位有如下几种。

- RTLD_LAZY：解析动态库遇到未定义符号不退出，仍继续使用。
- RTLD_NOW：遇到未定义符号，立即退出。
- RTLD_GLOBAL：允许导出符号，在后面其他动态库中可以引用。

（2）获取动态对象的地址。

```
void *dlsym (void *handle, char *symbol);
void (* funcp) (int , int);
funcp = (void(*)(int, int )) dlsym(Handle , "myfunc");
```

dlsym() 函数根据动态链接库句柄和要引用的符号，返回符号对应的地址。一般我们要先定义一个指向这种符号类型的指针，用来保存该符号对应的地址。通过这个指针，我们就可以引用动态库里的这个函数或全局变量了。

（3）关闭动态链接库。

```
int dlclose (void *Handle);
```

该函数会将加载到内存的共享库的引用计数减一，当引用计数为 0 时，该动态共享库便会从系统中被卸载。

（4）动态库错误函数。

```
const char *dlerror (void);
```

当动态链接库操作函数失败时，dlerror 将返回出错信息。若没有出错，则 dlerror 的返回值为 NULL。

接下来我们做一个实验，将 sub.c 中的函数封装成一个插件（动态共享库），然后在 main() 函数中显式加载并调用它们。

```
#gcc sub.c -shared -fPIC -o libtest.so
#gcc main.c -ldl
#./a.out
```

在 main.c 中显式加载动态库的程序代码如下。

```
//sub.c
int add(int a, int b)
{
    return a + b;
}

int sub(int a, int b)
{
    return a - b;
}


//main.c
#include <stdio.h>
```

```
#include <stdlib.h>
#include <dlfcn.h>

typedef int (*cac_func)(int, int);

int main(void)
{
    void *handle;
    cac_func fp = NULL;

    handle = dlopen("./libtest.so", RTLD_LAZY);
    if(!handle)
    {
        fprintf(stderr, "%s\n", dlerror());
        exit(EXIT_FAILURE);
    }

    fp = dlsym(handle, "add");
    if (fp)
        printf("add:%d\n", fp(8,2));

    fp = (cac_func)dlsym(handle, "sub");
    if (fp)
        printf("sub:%d\n", fp(8, 2));

    dlclose(handle);
    exit(EXIT_SUCCESS);
}
```

4.10　Linux 内核模块运行机制

　　Linux 内核实现了一个比较酷的功能：支持模块的动态加载和运行。如果你实现了一个内核模块并打算运行它，你并不需要重启系统，直接使用 insmod 命令加载即可，这个模块就像"补丁"一样打进了 Linux 操作系统，并可以正常运行。一个最简单的内核模块源码如下。

```
//helloworld.c
#include <linux/init.h>
#include <linux/module.h>

MODULE_LICENSE("GPL");

static int hello_init(void)
{
    printk(KERN_ALERT"----------------!\n");
```

```
    printk(KERN_ALERT"hello world!\n");
    printk(KERN_ALERT"hello zhaixue.cc!\n");
    printk(KERN_ALERT"----------------!\n");

    return 0;
}

static void  __exit hello_exit(void)
{
    printk(KERN_ALERT"goodbye, crazy world!\n");
}

module_init(hello_init);
module_exit(hello_exit);
```

编译内核模块的 Makefile。

```
.PHONY:all clean
ifneq ($(KERNELRELEASE),)
obj-m := hello.o
else
EXTRA_CFLAGS += -DDEBUG
KDIR := /home/linux-4.4.0
all:
    make  CROSS_COMPILE=arm-linux-gnueabi- ARCH=arm -C $(KDIR) M=$(PWD) modules
clean:
    rm -fr *.ko *.o *.mod.o *.mod.c *.symvers *.order .*.ko .tmp_versions .hello*
endif
```

上面的代码实现了一个最简单的内核模块：一个 helloworld.c 文件和一个编译需要的 Makefile。在 Linux 环境下，我们在命令行下进入存放这两个文件的目录，直接 make 就可以编译生成内核模块 hello.ko。把 hello.ko 复制到 ARM 虚拟开发板平台 Vexpress，使用 insmod 命令就可以将 hello.ko 动态加载到内核运行。

```
#make
#insmod helloworld.ko
  ----------------!
  hello world!
  hello zhaixue.cc!
  ----------------!
#lsmod
  hello 936 0 - Live 0x7f000000 (O)
#rmmod helloworld.ko
  goodbye, crazy world!
```

是不是很魔幻？是不是很奇妙？在 Linux 操作系统运行期间，我们可以直接向内核添加代码运行！当然，我们也可以动态卸载这个模块。理解了动态链接原理，你会发现这一点也不神奇：hello.ko 内核模块的运行原理其实和共享库的运行机制一样，都是在运行期间加载到内存，然后进行一系列空间分配、符号解析、重定位等操作。hello.ko 文件本质上和静态库、动态库一样，是一个可重定位的目标文件。我们可以通过 readelf 命令查看这个目标文件的文件头信息。

```
#readelf -h hello.ko
ELF Header:
  Magic:   7f 45 4c 46 01 01 01 00 00 00 00 00 00 00 00 00
  Class:                             ELF32
  Data:                              2's complement, little endian
  Version:                           1 (current)
  OS/ABI:                            UNIX - System V
  ABI Version:                       0
  Type:                              REL (Relocatable file)
  Machine:                           ARM
  Version:                           0x1
  Entry point address:               0x0
  Start of program headers:          0 (bytes into file)
  Start of section headers:          30140 (bytes into file)
  Flags:                             0x5000000, Version5 EABI
  Size of this header:               52 (bytes)
  Size of program headers:           0 (bytes)
  Number of program headers:         0
  Size of section headers:           40 (bytes)
  Number of section headers:         36
  Section header string table index: 33
```

　　hello.ko 和动态库的不同之处在于：一个运行在内核空间，一个运行在用户空间。应用程序的运行依赖 C 标准库实现的动态链接器来完成动态链接过程，而内核模块的运行不依赖 C 标准库，动态链接、重定位过程需要内核自己来完成：模块的加载实现由系统调用 init_module 完成。当我们使用 insmod 命令加载一个内核模块时，基本流程如下。

　　（1）kernel/module.c/init_module。

　　（2）复制到内核：copy_module_from_user。

　　（3）地址空间分配：layout_and_allocate。

　　（4）符号解析：simplify_symbols。

　　（5）重定位：apply_relocations。

　　（6）执行：complete_formation。

　　具体代码就不分析了，有兴趣的同学可以自行研究。

4.11 Linux 内核编译和启动分析

操作系统为应用程序提供了运行的进程环境和调度管理，那么操作系统自身是如何运行和启动的呢？有了前面的理论基础，我们就以 Linux 为例，与大家分享在一个嵌入式系统中 Linux 内核镜像是如何编译和运行的。

在讲解之前，我们首先做一个 Linux 内核启动实验，通过 U-boot 加载 Linux 内核镜像 uImage 到内存的不同位置，观察 Linux 内核启动流程。

实验环境如下。

- 硬件平台：使用 QEMU 仿真 ARM vexpress A9 开发板。
- RAM 大小配置：512MB。
- RAM 内存地址：0x60000000 ~ 0x7FFFFFFF。

实验过程如下。

- 编译内核镜像，将 uImage 加载地址设置为 0x60003000，编译生成 uImage。
- 将内核加载到 0x60003000 地址，然后 bootm 0x60003000。
- 将内核加载到 0x60004000 地址，然后 bootm 0x60004000。

通过实验我们可以看到，虽然 uImage 被 U-boot 加载到了内存的 0x60003000 和 0x60004000 两个不同的地址，但是通过 U-boot 的 bootm 命令都可以正常引导和运行。bootm 到底有什么魔法，即使我们把镜像文件加载到了未指定的内存地址，也能让 Linux 神奇般地启动起来呢？要想一探究竟，还得溯本求源，从 Linux 内核的编译链接说起。我们以编译 Linux 内核镜像 uImage 的 Log 信息为切入点进行分析。

```
#make uImage LOADADDR=0x60003000
CC      arch/arm/mm/mmu.o        ;上面省略的是编译过程：将.c 编译为.o 文件
  …                              ;前方高能预警
 LD      vmlinux
 SYSMAP  System.map
 OBJCOPY arch/arm/boot/Image
 Kernel: arch/arm/boot/Image is ready
 Kernel: arch/arm/boot/Image is ready
 LDS     arch/arm/boot/compressed/vmlinux.lds
 AS      arch/arm/boot/compressed/head.o
 GZIP    arch/arm/boot/compressed/piggy.gzip
 AS      arch/arm/boot/compressed/piggy.gzip.o
 CC      arch/arm/boot/compressed/misc.o
```

```
CC      arch/arm/boot/compressed/decompress.o
LD      arch/arm/boot/compressed/vmlinux
OBJCOPY arch/arm/boot/zImage
Kernel: arch/arm/boot/zImage is ready
Kernel: arch/arm/boot/Image is ready
Kernel: arch/arm/boot/zImage is ready
UIMAGE  arch/arm/boot/uImage
Image Name:    Linux-4.4.0+
Created:       Fri Apr 24 19:11:09 2020
Image Type:    ARM Linux Kernel Image (uncompressed)
Data Size:     3460776 Bytes = 3379.66 kB = 3.30 MB
Load Address: 60003000
Entry Point:  60003000
Image arch/arm/boot/uImage is ready
```

　　编译 Linux 内核镜像的整个过程比较漫长，大概需要 5 分钟，并有大量的编译信息打印出来。前期的打印信息比较简单，就是分别使用编译器和汇编器将对应的 .c 文件和 .S 文件编译成 .o 格式的可重定位目标文件。我们需要关注的核心过程在最后的链接和镜像文件的转换部分。

　　Linux 内核镜像 uImage 的编译流程如图 4-30 所示，结合编译打印信息我们可以看到，编译器将所有的源文件编译成对应的目标文件后，接下来就是链接过程：将所有的目标文件链接成 ELF 格式的可执行文件 vmlinux。ELF 文件格式是 Linux 环境下的可执行文件格式，无论是 GCC 编译器还是 arm-linux-gcc 编译器，最终生成的都是 ELF 格式的文件。在 Linux 环境下，加载器根据 ELF 文件里的地址信息，就可以将其加载到内存指定的地址运行的。Linux 内核是在裸机环境下启动的，在启动过程中并没有 ELF 文件的执行环境，需要将 ELF 文件转换为 BIN/HEX 格式的纯二进制指令文件。编译器会调用 objcopy 命令删除 vmlinux 可执行文件中不必

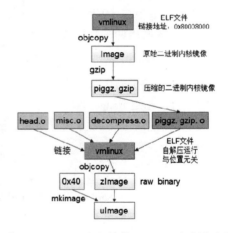

图 4-30　Linux 内核镜像 uImage 的编译过程

要的 section，只保留代码段、数据段等必要的 section，将 ELF 格式的 vmlinux 文件转换为原始的二进制内核镜像 Image。

　　Image 是纯指令文件，可以在裸机环境下运行，但自身体积比较大（一般几十兆以上），我们可以使用 gzip 工具对其进行压缩，压缩成名为 piggz.gzip 的二进制内核镜像（一般大小为 3MB）。压缩处理的好处是可以提高程序的启动速度。因为内核加载运行时，从 Flash 上读取镜像的速度是很慢的，我们通过先压缩，加载到内存后再解压这种操作，不仅可以节省 Flash 的存储空间（尤其

NorFlash 还是很贵的），还可以节省镜像的加载时间。

因为 piggz.gzip 是压缩文件无法运行，所以我们还需要给它链接上一段解压缩代码。链接器只能处理 ELF 格式的目标文件，因此在链接之前，要先将压缩文件 piggz.gzip 转换为可重定位的目标文件：piggy.gzip.o。在 ARM 平台下，解压缩代码是由 arch/arm/boot/compressed/ 目录下面的 head.o、misc.o、decompress.o 目标文件组成的，这部分解码代码使用 -fpic 参数编译生成，其特点是与位置无关，放到哪里都可以执行，它们通过链接器与 piggy.gzip.o 一起组装成新的 ELF 文件 vmlinux，然后使用 objcopy 工具将 vmlinux 转换为纯二进制的镜像文件 zImage，zImage 可以直接烧写到 NOR Flash 或 NAND Flash 上，系统上电后加载到内存运行。

不同的嵌入式平台可能会使用不同的 BootLoader 来加载 Linux 内核镜像的运行，常见的 BootLoader 有 U-boot、vivi、g-bios 等。使用 U-boot 引导内核的嵌入式平台通常会对 zImage 进一步转换，给它添加一个 64 字节的数据头，用来记录镜像文件的加载地址、入口地址、文件大小、CPU 架构等信息。我们可以使用 U-boot 提供的 mkimage 工具将 zImage 镜像转换为 uImage。

```
# mkimage –A arm -O linux -T kernel -C none -a 0x60003000 -e 0x60003000 -d zImage uImage
```

mkimage 常用的一些参数说明如下。

- -A：指定 CPU 架构类型。
- -O：指定操作系统类型。
- -T：指定 image 类型。
- -C：采用的压缩方式有 none、gzip、bzip2 等。
- -a：内核加载地址。
- -e：内核镜像入口地址。

走到这一步，U-boot 可以引导的 uImage 内核镜像就生成了，整个 Linux 内核镜像编译流程就结束了。接下来我们继续分析 U-boot 是如何加载 uImage 运行的。

U-boot 加载的 dtb 文件和 bootargs 这里暂不考虑，我们重点关注 uImage。在上面的实验中，如图 4-31 所示，当 uImage 被加载到内存不同的地址时，为什么都可以正常启动？我们先考虑图 4-31 中的第一种情况，当 uImage 加载到内存中的地址等于编译时指定的地址（0x60003000）时。

U-boot 提供了 bootm 机制来启动内核的运行。bootm 会解析 uImage 文件中 64（0x40）字节的数据头，解析出指定的加载地址，并和自己的启动参数进行对比。若发现 bootm 参数地址和编译时 -a 指定的加载地址 0x60003000 相同，就会直接跳过数据头，如图 4-32 所示，直接跳到 zImage 的入口地址 0x60003040 执行。

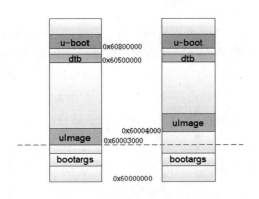

图 4-31　将 uImage 加载到内存不同的地址

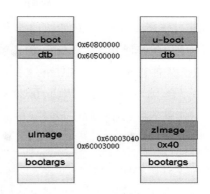

图 4-32　bootm 地址等于加载地址时的 uImage 执行

如果 bootm 发现自己的参数地址和 -a 指定的加载地址 0x60003000 不同，它会把去掉 64 字节数据头的内核镜像 zImage 复制到编译时 -a 指定的加载地址处，然后跳到该地址执行。如图 4-33 所示，zImage 镜像被加载到了编译时指定的 0x60003000 地址处，然后跳过来，就可以直接执行 zImage 了。

如图 4-34 所示，zImage 是一个压缩文件，在运行之前要先解压出真正要执行的内核镜像 Image，然后才能跳到内核镜像真正的入口处去启动 Linux 内核。解压缩代码 head.o、decompress.o 是一段与位置无关的代码，将它们放到内存中的任何位置都可以运行。大家有兴趣可以做一个实验，使用 U-boot 的 bootz 命令直接引导内核镜像 zImage 运行。将 zImage 加载到内存的不同地址，你会发现 zImage 都可以正常启动。

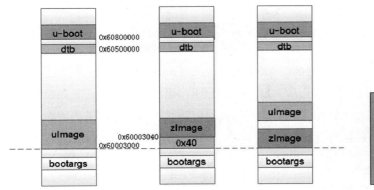

图 4-33　bootm 地址不等于加载地址时的 uImage 执行

图 4-34　zImage 压缩文件的构成

如图 4-35 所示，解压缩代码的主要作用就是从 zImage 文件中解压出真正的内核镜像 Image，并将其重定位到编译 Image 时指定的链接地址 0x80008000 上。Linux 内核运行使用的是虚拟地址，需要 CPU 硬件管理单元 MMU 的支持，MMU 会将虚拟地址转换为对应的物理地址。在 ARM vexpress 平台上，内核的链接地址 0x80008000 会映射到物理内存 0x60008000 这个地方。zImage 的解压缩代码会将 Image 解压到内存 0x60008000 处，解压成功后跳过去就可以直接启动 Linux 内核了。

zImage 在解压缩过程中可能会遇到这么一种情况：zImage 自身刚好占据了 0x60008000 这片地址空间，那么当 zImage 的解压缩代码将解压出来的 Image 重定位到指定的地址 0x60008000 处时，可能会覆盖掉自身正在运行的解压缩代码。为了避免这种情况发生，如图 4-36 所示，zImage 会将这部分解压缩和重定位代码复制到一个安全的地方，如 Image 的后面，然后跳到这片重定位代码处执行，这样就可以将 Image 镜像安全地复制到 0x60008000 地址上了。

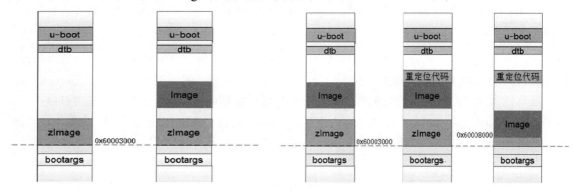

图 4-35　zImage 的解压缩　　　　　图 4-36　地址冲突时的 zImage 自解压过程

复制成功后，就可以直接跳到内存的 0x60008000 地址去运行 Linux 内核真正的代码了。因为 Image 镜像链接时使用的是虚拟地址，所以在运行 Linux 内核的 C 语言函数之前，首先会运行一段汇编代码来初始化堆栈环境，使能 MMU。启动流程的代码跟踪就不具体分析了，大家有兴趣可以去看视频教程，或者参考下面的提示自行分析。

- 运行入口：arch/arm/kernel/head.S。
- 使能 MMU：__create_page_tables()。
- 跳入 C 语言函数：__mmap_switched/start_kernel()。

4.12　U-boot 重定位分析

在嵌入式系统中，经常会使用 U-boot 来引导 Linux 内核启动。U-boot 比较有意思，不仅充当"加载器"的角色，引导 Linux 内核镜像运行，还充当了"链接器"的角色，完成自身代码的复制及重定位。那么 U-boot 到底是如何做到这些的呢？U-boot 是如何启动的呢？谁又来引导 U-boot 运行的呢？

大家可能在很多资料中都看到，说 U-boot 是系统上电后运行的第一行代码。这句话其实是错误的，U-boot 并不是系统上电后运行的第一行代码。现在的 ARM SoC 一般会在芯片内部集成一块 ROM，在 ROM 上会固化一段启动代码，如图 4-37 所示，系统上电后，会首先运行固化在芯片内部的 ROMCODE 代码。这部分代码的主要工作就是初始化存储接口、建立存储映射，它会根据 CPU 外部管脚或 eFuse 值来判断系统的启动方式。一个嵌入式系统通常支持多种启动方式，如 NOR Flash、NAND Flash 或者从 SD 卡

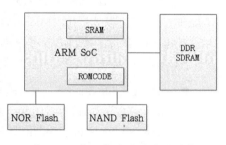

图 4-37　嵌入式系统的存储结构

启动。如果我们设置系统从 NOR Flash 启动，那么这段代码就会将 NOR Flash 映射到零地址，然后系统复位，CPU 跳到 U-boot 中断向量表中的第一行代码，即 NOR Flash 中的第一行代码去执行。

我们也可以设置系统从 NAND Flash 或 SD 卡启动。我们知道除了 SDRAM 和 NOR Flash 支持随机读写，可以直接运行代码，其他 Flash 存储器是不支持直接运行代码的，只能将代码复制到内存中执行。因为此时系统刚上电，内存还没有初始化，所以系统一般会先将 NAND Flash 或 SD 卡中的一部分代码（前 4KB）复制到芯片内部的 SRAM 中去执行，映射 SRAM 到零地址，然后在这 4KB 代码中进行各种初始化、代码复制、重定位等工作，最后 PC 指针才跳到 SDRAM 内存中去执行代码。

在一个嵌入式系统中，无论采用哪种启动方式，为提高运行效率，U-boot 在启动过程中，都会将存储在 ROM 上的自身代码复制到内存中重定位，然后跳转到内存 SDRAM 中去执行。

那么 U-boot 是如何完成自身代码的复制及重定位的呢？这一直是嵌入式学习的难点。接下来我们就以 U-boot 的启动流程为切入点来分析 U-boot 的重定位过程。本书以 ARM 的 vexpress-A9 平台进行分析，使用的 U-boot 软件版本为 201609，为了避免软件版本更新带来的差异，建议大家下载这个版本的 U-boot 源码。想要分析 U-boot 的启动流程，我们还得溯本求源，从 U-boot 的编译过程开始分析。

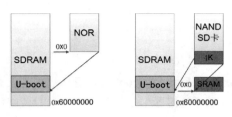

图 4-38　U-boot 代码自复制和重定位

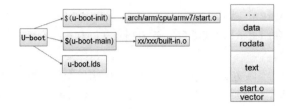

图 4-39　U-boot 的编译过程

我们可以从 Makefile 和链接脚本 U-boot.lds 来分析 U-boot 可执行文件的生成过程。通过 Makefile，我们可以分析出 U-boot 启动过程中涉及的几个文件：start.S、crt0.S、relocate.S。参考 U-boot.lds 链接脚本，我们可以看到 U-boot 可执行文件中各个 section 的组装顺序及 U-boot 的链接过程。U-boot 在系统上电后的启动过程中会涉及下面几个文件。

- arch/arm/lib/vector.S：b reset --> reset。
- arch/arm/cpu/armv7/start.S：reset --> _main。
- arch/arm/lib/crt0.S：main --> relocate_code。
- arch/arm/lib/relocate.S：relocate_code。

系统上电复位，ARM 首先会跳到中断向量表执行复位程序，reset 复位程序定义在 start.S 汇编文件中，PC 指针会跳转到 start.S 文件执行该程序。系统上电复位程序主要执行下列操作。

- 设置 CPU 为 SVC 模式。
- 关闭 Cache，关闭 MMU。
- 设置看门狗、屏蔽中断、设置时钟、初始化 SDRAM。

reset 复位程序会调用不同的子程序完成各种初始化，不同的子程序在不同的文件中定义。reset 最后会跳到 crt0.S 中的 _main 汇编子程序执行。_main 的核心汇编代码如下。

```
;arch/arm/lib/crt0.S
ENTRY(_main)
    ldr  sp, =(CONFIG_SPL_STACK)
    bl   board_init_f_alloc_reserve
    bl   board_init_f_init_reserve
    bl   board_init_f

    ldr  r0, [r9, #GD_RELOCADDR]   /* r0 = gd->relocaddr */
    b    relocate_code

    ldr  r0, =__bss_start
    ldr  r3, =__bss_end
    subs r2, r3, r0               /* r2 = memset len */
```

```
    bl    memset

    ldr  pc, =board_init_r
ENDPROC(_main)
```

在_main 中主要执行以下操作。

● 初始化 C 语言运行环境、堆栈设置。

● 各种板级设备初始化、初始化 NAND Flash、SDRAM。

● 初始化全局结构体变量 GD，在 GD 里有 U-boot 实际加载地址。

● 调用 relocate_code，将 U-boot 镜像从 Flash 复制到 RAM。

● 从 Flash 跳到内存 RAM 中继续执行程序。

● BSS 段清零，跳入 bootcmd 或 main_loop 交互模式。

启动过程中最关键的一步，也是比较难理解的一步就是调用 relocate_code 实现代码的复制与重定位操作。U-boot 是如何将自身代码从 Flash 复制到 RAM 中的？U-boot 自身是如何从 Flash 跳到 RAM 中的？带着这些疑问，我们从 relocate_code 这段汇编代码慢慢分析。

relocate_code 在 relocate.S 汇编文件中定义，它会首先将 U-boot 自身的代码段、数据段从 Flash 复制到 RAM，然后根据重定向符号表，对内存中的代码进行重定位。接下来我们要思考的问题是，relocate_code 要将 U-boot 复制到内存的哪个地址呢？如何重定位？

首先解决第一个问题：U-boot 会被内核镜像复制到内存中的什么地址。旧版本的 U-boot 一般默认链接地址等于加载地址，而新版本的 U-boot 则采取不同的操作。无论编译时的链接地址是多少，U-boot 可以根据硬件平台实际 RAM 的大小灵活设置加载地址，并保存在全局数据 gd->relocaddr 中。通过这种方式可以更大程度地适配不同大小的内存配置、不同的启动方式和不同的链接地址。内核镜像一般会加载到内存的低端地址，U-boot 一般被加载到内存的高端地址，这样做，一是防止 U-boot 在复制内核镜像到内存时覆盖掉自己，二是 U-boot 可以一直驻留在内存中，当我们使用 reboot 软重启 Linux 系统时，还可以回跳到 U-boot 执行。在 relocate_code 中，可以看到复制镜像的核心代码。

```
;arch/arm/lib/relocate.S
ENTRY(relocate_code)
    ldr  r1, =__image_copy_start  /*r1 <- SRC &__image_copy_start */
    subs r4, r0, r1              /* r4 <- relocation offset */
    beq relocate_done            /* skip relocation */
    ldr  r2, =__image_copy_end    /* r2 <- SRC &__image_copy_end */

copy_loop:
    ldmia   r1!, {r10-r11}        /* copy from source address [r1]  */
    stmia   r0!, {r10-r11}        /* copy to   target address [r0]  */
```

```
    cmp r1, r2              /* until source end address [r2] */
    blo copy_loop
```

U-boot 分别使用两个零长度数组 __image_copy_start 和 __image_copy_end 来标记 U-boot 中要复制到内存中的指令代码段。在复制之前，要判断链接地址 __image_copy_start 和保存在 R0 中的实际加载地址 gd->relocaddr 是否相等，如果相等，则跳过复制过程。__image_copy_start 在链接脚本 U-boot.lds 中的位置如下。

```
ENTRY(_start)
SECTIONS
{
 . = 0x00000000;
 .text :{
 *(.__image_copy_start)
 *(.vectors)
 arch/arm/cpu/armv7/start.o (.text*)
 *(.text*)
 }
 .data : {
 *(.data*)
 }
 ...
 .image_copy_end :{
 *(.__image_copy_end)
 }
 ...
```

将 U-boot 复制到内存后，还需要对其重定位，然后才能跳到 RAM 中运行。旧版本的 U-boot 在进行重定位之前，会进行判断：当前运行地址是否等于链接地址，如果两者地址相同或者直接从 SDRAM 启动，则不需要重定位。新版本的 U-boot 无论采用哪种启动方式都需要重定位。

通过前面的学习我们已经知道，动态链接库为了让多个进程共享，使用了-fpic 参数编译，生成了与位置无关的代码 ＋ GOT 表的形式：与位置无关的代码采用相对寻址，无论加载到内存中的任何地方都可以运行；GOT 表放到数据段中，位置是固定不变的，当程序要访问动态库中的绝地地址符号时，可先通过相对寻址跳到 GOT 表中查找该符号的真实地址，然后跳过去执行即可。动态库重定位时只需要根据加载到内存中的实际地址修改 GOT 表就可以了，其他代码不需要修改。

U-boot 的重定位操作和动态链接库类似，采用与地址无关代码 ＋ 符号表的形式来完成重定位操作：符号表中保存的是代码中引用的绝对符号地址，如全局变量的地址、函数的地址等。符号表紧挨着代码段，位置在编译时就已经固定死了，程序访问全局变量时，可先通过相对寻址跳到符号表，在符号表中找到变量的真实地址，然后就可以直接访问变量了。为了简化分析，我们假设 U-boot 编译时以 0x1000 为链接起始地址，实际运行的加载地址为 0x3000，代码中引用了 3 个全局变量符号：i、j、k，这 3 个全局变量被保存在数据段中。

　　编译生成的 U-boot ELF 文件如图 4-40 所示，代码段起始地址为 0x1000，数据段的起始地址为 0x1500。代码段中引用了全局变量符号，将这些符号的地址放置在代码段后面的符号表中，符号表紧挨着代码段，符号表的起始地址为 0x1100。

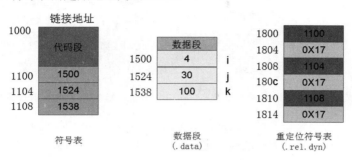

图 4-40　可执行文件中各符号的地址

　　U-boot 文件中还有一个重定位符号表 .rel.dyn，每一项占两个字大小，采用地址+R_ARM_RELATIVE 的形式，记录符号表中每一个符号（i、j、k）在符号表中的位置。可重定位符号表的起始地址为 0x1800，我们可以通过 readelf 命令查看其信息。

```
# readelf -r U-boot
Offset     Info      Type
1100    00000017 R_ARM_RELATIVE
1104    00000017 R_ARM_RELATIVE
1108    00000017 R_ARM_RELATIVE
...
```

　　U-boot 在启动过程中，调用 relocate_code 将自身镜像复制到内存的 0x3000 地址处，此时内存中的代码段起始地址就变成了 0x3000，数据段中全局变量 i 的地址也从 0x1500 变成了 0x3500。此时如果 PC 指针直接跳到内存执行，试图访问全局变量 i 就会失败，因为当它通过相对寻址跳到符号表的 0x3100 地址处查找变量 i 的地址时，发现 i 的地址仍为 1500。将 U-boot 镜像加载到内存后，各个段的地址变化如图 4-41 所示。

　　代码搬移导致全局符号的地址也发生了偏移，但是符号表中的这些地址仍是以前的老地址，我们需要进行重定位操作：刷新符号表中这些符号的真实地址就可以了。在重定位符号表 .rel.dyn 中记录每一个需要重定位符号的地址，根据这些信息，我们就可以一个一个地更新符号表中的所有符号（全局变量 i、j、k 在内存中的真实地址）。重定位前后，符号表中的变化如图 4-42 所示。

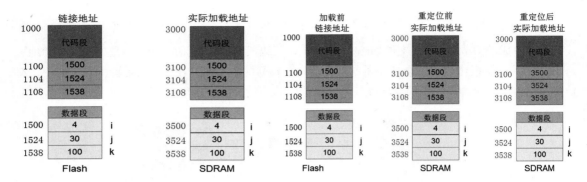

图 4-41　U-boot 加载到内存后符号的地址变化　　　图 4-42　U-boot 重定位前后各符号的地址变化

重定位后，符号表中全局变量 i 的地址就更新为在内存中的真实地址 0x3500 了，PC 指针跳到内存执行后就可以根据符号表中的地址正常访问变量 i 了。搞清楚了重定位的基本流程，我们再来分析汇编代码是怎么实现的就比较轻松了。

```
;arch/arm/lib/relocate.S
/* fix .rel.dyn relocations*/
    ldr r2, =__rel_dyn_start    /* r2 <- SRC &__rel_dyn_start */
    ldr r3, =__rel_dyn_end      /* r3 <- SRC &__rel_dyn_end */
fixloop:
    ldmia   r2!, {r0-r1}            /* r0=1100 */
    and r1, r1, #0xff           /* r1=0x17 */
    cmp r1, #23          /* relative fixup? */
    bne fixnext
                    /* relative fix: increase location by offset */
    add r0, r0, r4      /* r0=1100+2000=3100 */
    ldr r1, [r0]        /* r1=1500 */
    add r1, r1, r4      /* r1=1500+2000=3500*/
    str r1, [r0]        /* *(0x3100)=3500 */
fixnext:
    cmp r2, r3
    blo fixloop
relocate_done:
    bx  lr                  /*完成重定位，跳到内存 RAM 中执行*/
```

relocate_code 汇编子程序将 U-boot 从 Flash 复制到 RAM 后，接下来的操作就是重定位。根据重定位符号表（.rel.dyn）找到符号表中每一项地址并存放到 R0 中，接下来就是根据前面计算出的链接地址和实际加载地址之间的偏差 2000（保存在 R4 寄存器中），去更新符号表中 i 在内存中的实际地址值：1500+2000=3500。i 的值更新完毕，一个循环结束，接下来根据可重定位中的 R_ARM_RELATIVE 标记继续下一个循环，直到所有的可重定位符号更新完毕，循环结束。

重定位结束后，PC 指针就要从当前的 Flash 跳到 RAM 中去执行了，bx　lr 完成了这个伟大的一跳。具体是怎么实现的呢？让我们再回到调用 relocate_code 的 _main 汇编代码中。

```
;arch/arm/lib/crt0.S
ENTRY(_main)
    ...
    adr  lr, here
    ldr  r0, [r9, #GD_RELOC_OFF]  /* r0 = gd->reloc_off */
    add  lr, lr, r0
    b    relocate_code
here:
    bl   relocate_vectors
    ...
    ldr  pc, =board_init_r
ENDPROC(_main)
```

全局变量 gd->relocoff 里存放的是 U-boot 链接地址和实际加载地址之间的偏差。为了能在 relocate_code 完成代码的搬运和重定位后，直接跳到 RAM 去运行，程序在调用 relocate_code 子程序之前对代码作了一些小手脚，将 relocate_code 的返回地址 here 修改为 here+0x2000，即重定位后 here 标签在内存中的地址。这个地址保存到了链接寄存器 LR 中，等 relocate_code 通过 bx lr 返回时，LR 返回地址赋值给 PC，PC 指针就可以直接跳到 RAM 的 here 标签处运行了！

U-boot 跳到内存执行后，还需要解决的一个问题是中断向量表的重定位，以及后续的各种初始化。最后 PC 指针会调用 board_initr 去执行用户定义的 bootcmd，或者进入 main_loop 交互模式。这是重定位之外的话题了，大家有兴趣可以自行分析。

4.13　常用的 binutils 工具集

在本章的学习中，为了查看和分析目标文件、可执行文件的内部组成，我们使用了很多命令，如 objdump、readelf 等。这些命令都是编译器提供的，如 GNU C 编译器套件，不仅包含程序编译时使用的编译器、链接器，还会提供一系列工具，这些工具被称为 GNU 工具集：binutils tools。GNU 工具集主要用来协助程序的编译、链接、调试过程，支持不同格式的文件相互转换，以及针对特定的处理器做优化等。常用的 binutils 工具如表 4-1 所示。

表 4-1　常用的binutils工具

工具名	用　　途
nm	列出目标文件中的符号
size	列出目标文件的各个段的大小和总大小，如代码段、数据段等
addr2line	将程序地址翻译成文件名和行号
objcopy	section复制、删除
objdump	显示目标文件的信息、反汇编
readelf	显示有关ELF文件的信息

其中 readelf 是我们比较常用的命令，主要用来查看二进制文件的各个 section 信息。readelf 命令的各种参数和说明如表 4-2 所示。

表 4-2　readelf 命令的参数和说明

参　　数	说　　明
-a	读取所有符号表的内容
-h	读取ELF文件头
-1	显示程序头表（可执行文件，目标文件无该表）
-S	读取节头表（section headers）
-S	显示符号表
-e	显示目标文件所有的头信息
-n	显示node段的信息
-r	显示relocate段的信息
-d	显示dynamic section信息
-g	显示section group的信息

objdump 主要用来反汇编，将可执行文件的二进制指令反汇编成汇编文件。objdump 命令的各种参数和说明如表 4-3 所示。

表 4-3　objdump 命令的参数和说明

参　　数	说　　明
-x	输出目标文件的所有header信息
-t	输出目标文件的符号表
-h	输出目标文件的节头表信息
-j section	仅反汇编指定的section
-S	将代码段反汇编的同时，将反汇编代码和源码交替显示
-D	对二进制文件进行反汇编，反汇编所有的section

续表

参　　数	说　　明
-d	反汇编代码段
-f	显示文件头信息
-s	显示目标文件的全部header信息，以及它们对应的十六进制文件代码

objcopy 命令主要用来将一个文件的内容复制到另一个目标文件中，对目标文件实行格式转换。objcopy 命令的各种参数和说明如表 4-4 所示。

表 4-4　objcopy 命令的参数和说明

参　　数	说　　明
-R name	从文件中删除所有名为.name的段
-S	不从源文件复制重定位和符号信息到输出目标文件
-g	不从源文件复制调试符号到输出目标文件
-j section	只复制指定的section到输出文件
-K symbol	从源文件复制名为symbol的符号，其他不复制
-N symbol	不从源文件复制名为symbol的符号
-L symbol	将符号symbol文件内部局部化，外部不可见
-W symbol	将符号symbol转为弱符号

熟练掌握这些工具的使用，可以帮助我们快速分析各种二进制文件、可执行文件的内部信息。掌握这些工具的使用对底层开发也很有帮助。如果我们想将一个 ELF 文件转换为 BIN 文件，则可以使用下面的命令。

```
# arm-linux-gnueabi-objcopy –O binary -R .comment -S uboot uboot.bin
```

各个参数的说明如下。

- -O binary：输出为原始的二进制文件。
- -R .comment：删除 section .comment。
- -S：重定位、符号表等信息不要输出到目标文件 U-boot.bin 中。

如果想将一个二进制的 BIN 文件转换为十六进制的 HEX 文件，则可以使用下面的命令。

```
# objdump -I binary -O ihex U-boot.bin U-boot.hex
```

文件经过转换后，有些运行的辅助信息就丢失掉了，它们的加载和启动方式也会随之变化。

5

第 5 章
内存堆栈管理

通过上一章的学习，我们已经对程序的编译、链接、安装和运行有了一个大致的了解。我们在 C 程序中定义的函数、全局变量、静态变量经过编译链接后，分别以 section 的形式存储在可执行文件的代码段、数据段和 BSS 段中。当程序运行时，可执行文件首先被加载到内存中，各个 section 分别加载到内存中对应的代码段、数据段和 BSS 段中。需要动态链接的动态库也被加载到内存中，完成代码的链接和重定位操作，以保证程序的正常运行。一个可执行文件被加载到内存中运行时，它在内存空间的分布如图 5-1 所示。

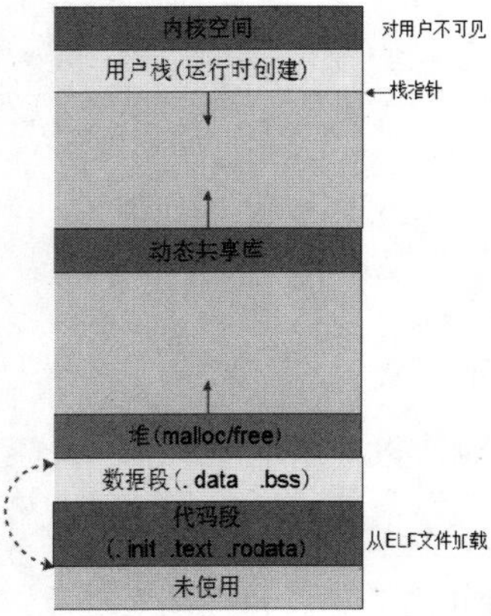

图 5-1　程序运行时的内存分布

程序在运行过程中，其实还有一些细节值得我们继续研究：我们在函数内定义的局部变量是存储在哪里的？如何访问它们？可以像全局变量一样通过变量名访问吗？我们使用 malloc/free 申请的内存，又是在内存的什么地方？

其实在内存中有专门的堆栈空间，如图 5-1 所示，函数的局部变量是保存在栈中的，而我们使用 malloc 申请的动态内存则是在堆空间中分配的。它们是程序运行时比较特殊的两块内存区域：一块由系统维护，一块由用户自己申请和释放。本章将对这两块区域继续展开分析。

5.1　程序运行的"马甲"：进程

在操作系统下运行一个程序，大到几 GB 的《绝地求生》《英雄联盟》，小到一个简单的 helloworld 应用程序，一般都会封装成进程的形式，由操作系统管理、调度和运行。我们以一个 helloworld 应用程序为例。

```
//hello.c
#include <stdio.h>

int main (void)
{
    printf("hello world\n");
    while (1);
    return 0;
}
```

在 Shell 终端下编译运行上面的程序，并使用 pstree 命令查看进程树。

```
# gcc hello.c -o hello
# ./hello &
# ps
    PID   TTY      TIME     CMD
  11527 pts/4    00:00:00 bash
  11572 pts/4    00:03:44 hello
  11596 pts/4    00:00:00 ps

# pstree -h 11527
    bash─┬─hello
         └─pstree
```

通过打印信息可以看到，Shell 虚拟终端 bash 本身也是以进程的形式运行的，进程 PID 为 11527。当我们在 Shell 交互环境下运行./hello 时，bash 会解析我们的命令和参数，调用 fork 创建一个子进程，接着调用 exec()函数将 hello 可执行文件的代码段、数据段加载到内存，替换掉子进程的代码段和数据段。然后 bash 会解析我们在交互环境下输入的参数，将解析的参数列表 argv 传递给 main，最后跳到 main()函数执行。

当我们使用 pstree 命令查看 bash 的进程树时也是如此，pstree 本身也变成了 bash 的一个子进程。在 Linux 系统中，每个进程都使用一个 task_struct 结构体表示，各个 task_struct 构成一个链表，由操作系统的调度器管理和维护，每一个进程都会接受操作系统的任务调度，轮流占用 CPU 去运行。只要轮换的速度足够快，就会让你有种错觉：你可以一边听歌，一边聊天打字，一边下载文件，感觉所有的程序在同时运行。在 Linux 环境下，一个可执行文件的加载执行过程如图 5-2 所示。

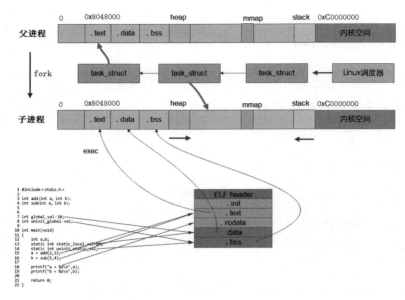

图 5-2 从可执行文件到进程

程序是安装在磁盘上某个路径下的二进制文件，而进程则是一个程序运行的实例：操作系统会从磁盘上加载这个程序到内存，分配相应的资源、初始化相关的环境，然后调度运行。程序和进程的关系就好比出租车和顾客打车的关系。出租车只是一个交通工具，停在马路旁，而顾客打车则是一个出租车运行实例，需要软件调度运行，分配相关资源，如司机、汽油、马路等，然后出租车才能完成这次任务。一个进程实例不仅包括汇编指令代码、数据，还包括进程上下文环境、CPU 寄存器状态、打开的文件描述符、信号、分配的物理内存等相关资源。

在一个进程的地址空间中，代码段、数据段、BSS 段在程序加载运行后，地址就已经固定了，在整个程序运行期间不再发生变化，这部分内存一般也称为静态内存。而在程序中使用 malloc 申请的内存、函数调用过程中的栈在程序运行期间则是不断变化的，这部分内存一般也称为动态内存。用户使用 malloc 申请的内存一般被称为堆内存（heap），函数调用过程中使用的内存一般被称为栈内存（stack）。

5.2 Linux 环境下的内存管理

要想深入理解内存中的堆栈管理机制，孤立地分析并不是一个好方法，因为堆栈内存不是仅靠程序本身来维护的，而是由操作系统、编译器、CPU、物理内存相互配合实现的。因此在本章学习之前，我们首先要对 Linux 操作系统的内存管理有一个全局的认识，在一个宏观的框架背景下分析一个具体问题，才不会因深入细节而迷失全局，一叶障目，陷入盲人摸象的尴尬境地。

在 Linux 环境下运行的程序，在编译时链接的起始地址都是相同的，而且是一个虚拟地址。Linux 操作系统需要 CPU 内存管理单元的支持才能运行，Linux 内核通过页表和 MMU 硬件来管理内存，完成虚拟地址到物理地址的转换、内存读写权限管理等功能。可执行文件在运行时，加载器将可执行文件中的不同 section 加载到内存中读写权限不同的区域，如代码段、数据段、.bss 段、.rodata 段等。

计算机上运行的程序主要分为两种：操作系统和应用程序。每一个应用程序进程都有 4 GB 大小的虚拟地址空间。为了系统的安全稳定，0~4GB 的虚拟地址空间一般分为两部分：用户空间和内核空间。0~3GB 地址空间给应用程序使用，而操作系统一般运行在 3~4GB 内核空间。通过内存权限管理，应用程序没有权限访问内核空间，只能通过中断或系统调用来访问内核空间，这在一定程度上保障了操作系统核心代码的稳定运行。

现在很多高端的 SoC 芯片，随着集成的 IP 模块越来越多，导致 Linux 内核镜像运行时需要的地址空间也越来越大。在很多处理器平台下，大家也经常看到如图 5-3 所示的划分：0~2GB 的地址空间为用户空间，2~4GB 的地址空间为内核空间。所有用户进程共享内核地址空间，但独享各自的用户地址空间。

在 Linux 环境下，虽然所有的程序编译时使用相同的链接地址，但在程序运行时，相同的虚拟地址会通过 MMU 转换，映射到不同的物理内存区域，各个可执行文件被加载到内存不同的物理页上。如图 5-4 所示，每个进程都有各自的页表，用来记录各自进程中虚拟地址到物理地址的映射关系。

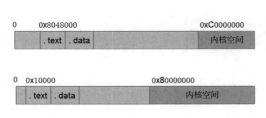

图 5-3　内核空间和用户空间

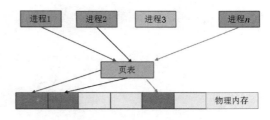

图 5-4　虚拟地址到物理地址的映射

通过这种地址管理，每个进程都可以独享一份独立的、私有的 3GB 用户空间。编译器在编译程序时，不用考虑每个程序在实际物理内存中的地址分配问题。通过内存读写权限管理，可以保护每个进程的空间不被其他进程破坏，从而保障系统的安全运行。我们本章要学习的堆栈空间，其实也可以完全不用考虑物理内存分配的问题，直接从每个进程的虚拟空间申请和释放，不用关心底层到底是如何映射到物理内存的，Linux 的内存管理系统会自动帮我们完成这些转换，不会影响我们对编译原理和堆栈内存的分析。

通过图 5-5，我们可以先了解一下堆栈内存在 Linux 进程空间的地址分布。堆内存一般在 BSS 段的后面，随着用户使用 malloc 申请的内存越来越多，堆空间不断往高地址增长。栈空间则紧挨着内核空间，ARM 使用的是满递减堆栈，栈指针会从用户空间的高地址往低地址不断增长。在堆栈之间的一片茫茫空间中，还有一块区域叫作 MMAP 区域，我们上一章学习的动态共享库就是使用这片地址空间的。

图 5-5　Linux 进程的虚拟地址空间分布

5.3　栈的管理

栈的英文叫作 stack，很多人喜欢把 stack 称作堆栈，叫顺口了大家也就都这么叫了。其实堆与栈不是同一个概念，它们是内存中两个不同的区域，管理和维护方式也不相同。

我们这一节先从栈讲起。首先栈是一种数据结构，它的特点是先进后出（First Input Last Output，FILO）。和图 5-6 所示的药片一样，最先压入栈中的栈元素要等上面的药片先取出后才能最后弹出来。

图 5-6　药片的 FILO 结构

栈有两种基本操作：入栈（push）和出栈（pop）。入栈是把一个栈元素压入栈中，而出栈则是从栈中弹出一个栈元素。入栈和出栈都靠栈指针（Stack Pointer，SP）来维护，SP 会随着入栈和出栈在栈顶上下移动。如图 5-7 所示，根据栈指针 SP 指向栈顶元素的不同，栈可分为满栈和空栈；根据栈的生长方向不同，栈又分为递增栈和递减栈。

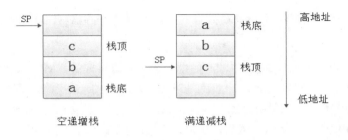

图 5-7　栈的分类

满栈的栈指针 SP 总是指向栈顶元素，而空栈的栈指针则指向栈顶元素上方的可用空间；一个栈元素入栈时，递增栈的栈指针从低地址往高地址增长，而递减栈的栈指针则从高地址往低地址增长。栈的类型不同，出栈和入栈时栈指针的操作方式也不同，以图 5-8 所示的满递减栈为例，栈指针 SP 指向栈顶元素 c，当有新元素入栈时，会先移动栈指针，然后把新元素 d 放入 SP 指向的空间即可完成入栈操作。出栈的顺序则刚好相反，先弹出栈顶元素，然后移动栈指针，指向下一个栈顶元素。

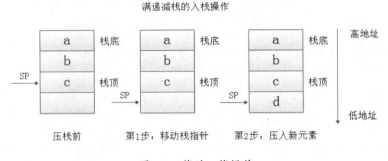

图 5-8　栈的入栈操作

栈是 C 语言运行的基础。C 语言函数中的局部变量、传递的实参、返回的结果、编译器生成的临时变量都是保存在栈中的，离开了栈，C 语言就无法运行。在很多嵌入式系统的启动代码中，你会看到：系统一上电开始运行的都是汇编代码，在跳到第一个 C 语言函数运行之前，都要先初始化栈空间。

5.3.1　栈的初始化

栈的初始化其实就是栈指针 SP 的初始化。在系统启动过程中，内存初始化后，将栈指针指向内存中的一段空间，就完成了栈的初始化，栈指针指向的这片内存空间被称为栈空间。不同的处理器一般都会使用专门的寄存器来保存栈的起始地址，X86 处理器一般使用 ESP（栈顶指针）和

EBP（栈底指针）来管理堆栈，而 ARM 处理器则使用 R13 寄存器（SP）和 R11 寄存器（FP）来管理堆栈。

在栈的初始化过程中，栈在内存中的起始地址还是有点讲究的。ARM 处理器使用的是满递减栈，在 Linux 环境下，栈的起始地址一般就是进程用户空间的最高地址，紧挨着内核空间，栈指针从高地址往低地址增长。为了防止黑客栈溢出攻击，新版本的 Linux 内核一般会将栈的起始地址设置成随机的，如图 5-9 所示，每次程序运行，栈的初始化起始地址都会基于用户空间的最高地址有一个随机的偏移，每次栈的起始地址都不一样。

图 5-9　栈的起始地址

栈初始化后，栈指针就指向了这片栈空间的栈顶，当需要入栈、出栈操作时，栈指针 SP 就会随着栈顶的变化上下移动。在一个满递减栈中，栈指针 SP 总是指向栈顶元素。

在栈的初始化过程中，除了指定栈的起始地址，我们还需要指定栈空间的大小。在 Linux 环境下，我们可以通过下面的命令来查看和设置栈的大小。

```
#ulimit -s        //查看栈大小，单位是 KB
 8192
#ulimit -s 4096   //设置栈空间大小为 4MB
```

Linux 默认给每一个用户进程栈分配 8MB 大小的空间。栈的容量如果设置得过大，则会增加内存开销和启动时间；如果设置得过小，则程序超出栈设置的内存空间又容易发生栈溢出（Stack Overflow），产生段错误。一个函数内定义的局部变量都是保存在栈空间的，我们据此可以编写一个让栈溢出的最简单程序。

```c
//hello.c
#include <stdio.h>

int main(void)
{
    char a[8*1024*1024];
    int i;
    printf("hello world!\n");
    return 0;
}
```

我们在 main()函数中定义的数组 a 是保存在栈中的，占了 8MB 的栈空间，一下子把整个进程的栈空间都耗光了，其他局部变量（如变量 i）就没有空间存储，就会占用 8MB 以外的空间，于是就发生了栈溢出。编译上面的程序并运行，你会发现一个段错误。

```
#./a.out
Segmentation fault (core dumped)
```

在设置栈大小时，我们要根据程序中的变量、数组对栈空间的实际需求，设置合理的栈大小。用户在编写程序时，为了防止栈溢出，可以参考下面的一些原则。

● 尽量不要在函数内使用大数组，如果确实需要大块内存，则可以使用 malloc 申请动态内存。
● 函数的嵌套层数不宜过深。
● 递归的层数不宜太深。

5.3.2　函数调用

栈是 C 语言运行的基础，一个函数内定义的局部变量、传递的实参都是保存在栈中的。每一个函数都会有自己专门的栈空间来保存这些数据，每个函数的栈空间都被称为栈帧（Frame Pointer，FP）。每一个栈帧都使用两个寄存器 FP 和 SP 来维护，FP 指向栈帧的底部，SP 指向栈帧的顶部。

函数的栈帧除了保存局部变量和实参，还用来保存函数的上下文。如图 5-10 所示，我们在 main()函数中调用了 f()函数，main()函数的栈帧基址 FP、main()函数的返回地址 LR，都需要保存在 f()函数的栈帧中。当 f()函数运行结束退出时就可以根据栈中保存的地址返回函数的上一级继续执行。

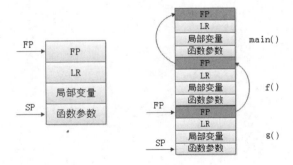

图 5-10　函数的栈帧

一个程序中往往存在多级函数调用，每一级调用都会运行不同的函数，每个函数都有自己的栈帧空间，每一个栈帧都有栈底和栈顶，无论函数调用运行到哪一级，SP 总是指向当前正在运行函数栈帧的栈顶，而 FP 总是指向当前运行函数的栈底。

在每一个函数栈帧中，除了要保存局部变量、函数实参、函数调用者的返回地址，有时候编译过程中的一些临时变量也会保存到函数的栈帧中，为了简化分析，我们暂不考虑这些。除此之外，上一级函数栈帧的起始地址，即栈底也会保存到当前函数的栈帧中，多个栈帧通过 FP 构成一个链，这个链就是某个进程的函数调用栈。很多调试器支持回溯功能，其实就是基于这个调用链来分析函数的调用关系的。

下面我们就通过汇编代码分析，给大家演示一下在函数调用过程中，内存中函数栈帧的动态变化。为了能看懂 ARM 汇编指令，我们先复习一下寄存器间接寻址及入栈出栈的指令。

```
LDR R0, [R1,#4]        ;R0<--[R1+4],将内存 R1+4 地址上的数据传送到 R0
LDR R0, [R1,#4]!       ;R0<--[R1+4],R1=R1+4 指令结束后，R1 寄存器的地址会加 4
LDR R0, [R1], #4       ;R0<--[R1], R1=R1+4
LDR R0, [R1,R2]        ;R0<--[R1+R2]
PUSH {FP,LR}           ;依次将 FP、LR 压入栈中，SP 指向新的栈顶 SP-->LR
POP {FP,PC}            ;出栈操作：[SP]-->PC, sp=sp+4,[SP]-->FP
```

接下来我们写一个简单的程序，通过观察局部变量在函数栈帧的动态变化，来研究 C 语言是通过何种方式访问局部变量的。

```c
//test.c

int g (void)
{
    int x = 100;
    int y = 200;
    return 300;
}


int f (void)
{
    int l = 20;
    int m = 30;
    int n = 40;
    g();
    return 50;
}


int main (void)
{
    int i = 2;
    int j = 3;
    int k = 4;
    f();
    return 0;
}
```

在上面的示例代码中，我们实现了三级函数调用：main()函数调用 f()函数，f()函数调用 g()函数，每个函数都有局部变量和返回值。我们首先使用 ARM 交叉编译器对源文件进行编译，运行无误后再进行反汇编，查看对应的汇编代码。

```
#arm-linux-gnueabi-gcc test.c -o a.out
#arm-linux-gnueaibi-objdump -D a.out > a.S
#cat a.S
00010400 <g>:
   10400:e52db004    push    {fp} ; (str fp, [sp, #-4]!)
   10404:e28db000    add     fp, sp, #0
   10408:e24dd00c    sub     sp, sp, #12
   1040c:e3a03064    mov     r3, #100 ; 0x64
   10410:e50b300c    str     r3, [fp, #-12]
   10414:e3a030c8    mov     r3, #200 ; 0xc8
   10418:e50b3008    str     r3, [fp, #-8]
   1041c:e3a03f4b    mov     r3, #300  ; 0x12c
   10420:e1a00003    mov     r0, r3
   10424:e24bd000    sub     sp, fp, #0
   10428:e49db004    pop     {fp}; (ldr fp, [sp], #4)
   1042c:e12fff1e    bx lr
00010430 <f>:
   10430:e92d4800    push    {fp, lr}
   10434:e28db004    add     fp, sp, #4
   10438:e24dd010    sub     sp, sp, #16
   1043c:e3a03014    mov     r3, #20
   10440:e50b3010    str     r3, [fp, #-16]
   10444:e3a0301e    mov     r3, #30
   10448:e50b300c    str     r3, [fp, #-12]
   1044c:e3a03028    mov     r3, #40   ; 0x28
   10450:e50b3008    str     r3, [fp, #-8]
   10454:ebffffe9    bl 10400 <g>
   10458:e3a03032    mov     r3, #50   ; 0x32
   1045c:e1a00003    mov     r0, r3
   10460:e24bd004    sub     sp, fp, #4
   10464:e8bd8800    pop     {fp, pc}
00010468 <main>:
   10468:e92d4800    push    {fp, lr}
   1046c:e28db004    add     fp, sp, #4
   10470:e24dd010    sub     sp, sp, #16
   10474:e3a03002    mov     r3, #2
   10478:e50b3010    str     r3, [fp, #-16]
   1047c:e3a03003    mov     r3, #3
   10480:e50b300c    str     r3, [fp, #-12]
   10484:e3a03004    mov     r3, #4
   10488:e50b3008    str     r3, [fp, #-8]
   1048c:ebffffe7    bl 10430 <f>
```

```
10490:e3a03000      mov      r3, #0
10494:e1a00003      mov      r0, r3
10498:e24bd004      sub      sp, fp, #4
1049c:e8bd8800      pop      {fp, pc}
```

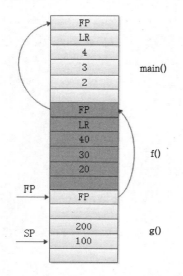

图 5-11　函数调用过程中的栈帧动态变化

对汇编代码进行分析，我们可以看到，在函数内定义的局部变量都分别保存在每个函数各自的栈帧空间里，对这些局部变量的访问是通过 FP/SP 这对栈指针加上相对偏移来实现的，这和通过变量名对全局变量访问有所不同。每个函数栈帧中都保存着上一级函数的返回地址 LR 和它的栈帧空间起始地址 FP，当函数运行结束时，可根据这些信息返回上一级函数继续运行。FP 和 SP 总是指向当前正在运行的函数的栈帧空间，分别指向栈帧的底部和顶部，通过相对偏移寻址来访问栈帧内的局部变量。函数运行结束后，当前函数的栈帧空间就会释放，SP/FP 指向上一级函数栈帧，函数内定义的局部变量也就随着栈帧的销毁而失效，无法再继续引用。在 main()→f()→g() 调用过程中，它们的函数栈帧在内存中的活动记录如图 5-11 所示，大家可以从 main() 函数开始分析，一行一行地分析汇编指令，一步一步地跟踪 FP/SP 栈指针在内存中的动态变化。

在上面的汇编代码中，函数的返回值由于只是一个整型数据，所以直接就通过 R0 寄存器返回了。大家有兴趣可以做一个实验：将函数的返回值设置成一个大于 4 字节的数据类型，如结构体变量，然后通过反汇编代码看看这个结构类型的返回值是怎样传递给上一级函数的。

思考：为什么在 g() 函数的反汇编代码中没有将 LR 压栈？

答案很简单：在 main() 函数跳入 f() 函数后，f() 函数会首先通过压栈操作，将 main() 函数的返回地址 LR 和栈帧基址 FP 保存在自己的栈帧中，等 f() 函数运行结束，就可以根据 LR 返回到 main() 函数中继续执行。当 f() 函数跳转到 g() 函数时，因为 g() 函数中没有使用 BL 指令调用其他函数，因此在整个 g() 函数运行期间，LR 寄存器的值是不变的，一直保存的是上一级函数 f() 的返回地址。为了节省内存资源，减少压栈带来的时间和空间开销，所以 LR 并没有压入栈中。当 g() 函数运行结束时，将 LR 寄存器中的返回地址赋值给 PC 指针，就可以直接返回到上一级 f() 函数中继续运行了。

5.3.3　参数传递

分析完了函数的局部变量和返回值在栈中的存储，我们接下来分析在函数调用过程中，函数之间传递的实参在栈中的活动记录。

函数调用过程中的参数传递，一般都是通过栈来完成的。ARM 处理器为了提高程序运行效率，会使用寄存器来传参。根据 ATPCS 规则，在函数调用过程中，当要传递的参数个数小于 4 时，直接使用 R0~R3 寄存器传递即可；当要传递的参数个数大于 4 时，前 4 个参数使用寄存器传递，剩余的参数则压入堆栈保存。

我们编写一个函数，实现函数的调用及参数的传递。

```
//param.c

#include <stdio.h>
int f(int ag1, int ag2, int ag3, int ag4, int ag5, int ag6)
{
    int s = 0;
    s = ag1 + ag2 + ag3 + ag4 + ag5 + ag6;
    return s;
}
int main(void)
{
    int sum = 0;
    f(1, 2, 3, 4, 5, 6);
    printf("sum:%d\n", sum);
    return 0;
}
```

在上面的程序中，main()函数调用了 f()函数，并传过去 6 个实参求和。根据 ATPCS 规则，除了前 4 个参数使用寄存器 R0~R3 传递，剩下的 2 个参数要通过压栈来传递。在参数传递过程中，各个参数压栈、出栈的顺序也要有一个约定，如上面的 6 个参数，是从左往右依次压入堆栈的呢？还是从右往左呢？我们一般把不同的约定方式称为调用惯例。常用的调用惯例如表 5-1 所示。

表 5-1　常用的调用惯例

调用约定	栈清理方	参数入栈
cdecl	调用者	从右至左
pascal	函数本身	从左至右
stdcall	函数本身	从右至左
fastcall	函数本身	前2个参数使用寄存器，剩下的从右至左
thiscall	未定	从右至左

　　C 语言默认使用 cdecl 调用惯例。参数传递时按照从右到左的顺序依次压入堆栈，栈的清理方则由函数调用者 caller 管理。使用 cdecl 调用惯例的好处是可以预先知道参数和返回值大小，而且可以支持变参函数的调用，如 printf() 函数。

　　编译上面的 param.c 源文件，运行无误后，再反汇编 a.out，生成对应的反汇编文件，查看 main() 函数和 f() 函数的汇编代码。

```
#arm-linux-gnueabi-gcc param.c -o a.out
#arm-linux-gnueabi-objdump -D a.out > a.S
#cat a.S
00010438 <f>:
   10438:e52db004     push    {fp}; (str fp, [sp, #-4]!)
   1043c:e28db000     add     fp, sp, #0
   10440:e24dd01c     sub     sp, sp, #28
   10444:e50b0010     str     r0, [fp, #-16]
   10448:e50b1014     str     r1, [fp, #-20]; 0xffffffec
   1044c:e50b2018     str     r2, [fp, #-24]; 0xffffffe8
   10450:e50b301c     str     r3, [fp, #-28]; 0xffffffe4
   10454:e3a03000     mov     r3, #0
   10458:e50b3008     str     r3, [fp, #-8]
   1045c:e51b2010     ldr     r2, [fp, #-16]
   10460:e51b3014     ldr     r3, [fp, #-20]; 0xffffffec
   10464:e0822003     add     r2, r2, r3
   10468:e51b3018     ldr     r3, [fp, #-24]; 0xffffffe8
   1046c:e0822003     add     r2, r2, r3
   10470:e51b301c     ldr     r3, [fp, #-28]; 0xffffffe4
   10474:e0822003     add     r2, r2, r3
   10478:e59b3004     ldr     r3, [fp, #4]
   1047c:e0822003     add     r2, r2, r3
   10480:e59b3008     ldr     r3, [fp, #8]
   10484:e0823003     add     r3, r2, r3
   10488:e50b3008     str     r3, [fp, #-8]
   1048c:e51b3008     ldr     r3, [fp, #-8]
   10490:e1a00003     mov     r0, r3
   10494:e24bd000     sub     sp, fp, #0
   10498:e49db004     pop     {fp}; (ldr fp, [sp], #4)
   1049c:e12fff1e     bx lr
000104a0 <main>:
   104a0:e92d4800     push    {fp, lr}
   104a4:e28db004     add     fp, sp, #4
   104a8:e24dd010     sub     sp, sp, #16
   104ac:e3a03000     mov     r3, #0
   104b0:e50b3008     str     r3, [fp, #-8]
   104b4:e3a03006     mov     r3, #6
   104b8:e58d3004     str     r3, [sp, #4]
   104bc:e3a03005     mov     r3, #5
```

```
104c0:e58d3000    str    r3, [sp]
104c4:e3a03004    mov    r3, #4
104c8:e3a02003    mov    r2, #3
104cc:e3a01002    mov    r1, #2
104d0:e3a00001    mov    r0, #1
104d4:ebffffd7    bl10438 <f>
104d8:e51b1008    ldr    r1, [fp, #-8]
104dc:e59f0010    ldr    r0, [pc, #16]; 104f4 <main+0x54>
104e0:ebffff7e    bl102e0 <printf@plt>
104e4:e3a03000    mov    r3, #0
104e8:e1a00003    mov    r0, r3
104ec:e24bd004    sub    sp, fp, #4
104f0:e8bd8800    pop    {fp, pc}
104f4:00010568    andeq  r0, r1, r8, ror #10
```

　　main()函数调用 f()函数时，传过去 6 个实参。通过汇编代码分析，我们可以看到，前 4 个实参 1、2、3、4 通过寄存器 R0~R3 传递给了 f()函数，而后面 2 个参数则直接压入 main()函数的栈帧内，在参数列表中从右往左依次将实参 6、5 压入栈。跳入 f()函数执行后，f()函数首先要做的是将 main()函数通过寄存器 R0~R3 传递过来的实参 1、2、3、4 保存到自己的函数栈帧内，而另外 2 个实参 5、6 则直接通过 FP 寄存器相对偏移寻址，直接到 main()的栈帧内获取。FP 寄存器不仅可以向前偏移访问本函数栈帧的内存单元，还可以向后偏移，到上一级函数的栈帧中获取要传递的实参。在函数调用过程中，要传递的实参在寄存器和栈中的内存分布如图 5-12 所示。

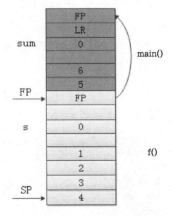

图 5-12　函数调用过程中的参数传递

5.3.4　形参与实参

　　形参和实参有什么区别呢？关于函数形参与实参的介绍，相信大家听了不下 100 遍了。函数的参数传递是值传递，形参保存的是实参的副本，改变形参并不会改变实参。为什么不能改变呢？汇编代码到底是如何实现的呢？有了上一节的基础，知道了参数传递的基本流程，我们就可以从汇编代码实现的角度来分析：为什么形参值的改变不会影响实参。

```
//test.c

int f(int ag1, int ag2, int ag3, int ag4, int ag5, int ag6)
{
    int sum = 0;
    ag6 = 100;
    sum = ag1 + ag2 + ag3 + ag4 + ag5 + ag6;
```

```
    return sum;
}
int main(void)
{
    int h = 1;
    int i = 2;
    int j = 3;
    int k = 4;
    int l = 5;
    int m = 6;
    f(h, i, j, k, l, m);
    return 0;
}
```

在 main()函数中，我们定义了 6 个局部变量，并作为实参传递给函数 f()。在 f()函数中有 6 个参数，我们一般称为形参，用来接收传递进来的实参。在 f()函数内，我们对形参 ag6 做了修改，将其赋值为 100。f()函数运行结束后，重新返回 main()函数，此时查看变量 m 的值，看看是否有变化。

编译上面的程序并运行，不用纠结地去想，实参 m 的值在 main()函数中肯定没变化。我们对生成的可执行程序 a.out 进行反汇编，通过汇编代码分析就可以看到形参和实参在栈中的一些细节。

```
#arm-linux-gnueabi-gcc test.c -o a.out
#arm-linux-gnueabi-objdump -D a.out > a.S
#cat a.S
00010400 <f>:
  10400:e52db004    push    {fp}; (str fp, [sp, #-4]!)
  10404:e28db000    add     fp, sp, #0
  10408:e24dd01c    sub     sp, sp, #28
  1040c:e50b0010    str     r0, [fp, #-16]
  10410:e50b1014    str     r1, [fp, #-20]; 0xffffffec
  10414:e50b2018    str     r2, [fp, #-24]; 0xffffffe8
  10418:e50b301c    str     r3, [fp, #-28]; 0xffffffe4
  1041c:e3a03000    mov     r3, #0
  10420:e50b3008    str     r3, [fp, #-8]
  10424:e3a03064    mov     r3, #100  ; 0x64
  10428:e58b3008    str     r3, [fp, #8]
  1042c:e51b2010    ldr     r2, [fp, #-16]
  10430:e51b3014    ldr     r3, [fp, #-20]; 0xffffffec
  10434:e0822003    add     r2, r2, r3
  10438:e51b3018    ldr     r3, [fp, #-24]; 0xffffffe8
  1043c:e0822003    add     r2, r2, r3
  10440:e51b301c    ldr     r3, [fp, #-28]; 0xffffffe4
  10444:e0822003    add     r2, r2, r3
  10448:e59b3004    ldr     r3, [fp, #4]
  1044c:e0822003    add     r2, r2, r3
```

```
10450:e59b3008      ldr     r3, [fp, #8]
10454:e0823003      add     r3, r2, r3
10458:e50b3008      str     r3, [fp, #-8]
1045c:e51b3008      ldr     r3, [fp, #-8]
10460:e1a00003      mov     r0, r3
10464:e24bd000      sub     sp, fp, #0
10468:e49db004      pop     {fp}; (ldr fp, [sp], #4)
1046c:e12fff1e      bxlr
00010470 <main>:
10470:e92d4800      push    {fp, lr}
10474:e28db004      add     fp, sp, #4
10478:e24dd020      sub     sp, sp, #32
1047c:e3a03001      mov     r3, #1
10480:e50b301c      str     r3, [fp, #-28]; 0xffffffe4
10484:e3a03002      mov     r3, #2
10488:e50b3018      str     r3, [fp, #-24]; 0xffffffe8
1048c:e3a03003      mov     r3, #3
10490:e50b3014      str     r3, [fp, #-20]; 0xffffffec
10494:e3a03004      mov     r3, #4
10498:e50b3010      str     r3, [fp, #-16]
1049c:e3a03005      mov     r3, #5
104a0:e50b300c      str     r3, [fp, #-12]
104a4:e3a03006      mov     r3, #6
104a8:e50b3008      str     r3, [fp, #-8]
104ac:e51b3008      ldr     r3, [fp, #-8]
104b0:e58d3004      str     r3, [sp, #4]
104b4:e51b300c      ldr     r3, [fp, #-12]
104b8:e58d3000      str     r3, [sp]
104bc:e51b3010      ldr     r3, [fp, #-16]  ;r3 = 4
104c0:e51b2014      ldr     r2, [fp, #-20]; 0xffffffec r2=3
104c4:e51b1018      ldr     r1, [fp, #-24]; 0xffffffe8 r1=2
104c8:e51b001c      ldr     r0, [fp, #-28];  r0=1
104cc:ebffffcb      bl10400 <f>
104d0:e3a03000      mov     r3, #0
104d4:e1a00003      mov     r0, r3
104d8:e24bd004      sub     sp, fp, #4
104dc:e8bd8800      pop     {fp, pc}
```

通过反汇编代码，我们先分析 main()函数在调用 f()函数之前栈的动态变化。如图 5-13 所示，除了 FP 和 LR，main()函数内定义的 6 个局部变量 h、i、j、k、l、m 会分别存储在函数栈帧内。这 6 个局部变量作为实参传递给 f()函数：前 4 个实参 1、2、3、4 通过寄存器 R0~R3 传递，后 2 个实参 5、6 则通过栈传递。在跳入 f()函数执行之前，将传递的实参 5、6 压入了 main()函数的栈帧内。

　　PC 指针跳入 f() 函数执行后，首先会将 main() 函数通过寄存器 R0~R3 传递的实参 1、2、3、4 保存到自己的函数栈帧内，接着我们在 f() 函数内把传递进来的实参 m 的值由原来的 6 改为 100，这个实参值保存在形参 ag6 的内存地址上，形参变量 ag6 用来保存传进来的实参值，虽然在 f() 函数内被修改了，但是在 main() 函数中我们可以看到变量 m 的值并未发生变化，m 的值仍为 6。

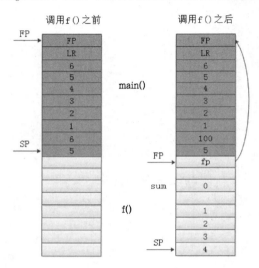

图 5-13　函数调用过程中的形参和实参

　　通过上面的实际代码分析，我们可以得出结论：形参只是在函数被调用时才会在栈中分配临时的存储单元，用来保存传递过来的实参值。变量作为实参传递时，只是将变量值复制给了形参，形参和实参在栈中位于不同的存储单元。搞清楚了形参和实参在栈中的存储，我们也就明白了为什么改变形参而实参的值不会发生变化。

　　有了上面的知识作铺垫后，我们就明白了下面的 swap() 函数为什么不能交换两个变量的值。

```c
void swap(int a, int b)
{
  int tmp = 0;
  tmp = a;
  a  = b;
  b  = tmp;
}

int main (void)
{
    int i = 10;
    int j = 20;
    swap (i, j);
    return 0;
}
```

我们再次反编译上面的文件，深入汇编代码进行分析。

```
00010400 <swap>:
   10400:e52db004    push    {fp}; (str fp, [sp, #-4]!)
   10404:e28db000    add     fp, sp, #0
   10408:e24dd014    sub     sp, sp, #20
   1040c:e50b0010    str     r0, [fp, #-16]
   10410:e50b1014    str     r1, [fp, #-20]; 0xffffffec
   10414:e3a03000    mov     r3, #0
   10418:e50b3008    str     r3, [fp, #-8]
   1041c:e51b3010    ldr     r3, [fp, #-16]
   10420:e50b3008    str     r3, [fp, #-8]
   10424:e51b3014    ldr     r3, [fp, #-20]; 0xffffffec
   10428:e50b3010    str     r3, [fp, #-16]
   1042c:e51b3008    ldr     r3, [fp, #-8]
   10430:e50b3014    str     r3, [fp, #-20]; 0xffffffec
   10434:e1a00000    nop                     ; (mov r0, r0)
   10438:e24bd000    sub     sp, fp, #0
   1043c:e49db004    pop     {fp}            ; (ldr fp, [sp], #4)
   10440:e12fff1e    bx lr

00010444 <main>:
   10444:e92d4800    push    {fp, lr}
   10448:e28db004    add     fp, sp, #4
   1044c:e24dd008    sub     sp, sp, #8
   10450:e3a0300a    mov     r3, #10
   10454:e50b300c    str     r3, [fp, #-12]
   10458:e3a03014    mov     r3, #20
   1045c:e50b3008    str     r3, [fp, #-8]
   10460:e51b1008    ldr     r1, [fp, #-8];r1=20
   10464:e51b000c    ldr     r0, [fp, #-12];r0=10
   10468:ebfffe4     bl 10400 <swap>
   1046c:e3a03000    mov     r3, #0
   10470:e1a00003    mov     r0, r3
   10474:e24bd004    sub     sp, fp, #4
   10478:e8bd8800    pop     {fp, pc}
```

swap()运行机制和上面的例子类似，通过 main()函数传给它的实参其实就是变量 i、j 的一份值复制，两者存储在栈中的不同存储单元。在 swap()函数的栈帧内，无论我们对形参变量 a、b 如何修改，交换也好，重新赋值也好，都不会改变 main()函数栈帧内变量 i、j 的值。图 5-14 是在调用 swap()函数执行过程中，函数栈帧内各个变量值的动态变化情况，大家可以结合汇编代码分析，加深理解。

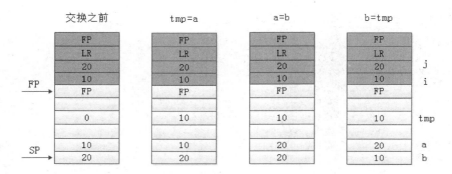

图 5-14　swap()函数栈帧内的数据动态变化

最后我们做个小结：形参只有在函数被调用时才会在函数栈帧内分配存储单元，用来接收传进来的实参值。函数运行结束后，形参单元随着栈帧的销毁而被释放。变量作为实参传递时，只是将其值复制到形参的存储空间，在函数运行期间，改变形参的值并不会改变原来实参的值，因为两者存储在栈中不同的内存单元上。理解了形参在栈中的动态变化，我们就可以更好地理解局部变量的生命周期和作用域。

5.3.5　栈与作用域

关于变量的作用域，相信大家都已经很熟悉了：全局变量定义在函数体外，其作用域范围为从声明处到文件结束。其他文件如果想使用这个全局变量，则在自己的文件内使用 extern 声明后即可使用。全局变量的生命周期在整个程序运行期间都是有效的。

局部变量定义在函数内，其作用域只能在函数体内使用。函数只有在被调用的时候才会在内存中开辟一个栈帧空间，在这个栈空间里存储局部变量及传进来的函数实参等。函数调用结束，这个栈帧空间就被销毁释放了，变量也就随之消失，因此局部变量的生命周期仅仅存在于函数运行期间。每一次函数被调用，临时开辟的栈帧空间可能不相同，局部变量的地址也不相同。

明白了局部变量在函数调用过程中，在函数栈帧内的活动记录和生命周期，也就明白了局部变量的作用域为什么仅局限在函数内，以及为什么我们不能访问其他函数内的局部变量。编译器在编译程序时，其实是根据一对大括号 {} 来限定一个变量的作用域的，以下面的程序为例。

```c
#include <stdio.h>

int main(void)
{
    int i = 1;
    {
```

```
        int i = 2;
        static int k = 4;
        printf("i = %d\n", i);
        printf("k = %d\n", k);
    }
    printf("i = %d\n", i);
    printf("k = %d\n", k);
    return 0;
}
```

运行上面的程序，打印变量 i 的值如下。

```
i = 2
i = 1
```

你会发现变量 i 两次打印的结果不一样，这是因为编译器根据{}限定了它们的作用域。代码块中 i 变量的作用域仅限于{}内，但是会覆盖掉代码块外变量 i 的作用域。而对于变量 k，作用域同样限制在{}内，在{}外的指令是无法访问{}内的变量的。我们在代码块{}外打印变量 k 的值，编译器就会报错。

```
error: 'k' undeclared (first use in this function)
 note: each undeclared identifier is reported only once for each  function it appears in
```

如果我们在代码块中定义一个静态变量 k，则编译器在编译时会把变量 k 放置在数据段中，k 的生命周期也随之改变，但是其作用域不变。我们在代码块外面打印静态变量 k 的值，你会发现仍会报与上面相同的错误，这是因为 static 关键字虽然改变了局部变量的存储属性（生命周期），但是其作用域仍是由{}决定的。我们查看 a.out 的符号表，可以看到经过 static 修饰的局部变量 k，其存储位置已经由栈转移到了数据段中，但是作用域仍局限在由{}限定的代码块内。

```
#readelf -s a.out | grep k
 38: 0804a01c  4 OBJECT LOCAL DEFAULT  25 k.1936
#readelf -S a.out | grep .data
 [25] .data PROGBITS 0804a014 001014 00000c 00  WA 0   0 4
```

最后我们对变量的作用域做下小结。

全局变量的作用域如下。

● 　全局变量的作用域由文件来限定。
● 　可使用 extern 进行扩展，被其他文件引用。
● 　也可以使用 static 进行限制，只能在本文件中被引用。

局部变量的作用域如下。

● 　局部变量的作用域由{}限定。

● 可以使用 static 修饰局部变量来改变它们的存储属性（生命周期），但不能改变其作用域。

5.3.6　栈溢出攻击原理

Linux 进程的栈空间是有固定大小的，一般是 8MB。如果我们在函数内定义了一个数组，系统就会在栈上给这个数组分配存储空间。由于 C 语言对边界检查的宽松性，即使程序对超出数组的内存单元进行数据篡改，编译器一般也不会报错。如下面的数组越界访问程序。

```c
#include <stdio.h>

int main (void)
{
    int a[4] ={1, 2, 3, 4};
    a[7] = 7;
    a[8] = 8;
    printf("a[7] = %d\n", a[7]);
    printf("a[8] = %d\n", a[8]);

    return 0;
}
```

在上面的程序中，我们对数组 a[4]进行了越界访问。编译并运行上面的程序，你会发现程序竟然可以正常运行，没有一丝警告和报错！C 语言的哲学思想除了简单就是美，还有另外一个特点：对语法检查的宽松性，默认所有的编程者都是高手，在操作内存时永不犯错。然而正是这种编程的灵活性给了黑客可乘之机，可以利用 C 语言的语法检查宽松性，利用栈溢出植入自己的指令代码，夺取程序的控制权，然后就可以进行恶意攻击。

通过上面的学习，我们知道，在一个函数的栈帧中一般都会保存上一级函数的返回地址，当函数运行结束时就会根据这个返回地址跳到上一级函数继续执行。黑客如果发现你实现的某个函数有漏洞，就可以利用漏洞修改栈的返回地址 LR，植入自己的指令代码。

```c
//virus.c
#include <stdio.h>

void shellcode(void)
{
    printf("virus run success!\n");
    //do something you want
    while(1);
}

void f(void)
{
```

```
    int a[4];
    a[8] = shellcode;
}

int main(void)
{
    f();
    printf("hello world!\n");
    return 0;
}
```

在上面的栈溢出程序中，main()函数调用了 f()函数，正常情况下，f()运行结束后会返回到 main()中继续执行。但是由于 f()函数内的数组越界访问破坏了 f()函数的栈帧结构：将 f()函数栈帧内的 main()函数的返回地址给覆盖掉了，替换为自己的病毒代码 shellcode 的入口地址。所以当 f()函数运行结束后并不会返回到 main()，而是跳到 shellcode()执行了。由于 C 语言对边界检查的宽松性，我们在程序中访问数组元素 a[8]编译器并不报错，黑客利用数组的溢出夺取了程序的控制权，攻击成功。

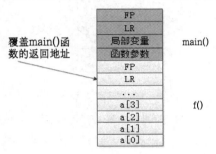

图 5-15　栈溢出攻击原理

虽然 C 语言标准并没有规定数组的越界访问会报错，但是大多数编译器为了安全考虑，会对数组的边界进行自行检查：当发现数组越界访问时，会产生一个错误信息来提醒开发者。

```
int main (void)
{
    int a[4] = {1,2,3,4};
    a[4] = 5;
    return 0;
}
```

编译运行上面的程序，程序就会报错。

```
# gcc test.c -o a.out
# ./a.out
*** stack smashing detected ***: ./a.out terminated
 Aborted (core dumped)
```

GCC 编译器为了防止数组越界访问，一般会在用户定义的数组末尾放入一个保护变量，并根据此变量是否被修改来判断数组是否越界访问。若发现这个变量值被覆盖，就会给当前进程发送一个 SIGABRT 信号，终止当前进程的运行。这种检测手段简单有效，但是也会存在漏洞：如果用户绕过这个检测点，如对数组元素 a[5] 进行越界访问，GCC 可能就检测不到了。

5.4　堆内存管理

　　分析完了栈，我们接下来分析 Linux 进程空间中另一个比较重要的内存区域：堆（heap）。我们使用 malloc()/free()函数申请/释放的动态内存就属于堆内存，如图 5-16 所示，堆是 Linux 进程空间中一片可动态扩展或缩减的内存区域，一般位于 BSS 段的后面。

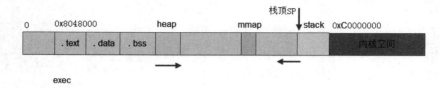

图 5-16　Linux 进程空间的 heap 区

　　申请和释放堆内存可使用 malloc()/free()这对函数。这对函数在 C 标准库中定义，除此之外，还有一些跟内存申请相关的其他函数。

```
#include <stdlib.h>

void *malloc(size_t size);
void free(void *ptr);
void *calloc(size_t nmemb, size_t size);
void *realloc(void *ptr, size_t size);
```

　　malloc()函数用于在堆内存空间中申请一块用户指定大小的内存，申请成功后会返回用户一个指向这块内存的指针，用户通过这个指针就可以直接对这块内存进行读写。calloc()函数用于在堆内存中申请 nmemb 个单位长度为 size 的连续空间，并将这块内存初始化为 0，如果内存分配成功，则函数会返回一个指向这块内存的指针；如果分配失败，则函数返回 NULL。当申请的内存不够用时，我们可以使用 realloc()函数动态调整内存块的大小。

```
//malloc_demo.c

#include <stdio.h>
#include <stdlib.h>
#include <string.h>

int main (void)
{
    char *p = NULL;

    p = (char*) malloc (100);
```

```
    printf("%p\n", p);
    memset (p, 0, 100);
    memcpy (p, "hello", 5);
    printf ("%s\n", p);

    p = (char *) realloc (p, 200);
    printf ("%p\n", p);
    printf ("%s\n", p);

    free (p);
    return 0;
}
```

使用 realloc() 函数可以调整内存的大小，可以在原来 malloc() 申请的内存块的后面直接扩展，如果原来申请的内存后面没有足够大的空闲空间，如上面的程序所示，我们要将内存块大小调整到 200 字节，realloc() 函数会新申请一块大小为 200 字节的空间，并将原来内存上的数据复制过来，返回给用户新申请空间的指针。编译运行上面的程序，我们可以看到返回的地址指针的变化。

```
#gcc malloc_demo.c -o a.out
#./a.out
0x9ede008
 hello
0x9ede478
 hello
```

无论使用 malloc()、calloc() 还是 realloc() 函数，申请的内存使用结束后，都要通过 free() 函数释放掉，将这块内存还给系统，否则就会造成内存泄漏。

堆内存与栈相比，有相同点，也有区别。

● 堆内存是匿名的，不能像变量那样使用名字直接访问，一般通过指针间接访问。

● 在函数运行期间，对函数栈帧内的内存访问也不能像变量那样通过变量名直接访问，一般通过栈指针 FP 或 SP 相对寻址访问。

● 堆内存由程序员自己申请和释放，函数退出时，如果程序员没有主动释放，就会造成内存泄漏。

● 栈内存由编译器维护，函数运行时开辟一个栈帧空间，函数运行结束，栈帧空间随之销毁释放。

当用户使用 malloc() 函数申请一片内存时，要到哪里去申请呢？当用户使用 free() 函数释放一片内存时，将这片内存归还到哪里呢？堆内存自身也需要专门的管理和维护，以应对用户的内存申请和释放请求。关于堆内存管理，不同的嵌入式开发环境，不同的操作系统实现也不完全相同。

5.4.1 裸机环境下的堆内存管理

本节先讲讲嵌入式裸机环境下的堆内存管理。

嵌入式一般使用集成开发环境来开发裸机程序，如 ADS1.2、Keil、RVDS、Keil MDK 等。以 Keil 为例，Keil 自带的启动文件 startxx.s 会初始化堆内存，并设置堆的大小，然后由 main()函数调用__user_initial_stackheap 来获取堆栈地址。堆空间地址的设置一般由编译器默认获取，将堆地址设置在 ARM ZI 区的后面，或者使用 scatter 文件来设置，在汇编启动代码中初始化这段堆空间。以 STM32 平台的启动代码示例，看看堆是如何初始化的。

```
;堆初始化:
Heap_Size   EQU   0x00000C00
AREA HEAP, NOINIT, READWRITE, ALIGN=3
__heap_base
Heap_Mem  SPACE   Heap_Size
__heap_limit
                                    ;获取堆栈位置:
_main:
__user_initial_stackheap
LDR      R0, =  Heap_Mem                ;堆起始地址
LDR      R1, =(Stack_Mem + Stack_Size)
LDR      R2, = (Heap_Mem+  Heap_Size)      ;堆结束地址
LDR      R3, = Stack_Mem
BX       LR

;参考文件: c:\keil_v5\PACK\ARMCMSIS\5.0.1\Device\ARM\ARMCM7\Source\ARM\start_ARMCM7.s
```

在嵌入式裸机程序开发中，一般很少使用 C 标准库。如 Keil 编译器，根本就没有完全实现一个 C 标准库，并且 C 标准库也没有默认链接使用。Keil 编译器只是实现了一个简化版的 C 标准库，叫作 MicroLIB 库，如图 5-17 所示。该函数库实现了 C 标准规定的大部分函数功能，并针对嵌入式平台做了很多优化，使其体积更小，更适合存储资源有限的嵌入式系统。

如果你在开发 ARM 裸机程序时想使用该库，则可以在 Keil 集成开发环境的 Target 配置选项中选中该库，然后就可以直接使用库中的 malloc()函数来申请内存了。堆内存如果没有专门的维护和管理，经过频繁地申请与释放后，很容易产生内存碎片。如图 5-18 所示，当用户申请一片完整的大块内存时可能会失败。

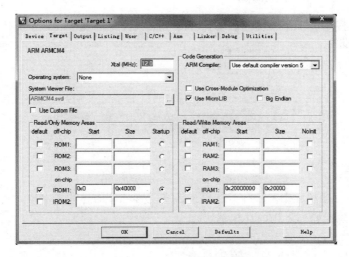

图 5-17　Keil 中的 MicroLIB 库链接选项

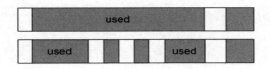

图 5-18　多次申请释放后产生的内存碎片

　　在裸机环境下一片连续的堆内存空间，经过多次小块内存的申请和释放后，就会造成内存碎片化，在内存中留下越来越多、越来越碎片化的空闲小内存块。此时如果再去申请一片连续的大块内存就会失败。正是由于这个原因，在嵌入式裸机环境下，一般不建议使用堆内存，遇到使用大块内存的地方，可以使用一个全局数组代替。当然也可以自己实现堆内存管理，如采用内存池，将堆内存空间划分为固定大小的内存块，自己管理与维护内存的申请和释放来避免内存碎片的产生。为了节省内存资源，甚至可以将堆内存划分成不同大小的内存块，根据用户申请内存的大小选择合适的内存块，进一步提高内存利用率。

　　关于堆内存的管理，不同的系统和平台有不同的解决方案。在有操作系统的环境下，一般会让操作系统介入堆内存管理，以减少开发者的工作量，减轻工作负担。

5.4.2　uC/OS 的堆内存管理

　　在裸机环境下，由于缺少堆内存管理，我们已经知道了使用 malloc()/free() 的弊端，即堆内存经过多次申请和释放后会引起内存碎片化，当内存碎片过多时，再去申请一片连续的大块内存就会失败。让操作系统介入堆内存管理，目的就是改善这一状况。

uC/OS 内核源码中有一个单独的源文件：os_mem.c，该源文件实现了对堆内存的管理。其实现原理很简单。如图 5-19 所示，就是将堆内存分成若干分区，每个区分成若干大小相等的内存块，程序以内存块为单位对堆内存进行申请与释放。

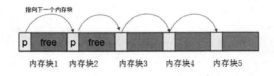

图 5-19 uC/OS 中的内存块

在 uC/OS 的堆内存管理中，内存分区是操作系统管理堆内存的基本单元，每个内存分区使用一个结构体来表示，我们称之为内存控制块。

```
typedef struct os_mem {          /* MEMORY CONTROL BLOCK */
    void    *OSMemAddr;          /* 内存分区指针*/
    void    *OSMemFreeList;      /* 空闲内存控制块链表指针*/
    INT32U  OSMemBlkSize;        /* 每个内存块长度*/
    INT32U  OSMemNBlks;          /* 分区内总的内存块数量*/
    INT32U  OSMemNFree;          /* 分区内空闲内存块数量*/
#if OS_MEM_NAME_EN > 0u
    INT8U   *OSMemName;          /* 分区名字*/
#endif
} OS_MEM;
```

每个分区由大小相同的内存块构成，内存块总数量和空闲的内存块数量都保存在任务控制块内。各个内存块构成一个链表，通过内存控制块结构体中的 OSMemFreeList 成员可获取指向该链表的指针。

每个内存控制块代表堆内存中的一个内存分区，各个内存控制块用指针链成链表，uC/OS 可以通过 OS_MAX_MEM_PART 宏来配置内核支持的最大分区数。假如我们把 OS_MAX_MEM_PART 设置为 3，则该链表上有三个内存控制块结构体，该链表由 osmem.c\OS_MemInit()函数创建并初始化。

```
#define OS_MAX_MEM_PART  3          //定义 uC/OS 支持的内存分区数量
OS_MEM  OSMemTbl[OS_MAX_MEM_PART];//用来存放表示各个分区的结构体：OS_MEM
OS_MEM  *OSMemFreeList;             //全局变量，指向内存控制块空闲链表

//os_mem.c
void  OS_MemInit (void)
{

    OS_MEM  *pmem;
    INT16U  i;
```

```
OS_MemClr((INT8U *)&OSMemTbl[0], sizeof(OSMemTbl));
for (i = 0u; i < (OS_MAX_MEM_PART - 1u); i++) {
    pmem     = &OSMemTbl[i];
    pmem->OSMemFreeList = (void *)&OSMemTbl[i + 1u];
    pmem->OSMemName  = (INT8U *)(void *)"?";
}
pmem             = &OSMemTbl[i];
pmem->OSMemFreeList = (void *)0;    /* Initialize last node */
pmem->OSMemName = (INT8U *)(void *)"?";
OSMemFreeList  = &OSMemTbl[0];
}
```

在 uC/OS 初始化过程中，会调用 OS_MemInit() 函数，在内存中创建一个节点数为 OS_MAX_MEM_PART 的链表。链表中的每个节点为一个 OS_MEM 类型的结构体，每个结构体表示一个内存分区，用户可以使用该结构体来创建自己的堆内存。OSMemFreeList 是一个全局指针变量，指向该链表的第一个节点，OS_MemInit() 运行结束后，链表在内存中的分布如图 5-20 所示。

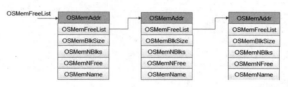

图 5-20　空闲分区链表

用户在开发程序时，如果想使用堆内存，则可以使用 uC/OS 提供的接口函数去创建一个堆内存，从堆内存中申请一个内存块或释放一个内存块。这 3 个 API 的函数原型如下。

```
OS_MEM *OSMemCreate (void *addr, INT32U nblks, INT32U blksize,  INT8U *perr);
void  *OSMemGet (OS_MEM *pmem, INT8U *perr);
INT8U OSMemPut (OS_MEM *pmem, void *pblk);
```

在 uC/OS 下开发应用程序，可以按照下面的流程去创建一个内存分区，去申请和释放一片堆内存。

```
INT8U  MemBlk[5][32];  /* 划分一个具有 5 个内存块、每个内存块长度是 32 的内存分区 */
OS_MEM *OS_MEM_Ptr;    /* 定义内存控制块指针，创建一个内存分区时，返回值就是它 */
INT8U  *MemBlk_Ptr;    /* 定义内存块指针，确定内存分区中首个内存块的指针 */
int main (void)
{
    OS_MEM_Ptr = OSMemCreate(MemBlk,5,32,&err); //创建一个内存分区
    MemBlk_Ptr = OSMemGet(OS_MEM_Ptr,&err);           //从堆内存中申请一个内存块
    /*do something with MemBlk_Ptr*/
     OSMemPut(OS_MEM_Ptr,MemBlk_Ptr);              //释放内存块到堆内存
}
```

接下来我们就研究一下 uC/OS 的堆内存是如何实现的。首先我们要调用 OSMemCreate()函数去创建一个内存分区，并将该分区划分为指定大小的内存块。OSMemCreate()函数的核心源码如下。

```c
OS_MEM *OSMemCreate (void *addr, INT32U nblks,                    INT32U blksize, INT8U *perr)
{
    OS_MEM *pmem;
    INT8U *pblk;
    void   **plink;
    INT32U loops;
    INT32U  i;

    OS_ENTER_CRITICAL();
    pmem = OSMemFreeList;
    OSMemFreeList = (OS_MEM *)OSMemFreeList->OSMemFreeList;
    OS_EXIT_CRITICAL();

    plink = (void **)addr;
    pblk  = (INT8U *)addr;
    loops = nblks - 1u;
    for (i = 0u; i < loops; i++) {
        pblk += blksize;
      *plink = (void  *)pblk;
       plink = (void **)pblk;
    }
    *plink              = (void *)0;
    pmem->OSMemAddr     = addr;
    pmem->OSMemFreeList = addr;
    pmem->OSMemNFree    = nblks;
    pmem->OSMemNBlks    = nblks;
    pmem->OSMemBlkSize  = blksize;
    *perr               = OS_ERR_NONE;
    return (pmem);
}
```

OSMemCreate()函数的主要功能是基于某个内存地址创建一个内存分区，并将该内存分区划分成用户指定大小的若干内存块。该函数首先会从全局指针 OSMemFreeList 指向的内存控制块链表中摘取一个节点，使用这个 OS_MEM 结构体变量来表示我们当前创建的分区。接下来的核心一步就是划分内存块：每个内存块的前 4 字节存放的是下一个内存块的地址，各个内存块通过这种地址指向关系构成一个内存块链表，便于管理和维护。这部分代码的实现很有意思，使用一个二级指针 plink 完成链表的构建。在上面的 for 循环中可以看到，*plink = (void *)pblk; 这句代码占用了当前内存块的 4 字节来存放下一个内存块的地址，plink = (void **)pblk; 这句代码则移动 plink 指针，使其指向下一个内存块，不断循环初始化每个内存块的前 4 字节，就可以在一片连续的内存中构建一个如图 5-21 所示的链表。

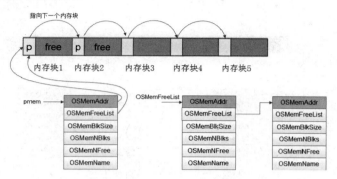

图 5-21   创建并初始化一个内存分区

划分的各个内存块构建链表成功后，还要把这些信息保存在 OS_MEM 结构体内。OS_MEM 结构体中的 OSMemAddr 成员变量保存当前分区的首地址，pmem->OSMemFreeList 指向当前空闲的内存块链表，OSMemNBlks 和 OSMemBlkSize 表示分区中内存块的个数和大小，OSMemNFree 则表示用户申请内存后，内存分区中还剩余的空闲内存块个数。

分区创建并初始化成功后，我们就可以使用 OS_MemGet()函数去申请一个内存块，该函数会从空闲内存块链表中摘除一个节点，以指针形式返回给用户使用。OS_MemGet()函数的核心源码如下。

```
void *OS_MemGet (OS_MEM *pmem, INT8U *perr)
{
    void   *pblk;
    OS_ENTER_CRITICAL();
    if (pmem->OSMemNFree > 0u) {
        pblk                = pmem->OSMemFreeList;
        pmem->OSMemFreeList = *(void **)pblk;
        pmem->OSMemNFree--;
        OS_EXIT_CRITICAL();
        return (pblk);
    }
    OS_EXIT_CRITICAL();
    return ((void *)0);
}
```

通过 OS_MemGet()函数从内存块链表中获取一块内存的流程很简单：定义一个指针变量 pblk 来保存内存块的地址，将结构体成员变量 pmem->OSMemFreeList 指向的链表的第一个节点地址直接赋值给 pblk 并返回给用户就可以了。在返回给用户之前，还要更新 OSMEM 结构体的信息。如

图 5-22 所示，pmem->OSMemFreeList 指向链表中的下一个空闲的内存块，并将链表中空闲的内存块的计数减一。

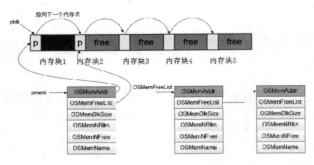

图 5-22　申请一个内存块

用户申请到这块内存后，根据 OSMemGet()函数返回的地址指针，就可以直接对这块内存进行读写操作了。使用结束后，用户要通过 OSMemPut()函数释放这块内存，将这个内存块重新添加到当前分区的空闲链表中。

```
INT8U OSMemPut (OS_MEM *pmem, void *pblk)
{
    OS_ENTER_CRITICAL();
    if (pmem->OSMemNFree >= pmem->OSMemNBlks) {
        OS_EXIT_CRITICAL();
        return (OS_ERR_MEM_FULL);
    }
    *(void **)pblk      = pmem->OSMemFreeList;
    pmem->OSMemFreeList = pblk;
    pmem->OSMemNFree++;
    OS_EXIT_CRITICAL();
    return (OS_ERR_NONE);
}
```

在将内存块添加到空闲链表的过程中，我们需要注意的一个细节是：在构建空闲内存块链表时，会占用每个内存块的前 4 字节来存放地址指向下一个内存块。当用户申请到这个内存块使用结束后，原来的地址可能会被覆盖掉，如图 5-23 所示，指针 p 的值可能会被用户的数据覆盖掉。

因此，如果想要将这个释放的内存块节点添加到链表中，则我们要重新初始化这个内存块，将下一个内存块的地址写入这个节点的 P 指针域，*(void **)pblk = pmem->OSMemFreeList;代码用来完成这个功能。将内存块添加到空闲链表后，还要更新 OS_MEM 结构体变量中各个成员的信息。如图 5-24 所示，OSMemFreeList 指针重新指向新添加到链表表头的内存块节点，分区可用的空闲内存块计数 OSMemNFree 做加一操作。

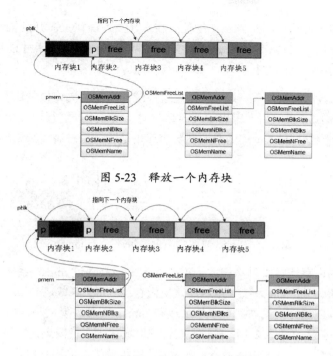

图 5-23　释放一个内存块

图 5-24　将内存块节点重新添加到链表中

　　uC/OS 的堆内存管理虽然在一定程度上防止了内存碎片的产生，但是管理还比较粗糙，还存在一些弊端。例如，内存块大小必须大于 4 字节，因为每个内存块要耗费前 4 字节作为构建链表节点的指针域。当申请的内存块较小时，对于存储资源有限的嵌入式系统，在一定程度上会对内存造成浪费，性价比不高。另外一个不友好的地方就是用户申请堆内存时，必须对创建的堆内存十分了解。要首先知道内存块的大小，申请的内存大小不能超过内存块的大小，以防止越界。

5.4.3　Linux 堆内存管理

　　Linux 环境下的堆内存管理比 uC/OS 复杂多了，不仅包含堆内存管理，还包括读写权限管理、地址映射等。Linux 内核中的内存管理子系统负责整个 Linux 虚拟空间的权限管理和地址转换。如图 5-25 所示，每一个 Linux 用户进程都有各自的 4GB 的虚拟空间，除去 3GB~4GB 的内核空间，还有 0~3GB 的用户空间可用。在这 3GB 的地址空间上，除了代码段、数据段、BSS 段、MMAP区域、默认的 8MB 进程栈空间占用一部分地址空间，还有大量可用的地址空间，理论上都可以给堆内存使用。剩下的资源虽然很丰富，但不是你想用就能用的，这就和开发商拿地盖房子一样，一个城市的郊外有很多土地，但不是你想盖就能盖的，因为土地资源被政府统一规划管理，要想盖房子，就要向政府申请买地，拍到土地的使用权，然后才能在上面开发楼盘。一个用户进程也是如此，如果你想申请一块内存使用，也需要向内核申请，内核批准后才能使用。如果你跳过申请，直接对未申请的内存空间进行读写，系统一般会报内存段错误。

malloc()/free()函数的底层实现，其实就是通过系统调用 brk 向内核的内存管理系统申请内存。内核批准后，就会在 BSS 段的后面留出一片内存空间，允许用户进行读写操作。申请的内存使用完毕后要通过 free()函数释放，free()函数的底层实现也是通过系统调用来归还这块内存的。

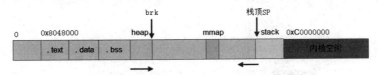

图 5-25　Linux 进程空间中的 heap 区和 mmap 区

当用户要申请的内存比较大时，如大于 128KB，一般会通过 mmap 系统调用直接映射一片内存，使用结束后再通过 ummap 系统调用归还这块内存。mmap 区域是 Linux 进程中比较特殊的一块区域，主要用于程序运行时动态共享库的加载和 mmap 文件映射。早期的 Linux 内核将该区域设置在 0x40000000 附近，Linux 2.6 以后的内核将该区域移到了栈附近，打印 mmap 映射区域的地址，你会发现大部分地址都在 0xBxxxxxxx 范围内，紧挨着进程的用户栈。

为了验证上面的理论是否正确，我们可以编写一个程序，使用 malloc()函数申请不同大小的内存块，观察它们在进程空间的地址变化。

```
//brk_mmap_test.c
#include <stdio.h>
#include <stdlib.h>

int global_val;

int main (void)
{
    int *p = NULL;
    printf ("&global_val = %p\n", &global_val);
    p = (int *)malloc(100);
    printf ("&mem_100 = %p\n", p);
    free(p);
    p = (int *)malloc (1024 * 256);
    printf ("&mem_256K = %p\n", p);
    free(p);

    while(1);
```

```
    return 0;
}
```

编译上面的程序并运行，查看程序的运行结果。

```
# gcc brk_mmap_test.c
# ./a.out &
&global_val = 0x804a028      ;位于.bss 段内
&mem_100    = 0x80c6410      ;位于 heap 区
&mem_256K   = 0xb7556008 ;位于 mmap 区
```

根据程序的打印结果，我们可以看到：对于用户申请的小块内存，Linux 内存管理子系统会在 BSS 段的后面批准一块内存给用户使用。当用户申请的内存大于 128KB 时，Linux 系统则通过 mmap 系统调用，映射一片内存给用户使用，映射区域在用户进程栈附近。两次申请的不同大小的内存，其地址分别位于内存中两个不同的区域：heap 区和 mmap 区。

我们让 a.out 进程先不退出，一直死循环运行，以方便我们通过 cat 命令查看 a.out 进程的内存布局。

```
#ps                              ;查看 a.out 的 PID
 26386 pts/6    00:00:15 a.out
# cat /proc/26386/maps           ;查看 a.out 进程的内存布局
08048000-08049000 r-xp 00000000 08:01 398563      a.out/.text
08049000-0804a000 r--p 00000000 08:01 398563      a.out/.data
0804a000-0804b000 rw-p 00001000 08:01 398563      a.out/.bss
080c6000-080e7000 rw-p 00000000 00:00 0           [heap]
b7597000-b7598000 rw-p 00000000 00:00 0
b7598000-b7748000 r-xp 00000000 08:01 414596      /lib/i386-linux-gnu/libc-2.23.so
b7748000-b774a000 r--p 001af000 08:01 414596      /lib/i386-linux-gnu/libc-2.23.so
b774a000-b774b000 rw-p 001b1000 08:01 414596      /lib/i386-linux-gnu/libc-2.23.so
b774b000-b774e000 rw-p 00000000 00:00 0
b7765000-b7766000 rw-p 00000000 00:00 0
b7766000-b7768000 r--p 00000000 00:00 0           [vvar]
b7768000-b7769000 r-xp 00000000 00:00 0           [vdso]
b7769000-b778c000 r-xp 00000000 08:01 414594      /lib/i386-linux-gnu/ld-2.23.so
b778c000-b778d000 r--p 00022000 08:01 414594      /lib/i386-linux-gnu/ld-2.23.so
b778d000-b778e000 rw-p 00023000 08:01 414594      /lib/i386-linux-gnu/ld-2.23.so
bf981000-bf9a2000 rw-p 00000000 00:00 0           [stack]
```

在 32 位 X86 平台下我们可以看到，heap 区域在.bss 段的后面，而 mmap 区域则紧挨着 stack，mmap 区域包括进程动态链接时加载到内存的动态链接器 ld-2.23.so、动态共享库、使用 mmap 申请的动态内存。

使用 kill 命令杀掉 a.out 进程再重新运行，你会发现&mem_100 和&mem_256K 的地址打印值发生了变化，每次程序运行的地址可能都不相同。这是因为 heap 区和 mmap 区的起始地址和 stack

一样，也不是固定不变的。为了防止黑客攻击，每次程序运行时，它们都会以一个随机偏移作为起始地址。

如图 5-26 所示，通过 a.out 进程的内存布局我们看到，栈的起始地址并不紧挨着内核空间 0xc0000000，而是从 0xbf9a2000 作为起始地址，中间有一个大约 6MB 的偏移。heap 区也不紧挨着.bss 段，它们之间也有一个 offset；mmap 区也是如此，它和 stack 区之间也有一个 offset。

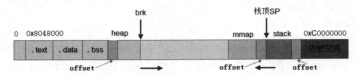

图 5-26　heap 区和 mmap 区的随机地址偏移

这些随机偏移由内核支持的可选配置选项 randomize_va_space 控制，当然你也可以关闭这个功能。

```
# cat /proc/sys/kernel/randomize_va_space
 2
# echo 0 > /proc/sys/kernel/randomize_va_space
# cat /proc/sys/kernel/randomize_va_space
 0
# ./a.out
08048000-08049000 r-xp 00000000 08:01 398563     /home/c/heap/a.out
08049000-0804a000 r--p 00000000 08:01 398563     /home/c/heap/a.out
0804a000-0804b000 rw-p 00001000 08:01 398563     /home/c/heap/a.out
0804b000-0806c000 rw-p 00000000 00:00 0          [heap]
b7e09000-b7e0a000 rw-p 00000000 00:00 0
b7e0a000-b7fba000 r-xp 00000000 08:01 414596      /lib/i386-linux-gnu/libc-2.23.so
b7fba000-b7fbc000 r--p 001af000 08:01 414596      /lib/i386-linux-gnu/libc-2.23.so
b7fbc000-b7fbd000 rw-p 001b1000 08:01 414596      /lib/i386-linux-gnu/libc-2.23.so
b7fbd000-b7fc0000 rw-p 00000000 00:00 0
b7fd7000-b7fd8000 rw-p 00000000 00:00 0
b7fd8000-b7fda000 r--p 00000000 00:00 0           [vvar]
b7fda000-b7fdb000 r-xp 00000000 00:00 0           [vdso]
b7fdb000-b7ffe000 r-xp 00000000 08:01 414594      /lib/i386-linux-gnu/ld-2.23.so
b7ffe000-b7fff000 r--p 00022000 08:01 414594      /lib/i386-linux-gnu/ld-2.23.so
b7fff000-b8000000 rw-p 00023000 08:01 414594      /lib/i386-linux-gnu/ld-2.23.so
bffdf000-c0000000 rw-p 00000000 00:00 0           [stack]
```

将 randomize_va_space 赋值为 0，可以关掉这个随机偏移功能。关闭这个功能后再去运行 a.out，你会看到，a.out 进程栈的起始地址就紧挨着内核空间 0xc0000000 存放，heap 区和 mmap 区也是如此。

对于用户创建的每一个 Linux 用户进程，Linux 内核都会使用一个 task_struct 结构体来描述它。task_struct 结构体中内嵌一个 mm_struct 结构体，用来描述该进程代码段、数据段、堆栈的起始地址。

```
struct mm_struct {
    ...
    unsigned long mmap_base;/* base of mmap area */
    unsigned long start_code, end_code, start_data, end_data;
    unsigned long start_brk, brk, start_stack;
    unsigned long arg_start, arg_end, env_start, env_end;

    mm_context_t context;
    ...
};
```

mm_struct 结构体中的 start_brk 成员表示堆区的起始地址，当我们将 randomize_va_space 设置为 0，关闭随机地址的偏移功能时，这个地址就是数据段（包括.data 和.bss）的结束地址 end_data。mm_struct 结构体中的 brk 成员表示堆区的结束边界地址。当用户使用 malloc()申请的内存大小大于当前的堆区时，malloc()就会通过 brk()系统调用，修改 mm_struct 中的成员变量 brk 来扩展堆区的大小。brk()系统调用的核心操作其实就是通过扩展数据段的边界来改变数据段的大小的。

```
#man 2 brk
  brk, sbrk - change data segment size
  brk() and sbrk() change the location of the program break, whi  ch defines the end of the process's
data segment (i.e., the pro  gram break is the first location after the end of the uninitial  ized
data segment).
```

当程序加载到内存运行时，加载器会根据可执行文件的代码段、数据段（.data 和.bss）的 size 大小在内存中开辟同等大小的地址空间。代码段和数据段的大小在编译时就已经确定，代码段具有只读和执行的权限，而数据段则有读写的权限。代码段和栈之间的一片茫茫内存虽然都是空闲的，但是要先申请才能使用。brk()系统调用通过扩展数据段的终止边界来扩大进程中可读写内存的空间，并把扩展的这部分内存作为堆区，使用 start_brk 和 brk 来标注堆区的起始和终止地址。在程序运行期间，随着用户申请的动态内存不断变化，brk 的终止地址也随之不断地变化，堆区的大小也会随之不断地变化。

大量的系统调用会让处理器和操作系统在不同的工作模式之间来回切换：操作系统要在用户态和内核态之间来回切换，CPU 要在普通模式和特权模式之间来回切换，每一次切换都意味着各种上下文环境的保存和恢复，频繁地系统调用会降低系统的性能。系统调用还有一个不人性化的地方是不支持任意大小的内存分配，有的平台甚至只支持一个或数倍物理页大小的内存申请，这在一定程度上会造成内存的浪费。举个通俗的例子，内存申请有点类似你去银行存取款。当你需要用钱时，如果每次都是用多少取多少，用 1 块取 1 块，用 10 块取 10 块，那么估计你天天都得往银行跑，花费在交通、排队上的时间开销无疑是巨大的。同样的道理，当你往银行存钱时，如果只要口袋里有钱，就往银行里存，有 1 块存 1 块，有 10 块存 10 块，那么估计你也得天天往银行跑。正确的做法应该是：每次取钱时多取一些，放到自己的钱包里，可以多次使用；存钱时也是如此，先存放到钱包里，等攒够了一定数额，再存到银行里，这样就可以大大减少去银行的次数。

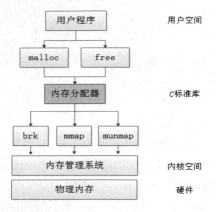

图 5-27　glibc 中的 ptmalloc 内存分配器

为了提高内存申请效率，减少系统调用带来的开销，我们可以参考上面的钱包模式，在用户空间层面对堆内存介入管理。如在 glibc 中实现的内存分配器（allocator）可以直接对堆内存进行维护和管理。如图 5-27 所示，内存分配器通过系统调用 brk()/mmap()向 Linux 内存管理子系统"批发"内存，同时实现了 malloc()/free()等 API 函数给用户使用，满足用户动态内存的申请与释放请求。

当用户使用 free()释放内存时，释放的内存并不会立即返回给内核，而是被内存分配器接收，缓存在用户空间。内存分配器将这些内存块通过链表收集起来，等下次有用户再去申请内存时，可以直接从链表上查找合适大小的内存块给用户使用，如果缓存的内存不够用再通过 brk()系统调用去内核"批发"内存。内存分配器相当于一个内存池缓存，通过这种操作方式，大大减少了系统调用的次数，从而提升了程序申请内存的效率，提高了系统的整体性能。

Linux 环境下的 C 标准库 glibc 使用 ptmalloc/ptmalloc2 作为默认的内存分配器，具体的实现源码在 glibc-2.xx/malloc 目录下。为了方便对内存块进行跟踪和管理，对于每一个用户申请的内存块，ptmalloc 都使用一个 malloc_chunk 结构体来表示，每一个内存块被称为 chunk。malloc_chunk 结构体定义在　glibc-2.xx/malloc/malloc.c 文件中。

```
struct malloc_chunk {

  INTERNAL_SIZE_T   mchunk_prev_size; /*Size of previous chunk (if free)*/
  INTERNAL_SIZE_T   mchunk_size;      /*Size in bytes, including overhead*/
  struct malloc_chunk* fd;            /* double links -- used only if free */
  struct malloc_chunk* bk;  /*for large blocks: pointer to next larger size*/
  struct malloc_chunk* fd_nextsize; /* double links -- used only if free.*/
  struct malloc_chunk* bk_nextsize;
};
```

用户程序调用 free()释放掉的内存块并不会立即归还给操作系统，而是被用户空间的 ptmalloc 接收并添加到一个空闲链表中。malloc_chunk 结构体中的 fd 和 bk 指针成员将每个内存块链成一个双链表，不同大小的内存块链接在不同的链表上，每个链表都被我们称作 bin，ptmalloc 内存分配器共有 128 个 bin，使用一个数组来保存这些 bin 的起始地址。

　　每一个 bin 都是由不同大小的内存块链接而成的链表，根据内存块大小的不同，我们可以对这些 bins 进行分类。每个 bin 在数组中的地址索引和 bin 链表中内存块大小之间的对应关系如图 5-28 所示。

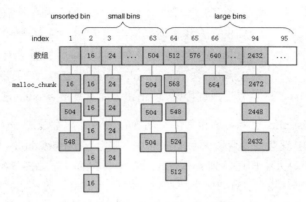

图 5-28　不同大小的内存块构成的链表——bins

　　用户释放掉的内存块不会立即放到 bins 中，而是先放到 unsorted bin 中。等用户下次申请内存时，会首先到 unsorted bin 中查看有没有合适的内存块，若没有找到，则再到 small bins 或 large bins 中查找。small bins 中一共包括 62 个 bin，相邻两个 bin 上的内存块大小相差 8 字节，内存数据块的大小范围为[16, 504]，大于 504 字节的大内存块要放到 large bins 对应的链表中。每个 bin 在数组中的索引和内存块大小之间的关系如表 5-2 所示。

表 5-2　内存块大小与bin的对应关系

分　　类	数组索引	内存块大小范围（byte）	步长（byte）	个　　数
unsorted bin	–	–	–	1
small bins	[2,63]	[16,504]	8	62
large bins	[64,94]	[512,2488]	64	31
	[95,111]	[2496,10744]	512	17
	[112,120]	[10752,45048]	4096	9
	[121,123]	[45056,163832]	32768	3
	[124,126]	[163840,786424]	262144	3
	[127]	[786432,2^64]	–	1

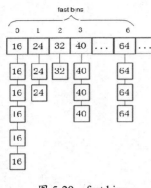

图 5-29　fast bins

除了数组中的这些 bins，还有一些特殊的 bins，如 fast bins。用户释放掉的小于 M_MXFAST（32 位系统下默认是 64 字节）的内存块会首先被放到 fast bins 中。如图 5-29 所示，fast bins 由单链表构成，FILO 栈式操作，运行效率高，相当于 small bins 的缓存。

熟悉了各个 bin 的基本情况后，我们就可以了解一下堆内存的分配流程了。当用户申请一块内存时，内存分配器就根据申请的内存大小从 bins 查找合适的内存块。当申请的内存块小于 M_MXFAST 时，ptmalloc 分配器会首先到 fast bins 中去看看有没有合适的内存块，如果没有找到，则再到 small bins 中查找。如果要申请的内存块大于 512 字节，则直接跳过 small bins，直接到 unsorted bin 中查找。

在适当的时机，fast bins 会将物理相邻的空闲内存块合并，存放到 unsorted bin 中。内存分配器如果在 unsorted bin 中没有找到合适大小的内存块，则会将 unsorted bins 中物理相邻的内存块合并，根据合并后的内存块大小再迁移到 small bins 或 large bins 中。如图 5-30 所示，unsorted bin 中两个大小分别为 16 字节和 24 字节的内存块在物理内存上是相邻的，因此我们可以把它们合并成一个 40 字节大小的内存块，并迁移到 small bins 中对应的链表上。

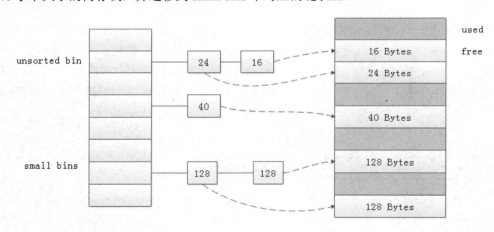

图 5-30　内存块的合并

合并后的内存块如图 5-31 所示。

ptmalloc 接着会到 large bins 中寻找合适大小的内存块。假设没有找到大小正好合适的内存块，一些大的内存块将会被分割成两部分：一部分返回给用户使用，剩余部分则放到 unsorted bin 中。

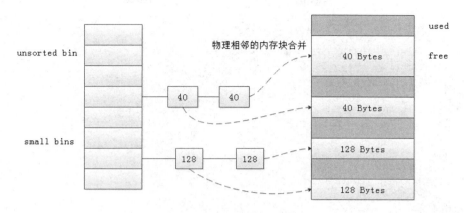

图 5-31 合并后的内存块

如果在 large bins 中还没有找到合适的内存块，这时候就要到 top chunk 上去分配内存了。top chunk 是堆内存区顶部的一个独立 chunk，它比较特殊，不属于任何 bins。若用户申请的内存小于 top chunk，则 top chunk 会被分割成两部分：一部分返回给用户使用，剩余部分则作为新的 top chunk。若用户申请的内存大于 top chunk，则内存分配器会通过系统调用 sbrk()/mmap()扩展 top chunk 的大小。用户第一次调用 malloc()申请内存时，ptmalloc 会申请一块比较大的内存，切割一部分给用户使用，剩下部分作为 top chunk。

当用户申请的内存大于 M_MMAP_THRESHOLD（默认 128KB）时，内存分配器会通过系统调用 mmap()申请内存。使用 mmap 映射的内存区域是一种特殊的 chunk，这种 chunk 叫作 mmap chunk。当用户通过 free()函数释放掉这块内存时，内存分配器再通过 munmap()系统调用将其归还给操作系统，而不是将其放到 bin 中。

5.4.4 堆内存测试程序

为了消化一下内存分配器 ptmalloc 对堆内存申请和释放的管理流程，我们写个简单的程序来验证一下。

```c
//ptmalloc_test.c
#include <stdio.h>
#include <stdlib.h>

int main (void)
{
    char *p_32k, *p_64k, *p_120k;
    char *p_12k, *p_80k, *p_132k;
```

```
    p_32k  = malloc(32*1024);
    p_64k  = malloc(64*1024);
    p_120k = malloc(120*1024);
    p_132k = malloc(132*1024);
    printf("p_32k: %p\n", p_32k);
    printf("p_64k: %p\n", p_64k);
    printf("p_120k: %p\n", p_120k);
    printf("p_132k: %p\n", p_132k);

    free(p_32k);
    p_12k = malloc(12*1024);
    printf("p_12k: %p\n", p_12k);

    free(p_64k);
    p_80k = malloc(80*1024);
    printf("p_80k: %p\n", p_80k);

    free(p_132k);
    free(p_12k);
    free(p_80k);
    free(p_120k);

    return 0;
}
```

编译上面的程序并运行。

```
#gcc ptmalloc_test.c -o a.out
#./a.out
p_32k:  0x82bf008
p_64k:  0x82c7010
p_120k: 0x82d7018
p_132k: 0xb750a008
p_12k:  0x82bf008
p_80k:  0x82c2010
```

通过运行结果我们可以看到，对于小于 128KB 的内存申请，ptmalloc 会直接在堆区域分配内存；对于大于 128KB 的内存申请，ptmalloc 内存分配器则直接在靠近进程栈（0xbxxxxxxx）的地方映射一片内存区域返给用户使用。用户释放的内存并不会立即归还给操作系统，而是由 ptmalloc 接管，等下次用户申请内存时就可以将接管的这块内存继续分配给用户使用。如图 5-32 所示，程序新申请的 12KB 内存就是从刚刚释放的 32KB 大小的内存块中直接分割一块返给用户的，所以我们会看到 p_32k 指针和 p_12k 指针的打印值是相同的。

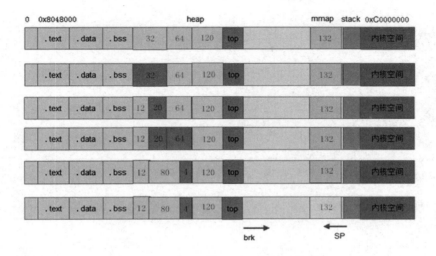

图 5-32 堆内存的动态申请与释放

当堆内存中相邻的两个内存块都被释放且处于空闲状态时，ptmalloc 在合适的时机，会将这两块内存合并成一块大内存，并在 bins 上更新它们的维护信息。在图 5-32 中可以看到，当我们释放 p_64k 指针指向的 64KB 内存时，它就会和相邻的 20KB 大小的空闲内存块合并，生成一个 84KB 大小的新内存块。当用户申请一个 80KB 大小的内存时，就可以将这块内存分配给用户，并将剩下的 4KB 内存块放到 unsorted bin 中，等待用户新的内存申请或将它移动到 large bins 中。

对于 120KB 的大内存申请，如果没有在 large bins 中找到合适的内存块，则 ptmalloc 就会到 top chunk 区域分配内存。如果申请的内存大于 128KB，则 ptmalloc 直接通过 mmap()映射一片内存返给用户，这部分映射内存释放时也不会添加到 bins，而是直接通过 munmap()直接还给操作系统。

通过对这个程序的分析和验证，我们对 Linux 环境下不同大小的堆内存申请处理流程就有了一个整体的认识。

5.4.5 实现自己的堆管理器

通过前面两节的学习，我们对不同操作系统的堆内存管理有了一个大致的了解。在嵌入式裸机环境下，为了解决内存碎片问题，我们可以参考 uC/OS 和 Linux 的管理思路，尝试自己实现一个嵌入式裸机环境下的堆内存管理器。

```
//mempool.c
#include <stdio.h>
```

```c
#define POOL_SIZE 1088
#define CHUNK_NUM 16

struct chunk{
    unsigned char *addr;
    char          used;
    unsigned char size;
};

char mempool[POOL_SIZE];
struct chunk bitmap[CHUNK_NUM];

void pool_init(void)
{
    int i;
    char *p = &mempool[0];
    for(int i = 0; i < CHUNK_NUM; i++)
    {
        p = p + i*8;
        bitmap[i].addr = p;
        bitmap[i].size = 8 *(i + 1);
        bitmap[i].used = 0;
    }
}

int bitmap_index(int nbytes)
{
    if(nbytes%8==0)
        return nbytes / 8 -1;
    else
        return nbytes / 8;
}

void* pool_malloc(int nbytes)
{
    int i;
    int index;
    index = bitmap_index(nbytes);
    for( i = index; i < CHUNK_NUM; i++)
    {
        if(bitmap[i].used == 0){
            bitmap[i].used = 1;
            return bitmap[i].addr;
        }
        else
            continue;
```

```
    }
    return (void *)0;
}

void pool_free(void *p)
{
    int i;
    for(i = 0; i < CHUNK_NUM; i++)
    {
        if(bitmap[i].addr == p)
            bitmap[i].used = 0;
    }
}

void pool_info(void)
{
    int frees = 0;
    int used_size  = 0;
    int i;
    for(i = 0; i < CHUNK_NUM; i++)
    {
        if(bitmap[i].used ==1)
            used_size = used_size + bitmap[i].size;
        else
            frees++;
    }
    printf("-----------------------------\n");
    printf("           memory info          \n\n");
    printf("Total size:  %d\tBytes\n", POOL_SIZE);
    printf("Used  size:  %d\tBytes\n", used_size);
    printf("Free  size:  %d\tBytes\n", POOL_SIZE-used_size);
    printf("Used Chunks: %d\n", CHUNK_NUM-frees);
    printf("Free Chunks: %d\n", frees);
    printf("Pool  usage: %d\%\n", (used_size*100/POOL_SIZE));
    printf("-----------------------------\n");
}
```

在上面的程序中，我们实现了一个堆内存管理器。堆内存管理器的实现思路其实很简单：使用一个大数组 mempool 表示要管理的堆内存，将其划分为不同大小的 16 个内存块，内存块大小范围为 [8, 128] Bytes。使用 bitmap 数组对 16 个内存块进行管理，表示内存块的使用和空闲情况，用户可以申请的内存大小为[1,128] Bytes。堆内存管理器实现了 4 个 API 函数，分别用于内存初始化、内存申请、内存释放、堆内存使用情况查询，这 4 个 API 函数封装在 mempool.h 头文件中。

```
#ifndef __MEMPOOL_H
#define __MEMPOOL_H
    void pool_init(void);
```

```
    void *pool_malloc(int nbytes);
    void pool_free(void *p);
    void pool_info(void);
#endif
```

　　用户如果想使用这个堆内存管理器申请内存、释放内存，则直接使用上面的接口即可。堆内存管理器的测试程序如下。

```
#include <stdio.h>
#include <string.h>
#include "mempool.h"

int main(void)
{
    pool_init();
    char *p = NULL;
    char *q = NULL;
    p =(char *)pool_malloc(100);
    q =(char *)pool_malloc(24);
    memcpy(p,"hello world\n", 15);
    printf("%s\n", p);
    pool_info();
    pool_free(p);
    pool_free(q);
    pool_info();
    return 0;
}
```

　　在嵌入式裸机环境下，我们使用上面实现的堆内存管理器分配内存，可以在一定程度上避免内存碎片的产生。在有操作系统的嵌入式开发环境中，一般操作系统都会介入堆内存管理，解决内存碎片化的问题。不同的操作系统，对堆内存管理有不同的机制和实现，但一般都会通过 C 标准库中的 malloc()/free()函数引出 API，供程序员使用。

　　分析到这里，我们已经对一个嵌入式系统，在不同的环境下（裸机、uC/OS、Linux）对堆内存的管理和维护有了一个大致的了解。现在我们一起放飞思维的翅膀，让我们想象一下一个程序运行时，在 Linux 进程空间的内存布局和动态变化：当函数一级一级地调用又退出，栈中的函数栈帧是如何创建和销毁的，FP 和 SP 指针是如何移动的；当函数内使用 malloc()/free() 申请释放内存时，堆区的内存是如何变化的，brk 指针是如何移动的，glibc 中的内存分配器 ptmalloc 又是如何工作的。如果你在脑海中对这些流程有了清晰的图像，说明你对程序的堆栈内存管理已经有了一个全局的认识，至少在大脑中已经搭建出一个完整的认知框架。有了这些知识储备和认知框架，以后在工作中遇到这方面的问题，就可以很快在知识体系中找到定位，就知道该从哪里继续深入学习了。嵌入式系统中的堆内存管理框架如图 5-33 所示。

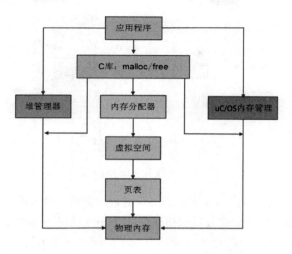

图 5-33　嵌入式系统中的堆内存管理框架

5.5　mmap 映射区域探秘

通过前几节的学习我们已经知道，当用户使用 malloc 申请大于 128KB 的堆内存时，内存分配器会通过 mmap 系统调用，在 Linux 进程虚拟空间中直接映射一片内存给用户使用。这片使用 mmap 映射的内存区域比较神秘，目前我们还不是很熟悉，无论是动态链接器、动态共享库的加载，还是大于 128KB 的堆内存申请，都和这个区域息息相关。既然已经有堆区和栈区了，为什么还要使用这片映射区域？这片映射区域的内存有什么特点？怎么使用它？操作系统是如何管理和维护的？带着这些疑问，让我们开启这片映射区域的探索之旅吧。

想要搞清楚这部分区域，我们还得从文件的读写说起。当我们运行一个程序时，需要从磁盘上将该可执行文件加载到内存。将文件加载到内存有两种常用的操作方法，一种是通过常规的文件 I/O 操作，如 read/write 等系统调用接口；一种是使用 mmap 系统调用将文件映射到进程的虚拟空间，然后直接对这片映射区域读写即可。

文件 I/O 操作使用文件的 API 函数（open、read、write、close）对文件进行打开和读写操作。文件存储于磁盘中，我们通过指定的文件名打开一个文件，就会得到一个文件描述符，通过该文件描述符就可以找到该文件的索引节点 inode，根据 inode 就可以找到该文件在磁盘上的存储位置。然后我们就可以直接调用 read()/write() 函数到磁盘指定的位置读写数据了。文件的读写流程如图 5-34 左侧图所示。

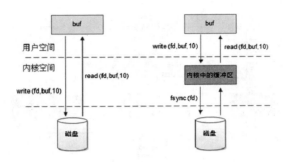

图 5-34　页缓存（page cache）

　　磁盘属于机械设备，程序每次读写磁盘都要经过转动磁盘、磁头定位等操作，读写速度较慢。为了提高读写效率，减少 I/O 读盘次数以保护磁盘，Linux 内核基于程序的局部原理提供了一种磁盘缓冲机制。如图 5-34 所示，在内存中以物理页为单位缓存磁盘上的普通文件或块设备文件。当应用程序读磁盘文件时，会先到缓存中看数据是否存在，若数据存在就直接读取并复制到用户空间；若不存在，则先将磁盘数据读取到页缓存（page cache）中，然后从页缓存中复制数据到用户空间的 buf 中。当应用程序写数据到磁盘文件时，会先将用户空间 buf 中的数据写入 page cache，当 page cache 中缓存的数据达到设定的阈值或者刷新时间超时，Linux 内核会将这些数据回写到磁盘中。

　　不同的进程可能会读写多个文件，不同的文件可能都要缓存到 page cache 物理页中。如图 5-35 所示，Linux 内核通过一个叫作 radix tree 的树结构来管理这些页缓存对象。一个物理页上可以是文件页缓存，也可以是交换缓存，甚至是普通内存。以文件页缓存为例，它通过一个叫作 address_space 的结构体让磁盘文件和内存产生关联。我们通过文件名可以找到该文件对应的 inode，inode->imapping 成员指向 address_space 对象，物理页中的 page->mapping 指向页缓存 owner 的 address_space ，这样文件名和其对应的物理页缓存就产生了关联。

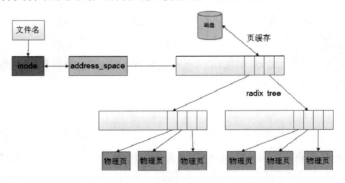

图 5-35　Linux 内核中的页缓存管理

当我们读写指定的磁盘文件时，通过文件描述符就可以找到该文件的 address_space，通过传进去的文件位置偏移参数就可以到页缓存中查找对应的物理页，若查找到则读取该物理页上的数据到用户空间；若没有查找到，则 Linux 内核会新建一个物理页添加到页缓存，从磁盘读取数据到该物理页，最后从该物理页将数据复制到用户空间。

Linux 内核中的页缓存机制在一定程度上提高了磁盘读写效率，但是程序通过 read()/write() 频繁地系统调用还是会带来一定的性能开销。系统调用会不停地切换 CPU 和操作系统的工作模式，数据也在用户空间和内核空间之间不停地复制。为了减少系统调用的次数，尝到了缓存"甜头"的 glibc 决定进一步优化。如图 5-36 所示，在用户空间开辟一个 I/O 缓冲区，并将系统调用 read()/write() 进一步封装成 fread()/fwrite()库函数。

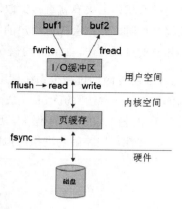

图 5-36　用户空间的 I/O 缓冲区

```
size_t  fread(void *ptr, size_t size, size_t nmemb,  FILE *stream); size_t  fwrite(const void *ptr,
size_t size, size_t nmemb, FILE *stream);
```

在用户空间，C 标准库会为每个打开的文件分配一个 I/O 缓冲区和一个文件描述符 fd。I/O 缓冲区信息和文件描述符 fd 一起封装在 FILE 结构体中。

```
struct _IO_FILE {
    int _flags;
    char* _IO_read_ptr; /* Current read pointer */
    char* _IO_read_end; /* End of get area. */
    char* _IO_read_base;    /* Start of putback+get area. */
    char* _IO_write_base;   /* Start of put area. */
    char* _IO_write_ptr;    /* Current put pointer. */
    char* _IO_write_end;    /* End of put area. */
    char* _IO_buf_base; /* Start of reserve area. */
    char* _IO_buf_end;  /* End of reserve area. */
    struct _IO_FILE *_chain;
    int _fileno;
    IO_off_t _old_offset;
    unsigned short _cur_column;
    signed char _vtable_offset;
    char _shortbuf[1];
    _IO_lock_t *_lock;
};
typedef  struct  _IO_FILE   FILE;
```

用户可以通过这个 FILE 类型的文件指针，调用 fread()/fwrite() C 标准库函数来读写文件。如图 5-36 所示，当应用程序通过 fread()函数读磁盘文件时，数据从内核的页缓存复制到 I/O 缓冲区，然后复制到用户的 buf2 中，当 fread 第二次读写磁盘文件时会先到 I/O 缓冲区里查看是否有要读写的数据，如果有就直接读取，如果没有就重复上面的流程，重新缓存；当程序通过 fwrite()函数写文件时，数据会先从用户的 buf1 缓冲区复制到 I/O 缓冲区，当 I/O 缓冲区满时再一次性复制到内核的页缓存中，Linux 内核在适当的时机再把页缓存中的数据回写到磁盘中。

I/O 缓冲区通过减少系统调用的次数来降低系统调用的开销，但也增加了数据在不同缓冲区复制的次数：一次读写流程要完成两次数据的复制操作。当程序要读写的数据很大时，这种文件 I/O 的开销也是很大的，得不偿失。那么能不能通过进一步优化来减少数据的复制次数呢？答案是能，可以将文件直接映射到进程虚拟空间。进程的虚拟地址空间与文件之间的映射关系如图 5-37 所示。

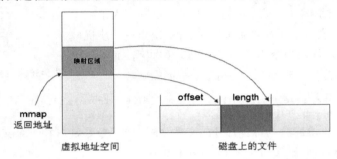

图 5-37　将文件映射到内存

我们可以通过 mmap 系统调用将文件直接映射到进程的虚拟地址空间中，地址与文件数据一一对应，对这片内存映射区域进行读写操作相当于对磁盘上的文件进行读写操作。这种映射方式减少了内存复制和系统调用的次数，可以进一步提高系统性能。

5.5.1　将文件映射到内存

将文件映射到内存主要由 mmap()/munmap()函数来完成。mmap()的函数原型如下。

```
void *mmap(void *addr, size_t length, int prot, int flags,      int fd, off_t offset);
```

相关的参数说明如下。

● addr：进程中要映射的虚拟内存起始地址，一般为 NULL。
● length：要映射的内存区域大小。
● prot：内存保护标志有 PROT_EXEC、PROT_READ、PROT_WRITE。
● flags：映射对象类型有 MAP_FIXED、MAP_SHARED、MAP_PRIVATE。
● fd：要映射文件的文件描述符。

- offset：文件位置偏移。
- mmap 以页为单位进行操作：参数 addr 和 offset 必须按页对齐。

第一个参数 addr 表示你要将文件映射到进程虚拟空间的地址，可以显示指定，也可以设置为 NULL，由系统自动分配。mmap()映射成功会返给用户一个地址，这个地址就是文件映射到进程虚拟空间的起始地址。通过这个地址我们就与要读写的文件建立了关联，用户对这片映射内存区域进行读写就相当于对文件进行读写。

接下来我们编写一个程序，不通过文件 I/O 对文件进行读写，而是通过 mmap 映射的内存进行读写。通过映射内存往一个磁盘文件写数据的示例程序如下。

```c
//mmap_write.c
#include <sys/mman.h>
#include <sys/types.h>
#include <fcntl.h>
#include <string.h>
#include <stdio.h>
#include <unistd.h>

int main (int argc, char *argv[])
{
    int fd;
    int i;
    char *p_map;
    fd = open (argv[1], O_CREAT | O_RDWR | O_TRUNC, 0666);
    write (fd, "", 1);
    p_map = (char *) mmap (NULL, 20, PROT_READ | PROT_WRITE, MAP_SHARED, fd, 0);
    if (p_map == MAP_FAILED)
    {
        perror ("mmap");
        return -1;
    }
    close (fd);
    if (fd == -1)
    {
        perror ("close");
        return -1;
    }
    memcpy (p_map, "hello world!\n", 14);
    sleep (5);
    if (munmap (p_map, 20) == -1)
    {
        perror ("munmap");
        return -1;
    }
```

```
    return 0;
}
```

编译上面的程序并运行，通过指定的文件名创建一个文本文件 data.txt，然后在程序中向这片映射内存写入字符串"hello world"，就可以直接将这个字符串写入文本文件 data.txt。

```
#gcc mmap_write.c -o a.out
#./a.out data.txt
```

通过映射内存从一个文件数据读取数据的程序示例如下。

```
//mmap_read.c
#include <sys/mman.h>
#include <sys/types.h>
#include <fcntl.h>
#include <string.h>
#include <stdio.h>
#include <unistd.h>

int main (int argc, char *argv[])
{
    int fd;
    int i;
    char *p_map;
    fd = open (argv[1], O_CREAT | O_RDWR, 0666);
    p_map = (char *) mmap (NULL, 20, PROT_READ | PROT_WRITE, MAP_SHARED, fd, 0);
    if (p_map == MAP_FAILED)
    {
        perror ("mmap");
        return -1;
    }
    close (fd);
    if (fd == -1)
    {
        perror ("close");
        return -1;
    }
    printf ("%s", p_map);
    if (munmap (p_map, 20) == -1)
    {
        perror ("munmap");
        return -1;
    }
    return 0;
}
```

编译上面的程序并运行，通过指定的文件名打开文本文件 data.txt，将该文件映射到进程的虚拟空间，映射成功后，读取这片映射内存空间的数据就相当于读取 data.txt 文件中的数据。

```
#gcc mmap_read.c -o a.out
#./a.out data.txt
```

5.5.2　mmap 映射实现机制分析

Linux 下的每一个进程在内核中统一使用 task_struct 结构体表示。task_struct 结构体的 mm_struct 成员用来描述当前进程的内存布局信息。一个进程的虚拟地址空间分为不同的区域，如代码段、数据段、mmap 区域等，每一个区域都使用 vm_area_struct 结构体对象来描述。

```
struct vm_area_struct {
    unsigned long    vm_start; /*Our start address within vm_mm.*/
    unsigned long    vm_end;
struct vm_area_struct  *vm_next, *vm_prev;
…
    struct file * vm_file;    /* File we map to (can be NULL).*/
    void * vm_private_data;  /* was vm_pte (shared mem) */
        …
};
```

各个 vm_area_struct 通过成员 vm_next、vm_prev 指针链成一个链表，内嵌在 vm_struct 结构体中。一个进程创建以后，链表中的各个 vm_area_struct 结构体对象和进程虚拟空间中不同区域之间的对应关系如图 5-38 所示。

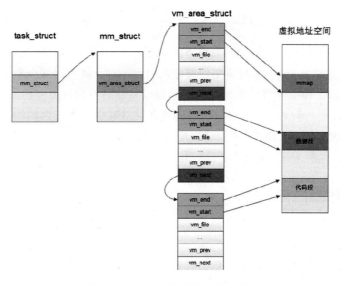

图 5-38　Linux 进程虚拟空间管理

通过 mmap() 函数虽然完成了文件和进程虚拟空间的映射，但是需要注意的是，现在文件还在磁盘上。当用户程序开始读写进程虚拟空间中的这片映射区域时，发现这片映射区域还没有分配物理内存，就会产生一个请页异常，Linux 内存管理子系统就会给该片映射内存分配物理内存，将要读写的文件内容读取到这片内存，最后将虚拟地址和物理地址之间的映射关系写入该进程的页表。文件映射的这片空间分配物理内存成功后，我们再去读写文件时就不用使用文件的 I/O 接口函数了，直接对进程空间中的这片映射区域读写即可。

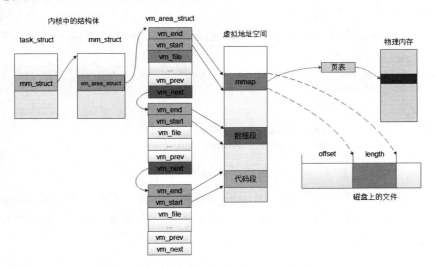

图 5-39　mmap 映射区域与物理内存

在实际编程中，我们使用 malloc() 函数申请的动态内存一般被当作缓冲区使用，免不了有大量的数据被搬来搬去，通过 mmap() 函数将文件直接映射到内存，就可以减少数据搬运的次数。按照 Linux 信奉的"一切皆文件"的哲学思想，我们也可以将映射的文件范围扩大，一块普通的内存，显卡、Framebuffer 都是一个文件，都可以映射到内存，既减少了系统调用的次数，又减少了数据复制的次数，性能相比文件 I/O 显著提高。这也是为什么我们使用 malloc() 函数申请大于 128KB 的内存时，malloc() 函数底层采用 mmap 映射的原因。

5.5.3　把设备映射到内存

Linux 的设计思想是"一切皆文件"，即无论是磁盘上的普通数据文件，还是 /dev 目录下的设备文件，甚至是一块普通的内存，我们都可以把它看作一个文件，并通过文件 I/O 接口函数 read()/write() 去读写它们。当然，我们也可以通过 mmap() 函数将一个设备文件映射到内存，对映射内存进行读写同样也能达到对设备文件进行读写的目的。

以 LCD 屏幕的显示为例，如图 5-40 所示，无论是计算机的显示器还是手机的显示屏，其主要部件一般包括 LCD 屏幕、LCD 驱动器、LCD 控制器和显示内存。LCD 屏幕有和它配套的显示内存，LCD 屏幕上的每一个像素都和显示内存中的数据一一对应，通过配置 LCD 控制器可以让 LCD 驱动器工作，将显示内存上的数据一一对应地在屏幕上显示。

图 5-40　LCD 显示器的硬件结构

和 51 单片机经常搭配使用的 LCD1602 液晶屏显示模块，大家有机会拿到实物可以看到这个模块挺厚重的，拿在手里沉甸甸的。LCD1602 不仅包括液晶屏幕，背面还有驱动控制电路，里面集成的还有显示内存，直接在显存里写入数据就可以在液晶屏上显示指定的字符了。X86 环境下的显示控制模块通常以显卡的形式直接插到主板上，显卡又分为集成显卡和独立显卡，独立显卡模块有自己单独的显示内存，而集成显卡则没有自己独立的显示内存，要占用内存的一片地址空间作为显存使用。在嵌入式 ARM 平台上，LCD 控制器通常以 IP 的形式集成到 SoC 芯片上，和 X86 的集成显卡类似，也要占用一部分内存空间作为显示内存，因此我们可以看到 ARM 平台上外接的 LCD 屏通常很薄，就是一个包含驱动电路的屏幕，通过引出的几根引线接口可以直接插到嵌入式开发板上。

不同的嵌入式平台，外接的屏幕大小、尺寸、分辨率都不一样。为了更好地适配不同的显示屏，Linux 内核在驱动层对不同的 LCD 硬件设备进行抽象，屏蔽底层的各种硬件差异和操作细节，抽象出一个帧缓存设备——Framebuffer。Framebuffer 是 Linux 对显存抽象的一种虚拟设备，对应的设备文件为/dev/fb，它为 Linux 的显示提供了统一的接口。用户不用关心硬件层到底是怎么实现显示的，直接往帧缓存写入数据就可以在对应的屏幕上显示自己想要的字符或图像。

以 ARM vexpress 仿真平台为例，帧缓存设备对应的设备文件节点为/dev/fb0。向设备文件/dev/fb0 写入数据有两种方式，如图 5-41 所示，第一种是使用 open/read/write 接口像普通文件一样对设备进行读写，这种操作方式容易理解，但是当要显示的数据很大时，大块数据在用户空间的缓冲区和内核的缓存之间来回复制会影响系统的性能。

我们一般采用第二种 mmap 映射的方式，把设备文件像磁盘上的普通文件一样直接映射到进程的虚拟地址空间，应用程序在用户空间直接对映射内存进行读写就可以实时地在屏幕上显示出来。

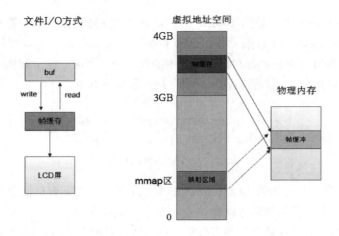

图 5-41　将设备文件映射到内存

```
#include <stdio.h>
#include <string.h>
#include <sys/types.h>
#include <sys/stat.h>
#include <fcntl.h>
#include <sys/mman.h>
#include <unistd.h>

int main (void)
{
    int fd;
    unsigned char *fb_mem;
    int i = 100;
    fd = open ("/dev/fb0", O_RDWR);
    if (fd == -1)
    {
        perror ("open");
        return -1;
    }
    fb_mem = mmap (NULL, 800*600, PROT_READ | PROT_WRITE, MAP_SHARED, fd, 0);
    if (fb_mem == MAP_FAILED)
    {
        perror ("mmap");
        return -1;
    }
    while (1)
    {
        memset (fb_mem, i++, 800*600);
        sleep (1);
```

```
    }

    close (fd);
    return 0;
}
```

在上面的程序中，我们将 Framebuffer 的设备文件 /dev/fb0 通过 mmap()直接映射到了进程的虚拟空间中。通过 mmap()返回的指针 fb_mem，我们就可以直接对这片映射区域写入数据，不断地向屏幕 800*600 大小的显存区域写入随机数据。

编译上面的程序并在 ARM vexpress 仿真开发板上运行，在 LCD 屏幕上可以看到 800*600 大小的显示区域内，屏幕显示的颜色一直在不断变化，运行效果如图 5-42 所示。

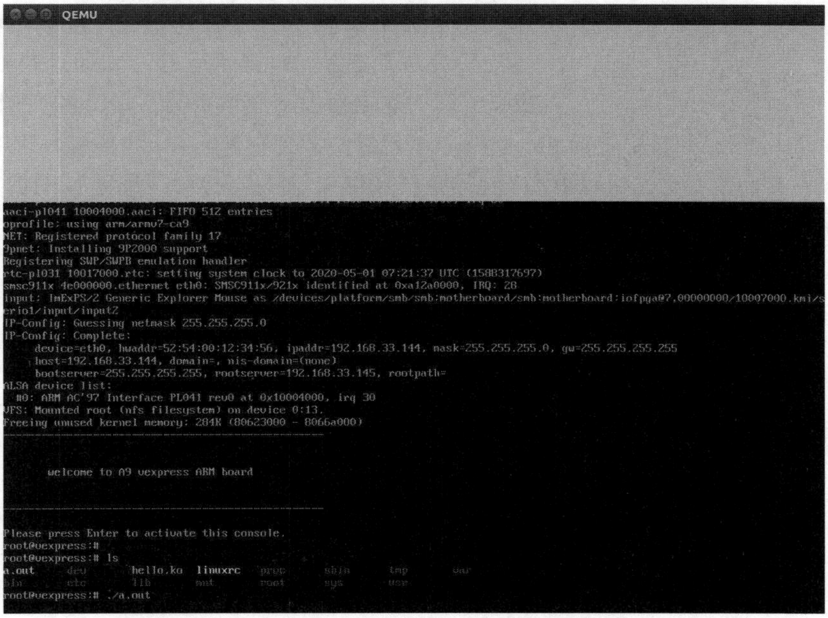

图 5-42　LCD 显示屏上的数据变化

5.5.4　多进程共享动态库

通过上一章的学习，我们对动态库的动态链接和重定位过程已经很熟悉了，再加上本章对 mmap 映射的理解，我们就可以接着分析一个被加载到内存的动态库是如何被多个进程共享的。

当动态库第一次被链接器加载到内存参与动态链接时，如图 5-43 所示，动态库映射到了当前进程虚拟空间的 mmap 区域，动态链接和重定位结束后，程序就开始运行。当程序访问 mmap 映

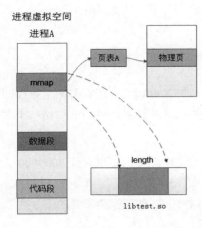

图 5-43   mmap 区的动态共享库

射区域，去调用动态库的一些函数时，发现此时还没有为这片虚拟空间分配物理内存，就会产生一个请页异常。内核接着会为这片映射内存区域分配物理内存，将动态库文件 libtest.so 加载到物理内存，并将虚拟地址和物理地址之间的映射关系更新到进程的页表项，此时动态库才真正加载到物理内存，程序才可以正常运行。

对于已经加载到物理内存的文件，Linux 内核会通过一个 radix tree 的树结构来管理这些页缓存对象。在图 5-44 中，当进程 B 运行也需要加载动态库 libtest.so 时，动态链接器会将库文件 libtest.so 映射到进程 B 的一片虚拟内存空间上，链接重定位完成后进程 B 开始运行。当通过映射内存地址访问 libtest.so 时也会触发一个请页异常，Linux 内核在分配物理内存之前会先从 radix tree 树中查询 libtest.so 是否已经加载到物理内存，当内核发现 libtest.so 库文件已经加载到内存后就不会给进程 B 分配新的物理内存，而是直接修改进程 B 的页表项，将进程 B 中的这片映射区域直接映射到 libtest.so 所在的物理内存上。

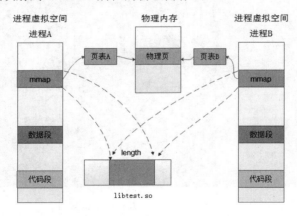

图 5-44   多进程共享动态库

通过上面的分析我们可以看到，动态库 libtest.so 只加载到物理内存一次，后面的进程如果需要链接这个动态库，直接将该库文件映射到自身进程的虚拟空间即可，同一个动态库虽然被映射到了多个进程的不同虚拟地址空间，但是通过 MMU 地址转换，都指向了物理内存中的同一块区域。此时动态库 libtest.so 也被多个进程共享使用，因此动态库也被称作动态共享库。

5.6　内存泄漏与防范

内存泄漏是很多初学者在软件开发中经常遇到的一个问题，要想编写一个可以长期稳定运行的程序，预防内存泄漏是必不可少的一环。要想快速定位内存泄漏，掌握一些常用的调试手段和工具，了解内存泄漏背后的原理也是很有必要的。

5.6.1　一个内存泄漏的例子

在一个 C 函数中，如果我们使用 malloc()申请的内存在使用结束后没有及时被释放，则 C 标准库中的内存分配器 ptmalloc 和内核中的内存管理子系统都失去了对这块内存的追踪和管理。这块内存就像被丢弃在荒野里的共享单车，用户用完就丢，没有归还到车辆管理中心，车辆管理中心认为这辆单车还在用户手里，两者都失去了对这辆单车的管理和维护，其他人也就没法继续使用。失去管理和追踪的这块内存，一直孤零零地躺在内存的某片区域，用户、内存分配器和内存管理子系统都不知道它的存在，它就像内存中的一块漏洞，我们称这种现象为内存泄漏。

一个简单的内存泄漏的程序如下。

```c
#include <stdlib.h>

int main(void)
{
    char *p;
    p = (char *) malloc (32);
    strcpy(p, "hello");
    puts(p);
    return 0;
}
```

在上面的程序中，我们将使用 malloc()申请到的内存地址赋值给指针变量 p，然后通过指针变量 p 就可以操作这块匿名内存了。函数运行结束退出后，随着函数栈帧的销毁，指针局部变量 p 也就随之释放掉了，用户再也无法通过指针变量 p 来访问这片内存，也就失去了对这块内存的控制权。在函数退出之前，如果我们没有使用 free()函数及时地将这块内存归还给内存分配器 ptmalloc 或内存管理子系统，ptmalloc 和内存管理子系统就失去了对这块内存的控制权，它们可能认为用户还在使用这片内存。等下次去申请内存时，内存分配器和内存管理子系统都没有这块内存的信息，所以不可能把这块内存再分配给用户使用。

图 5-45 中有大小为 548 Byte 和 504 Byte 的两个内存块，一开始这两个内存块是在空闲链表中

的，当用户使用 malloc()申请内存时，内存分配器 ptmalloc 将这两个内存块节点从空闲链表中摘除，并把内存块的地址返给用户使用。如果用户使用后忘了归还，那么空闲链表中就没有了这两个内存块的信息，这两块内存也就无法继续使用了，在内存中就产生了两个"漏洞"，即发生了内存泄漏。

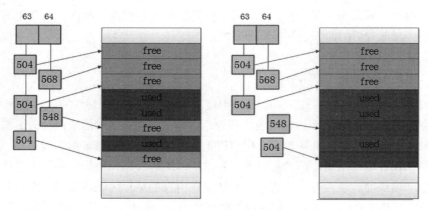

图 5-45　内存泄漏后的内存块

偶尔的内存泄漏对我们的程序运行可能并无大碍，大不了重启一下计算机，重新恢复内存。但是对于一个需要长期稳定运行的系统来说是致命的，如长期运行的服务器，今天漏一块，明天漏一块，日积月累，再大的内存资源也会慢慢耗光，到最后可以使用的内存资源越来越少。你会发现计算机运行越来越卡、越来越慢，直到有一天运行不下去，你不得不发布一个公告："亲爱的用户，你好，本服务器今天凌晨 02:00—02:30 进行升级维护，给你带来不便深感抱歉。"

5.6.2　预防内存泄漏

预防内存泄漏最好的方法就是：内存申请后及时地释放，两者要配对使用，内存释放后要及时将指针设置为 NULL，使用内存指针前要进行非空判断。道理很简单，可很多人还是过不了这一关。如果在一个函数内部，我们使用 malloc()申请完内存后没有及时释放，则很容易通过代码审查找到漏洞并及时修复。随着程序的逻辑越来越复杂，函数嵌套的层数越来越深，当内存的申请与释放由不同的函数实现时，估计这个漏洞就很难被发现了。

```
#include <stdlib.h>

int main(void)
{
    char *p;
    p = (char *) malloc (32);
```

```
        strcpy(p, "hello");

        if(condition1)
        return -1;

    puts(p);

        if(condition2)
            goto quit;

        free(p);
    quit:
        return 0;
}
```

在上面的程序中，main() 函数有多个出口。在正常流程下，使用 malloc()申请的内存由 free()
函数及时释放掉，没有任何问题。但是在某些极端条件下，如程序执行了 condition1 或 condition2
的代码分支，程序的执行路径发生改变，没有执行到 free()函数，就很容易造成内存泄漏。为了预
防这种情况发生，在程序的各个异常分支出口，要注意检查内存资源是否已经释放，检查通过后
再退出。

一般情况下，本着"谁污染谁治理"的原则，在一个函数内申请的内存，在函数退出之前要
自己释放掉。但有时候我们在一个函数内申请的内存，可能保存到了一个全局队列或链表中进行
管理和维护，或者需要在其他函数里释放，当函数的调用关系变得复杂时，就很容易产生内存泄
漏。为了预防这种错误的发生，在编程时，如果我们在一个函数内申请了内存，则要在申请处添
加注释，说明这块内存应该在哪里释放。

```
#include <stdio.h>
#include <stdlib.h>

char *alloc_new_device(void)
{
    char *k = (char *)malloc(32); //这块内存要在 main()函数里释放，不要忘了
    return k;
}
int main()
{
    char *p,*q,*d;
    p =(char *)malloc(32);
    q =(char *)malloc(32);
    printf("p = %p, q = %p\n",p,q);
    d = alloc_new_device();
    //通过指针 d 操作这块申请的内存空间
    //free(d);
```

```
    if(error_condition)
    {
        free(p);
        free(q);
        return -1;
    }
    free(p);
    free(q);
    return 0;
}
```

在上面的程序中，对于在一个函数内部申请的内存，我们在各个函数出口处及时地释放，不会产生内存泄漏。而在 alloc_new_device ()函数中申请的内存，我们却忘记了在 main()函数中及时释放，因此会造成内存泄漏。正确的做法是内存使用完毕后，在 main()函数中调用 free(d)语句释放即可。

思考：我们在 alloc_new_device()函数中使用 malloc()申请的内存地址赋给了指针变量 k，而在释放时使用的是指针变量 d，这块内存可以正常释放吗？

5.6.3 内存泄漏检测：MTrace

通过代码审查（Code Review）可以检查我们的代码是否存在内存泄漏，但这个方法也有局限性。如果让程序的作者审查自己的代码，就像开着美颜滤镜自拍，怎么看都是 360°无死角，美得很，很难找出瑕疵。我们可以借助第三方工具来协助检查，常用的内存检测工具如下。

- MTrace
- Valgrind
- Dmalloc
- purify
- KCachegrind
- MallocDebug

本节我们以 MTrace 工具为例，演示如何使用 MTrace 来检测内存泄漏。MTrace 是 Linux 系统自带的一个工具，它通过跟踪内存的使用记录来动态定位用户代码中内存泄漏的位置。使用 MTrace 很简单，在代码中添加下面的接口函数就可以了。

```
#include <mcheck.h>
void mtrace(void);
void muntrace(void);
```

mtrace()函数用来开启内存使用的记录跟踪功能，muntrace()函数用来关闭内存使用的记录跟踪功能。如果想检测一段代码是否有内存泄漏，则可以把这两个函数添加到要检测的程序代码中。

```
//mtrace.c
#include <stdlib.h>
#include <string.h>
#include <mcheck.h>

int main (void)
{
    mtrace();    //开启跟踪
    char *p, *q;
    p = (char *)malloc(8);
    q = (char *)malloc(8);
    strcpy(p, "hello");
    strcpy(q, "world");
    free(p);
    muntrace(); //关闭跟踪
    return 0;
}
```

开启跟踪功能后，MTrace 会跟踪程序代码中使用动态内存的记录，并把跟踪记录保存在一个文件里，这个文件可以由用户通过 MALLOC_TRACE 来指定。接下来我们编译、运行这个程序，并使用 MTrace 来定位内存泄漏的位置。

```
#gcc -g mtrace.c -o a.out
#export MALLOC_TRACE=mtrace.log
#./a.out
#ls
 a.out  mtrace.c  mtrace.log
#cat mtrace.log
= Start
@ ./a.out:[0x80484cb] + 0x901a370 0x8
@ ./a.out:[0x80484db] + 0x901a380 0x8
@ ./a.out:[0x804850a] - 0x901a370
= End
```

通过生成的日志文件 mtrace.log 来定位内存泄漏在程序中的位置。

```
#mtrace a.out mtrace.log
Memory not freed:
-----------------
   Address     Size     Caller
0x0901a380      0x8   at /home/c/mem_leak/mcheck.c:11
```

根据动态内存的使用记录，我们可以很快定位到内存泄漏发生在 mcheck.c 文件中的第 11 行代码。

5.6.4 广义上的内存泄漏

狭义上的内存泄漏指我们申请了内存但没有释放，内存管理子系统失去了对这块内存的控制权，也就无法对这块内存进行再分配。而广义上的内存泄漏指系统频繁地进行内存申请和释放，导致内存碎片越来越多，无法再申请一片连续的大块内存。如 fast bins，主要用来保存用户释放的小于 80 Bytes（M_MXFAST） 的内存，在提高内存分配效率的同时，带来了大量的内存碎片。

不同的计算机和服务器系统，不同的业务需求，对堆内存的使用频率和内存大小需求也不相同。为了最大化地提高系统性能，我们可以通过一些参数对 glibc 的内存分配器进行调整，使之与我们的实际业务需求达到更大的匹配度，更高效地应对实际业务的需求。

glibc 底层实现了一个 mallopt()函数，可以通过这个函数对上面的各种参数进行调整。

```
#include <malloc.h>
int mallopt(int param, int value);
```

对参数的说明如下。

● M_ARENA_MAX：可创建的最大内存分区数，在多线程环境下经常创建多个分区。
● M_MMAP_MAX：可以申请映射分区的个数，设置为 0 则表示关闭 mmap 映射功能。
● M_MMAP_THRESHOLD：当申请的内存大于此阈值时，使用 mmap 分配内存，默认此阈值大小是 128KB。
● M_MXFAST：fast bins 中内存块的大小阈值，最大 80*sizeof(size_t)/4，设置为 0 则表示关闭 fast bins 功能。
● M_TOP_PAD：调用 sbrk()每次向系统申请/释放的内存大小。
● M_TRIM_THRESHOLD：当 top chunk 大小大于该阈值时，会释放 bins 中的一部分内存以节省内存。

这些参数的默认值及可以配置的范围值如图 5-46 所示。

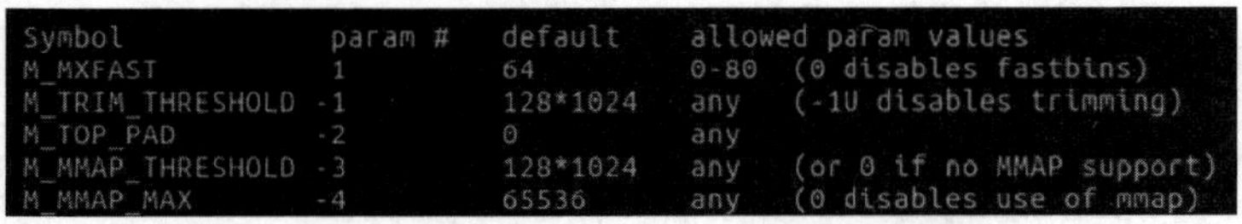

```
Symbol              param #    default      allowed param values
M_MXFAST            1          64           0-80   (0 disables fastbins)
M_TRIM_THRESHOLD    -1         128*1024     any    (-1U disables trimming)
M_TOP_PAD           -2         0            any
M_MMAP_THRESHOLD    -3         128*1024     any    (or 0 if no MMAP support)
M_MMAP_MAX          -4         65536        any    (0 disables use of mmap)
```

图 5-46 mallopt()函数的参数默认值及配置范围

我们编写一个测试程序，调整上面的参数 M_MMAP_MAX 为 0，即关闭 mmap 映射功能，再去申请大于 128KB 的内存。

```c
#include <stdio.h>
#include <stdlib.h>
#include <malloc.h>

int main(void)
{
    char *p1, *p2, *p3;
    mallopt(M_MMAP_MAX, 0);
    p1 = (char *)malloc(32 * 1024);
    p2 = (char *)malloc(120 * 1024);
    p3 = (char *)malloc(132 * 1024);
    printf("p1: %p\n", p1);
    printf("p2: %p\n", p2);
    printf("p3: %p\n", p3);
    free(p1);
    free(p2);
    free(p3);
    return 0;
}
```

默认情况下，当用户使用 malloc()申请大于 M_MMAP_THRESHOLD 的内存时，malloc()会调用 mmap()去映射一片内存，正常情况下的程序运行结果如下。

```
p1: 0x94e5008
p2: 0x94ed010
p3: 0xb756c008
```

我们将 M_MMAP_MAX 设置为 0，其实就相当于关闭了堆内存的 mmap 功能，编译程序重新运行，你会看到，当我们申请大于 M_MMAP_THRESHOLD 的内存时，内存分配器并没有到 mmap 区域映射内存，而是直接从堆区分配的。

```
p1: 0x99ef008
p2: 0x99f7010
p3: 0x9a15018
```

为了避免 fast bins 带来的内存碎片化，用户可根据自己的实际业务需求，将参数 M_MXFAST 设置为 0，关闭 fast bins 功能。不同的业务逻辑对内存的需求不同，在使用频率和大小上都不一样，大家可根据实际业务场景，对多个参数进行调优，进一步提高内存分配的效率，确保系统更加高效稳定地运行。

5.7 常见的内存错误及检测

世上本没有路，走的人多了，也便成了路。

世上本没有内存错误，有了内存管理后，也便有了内存错误。

早期的嵌入式，如在 RTOS 或裸机环境下，内存管理比较粗糙。没有内存管理这层屏障，所有的程序都有权在一马平川的内存原野上横冲直撞、随便读写。万一不小心覆盖掉了操作系统的核心代码，那么整个系统一下子就崩溃了，甚至不提示任何信息。现在的处理器引入 MMU 后，操作系统接管了内存管理的工作，负责虚拟空间和物理空间的地址映射和权限管理。如图 5-47 所示，内存管理子系统将一个进程的虚拟空间划分为不同的区域，如代码段、数据段、BSS 段、堆、栈、mmap 映射区域、内核空间等，每个区域都有不同的读、写、执行权限。

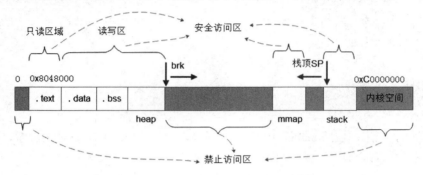

图 5-47　不同内存区域的权限

通过内存管理，每个区域都有具体的访问权限，如只读、读写、禁止访问等。数据段、BSS 段、堆栈区域都属于读写区，而代码段则属于只读区，如果你往代码段的地址空间上写数据，就会发生一个段错误。在 Linux 用户进程的 4GB 虚拟空间上，除了上面我们熟悉的区域，还剩下很多区域，如代码段之前的区域、堆和 mmap 区域之间的进程空间、内核空间等。这部分内存空间是禁止用户程序访问的。当一个用户进程试图访问这部分空间时，就会被系统检测到，在 Linux 下系统会向当前进程发送一个信号 SIGSEGV，终止该进程的运行。

当一个进程试图非法访问内存时，通过内存管理机制可以及时检测到并制止该进程的进一步破坏行为，以免造成系统崩溃。发生段错误的进程被终止运行后，不会影响系统中其他进程的运行，系统依旧照常运行。所以说，一个程序发生内存错误未必是一件坏事情，当计算机蓝屏或内核崩溃发生了 OOPS 时，那么问题可能就比较麻烦了。

对于应用程序来说，常见的内存错误一般主要分为以下几种类型：内存越界、内存踩踏、多次释放、非法指针。

5.7.1　总有一个 Bug，让你泪流满面

总有一种兴奋让你不能自抑，花枝乱颤；总有一个 Bug 让你夙夜难眠，泪流满面。当一个 Bug 让你毫无头绪，让你调到天昏地暗，到最后几乎要放弃，开始漫无目的地乱改代码，祈求奇迹出现时，说明你需要休息一下了：出去转一转，吹个风，说不定灵感乍现，一下子又有了思路……

发生段错误的根本原因在于非法访问内存，即访问了权限未许可的内存空间。在日常编程中，有哪些行为会引发段错误呢？

常见的错误行为是访问内存禁区。如前面的图 5-47 所示的内核空间、零地址、堆和 mmap 区域之间的内存空间，这部分地址空间要么被内核占用，要么还处于"未开发"状态，需要申请才能使用。这就和城郊的荒地一样，你不能一看空着就跑过来盖房子，你需要先获得土地的使用权。

```
int main (void)
{
    int i;
    i = *(int *)0x8048000;       //代码段只能读，不能写
    *(int *)0x8048000 = 100;     //段错误
    i = *(int *)0x0;             //段错误
    return 0;
}
```

当我们往一个只读区域的地址空间执行写操作时，或者访问一个禁止访问的地址（如零地址）时，都会发生段错误。在实际编程中，总会因为各种各样的疏忽不小心触碰到这些"红线"，导致段错误。

```
#include <stdio.h>

int main (void)
{
    char *p;
    *p = 1;
    return 0;
}
```

编译运行上面的程序，可能正常运行，也可能会发生段错误。在函数内定义的局部变量如果未初始化，它的值是随机的，如果你人品大爆发，这个地址处于安全访问区，则向这个地址写数据是没有大问题的，至少不会报段错误。如果你运气不好，这个随机值正好处在内核空间，你再向这个地址写数据，则程序会立刻发生段错误并终止运行。

在我们调试链表时，通常通过指针来操作每一个节点。如果指针在遍历链表时已经指向链表的末尾或头部，指针已经指向 NULL 了，此时再通过该指针去访问节点的成员，就相当于访问零

地址了，也会发生一个段错误，这个指针也就变成了非法指针。

在 Linux 环境下，每一个用户进程默认有 8MB 大小的栈空间，如果你在函数内定义大容量的数组或局部变量，就可能造成栈溢出，也会引发一个段错误。内核中的线程也是如此，每一个内核线程只有 8KB 的内核栈，在实际使用中也要非常小心，防止堆栈溢出。

在访问数组时，如果超越数组的边界继续访问，也会发生一个段错误。我们使用 malloc() 申请的堆内存，如果不小心多次使用 free() 进行释放，通常也会触发一个段错误。

```
//double_free.c
#include <stdlib.h>

int main (void)
{
    char *p;
    p = (char *) malloc (64);
    free(p);
    free(p);                //引发段错误
    return 0;
}
```

程序在编译阶段出现错误，我们可以通过错误提示信息很快定位并解决。由于 C 语言语法检查的宽松性，程序中对内存访问的各种操作并不报错，或者给一个警告信息，这会导致程序在运行期间出现段错误时很难定位。此时我们可以借助一些第三方工具来快速定位段错误。

5.7.2 使用 core dump 调试段错误

在 Linux 环境下运行的应用程序，由于各种异常或 Bug，会导致程序退出或被终止运行。此时系统会将该程序运行时的内存、寄存器状态、堆栈指针、内存管理信息、各种函数的堆栈调用信息保存到一个 core 文件中。在嵌入式系统中，这些信息有时也会通过串口打印出来。我们可以根据这些信息来定位问题到底出在了哪里，以上面的 double free 为例，编译程序并运行，开启 core dump 功能。

```
#gcc -g double_free.c
#ulimit -c
 0
#ulimit -c unlimited  //开启 core dump
#ulimit -c
 unlimited
#./a.out
*** Error in `./a.out': double free or corruption (top): 0x086e4008 ***
======= Backtrace: =========
/lib/i386-linux-gnu/libc.so.6(+0x67377)[0xb759d377]
```

```
/lib/i386-linux-gnu/libc.so.6(+0x6d2f7)[0xb75a32f7]
/lib/i386-linux-gnu/libc.so.6(+0x6dc31)[0xb75a3c31]
./a.out[0x8048475]
/lib/i386-linux-gnu/libc.so.6(__libc_start_main+0xf7)[0xb754e637]
./a.out[0x8048361]
======= Memory map: ========
08048000-08049000 r-xp 00000000 08:01 405021      /home/c/segement/a.out
08049000-0804a000 r--p 00000000 08:01 405021      /home/c/segement/a.out
0804a000-0804b000 rw-p 00001000 08:01 405021      /home/c/segement/a.out
086e4000-08705000 rw-p 00000000 00:00 0           [heap]
b7400000-b7421000 rw-p 00000000 00:00 0
b7421000-b7500000 ---p 00000000 00:00 0
b7501000-b751d000 r-xp 00000000 08:01 394584      /lib/i386-linux-gnu/libgcc_s.so.1
b751d000-b751e000 rw-p 0001b000 08:01 394584      /lib/i386-linux-gnu/libgcc_s.so.1
b7535000-b7536000 rw-p 00000000 00:00 0
b7536000-b76e6000 r-xp 00000000 08:01 414596      /lib/i386-linux-gnu/libc-2.23.so
b76e6000-b76e8000 r--p 001af000 08:01 414596      /lib/i386-linux-gnu/libc-2.23.so
b76e8000-b76e9000 rw-p 001b1000 08:01 414596      /lib/i386-linux-gnu/libc-2.23.so
b76e9000-b76ec000 rw-p 00000000 00:00 0
b7702000-b7704000 rw-p 00000000 00:00 0
b7704000-b7706000 r--p 00000000 00:00 0           [vvar]
b7706000-b7707000 r-xp 00000000 00:00 0           [vdso]
b7707000-b772a000 r-xp 00000000 08:01 414594      /lib/i386-linux-gnu/ld-2.23.so
b772a000-b772b000 r--p 00022000 08:01 414594      /lib/i386-linux-gnu/ld-2.23.so
b772b000-b772c000 rw-p 00023000 08:01 414594      /lib/i386-linux-gnu/ld-2.23.so
bfe5e000-bfe7f000 rw-p 00000000 00:00 0           [stack]
Aborted (core dumped)
```

　　core dump 功能开启后运行 a.out，发生段错误后就会在当前目录下生成一个 core 文件，然后我们就可以使用 gdb 来解析这个 core 文件，来定位程序到底出错在哪里。

```
#gdb a.out core
GNU gdb (Ubuntu 7.11.1-0ubuntu1~16.5) 7.11.1
Copyright (C) 2016 Free Software Foundation, Inc.
License GPLv3+: GNU GPL version 3 or later <http://gnu.org/licenses/gpl.html>
This is free software: you are free to change and redistribute it.
There is NO WARRANTY, to the extent permitted by law.  Type "show copying"
and "show warranty" for details.
This GDB was configured as "i686-linux-gnu".
Type "show configuration" for configuration details.
For bug reporting instructions, please see:
<http://www.gnu.org/software/gdb/bugs/>.
Find the GDB manual and other documentation resources online at:
<http://www.gnu.org/software/gdb/documentation/>.
For help, type "help".
Type "apropos word" to search for commands related to "word"...
Reading symbols from a.out...done.
```

```
warning: exec file is newer than core file.
[New LWP 5747]
Core was generated by `./a.out'.
Program terminated with signal SIGABRT, Aborted.
#0  0xb7708bd1 in __kernel_vsyscall ()
```

在 GDB 交互环境下，我们通过 bt 查看调用栈信息，就可以很快将段错误定位到 double_free.c 的第 8 行。

```
#(gdb) bt
#0  0xb7708bd1 in __kernel_vsyscall ()
#1  0xb7563ea9 in __GI_raise (sig=6) at ../sysdeps/UNIX/sysv/linux/raise.c:54
#2  0xb7565407 in __GI_abort () at abort.c:89
#3  0xb759f37c in __libc_message (do_abort=1, fmt=0xb76962c7 "*** %s ***: %s terminated\n")
at ../sysdeps/posix/libc_fatal.c:175
#4  0xb762f708 in __GI___fortify_fail (msg=<optimized out>) at fortify_fail.c:37
#5  0xb762f698 in __stack_chk_fail () at stack_chk_fail.c:28
#6  0x08048471 in main () at double_free.c:8
```

5.7.3 什么是内存踩踏

在实际工作中，如果你运气不好的话，有时候会遇到一种比段错误更头疼的错误：内存踩踏。内存踩踏如幽灵一般，比段错误更加隐蔽、更加难以定位，因为有时候内存踩踏并不会报错，然而你的程序却出现各种莫名其妙地运行错误。当你把代码看了一遍又一遍，找不出任何问题，甚至开始怀疑人生时，就要考虑内存踩踏了。

```
//heap_overwrite.c

#include <stdio.h>
#include <stdlib.h>
#include <string.h>

int main (void)
{
    char *p, *q;
    p = malloc(16);
    q = malloc(16);
    strcpy(p, "hello world! hello zhaixue.cc!\n");
    printf("%s\n", p);
    printf("%s\n", q);
    while (1);
    free(q);
    free(p);
    return 0;
}
```

在上面的程序中，我们申请了两块动态内存，对其中的一块内存写数据时产生了溢出，就会把溢出的数据写到另一块缓冲区里。在缓冲区释放之前，系统是不会发现任何错误的，也不会报任何提示信息，但是程序却可能因为误操作，覆盖了另一块缓冲区的数据，造成程序莫名其妙的错误。编译运行上面的程序，分别打印两个内存中的数据。

```
#gcc gcc heap_overwrite.c -o a.out
#a.out
 hello my world! hello zhaixue.cc!

 aixue.cc!
```

通过打印信息我们可以看到，我们申请的 q 指针指向的内存已经被踩踏了，如果这个程序在系统运行期间一直运行，在这块内存被 free 之前，这个错误可能一直不会被检测到。以盖房子为例，段错误就是在未经批准的土地上开发楼盘，这些房子属违法建筑，这种行为算违法行为，管理部门肯定会进行制止的；而内存踩踏则相当于你侵占邻居的土地盖房子，属于民事纠纷，不需要管理部门介入，可以和邻居协商，私下解决这个问题。

如果一个进程中有多个线程，多个线程都申请堆内存，这些堆内存就可能彼此相邻，使用时需要谨慎，提防越界。在内核驱动开发中，驱动代码运行在特权状态，对内存访问比较自由，多个驱动程序申请的物理内存也可能彼此相邻。如果你的程序代码经常莫名其妙地崩溃，而且每次出错的地方也不一样，在确保自己的代码没问题后，也可以大胆地去怀疑一下是不是内存踩踏的问题。

当然，我们也可以使用一些工具或 Linux 系统提供的 API 函数去检测内存踩踏。

5.7.4　内存踩踏监测：mprotect

mprotect() 是 Linux 环境下一个用来保护内存非法写入的函数，它会监测要保护的内存的使用情况，一旦遇到非法访问就立即终止当前进程的运行，并产生一个 core dump。mprotect() 函数的原型如下。

```
#include <sys/mman.h>
int mprotect(void *addr, size_t len, int prot);
```

mprotect() 函数的第一个参数为要保护的内存的起始地址，len 表示内存的长度，第三个参数 prot 表示要设置的内存访问权限。

- PROT_NONE：这块内存禁止访问，禁止读、写、执行。
- PROT_READ：这块内存只允许读。
- PROT_WRITE：这块内存可以读、写。
- PROT_EXEC：这块内存可以读、写、执行。

　　页(page)是 Linux 内存管理的基本单元,在 32 位系统中,一个页通常是 4096 字节,mprotect()要保护的内存单元通常要以页地址对齐,我们可以使用 memalign()函数申请一个以页地址对齐的一片内存。

```
//mprotect.c
#include <stdio.h>
#include <sys/mman.h>
#include <malloc.h>

int main (void)
{
    int *p;
    p = memalign(4096, 512);
    *p = 100;
    printf("*p = %d\n", *p);
    mprotect(p, 512, PROT_READ);
    *p = 200;
    printf("*p = %d\n", *p);

    free(p);
    return 0;
}
```

　　在上面的程序中,我们使用 memalign() 函数申请了一块以页大小对齐的 512 字节的内存,然后将这片内存设置为只读,接下来我们往这片内存写入数据,看看会发生什么。

```
#gcc -g mprotect.c
#./a.out
 *p = 100
 Segmentation fault (core dumped)
```

　　在内存设置为只读之前,我们往这片内存写数据是正常的。将这块内存设置为只读后,再往这块内存写数据,当前进程就会终止运行,并产生一个 core dump。根据这个 core dump 文件,我们就可以使用 gdb 很方便地定位内存踩踏的位置。

```
#gdb a.out core
GNU gdb (Ubuntu 7.11.1-0ubuntu1~16.5) 7.11.1
Copyright (C) 2016 Free Software Foundation, Inc.
License GPLv3+: GNU GPL version 3 or later <http://gnu.org/licenses/gpl.html>
This is free software: you are free to change and redistribute it.
There is NO WARRANTY, to the extent permitted by law.  Type "show copying"
and "show warranty" for details.
This GDB was configured as "i686-linux-gnu".
Type "show configuration" for configuration details.
For bug reporting instructions, please see:
<http://www.gnu.org/software/gdb/bugs/>.
```

```
Find the GDB manual and other documentation resources online at:
<http://www.gnu.org/software/gdb/documentation/>.
For help, type "help".
Type "apropos word" to search for commands related to "word"...
Reading symbols from a.out...done.
[New LWP 6992]
Core was generated by `./a.out'.
Program terminated with signal SIGSEGV, Segmentation fault.
#0  0x0804850b in main () at mprotect.c:15
15      *p = 200;


(gdb) bt
#0  0x0804850b in main () at mprotect.c:15
```

5.7.5　内存检测神器：Valgrind

除了使用系统提供的各种 API 函数，我们还可以使用内存工具检测不同类型的内存错误。以 Valgrind 为例，不仅可以检测内存泄漏，还可以对程序进行各种性能分析、代码覆盖测试、堆栈分析及 CPU 的 Cache 命中率、丢失率分析等。这么好的工具，此时不用，更待何时？

Valgrind 包含一套工具集，其中一个内存检测工具 Memcheck 可以对我们的内存进行内存覆盖、内存泄漏、内存越界检测。Valgrind 的安装及使用步骤如下。

```
#下载源文件、解压
#tar xvf valgrind-3.15.0.tar.bz2
#cd valgrind-3.15.0
#./configure
#make
#make install
#valgrind --version
  valgrind-3.15.0
#valgrind --tool=memcheck ./a.out
```

接下来我们写一个内存泄漏的示例程序，看看使用 Valgrind 工具能否检测出来。

```c
//mem_leak.c
#include <stdlib.h>
int main(void)
{
    char *p,*q;
    p =(char *)malloc(32);
    q =(char *)malloc(32);
    free(p);
    return 0;
}
```

编译运行上面的程序，并使用 Valgrind 工具集的 Memcheck 工具检测。

```
#gcc -g mem_leak.c -o a.out
#valgrind --tool=memcheck ./a.out
==15847== Memcheck, a memory error detector
==15847== Copyright (C) 2002-2017, and GNU GPL'd, by Julian Seward et al.
==15847== Using Valgrind-3.15.0 and LibVEX; rerun with -h for copyright info
==15847== Command: ./a.out
==15847==
p = 0x4208028, q = 0x4208078
==15847==
==15847== HEAP SUMMARY:
==15847==     in use at exit: 32 bytes in 1 blocks
==15847==   total heap usage: 3 allocs, 2 frees, 1,088 bytes allocated
==15847==
==15847== LEAK SUMMARY:
==15847==    definitely lost: 32 bytes in 1 blocks
==15847==    indirectly lost: 0 bytes in 0 blocks
==15847==      possibly lost: 0 bytes in 0 blocks
==15847==    still reachable: 0 bytes in 0 blocks
==15847==         suppressed: 0 bytes in 0 blocks
==15847== Rerun with --leak-check=full to see details of leaked memory
==15847==
==15847== For lists of detected and suppressed errors, rerun with: -s
==15847== ERROR SUMMARY: 0 errors from 0 contexts (suppressed: 0 from 0)
```

根据检测的打印信息我们可以看到，当前程序一共申请了 3 块堆内存，释放了 2 次，还有一块 32 字节的内存在程序退出时没有释放。如果想看更详细的堆内存信息，则在编译时多加一个参数 --leak-check=full 即可，工具会把程序中内存泄漏的源码位置打印出来。如下所示，内存泄漏发生在源码的第 7 行（mem_leak.c:7）。

```
#valgrind --leak-check=full ./a.out
==15981== Memcheck, a memory error detector
==15981== Copyright (C) 2002-2017, and GNU GPL'd, by Julian Seward et al.
==15981== Using Valgrind-3.15.0 and LibVEX; rerun with -h for copyright info
==15981== Command: ./a.out
==15981==
p = 0x4208028, q = 0x4208078
==15981==
==15981== HEAP SUMMARY:
==15981==     in use at exit: 32 bytes in 1 blocks
==15981==   total heap usage: 3 allocs, 2 frees, 1,088 bytes allocated
==15981==
==15981== 32 bytes in 1 blocks are definitely lost in loss record 1 of 1
==15981==    at 0x402C4DB: malloc (vg_replace_malloc.c:309)
==15981==    by 0x8048495: main (mem_leak.c:7)
==15981==
```

```
==15981== LEAK SUMMARY:
==15981==    definitely lost: 32 bytes in 1 blocks
==15981==    indirectly lost: 0 bytes in 0 blocks
==15981==      possibly lost: 0 bytes in 0 blocks
==15981==    still reachable: 0 bytes in 0 blocks
==15981==         suppressed: 0 bytes in 0 blocks
==15981==
==15981== For lists of detected and suppressed errors, rerun with: -s
==15981== ERROR SUMMARY: 1 errors from 1 contexts (suppressed: 0 from 0)
```

　　Memcheck 工具不仅能检测内存泄漏，还能检测内存越界。下面我们写一个内存越界的例子，看看 Valgrind 能否检测出来。

```
//heap_overwrite.c
#include <stdio.h>
#include <stdlib.h>
#include <string.h>
int main (void)
{
    char *p, *q;
    p = malloc(16);
    q = malloc(16);
    strcpy(p, "hello my world! hello zhaixue.cc!\n");
    printf("%s\n", p);
    printf("%s\n", q);
    while (1);  //never free if process running
    free(q);
    free(p);
    return 0;
}
```

　　编译上面的程序，并使用 Valgrind 进行内存踩踏检测。

```
#gcc -g heap_overwrite.c -o a.out
#valgrind --leak-check=full ./a.out
==16078== Memcheck, a memory error detector
==16078== Copyright (C) 2002-2017, and GNU GPL'd, by Julian Seward et al.
==16078== Using Valgrind-3.15.0 and LibVEX; rerun with -h for copyright info
==16078== Command: ./a.out
==16078==
==16078== Invalid write of size 4
==16078==    at 0x804848A: main (mem_overwrite.c:11)
==16078==  Address 0x4208038 is 0 bytes after a block of size 16 alloc'd
==16078==    at 0x402C4DB: malloc (vg_replace_malloc.c:309)
==16078==    by 0x8048455: main (mem_overwrite.c:9)
==16078==
==16078== Invalid write of size 4
==16078==    at 0x8048491: main (mem_overwrite.c:11)
==16078==  Address 0x420803c is 4 bytes after a block of size 16 alloc'd
```

```
==16078==     at 0x402C4DB: malloc (vg_replace_malloc.c:309)
==16078==     by 0x8048455: main (mem_overwrite.c:9)
==16078==
==16078== Invalid read of size 1
==16078==     at 0x40BC2BF: _IO_default_xsputn (genops.c:455)
==16078==     by 0x40BA6C5: _IO_file_xsputn@@GLIBC_2.1 (fileops.c:1352)
==16078==     by 0x40B0D5F: puts (ioputs.c:40)
==16078==     by 0x80484BA: main (mem_overwrite.c:12)
==16078==  Address 0x4208038 is 0 bytes after a block of size 16 alloc'd
==16078==     at 0x402C4DB: malloc (vg_replace_malloc.c:309)
==16078==     by 0x8048455: main (mem_overwrite.c:9)
==16078==
hello my world! hello zhaixue.cc!

==16078== Conditional jump or move depends on uninitialised value(s)
==16078==     at 0x402F39B: __GI_strlen (vg_replace_strmem.c:462)
==16078==     by 0x40B0CBB: puts (ioputs.c:35)
==16078==     by 0x80484C8: main (mem_overwrite.c:13)
==16078==
...
```

通过打印信息，我们可以很容易地看到在 mem_overwrite.c 文件的第 11 行发生了非法写操作，根据这些提示信息就可以去修改自己的程序了。

通过对本章的学习，我们对程序运行期间在进程虚拟空间里的堆、栈、mmap 映射区域等动态内存的管理和维护有了一个大致的了解。有了这些基础之后，我们可以对嵌入式开发中的设备映射、内存泄漏、段错误等进行更深入的研究和理解。截至本章，我们已经对 CPU 工作原理、计算机系统架构、汇编与反汇编、程序的编译链接和运行，以及程序运行时的堆栈管理有了一个完整的认识。掌握这些核心理论和调试工具可以帮助我们更加深入和系统地去理解 C 语言。

6

第 6 章
GNU C 编译器扩展语法精讲

大家在看一些 GNU 开源软件，或者阅读 Linux 内核、驱动源码时会发现，在 Linux 内核源码中，有大量的 C 程序看起来"怪怪的"。说它是 C 语言吧，貌似又和教材中的写法不太一样；说它不是 C 语言吧，但是这些程序确确实实保存在一个 C 源文件中。此时，你肯定怀疑你看到的是一个"假的"C 语言！

例如，下面的宏定义。

```
#define mult_frac(x, numer, denom)(                    \
{                                                      \
    typeof(x) quot = (x) / (denom);                    \
    typeof(x) rem  = (x) % (denom);                    \
    (quot * (numer)) + ((rem * (numer)) / (denom));\
}                                                      \
)


#define ftrace_vprintk(fmt, vargs)                     \
do {                                                   \
    if (__builtin_constant_p(fmt)) {                   \
        static const char *trace_printk_fmt __used     \
        __attribute__((section("__trace_printk_fmt"))) =     \
            __builtin_constant_p(fmt) ? fmt : NULL;    \
        __ftrace_vbprintk(_THIS_IP_, trace_printk_fmt, vargs); \
    } else                                             \
        __ftrace_vprintk(_THIS_IP_, fmt, vargs);       \
} while (0)
```

字符驱动的填充如下。

```
static const struct file_operations lowpan_control_fops = {
    .open    = lowpan_control_open,
    .read    = seq_read,
    .write       = lowpan_control_write,
    .llseek  = seq_lseek,
    .release = single_release,
    };
```

内核中实现打印功能的宏定义如下。

```
#define pr_info(fmt, ...)    __pr(__pr_info, fmt, ##__VA_ARGS__)
#define pr_debug(fmt, ...)   __pr(__pr_debug, fmt, ##__VA_ARGS__)
```

你没有看错，这些其实也是 C 语言，但并不是标准的 C 语言语法，而是在 Linux 内核中大量使用的 GNU C 编译器扩展的一些 C 语言语法。这些语法在 C 语言教材中一般不会提及，所以你才会似曾相识而又感到陌生，看起来感觉"怪怪的"。我们在 Linux 驱动开发，或者阅读 Linux 内核源码过程中，会经常遇到这些"稀奇古怪"的用法，如果不去了解这些特殊语法的具体含义，可能就会对我们理解代码造成一定障碍。

本章将带领大家一起了解 Linux 内核或者 GNU 开源软件中，常用的一些 C 语言特殊语法的扩展，预期收获是掌握 Linux 内核源码中经常使用的编译器扩展特性，扫除这些 C 语言扩展语法带给我们的程序阅读障碍。

6.1 C 语言标准和编译器

在正式学习之前，先给大家科普一下 C 语言标准的概念。在学习 C 语言编程时，大家在教材或资料上，或多或少可能都见到过"ANSI C"的字眼。可能当时没有太在意，其实"ANSI C"表示的就是 C 语言标准。

6.1.1 什么是 C 语言标准

什么是 C 语言标准？我们生活的世界是由各种标准和规则构成的，正是因为有了这些标准，我们的社会才会有条不紊地运行下去。我们过马路时遵循的交通规则就是一个标准：红灯停，绿灯行，黄灯亮了等一等。当行人和司机都遵循这个标准时，交通系统才能顺畅运行。计算机的 USB 接口也有一种标准，当不同厂家生产的 USB 设备都遵循 USB 协议这个通信标准时，鼠标、键盘、手机、U 盘、USB 摄像头、USB 网卡才可以在各种计算机设备上即插即拔，相互通信。2G、3G、4G、5G 也都有一种标准，当不同厂家生产的基带芯片都遵循这种通信标准时，不同品牌、不同操作系统的手机才可以互相打电话、发微信、给对方点赞。

同样的道理，C 语言也有它自己的标准。C 语言程序通过编译器，参考不同架构的指令集，编译生成对应的二进制指令，才能在不同架构的处理器上运行。在 C 语言早期，各大编译器厂商在开发自己的编译器时，各自开发，各自维护，时间久了，就变得比较混乱，造成这样一种局面：程序员写的程序，在一个编译器上编译可以通过，在另一个编译器上编译可能就通不过。大家按照各自的习惯来，谁也不服谁，就像春秋战国时期，不同的货币、不同的度量衡、不同的文字，都是中国人，因为标准不统一，所以交流起来很麻烦，这样下去也不是办法。

后来美国国家标准协会（American National　Stardards Institute，ANSI）联合国际化标准组织（International Organization for Standardization，ISO）召集各个编译器厂商和各种技术团体一起开会，开始启动 C 语言的标准化工作。期间各种大佬之间也是矛盾重重，充满各种争议，但功夫不负有心人，经过艰难的磋商，终于在 1989 年达成一致，发布了第一版 C 语言标准，并在第二年做了一些改进。于是，就像秦始皇统一六国，统一文字和度量衡一样，C 语言标准终于问世了。C 语言标准因为是在 1989 年发布的，所以人们一般称其为 C89 或 C90 标准，或者叫作 ANSI C 标准。

6.1.2　C 语言标准的内容

C 语言标准主要讲了什么内容？

打开 C 语言标准文档，洋洋洒洒几百页，讲了很多东西，但总体归纳起来，主要就是 C 语言编程的一些语法惯例、约定规则，如在 C 语言标准里：

- 定义各种关键字、数据类型。
- 定义各种运算规则、各种运算符的优先级和结合性。
- 数据类型转换。
- 变量的作用域。
- 函数原型、函数嵌套层数、函数参数个数限制。
- 标准库函数接口。

C 语言标准发布后，大家都遵守这个标准开展工作：程序员开发程序时，按照这种标准规定的语法规则编写程序；编译器厂商开发编译器工具时，也按照这种标准去解析、翻译程序。不同的编译器厂商支持统一的 C 语言标准，我们编写的同一个程序使用不同的编译器都可以正常编译和运行。

6.1.3　C 语言标准的发展过程

C 语言标准并不是永远不变的，就和无线通信标准一样，也是从 2G、3G、4G 到 5G 不断发展变化的。C 语言标准也经历了下面 4 个阶段。

- K&R C。
- ANSI C。
- C99。
- C11。

1. K&R C

K&R C 一般也称为传统 C。在 C 语言标准没有统一之前，C 语言的作者 Dennis M. Ritchie 和 Brian W. Kernighan 合作写了一本书《C 程序设计语言》。早期程序员编程，这本书可以说是绝对权威的。这本书很薄，内容精炼，主要介绍了 C 语言的基本编程语法。后来《C 程序设计语言》第二版问世，做了一些修改，如新增 unsigned int、long int、struct 等数据类型；把运算符 =+/=- 修改为 +=/-=，避免运算符带来的一些歧义和 bug。第二版可以看作 ANSI 标准的雏形，但早期的 C 语言还是很简单的，如还没有定义标准库函数、没有预处理命令等。

2. ANSI C

ANSI C 是 ANSI 在 K&R C 的基础上，统一了各大编译器厂商的不同标准，并对 C 语言的语法和特性做了一些扩展，在 1989 年发布的一个标准。这个标准一般也叫作 C89/C90 标准，也是目前各种编译器默认支持的 C 语言标准。ANSI C 标准主要新增了以下特性。

- 增加了 signed、volatile、const 关键字。
- 增加了 void* 数据类型。
- 增加了预处理器命令。
- 增加了宽字符、宽字符串。
- 定义了 C 标准库。
- ……

3. C99 标准

C99 标准是 ANSI 在 1999 年基于 C89 标准发布的一个新标准。该标准对 ANSI C 标准做了一些扩充，如新增了一些关键字，支持新的数据类型。

- 布尔型：_Bool。
- 复数：_Complex。
- 虚数：_Imaginary。
- 内联：inline。
- 指针修饰符：restrict。

- 支持 long long、long double 数据类型。
- 支持变长数组。
- 允许对结构体特定成员赋值。
- 支持十六进制浮点数、float _Complex 等数据类型。
- ……

C99 标准也会借鉴其他编程语言的一些优点，对自身的语法和标准做一系列改进，例如：

- 变量声明可以放在代码块的任何地方。ANSI C 标准规定变量的声明要全部写在函数语句的最前面，否则就会报编译错误。现在不需要这样写了，哪里需要使用变量，直接在哪里声明即可。
- 源程序每行最大支持 4095 字节。这个貌似足够用了，没有什么程序能复杂到一行程序有 4000 多个字符。
- 支持 // 单行注释。早期的 ANSI C 标准使用 /**/ 注释，不如 C++的 // 注释方便，所以 C99 标准就把这种注释吸收过来了，从 C99 标准开始也支持这种注释方式。
- 标准库新增了一些头文件，如 stdbool.h、complex.h、stdarg.h、fenv.h 等。大家在 C 语言中经常返回的 true、false，其实这是 C++里面的定义的 bool 类型，早期的 C 语言是没有 bool 类型的。那为什么我们经常这样写，而编译器编译程序时没有报错呢？这是因为早期大家编程使用的都是 VC++　6.0 系列，使用的是 C++编译器，C++编译器是兼容 ANSI C 标准的。当然还有一种可能就是有些 IDE 对这种数据类型做了封装。

4. C11 标准

C11 标准是 ANSI 在 2011 年发布的最新 C 语言标准，C11 标准修改了 C 语言标准的一些 bug，增加了一些新特性。

- 增加_Noreturn，声明函数无返回值。
- 增加_Generic，支持泛型编程。
- 修改了标准库函数的一些 bug，如 gets()函数被 gets_s()函数代替。
- 新增文件锁功能。
- 支持多线程。
- ……

从 C11 标准的新增内容，我们可以观察到 C 语言未来的发展趋势。C 语言现在也在借鉴现代编程语言的优点，不断添加到自己的标准里。如现代编程语言的多线程、字符串、泛型编程等，C 语言最新的标准都支持。但是这样下去，C 语言会不会变得越来越臃肿？是不是还能保持它"简单就是美"的初心呢？这一切只能交给时间了，至少目前我们不用担心这些，因为新发布的 C11 标准，目前绝大多数编译器还不支持，我们暂时还用不到。

6.1.4　编译器对 C 语言标准的支持

标准是一回事，编译器支不支持是另一回事，这一点，大家要搞清楚。这就和手机一样，不同时期发布的手机对通信标准支持也不一样：早期的手机可能只支持 2G，后来支持 3G，现在发布的新款手机基本上都支持 4G 了，而且可以兼容 2G/3G。现在 5G 标准已经公布了，但是目前支持 5G 通信的手机很少，就和现在还没有编译器支持 C11 标准一样。

不同编译器对 C 语言标准的支持也不一样。有的编译器只支持 ANSI C 标准，这是目前默认的 C 语言标准。有的编译器可以支持 C99 标准，或者支持 C99 标准的部分特性。目前对 C99 标准支持最好的是 GNU C 编译器，据说可以支持 C99 标准 99%的新增特性。

6.1.5　编译器对 C 语言标准的扩展

不同编译器，出于开发环境、硬件平台、性能优化的需要，除了支持 C 语言标准，还会自己做一些扩展。

在 51 单片机上用 C 语言开发程序，我们经常使用 Keil for C51 集成开发环境。你会发现 Keil for C51 或者其他 IDE 里的 C 编译器会对 C 语言做很多扩展，如增加了各种关键字。

- data：RAM 的低 128B 空间，单周期直接寻址。
- code：表示程序存储区。
- bit：位变量，常用来定义 51 单片机的 P0~P3 管脚。
- sbit：特殊功能位变量。
- sfr：特殊功能寄存器。
- reentrant：重入函数声明。

如果你在程序中使用以上这些关键字，那么你的程序只能使用 51 编译器来编译运行；如果你使用其他编译器，如 VC++ 6.0，则编译是通不过的。

同样的道理，GCC 编译器也对 C 语言标准做了很多扩展。

- 零长度数组。
- 语句表达式。
- 内建函数。
- __attribute__特殊属性声明。

- 标号元素。
- case 范围。
- ......

如支持零长度数组，这些新增的特性，C 语言标准目前是不支持的，其他编译器也不支持。如果你在程序中定义一个零长度数组：

```
int a[0];
```

则只能使用 GCC 编译器才能正确编译，使用 VC++ 6.0 编译器编译可能就通不过，因为 Microsoft 的 C++ 编译器不支持这个特性。

6.2　指定初始化

在 C 语言标准中，当我们定义并初始化一个数组时，常用方法如下。

```
int a[10] = {0, 1, 2, 3, 4, 5, 6, 7, 8};
```

按照这种固定的顺序，我们可以依次给 a[0] 和 a[8] 赋值。因为没有对 a[9] 赋值，所以编译器会将 a[9] 默认设置为 0。当数组长度比较小时，使用这种方式初始化比较方便；当数组比较大，而且数组里的非零元素并不连续时，再按照固定顺序初始化就比较麻烦了。

例如，我们定义一个数组 b[100]，其中 b[10]、b[30] 需要初始化为一个非零数值，如果还按照前面的固定顺序初始化，则 {} 中的初始化数据中间可能要填充大量的 0，比较麻烦。

那么怎么办呢？C99 标准改进了数组的初始化方式，支持指定元素初始化，不再按照固定的顺序初始化。

```
int b[100] ={ [10] = 1, [30] = 2};
```

通过数组元素索引，我们可以直接给指定的数组元素赋值。除了数组，一个结构体变量的初始化，也可以通过指定某个结构体成员直接赋值。

在早期 C 语言标准不支持指定初始化时，GCC 编译器就已经支持指定初始化了，因此这个特性也被看作 GCC 编译器的一个扩展特性。

6.2.1　指定初始化数组元素

在 GNU C 中，通过数组元素索引，我们就可以直接给指定的几个元素赋值。

```
int b[100] = { [10] = 1, [30] = 2 };
```

在大括号{ }中，我们通过[10]数组元素索引，就可以直接给 a[10]赋值了。这里有一个细节需要注意，各个赋值之间用逗号","隔开，而不是使用分号";"。

如果我们想给数组中某一个索引范围的数组元素初始化，可以采用下面的方式。

```c
int main(void)
{
    int b[100] = { [10 ... 30] = 1, [50 ... 60] = 2 };
    for(int i = 0; i < 100; i++)
    {
        printf("%d  ", a[i]);
        if( i % 10 == 0)
            printf("\n");
    }
    return 0;
}
```

在这个程序中，我们使用[10 ... 30]表示一个索引范围，相当于给 a[10]到 a[30]之间的 21 个数组元素赋值为 1。

GNU C 支持使用 ... 表示范围扩展，这个特性不仅可以使用在数组初始化中，也可以使用在 switch-case 语句中，如下面的程序。

```c
#include <stdio.h>
int main(void)
{
    int i = 4;
    switch(i)
    {
        case 1:
            printf("1\n");
            break;
        case 2 ... 8:
            printf("%d\n",i);
            break;
        case 9:
            printf("9\n");
            break;
        default:
            printf("default!\n");
            break;
    }
    return 0;
}
```

在这个程序中，如果当 case 值为 2～8 时，都执行相同的 case 分支，我们就可以通过 case 2 ...

8: 的形式来简化代码。这里同样有一个细节需要注意，就是 ... 和其两端的数据范围 2 和 8 之间也要有空格，不能写成 2...8 的形式，否则会报编译错误。

6.2.2　指定初始化结构体成员

和数组类似，在 C 语言标准中，初始化结构体变量也要按照固定的顺序，但在 GNU C 中我们可以通过结构域来指定初始化某个成员。

```
struct student{
    char name[20];
    int age;
};

int main(void)
{
    struct student stu1={ "wit", 20 };
    printf("%s:%d\n",stu1.name, stu1.age);

    struct student stu2=
    {
        .name = "wanglitao",
        .age  = 28
    };
    printf("%s:%d\n", stu2.name, stu2.age);

    return 0;
}
```

在程序中，我们定义一个结构体类型 student，然后分别定义两个结构体变量 stu1 和 stu2。初始化 stu1 时，我们采用 C 语言标准的初始化方式，即按照固定顺序直接初始化。初始化 stu2 时，我们采用 GNU C 的初始化方式，通过结构域名.name 和.age，就可以给结构体变量的某一个指定成员直接赋值。当结构体的成员很多时，使用第二种初始化方式会更加方便。

6.2.3　Linux 内核驱动注册

在 Linux 内核驱动中，大量使用 GNU C 的这种指定初始化方式，通过结构体成员来初始化结构体变量。如在字符驱动程序中，我们经常见到下面这样的初始化。

```
static const struct file_operations
ab3100_otp_operations =
{
.open        = ab3100_otp_open,
.read        = seq_read,
```

```
.llseek       = seq_lseek,
.release      = single_release,
};
```

在驱动程序中，我们经常使用 file_operations 这个结构体来注册我们开发的驱动，然后系统会以回调的方式来执行驱动实现的具体功能。结构体 file_operations 在 Linux 内核中的定义如下。

```
struct file_operations {
    struct module *owner;
    loff_t (*llseek)(struct file *, loff_t, int);
    ssize_t (*read)(struct file *, char __user *, size_t, loff_t *);
    ssize_t (*write) (struct file *, const char __user *, size_t, loff_t *);
    ssize_t (*read_iter) (struct kiocb *, struct iov_iter *);
    ssize_t (*write_iter) (struct kiocb *, struct iov_iter *);
    int (*iterate) (struct file *, struct dir_context *);
    unsigned int (*poll) (struct file *, struct poll_table_struct *);
    long (*unlocked_ioctl) (struct file *, unsigned int, unsigned long);
    long (*compat_ioctl) (struct file *, unsigned int, unsigned long);
    int (*mmap) (struct file *, struct vm_area_struct *);
    int (*open) (struct inode *, struct file *);
    int (*flush) (struct file *, fl_owner_t id);
    int (*release) (struct inode *, struct file *);
    int (*fsync) (struct file *, loff_t, loff_t, int datasync);
    int (*aio_fsync) (struct kiocb *, int datasync);
    int (*fasync) (int, struct file *, int);
    int (*lock) (struct file *, int, struct file_lock *);
    ssize_t (*sendpage) (struct file *, struct page *, int, size_t,
loff_t *, int);
    unsigned long (*get_unmapped_area)(struct file *,unsigned long,
unsigned long, unsigned long, unsigned long);
    int (*check_flags)(int);
    int (*flock) (struct file *, int, struct file_lock *);
    ssize_t (*splice_write)(struct pipe_inode_info *,
                    struct file *, loff_t *, size_t, unsigned int);
    ssize_t (*splice_read)(struct file *, loff_t *,
                    struct pipe_inode_info *, size_t, unsigned int);
    int (*setlease)(struct file *, long, struct file_lock **, void **);
    long (*fallocate)(struct file *file, int mode, loff_t offset, loff_t len);
    void (*show_fdinfo)(struct seq_file *m, struct file *f);
#ifndef CONFIG_MMU
 unsigned (*mmap_capabilities)(struct file *);
#endif
};
```

结构体 file_operations 里定义了很多结构体成员，而在这个驱动中，我们只初始化了部分成员变量。通过访问结构体的各个成员域来指定初始化，当结构体成员很多时优势就体现出来了，初始化会更加方便。

6.2.4　指定初始化的好处

指定初始化不仅使用灵活，而且还有一个好处，就是代码易于维护。尤其是在 Linux 内核这种大型项目中，有几万个文件、几千万行的代码，当成百上千个文件都使用 file_operations 这个结构体类型来定义变量并初始化时，那么一个很大的问题就来了：如果采用 C 标准按照固定顺序赋值，当 file_operations 结构体类型发生变化时，如添加了一个成员、删除了一个成员、调整了成员顺序，那么使用该结构体类型定义变量的大量 C 文件都需要重新调整初始化顺序，牵一发而动全身，想想这有多可怕！

我们通过指定初始化方式，就可以避免这个问题。无论 file_operations 结构体类型如何变化，添加成员也好、删除成员也好、调整成员顺序也好，都不会影响其他文件的使用。

6.3　宏构造"利器"：语句表达式

在学习本节之前，我们先复习一下 C 语言的基本语法：表达式、语句和代码块。

6.3.1　表达式、语句和代码块

表达式和语句是 C 语言中的基础概念。什么是表达式呢？表达式就是由一系列操作符和操作数构成的式子。操作符可以是 C 语言标准规定的各种算术运算符、逻辑运算符、赋值运算符、比较运算符。操作数可以是一个常量，也可以是一个变量。表达式也可以没有操作符，单独的一个常量甚至一个字符串，都是一个表达式。下面的字符序列都是表达式。

```
2 + 3
2
i = 2 + 3
i = i++ + 3
"微信公众号：宅学部落，zhaixue.cc"
```

表达式一般用来计算数据或实现某种功能的算法。表达式有两个基本属性：值和类型。如上面的表达式 2+3，它的值为 5。根据操作符的不同，表达式可以分为多种类型，具体如下。

- 关系表达式。
- 逻辑表达式。
- 条件表达式。
- 赋值表达式。
- 算术表达式。

语句是构成程序的基本单元，一般形式如下。

```
表达式 ;
i = 2 + 3 ;
```

表达式的后面加一个;就构成了一条基本的语句。编译器在编译程序、解析程序时，不是根据物理行，而是根据分号;来判断一条语句的结束标记的。如 i = 2 + 3; 这条语句，你写成下面的形式也是可以编译通过的。

```
i =
2 +
3
;
```

不同的语句，使用大括号{}括起来，就构成了一个代码块。C 语言允许在代码块内定义一个变量，这个变量的作用域也仅限于这个代码块内，因为编译器就是根据 {}来管理变量的作用域的，如下面的程序。

```
int main(void)
{
    int i = 3;
    printf("i = %d\n", i);
    {
        int i = 4;
        printf("i = %d\n", i);
    }
    printf("i=%d\n", i);
    return 0;
}
```

程序运行结果如下。

```
i = 3
i = 4
i = 3
```

6.3.2 语句表达式

GNU C 对 C 语言标准作了扩展，允许在一个表达式里内嵌语句，允许在表达式内部使用局部变量、for 循环和 goto 跳转语句。这种类型的表达式，我们称为语句表达式。语句表达式的格式如下。

```
({ 表达式 1； 表达式 2； 表达式 3； })
```

语句表达式最外面使用小括号()括起来，里面一对大括号{}包起来的是代码块，代码块里允许内嵌各种语句。语句的格式可以是一般表达式，也可以是循环、跳转语句。

和一般表达式一样，语句表达式也有自己的值。语句表达式的值为内嵌语句中最后一个表达式的值。我们举个例子，使用语句表达式求值。

```
int main(void)
{
    int sum = 0;
    sum =
    ({
        int s = 0;
        for( int i = 0; i < 10; i++)
            s = s + i;
            s;
    });

    printf("sum = %d\n",sum);

    return 0;
}
```

在上面的程序中，通过语句表达式实现了从 1 到 10 的累加求和，因为语句表达式的值等于最后一个表达式的值，所以在 for 循环的后面，我们要添加一个 s; 语句表示整个语句表达式的值。如果不加这一句，你会发现 sum=0。或者你将这一行语句改为 100;，你会发现最后 sum 的值就变成了 100，这是因为语句表达式的值总等于最后一个表达式的值。

在上面的程序中，我们在语句表达式内定义了局部变量，使用了 for 循环语句。在语句表达式内，我们同样可以使用 goto 进行跳转。

```
int main(void)
{
    int sum = 0;
    sum =
    ({
        int s = 0;
        for( int i = 0; i < 10; i++)
            s = s + i;
            goto here;
            s;
    });
    printf("sum = %d\n",sum);
here:
    printf("here:\n");
    printf("sum = %d\n",sum);
    return 0;
}
```

6.3.3 在宏定义中使用语句表达式

语句表达式的主要用途在于定义功能复杂的宏。使用语句表达式来定义宏，不仅可以实现复杂的功能，还能避免宏定义带来的歧义和漏洞。下面就以一个宏定义的例子，让我们来见识一下语句表达式在宏定义中的强悍杀伤力！

假如你此刻正在面试，面试职位是 Linux C 语言开发工程师。面试官给你出了一道题：请定义一个宏，求两个数的最大值。

别看这么简单的一个考题，面试官就能根据你写的宏，来判断你的 C 语言功底，决定给不给你 offer。

合格

对于学过 C 语言的同学，写出这个宏基本上不是什么难事，使用条件运算符就能完成。

```
#define  MAX(x,y)  x > y ? x : y
```

这是最基本的 C 语言语法，如果连这个也写不出来，估计场面会比较尴尬。面试官为了缓解尴尬，一般会对你说："小伙子，你很棒，回去等消息吧，有消息，我们会通知你！"这时候，你应该明白：不用再等了，赶紧把下面的部分看完，接着面下家。这个宏能写出来，也不要觉得你很牛，因为这只能说明你有了 C 语言的基础，但还有很大的进步空间。例如，我们写一个程序，验证一下我们定义的宏是否正确。

```
#define MAX(x,y) x > y ? x : y

int main(void)
{
    printf("max=%d", MAX(1,2));
    printf("max=%d", MAX(2,1));
    printf("max=%d", MAX(2,2));
    printf("max=%d", MAX(1!=1,1!=2));
    return 0;
}
```

既然是测试程序，我们肯定要把各种可能出现的情况都测试一遍。例如，测试第 4 行语句，当宏的参数是一个表达式，发现实际运行结果为 max=0，和我们预期结果 max=1 不一样。这是因为，宏展开后，变成如下样子。

```
printf("max=%d",1!=1>1!=2?1!=1:1!=2);
```

因为比较运算符 > 的优先级为 6，大于 !=（优先级为 7），所以在展开的表达式中，运算顺序发生了改变，结果就和预期不一样了。为了避免这种展开错误，我们可以给宏的参数加一个小括号()，防止展开后表达式的运算顺序发生变化。

```
#define MAX(x,y) (x) > (y) ? (x) : (y)
```

中等

上面的宏，只能算合格，还是存在漏洞。例如，我们使用下面的代码进行测试。

```
#define MAX(x,y) (x) > (y) ? (x) : (y)

int main(void)
{
    printf("max=%d", 3+MAX(1,2));
    return 0;
}
```

在程序中，我们打印表达式 $3 + MAX(1, 2)$ 的值，预期结果应该是 5，但实际运行结果却是 1。宏展开后，我们发现同样有问题。

```
3 + (1) > (2) ? (1) : (2);
```

因为运算符 + 的优先级大于比较运算符 >，所以这个表达式就变为 4>2?1:2，最后结果为 1 也就不奇怪了。此时我们应该继续修改宏。

```
#define MAX(x,y) ((x) > (y) ? (x) : (y))
```

使用小括号将宏定义包起来，这样就避免了当一个表达式同时含有宏定义和其他高优先级运算符时，破坏整个表达式的运算顺序。如果你能写到这一步，说明你比前面那个面试合格的同学强，前面那个同学已经回去等消息了，我们接着面试下一轮。

良好

上面的宏，虽然解决了运算符优先级带来的问题，但是仍存在一定的漏洞。例如，我们使用下面的代码来测试我们定义的宏。

```
#define MAX(x,y) ((x) > (y) ? (x) : (y))

int main(void)
{
    int i = 2;
    int j = 6;
    printf("max=%d", MAX(i++,j++));
    return 0;
}
```

在程序中，我们定义两个变量 i 和 j，然后比较两个变量的大小，并作自增运算。实际运行结果发现 max = 7，而不是预期结果 max = 6。这是因为变量 i 和 j 在宏展开后，做了两次自增运算，导致打印出的 i 值为 7。

当然，在 C 语言编程规范里，使用宏时一般是不允许参数变化的。但是万一碰到这种情况，该怎么办呢？这时候，语句表达式就该上场了。我们可以使用语句表达式来定义这个宏，在语句表达式中定义两个临时变量，分别来暂时存储 i 和 j 的值，然后使用临时变量进行比较，这样就避免了两次自增、自减问题。

```c
#define MAX(x,y)({          \
    int _x = x;             \
    int _y = y;             \
    _x > _y ? _x : _y;      \
})

int main(void)
{
    int i = 2;
    int j = 6;
    printf("max=%d", MAX(i++,j++));
    return 0;
}
```

在语句表达式中，我们定义了 2 个局部变量 _x、_y 来存储宏参数 x 和 y 的值，然后使用 _x 和 _y 来比较大小，这样就避免了 i 和 j 带来的 2 次自增运算问题。

你能坚持到这一关，并写出如此绚丽"拉风"的宏，面试官心里可能已经有了给你 offer 的意愿。但此时此刻，千万不要骄傲！为了彻底打消面试官的心理顾虑，我们需要对这个宏继续优化。

优秀

在上面这个宏中，我们定义的两个临时变量数据类型是 int 型，只能比较两个整型数据。那么对于其他类型的数据，就需要重新定义一个宏了，这样太麻烦了！我们可以基于上面的宏继续修改，让它可以支持任意类型的数据比较大小。

```c
#define MAX(type,x,y)({     \
    type _x = x;            \
    type _y = y;            \
    _x > _y ? _x : _y;      \
})

int main(void)
{
```

```
    int i = 2;
    int j = 6;
    printf("max=%d\n", MAX(int, i++, j++));
    printf("max=%f\n", MAX(float, 3.14, 3.15));
    return 0;
}
```

在这个宏中，我们添加一个参数 type，用来指定临时变量 _x 和 _y 的类型。这样，我们在比较两个数的大小时，只要将 2 个数据的类型作为参数传给宏，就可以比较任意类型的数据了。如果你能在面试中写出这样的宏，面试官肯定会非常高兴，他一般会故作平静地跟你说："稍等，待会儿 HR 会过来面试下一轮。"

还能不能更优秀？

如果你想薪水拿得高一点，待遇好一点，此时不应该骄傲，你应该大手一挥："且慢，我还可以更优秀！"

在上面的宏定义中，我们增加了一个 type 类型参数，来适配不同的数据类型。此时此刻，为了薪水，我们应该尝试进一步优化，把这个参数也省去。该如何做到呢？使用 typeof 就可以了，typeof 是 GNU C 新增的一个关键字，用来获取数据类型，我们不用传参进去，让 typeof 直接获取！

```
#define max(x, y) ({    \
    typeof(x) _x = (x); \
    typeof(y) _y = (y); \
    (void) (&_x == &_y);\
    _x > _y ? _x : _y; })
```

在这个宏定义中，我们使用了 typeof 关键字来自动获取宏的两个参数类型。比较难理解的是 (void) (&_x == &_y); 这句话，看起来很多余，仔细分析一下，你会发现这条语句很有意思。它的作用有两个：一是用来给用户提示一个警告，对于不同类型的指针比较，编译器会发出一个警告，提示两种数据的类型不同。

```
warning: comparison of distinct pointer types lacks a cast
```

二是两个数进行比较运算，运算的结果却没有用到，有些编译器可能会给出一个 warning，加一个(void)后，就可以消除这个警告。

此时此刻，面试官看到你写的这个宏，估计会倒吸一口气："果然是后生可畏，这家伙比我还牛！你等着，HR 稍后会过来和你谈薪水！"

恭喜你，拿到 offer 了！

6.3.4 内核中的语句表达式

语句表达式，作为 GNU C 对 C 标准的一个扩展，在内核中，尤其在内核的宏定义中被大量使用。使用语句表达式定义宏，不仅可以实现复杂的功能，还可以避免宏定义带来的一些歧义和漏洞。如在 Linux 内核中，max_t 和 min_t 的宏定义，就使用了语句表达式。

```
#define min_t(type, x, y) ({        \
    type __min1 = (x);              \
    type __min2 = (y);             \
    __min1 < __min2 ? __min1 : __min2; })

#define max_t(type, x, y) ({        \
    type __max1 = (x);              \
    type __max2 = (y);             \
    __max1 > __max2 ? __max1 : __max2; })
```

我们上面举的面试题例子，其实也是参考内核的实现改编的。除此之外，在 Linux 内核、GNU 开源软件中，你会发现，还有大量的宏定义使用了语句表达式。通过本节的学习，相信大家以后再碰到这种使用语句表达式定义的宏，肯定就知道是怎么回事了，"心中有丘壑，再也不用慌。"

6.4　typeof 与 container_of 宏

6.4.1　typeof 关键字

ANSI C 定义了 sizeof 关键字，用来获取一个变量或数据类型在内存中所占的字节数。GNU C 扩展了一个关键字 typeof，用来获取一个变量或表达式的类型。这里使用关键字可能不太合适，因为毕竟 typeof 现在还没有被纳入 C 标准，是 GCC 扩展的一个关键字。为了表述方便，我们就姑且把它叫作关键字吧。

使用 typeof 可以获取一个变量或表达式的类型。typeof 的参数有两种形式：表达式或类型。

```
int i ;
typeof(i) j = 20;
typeof(int *) a;
int f();
typeof(f()) k;
```

在上面的代码中，因为变量 i 的类型为 int，所以 typeof(i) 就等于 int，typeof(i) j =20 就相当于 int j = 20，typeof(int *) a; 相当于 int * a，f()函数的返回值类型是 int，所以 typeof(f()) k; 就相当于 int k;。

6.4.2　typeof 使用示例

根据上面 typeof 的用法，我们编写一个程序来学习 typeof 的使用。

```
int main(void)
{
    int i = 2;
    typeof(i) k = 6;

    int *p = &k;
    typeof(p) q = &i;

    printf("k = %d\n", k);
    printf("*p= %d\n", *p);
    printf("i = %d\n", i);
    printf("*q= %d\n", *q);
    return 0;
}
```

程序的运行结果如下。

```
k  = 6
*p = 6
i  = 2
*q = 2
```

由运行结果可知，通过 typeof 获取一个变量的类型 int 后，可以使用该类型再定义一个变量。这和我们直接使用 int 定义一个变量的效果是一样的。

除了使用 typeof 获取基本数据类型，typeof 还有其他一些高级的用法。

```
typeof (int *) y;        //把 y 定义为指向 int 类型的指针，相当于 int *y;
typeof (int) *y;         //定义一个指向 int 类型的指针变量 y
typeof (*x) y;           //定义一个指针 x 所指向类型的变量 y
typeof (int) y[4];       //相当于定义一个 int y[4]
typeof (*x) y[4];        //把 y 定义为指针 x 指向的数据类型的数组
typeof (typeof (char *)[4]) y;//相当于定义字符指针数组 char *y[4];
typeof(int x[4]) y;      //相当于定义 int y[4]
```

6.4.3　Linux 内核中的 container_of 宏

有了上面语句表达式和 typeof 的基础知识，我们就可以分析 Linux 内核第一宏：container_of 了。这个宏在 Linux 内核中应用甚广，会不会用这个宏，看不看得懂这个宏，也逐渐成为考察一个内核驱动开发者的 C 语言功底的不成文标准。我们还是先一睹芳容吧。

```
#define offsetof(TYPE, MEMBER) ((size_t) &((TYPE *)0)->MEMBER)
#define  container_of(ptr, type, member) ({     \
    const typeof( ((type *)0)->member ) *__mptr = (ptr); \
    (type *)( (char *)__mptr - offsetof(type,member) );})
```

作为内核第一宏，它包含了 GNU C 编译器扩展特性的综合运用，宏中有宏，有时候不得不佩服内核开发者如此犀利的设计。那么这个宏到底是干什么的呢？它的主要作用就是，根据结构体某一成员的地址，获取这个结构体的首地址。根据宏定义，我们可以看到，这个宏有三个参数：type 为结构体类型，member 为结构体内的成员，ptr 为结构体内成员 member 的地址。

也就是说，如果我们知道了一个结构体的类型和结构体内某一成员的地址，就可以获得这个结构体的首地址。container_of 宏返回的就是这个结构体的首地址。例如现在，我们定义一个结构体类型 student。

```
struct student
{
    int age;
    int num;
    int math;
};

int main(void)
{
    struct student stu;
    struct student *p;
    p = container_of( &stu.num, struct student, num);
    return 0;
}
```

在这个程序中，我们定义一个结构体类型 student，然后定义一个结构体变量 stu，我们现在已经知道了结构体成员变量 stu.num 的地址，那么我们就可以通过 container_of 宏来获取结构体变量 stu 的首地址。

这个宏在内核中非常重要，Linux 内核中有大量的结构体类型数据，为了抽象，对结构体进行了多次封装，往往在一个结构体里嵌套多层结构体。内核中不同层次的子系统或模块，使用的就是对应的不同封装程度的结构体，这也是 C 语言的面向对象编程思想在 Linux 内核中的实现。通过分层、抽象和封装，可以让我们的程序兼容性更好，能适配更多的设备，程序的逻辑也更容易理解。

在内核中，我们经常会遇到这种情况：我们传给某个函数的参数是某个结构体的成员变量，在这个函数中，可能还会用到此结构体的其他成员变量，那么该怎么操作呢？container_of 就是干这个的，通过它，我们可以首先找到结构体的首地址，然后通过结构体的成员访问就可以访问其他成员变量了。

```
struct student
{
    int age;
    int num;
    int math;
};
int main(void)
{
    struct student stu = { 20, 1001, 99};

    int *p = &stu.math;
    struct student *stup = NULL;
    stup = container_of( p, struct student, math);
    printf("%p\n",stup);
    printf("age: %d\n",stup->age);
    printf("num: %d\n",stup->num);

    return 0;
}
```

在这个程序中，我们定义一个结构体变量stu，知道了它的成员变量math的地址：&stu.math，就可以通过 container_of 宏直接获得 stu 结构体变量的首地址，然后就可以访问 stu 变量的其他成员 stup->age 和 stup->num。

6.4.4　container_of 宏实现分析

知道了 container_of 宏的用法之后，我们接着去分析这个宏的实现。container_of 宏的实现主要用到了我们前两节所学的语句表达式和 typeof，再加上结构体存储的基础知识。为了帮助大家更好地理解这个宏，我们先复习下结构体存储的基础知识。

我们知道，结构体作为一个复合类型数据，它里面可以有多个成员。当我们定义一个结构体变量时，编译器要给这个变量在内存中分配存储空间。根据每个成员的数据类型和字节对齐方式，编译器会按照结构体中各个成员的顺序，在内存中分配一片连续的空间来存储它们。

```
struct student{
    int age;
    int num;
    int math;
};
int main(void)
{
    struct student stu = { 20, 1001, 99};
    printf("&stu = %p\n", &stu);
    printf("&stu.age =%p\n", &stu.age);
```

```
        printf("&stu.num =%p\n", &stu.num);
        printf("&stu.math =%p\n", &stu.math);

        return 0;
}
```

在这个程序中，我们定义一个结构体，里面有 3 个 int 型数据成员。我们定义一个变量 stu，分别打印这个变量 stu 的地址、各个成员变量的地址，程序运行结果如下。

```
&stu      = 0028FF30
&stu.age  = 0028FF30
&stu.num  = 0028FF34
&stu.math = 0028FF38
```

从运行结果可以看到，结构体中的每个成员变量，从结构体首地址开始依次存放，每个成员变量相对于结构体首地址，都有一个固定偏移。如 num 相对于结构体首地址偏移了 4 字节。math 的存储地址相对于结构体首地址偏移了 8 字节。

一个结构体数据类型，在同一个编译环境下，各个成员相对于结构体首地址的偏移是固定不变的。我们可以修改一下上面的程序：当结构体的首地址为 0 时，结构体中各个成员的地址在数值上等于结构体各成员相对于结构体首地址的偏移。

```
struct student{
    int age;
    int num;
    int math;
};
int main(void)
{
    printf("&age = %p\n", &((struct student*)0)->age);
    printf("&num = %p\n", &((struct student*)0)->num);
    printf("&math= %p\n", &((struct student*)0)->math);
    return 0;
}
```

在上面的程序中，我们没有直接定义结构体变量，而是将数字 0 通过强制类型转换，转换为一个指向结构体类型为 student 的常量指针，然后分别打印这个常量指针指向的各成员地址。运行结果如下。

```
&age = 00000000
&num = 00000004
&math= 00000008
```

因为常量指针的值为 0，即可以看作结构体首地址为 0，所以结构体中每个成员变量的地址即该成员相对于结构体首地址的偏移。container_of 宏的实现就是使用这个技巧来实现的。

有了上面的基础，我们再去分析 container_of 宏的实现就比较简单了。知道了结构体成员的地址，如何去获取结构体的首地址？很简单，直接用结构体成员的地址，减去该成员在结构体内的偏移，就可以得到该结构体的首地址了。

```
#define offsetof(TYPE, MEMBER) ((size_t) &((TYPE *)0)->MEMBER)
#define  container_of(ptr, type, member) ({    \
        const typeof( ((type *)0)->member ) *__mptr = (ptr); \
        (type *)( (char *)__mptr - offsetof(type,member) );})
```

从语法角度来看，container_of 宏的实现由一个语句表达式构成。语句表达式的值即最后一个表达式的值。

```
(type *)( (char *)__mptr - offsetof(type,member) );
```

最后一句的意义就是，取结构体某个成员 member 的地址，减去这个成员在结构体 type 中的偏移，运算结果就是结构体 type 的首地址。因为语句表达式的值等于最后一个表达式的值，所以这个结果也是整个语句表达式的值，container_of 最后会返回这个地址值给宏的调用者。

那么该如何计算结构体某个成员在结构体内的偏移呢？内核中定义了 offset 宏来实现这个功能，我们且看它的定义。

```
#define offsetof(TYPE, MEMBER) ((size_t) &((TYPE *)0)->MEMBER)
```

这个宏有两个参数，一个是结构体类型 TYPE，一个是结构体 TYPE 的成员 MEMBER，它使用的技巧和我们上面计算零地址常量指针的偏移是一样的。将 0 强制转换为一个指向 TYPE 类型的结构体常量指针，然后通过这个常量指针访问成员，获取成员 MEMBER 的地址，其大小在数值上等于 MEMBER 成员在结构体 TYPE 中的偏移。

结构体的成员数据类型可以是任意数据类型，为了让这个宏兼容各种数据类型，我们定义了一个临时指针变量 __mptr，该变量用来存储结构体成员 MEMBER 的地址，即存储宏中的参数 ptr 的值。如何获取 ptr 指针类型呢，可以通过下面的方式。

```
typeof( ((type *)0)->member ) *__mptr = (ptr);
```

我们知道，宏的参数 ptr 代表的是一个结构体成员变量 MEMBER 的地址，所以 ptr 的类型是一个指向 MEMBER 数据类型的指针，当我们使用临时指针变量 __mptr 来存储 ptr 的值时，必须确保 __mptr 的指针类型和 ptr 一样，是一个指向 MEMBER 类型的指针变量。typeof(((type *)0)->member)表达式使用 typeof 关键字，用来获取结构体成员 MEMBER 的数据类型，然后使用该类型，通过 typeof(((type *)0)->member) *__mptr 这条程序语句，就可以定义一个指向该类型的指针变量了。

还有一个需要注意的细节就是：在语句表达式的最后，因为返回的是结构体的首地址，所以整个地址还必须强制转换一下，转换为 TYPE*，即返回一个指向 TYPE 结构体类型的指针，所以你会在最后一个表达式中看到一个强制类型转换（TYPE *）。

6.5 零长度数组

零长度数组、变长数组都是 GNU C 编译器支持的数组类型。

6.5.1 什么是零长度数组

顾名思义，零长度数组就是长度为 0 的数组。

ANSI C 标准规定：定义一个数组时，数组的长度必须是一个常数，即数组的长度在编译的时候是确定的。在 ANSI C 中定义一个数组的方法如下。

```
int  a[10];
```

C99 标准规定：可以定义一个变长数组。

```
int len;
int a[len];
```

也就是说，数组的长度在编译时是未确定的，在程序运行的时候才确定，甚至可以由用户指定大小。例如，我们可以定义一个数组，然后在程序运行时才指定这个数组的大小，还可以通过输入数据来初始化数组。

```
int main(void)
{
    int len;

    printf("input array len:");
    scanf("%d", &len);
    int a[len];

    for(int i = 0; i < len; i++)
    {
        printf("a[%d] = ",i);
        scanf("%d",&a[i]);
    }

    printf("a array print:\n");
    for(int i = 0; i < len; i++)
        printf("a[%d] = %d\n", i, a[i]);
```

```
    return 0;
}
```

在上面的程序中，我们定义一个变量 len 用来表示数组的长度。程序运行后，我们可以通过输入数据指定数组的长度并初始化，最后将数组的元素打印出来。程序的运行结果如下。

```
input array len:3
a[0] = 6
a[1] = 7
a[2] = 8
a  array print:
a[0] = 6
a[1] = 7
a[2] = 8
```

GNU C 可能觉得变长数组还不过瘾，再来一记"猛锤"：支持零长度数组。这下没有其他编译器可以更厉害吧！是的，如果我们在程序中定义一个零长度数组，你会发现除了 GCC 编译器，在其他编译环境下可能就编译错误或者有警告信息。零长度数组的定义如下。

```
int a[0];
```

零长度数组有一个奇特的地方，就是它不占用内存存储空间。我们使用 sizeof 关键字来查看一下零长度数组在内存中所占存储空间的大小。

```
int buffer[0];

int main(void)
{
    printf("%d\n", sizeof(buffer));
    return 0;
}
```

在这个程序中，我们定义一个零长度数组，使用 sizeof 查看其大小，通过运行结果可以看到，零长度数组在内存中不占用存储空间，长度大小为 0。零长度数组一般单独使用的机会很少，它常常作为结构体的一个成员，构成一个变长结构体。

```
struct buffer{
    int len;
    int a[0];
};
int main(void)
{
    printf("%d\n", sizeof(struct buffer));
    return 0;
}
```

零长度数组在结构体中同样不占用存储空间，所以 buffer 结构体的大小为 4。

6.5.2 零长度数组使用示例

零长度数组经常以变长结构体的形式，在某些特殊的应用场合使用。在一个变长结构体中，零长度数组不占用结构体的存储空间，但是我们可以通过使用结构体的成员 a 去访问内存，非常方便。变长结构体的使用示例如下。

```c
struct buffer{
    int len;
    int a[0];
};

int main(void)
{
    struct buffer *buf;
    buf = (struct buffer *)malloc(sizeof(struct buffer)+20);
    buf->len = 20;
    strcpy(buf->a, "hello zhaixue.cc!\n");
    puts(buf->a);

    free(buf);
    return 0;
}
```

在这个程序中，我们使用 malloc 申请一片内存，大小为 sizeof(buffer) + 20，即 24 字节。其中 4 字节用来表示内存的长度 20，剩下的 20 字节空间，才是我们真正可以使用的内存空间。我们可以通过结构体成员 a 直接访问这片内存。

6.5.3 内核中的零长度数组

零长度数组在内核中一般以变长结构体的形式出现。我们就分析一下变长结构体内核 USB 驱动中的应用。在网卡驱动中，大家可能都比较熟悉一个名字：套接字缓冲区，即 Socket Buffer，用来传输网络数据包。同样，在 USB 驱动中，也有一个类似的东西，叫作 URB，其全名为 USB Request Block，即 USB 请求块，用来传输 USB 数据包。

```c
struct urb {
    struct kref kref;
    void *hcpriv;
    atomic_t use_count;
    atomic_t reject;
    int unlinked;
```

```
    struct list_head urb_list;
    struct list_head anchor_list;
    struct usb_anchor *anchor;
    struct usb_device *dev;
    struct usb_host_endpoint *ep;
    unsigned int pipe;
    unsigned int stream_id;
    int status;
    unsigned int transfer_flags;
    void *transfer_buffer;
    dma_addr_t transfer_dma;
    struct scatterlist *sg;
    int num_mapped_sgs;
    int num_sgs;
    u32 transfer_buffer_length;
    u32 actual_length;
    unsigned char *setup_packet;
    dma_addr_t setup_dma;
    int start_frame;
    int number_of_packets;
    int interval;

    int error_count;
    void *context;
    usb_complete_t complete;
    struct usb_iso_packet_descriptor iso_frame_desc[0];
};
```

这个结构体内定义了 USB 数据包的传输方向、传输地址、传输大小、传输模式等。这些细节我们不深究，只看最后一个成员。

```
struct usb_iso_packet_descriptor iso_frame_desc[0];
```

在 URB 结构体的最后定义一个零长度数组，主要用于 USB 的同步传输。USB 有 4 种传输模式：中断传输、控制传输、批量传输和同步传输。不同的 USB 设备对传输速度、传输数据安全性的要求不同，所采用的传输模式也不同。USB 摄像头对视频或图像的传输实时性要求较高，对数据的丢帧不是很在意，丢一帧无所谓，接着往下传就可以了。所以 USB 摄像头采用的是 USB 同步传输模式。

USB 摄像头一般会支持多种分辨率，从 16*16 到高清 720P 多种格式。不同分辨率的视频传输，一帧图像数据的大小是不一样的，对 USB 传输数据包的大小和个数需求是不一样的。那么 USB 到底该如何设计，才能在不影响 USB 其他传输模式的前提下，适配这种不同大小的数据传输需求呢？答案就在结构体内的这个零长度数组上。

当用户设置不同分辨率的视频格式时，USB 就使用不同大小和个数的数据包来传输一帧视频数据。通过零长度数组构成的这个变长结构体就可以满足这个要求。USB 驱动可以根据一帧图像数据的大小，灵活地申请内存空间，以满足不同大小的数据传输。而且这个零长度数组又不占用结构体的存储空间。当 USB 使用其他模式传输时，不受任何影响，完全可以当这个零长度数组不存在。所以不得不说，这个设计还是很巧妙的。

6.5.4　思考：指针与零长度数组

我们来思考一个问题：为什么不使用指针来代替零长度数组？

在各种场合，大家可能常常会看到这样的字眼：数组名在作为函数参数进行参数传递时，就相当于一个指针。注意，我们千万别被这句话迷惑了：数组名在作为参数传递时，传递的确实是一个地址，但数组名绝不是指针，两者不是同一个东西。数组名用来表征一块连续内存空间的地址，而指针是一个变量，编译器要给它单独分配一个内存空间，用来存放它指向的变量的地址。我们看下面的程序。

```
struct buffer1{
    int len;
    int a[0];
};

struct buffer2{
    int len;
    int *a;
};

int main(void)
{
    printf("buffer1: %d\n", sizeof(struct buffer1));
    printf("buffer2: %d\n", sizeof(struct buffer2));
    return 0;
}
```

运行结果如下。

```
buffer1: 4
buffer2: 8
```

对于一个指针变量，编译器要为这个指针变量单独分配一个存储空间，然后在这个存储空间上存放另一个变量的地址，我们就说这个指针指向这个变量。而对于数组名，编译器不会再给它分配一个单独的存储空间，它仅仅是一个符号，和函数名一样，用来表示一个地址。我们接下来看另一个程序。

```
//hello.c

int array1[10] ={1, 2, 3, 4, 5, 6, 7, 8, 9};
int array2[0];
int *p = &array1[5];

int main(void)
{
    return 0;
}
```

在这个程序中，我们分别定义一个普通数组、一个零长度数组和一个指针变量。其中这个指针变量 p 的值为 array1[5]这个数组元素的地址，也就是说，指针 p 指向 arraay1[5]。我们接着对这个程序使用 ARM 交叉编译器进行编译，并进行反汇编。

```
# arm-linux-gnueabi-gcc hello.c -o a.out
# arm-linux-gnueabi-objdump -D a.out
```

从反汇编生成的汇编代码中，我们找到 array1 和指针变量 p 的汇编代码。

```
00021024 <array1>:
   21024:00000001    andeq  r0, r0, r1
   21028:00000002    andeq  r0, r0, r2
   2102c:00000003    andeq  r0, r0, r3
   21030:00000004    andeq  r0, r0, r4
   21034:00000005    andeq  r0, r0, r5
   21038:00000006    andeq  r0, r0, r6
   2103c:00000007    andeq  r0, r0, r7
   21040:00000008    andeq  r0, r0, r8
   21044:00000009    andeq  r0, r0, r9
   21048:00000000    andeq  r0, r0, r0
0002104c <p>:
   2104c:00021038    andeq  r1, r2, r8, lsr r0
Disassembly of section .bss:

00021050 <__bss_start>:
   21050:00000000    andeq  r0, r0, r0
```

从汇编代码中，可以看到，对于长度为 10 的数组 array1[10]，编译器给它分配了从 0x21024~0x21048 共 40 字节的存储空间，但并没有给数组名 array1 单独分配存储空间，数组名 array1 仅仅表示这 40 个连续存储空间的首地址，即数组元素 array1[0]的地址。对于指针变量 p，编译器给它分配了 0x2104c 这个存储空间，在这个存储空间上存储的是数组元素 array1[5]的地址：0x21038。

而对于 array2[0]这个零长度数组，编译器并没有为它分配存储空间，此时的 array2 仅仅是一个符号，用来表示内存中的某个地址，我们可以通过查看可执行文件 a.out 的符号表来找到这个地址值。

```
#readelf -s a.out
  88: 00021024    40 OBJECT  GLOBAL DEFAULT   23 array1
  89: 00021054     0 NOTYPE  GLOBAL DEFAULT   24 _bss_end__
  90: 00021050     0 NOTYPE  GLOBAL DEFAULT   23 _edata
  91: 0002104c     4 OBJECT  GLOBAL DEFAULT   23 p
  92: 00010480     0 FUNC    GLOBAL DEFAULT   14 _fini
  93: 00021054     0 NOTYPE  GLOBAL DEFAULT   24 __bss_end__
  94: 0002101c     0 NOTYPE  GLOBAL DEFAULT   23 __data_start_
  96: 00000000     0 NOTYPE  WEAK   DEFAULT  UND __gmon_start__
  97: 00021020     0 OBJECT  GLOBAL HIDDEN    23 __dso_handle
  98: 00010488     4 OBJECT  GLOBAL DEFAULT   15 _IO_stdin_used
  99: 0001041c    96 FUNC    GLOBAL DEFAULT   13 __libc_csu_init
 100: 00021054     0 OBJECT  GLOBAL DEFAULT   24 array2
 101: 00021054     0 NOTYPE  GLOBAL DEFAULT   24 _end
 102: 000102d8     0 FUNC    GLOBAL DEFAULT   13 _start
 103: 00021054     0 NOTYPE  GLOBAL DEFAULT   24 __end__
 104: 00021050     0 NOTYPE  GLOBAL DEFAULT   24 __bss_start
 105: 00010400    28 FUNC    GLOBAL DEFAULT   13 main
 107: 00021050     0 OBJECT  GLOBAL HIDDEN    23 __TMC_END__
 110: 00010294     0 FUNC    GLOBAL DEFAULT   11 _init
```

从符号表可以看到，array2 的地址为 0x21054，在 BSS 段的后面。array2 符号表示的默认地址是一片未使用的内存空间，仅此而已，编译器绝不会单独再给其分配一个存储空间来存储数组名。

看到这里，也许你就明白了。数组名和指针并不是一回事，数组名虽然在作为函数参数时，可以当作一个地址使用，但是两者不能画等号。

至于为什么不用指针，原因很简单。如果使用指针，指针本身占用存储空间不说，根据上面的 USB 驱动的案例分析，你会发现，它远远没有零长度数组用得巧妙：零长度数组不会对结构体定义造成冗余，而且使用起来很方便。

6.6　属性声明：section

6.6.1　GNU C 编译器扩展关键字：__attribute__

GNU C 增加了一个 __attribute__ 关键字用来声明一个函数、变量或类型的特殊属性。声明这个特殊属性有什么用呢？主要用途就是指导编译器在编译程序时进行特定方面的优化或代码检查。例如，我们可以通过属性声明来指定某个变量的数据对齐方式。

　　__attribute__ 的使用非常简单，当我们定义一个函数、变量或类型时，直接在它们名字旁边添加下面的属性声明即可。

```
__atttribute__((ATTRIBUTE))
```

　　需要注意的是，__attribute__ 后面是两对小括号，不能图方便只写一对，否则编译就会报错。括号里面的 ATTRIBUTE 表示要声明的属性。目前 __attribute__ 支持十几种属性声明。

- section。
- aligned。
- packed。
- format。
- weak。
- alias。
- noinline。
- always_inline。
- ……

　　在这些属性中，aligned 和 packed 用来显式指定一个变量的存储对齐方式。在正常情况下，当我们定义一个变量时，编译器会根据变量类型给这个变量分配合适大小的存储空间，按照默认的边界对齐方式分配一个地址。而使用 __atttribute__ 这个属性声明，就相当于告诉编译器：按照我们指定的边界对齐方式去给这个变量分配存储空间

```
char c2 __attribute__((aligned(8))) = 4;
int global_val __attribute__((section(".data")));
```

　　有些属性可能还有自己的参数。如 aligned(8)表示这个变量按 8 字节地址对齐，属性的参数也要使用小括号括起来，如果属性的参数是一个字符串，则小括号里的参数还要用双引号引起来。

　　当然，我们也可以对一个变量同时添加多个属性说明。在定义变量时，各个属性之间用逗号隔开。

```
char c2 __attribute__((packed,aligned(4)));
char c2 __attribute__((packed,aligned(4))) = 4;
__attribute__((packed,aligned(4))) char c2 = 4;
```

　　在上面的示例中，我们对一个变量添加两个属性声明，这两个属性都放在 __attribute__(()) 的两对小括号里面，属性之间用逗号隔开。如果属性有自己的参数，则属性的参数同样要用小括号括

起来。这里还有一个细节，就是属性声明要紧挨着变量，上面的三种声明方式都是没有问题的，但下面的声明方式在编译的时候可能就通不过。

```
char c2 = 4 __attribute__((packed,aligned(4)));
```

6.6.2 属性声明：section

我们可以使用 __attribute__ 来声明一个 section 属性，section 属性的主要作用是：在程序编译时，将一个函数或变量放到指定的段，即放到指定的 section 中。

一个可执行文件主要由代码段、数据段、BSS 段构成。代码段主要存放编译生成的可执行指令代码，数据段和 BSS 段用来存放全局变量、未初始化的全局变量。代码段、数据段和 BSS 段构成了一个可执行文件的主要部分。

除了这三个段，可执行文件中还包含其他一些段。用编译器的专业术语讲，还包含其他一些section，如只读数据段、符号表等。我们可以使用下面的 readelf 命令，去查看一个可执行文件中各个 section 的信息。

```
# gcc -o a.out hello.c
# readelf -S a.out
here are 31 section headers, starting at offset 0x1848:
Section Headers:
 [Nr] Name              Type          Addr     Off    Size
 [ 0]                   NULL          00000000 000000 000000
 [ 1] .interp           PROGBITS      08048154 000154 000013
 [ 2] .note.ABI-tag     NOTE          08048168 000168 000020
 [ 3] .note.gnu.build-i NOTE          08048188 000188 000024
 [ 4] .gnu.hash         GNU_HASH      080481ac 0001ac 000020
 [ 5] .dynsym           DYNSYM        080481cc 0001cc 000040
 [ 6] .dynstr           STRTAB        0804820c 00020c 000045
 [ 7] .gnu.version      VERSYM        08048252 000252 000008
 [ 8] .gnu.version_r    VERNEED       0804825c 00025c 000020
 [ 9] .rel.dyn          REL           0804827c 00027c 000008
 [10] .rel.plt          REL           08048284 000284 000008
 [11] .init             PROGBITS      0804828c 00028c 000023
 [13] .plt.got          PROGBITS      080482d0 0002d0 000008
 [14] .text             PROGBITS      080482e0 0002e0 000172
 [15] .fini             PROGBITS      08048454 000454 000014
 [16] .rodata           PROGBITS      08048468 000468 000008
 [17] .eh_frame_hdr     PROGBITS      08048470 000470 00002c
 [18] .eh_frame         PROGBITS      0804849c 00049c 0000c0
 [19] .init_array       INIT_ARRAY    08049f08 000f08 000004
 [20] .fini_array       FINI_ARRAY    08049f0c 000f0c 000004
 [21] .jcr              PROGBITS      08049f10 000f10 000004
```

[22]	.dynamic	DYNAMIC	08049f14 000f14 0000e8
[23]	.got	PROGBITS	08049ffc 000ffc 000004
[24]	.got.plt	PROGBITS	0804a000 001000 000010
[25]	.data	PROGBITS	0804a020 001020 00004c
[26]	.bss	NOBITS	0804a06c 00106c 000004
[27]	.comment	PROGBITS	00000000 00106c 000034
[28]	.shstrtab	STRTAB	00000000 00173d 00010a
[29]	.symtab	SYMTAB	00000000 0010a0 000470
[30]	.strtab	STRTAB	00000000 001510 00022d

　　在 Linux 环境下，使用 GCC 编译生成一个可执行文件 a.out，使用 readelf 命令，就可以查看这个可执行文件中各个 section 的基本信息，如大小、起始地址等。在这些 section 中，.text section 就是我们常说的代码段，.data section 是数据段，.bss section 是 BSS 段。

　　我们知道，一段源程序代码在编译生成可执行文件的过程中，函数和变量是放在不同段中的。一般默认的规则如表 6-1 所示。

表 6-1　不同的section及说明

section	组　成
代码段（.text）	函数定义、程序语句
数据段（.data）	初始化的全局变量、初始化的静态局部变量
BSS段（.bss）	未初始化的全局变量、未初始化的静态局部变量

　　例如下面的程序，我们分别定义一个函数、一个全局变量和一个未初始化的全局变量。

```
//hello.c
int global_val = 8;
int uninit_val;

void print_star(void)
{
    printf("****\n");
}
int main(void)
{
    print_star();
    return 0;
}
```

　　接着，我们使用 GCC 编译这个程序，并查看生成的可执行文件 a.out 的符号表信息。

```
#gcc -o a.out hello.c
#readelf -s a.out
符号表信息：
```

```
Num:  Value    Size Type    Bind    Vis       Ndx Name
37: 00000000      0 FILE    LOCAL   DEFAULT   ABS hello.c
48: 0804a024      4 OBJECT  GLOBAL  DEFAULT    26 uninit_val
51: 0804a014      0 NOTYPE  WEAK    DEFAULT    25 data_start
52: 0804a020      0 NOTYPE  GLOBAL  DEFAULT    25 _edata
53: 080484b4      0 FUNC    GLOBAL  DEFAULT    15 _fini
54: 0804a01c      4 OBJECT  GLOBAL  DEFAULT    25 global_val
55: 0804a014      0 NOTYPE  GLOBAL  DEFAULT    25 __data_start
61: 08048450     93 FUNC    GLOBAL  DEFAULT    14 __libc_csu_init
62: 0804a028      0 NOTYPE  GLOBAL  DEFAULT    26 _end
63: 08048310      0 FUNC    GLOBAL  DEFAULT    14 _start
64: 080484c8      4 OBJECT  GLOBAL  DEFAULT    16 _fp_hw
65: 0804840b     25 FUNC    GLOBAL  DEFAULT    14 print_star
66: 0804a020      0 NOTYPE  GLOBAL  DEFAULT    26 __bss_start
67: 08048424     36 FUNC    GLOBAL  DEFAULT    14 main
71: 080482a8      0 FUNC    GLOBAL  DEFAULT    11 _init
```

对应的 section header 表信息如下。

```
#readelf -S a.out
section header 信息:
Section Headers:
  [Nr] Name        Type      Addr      Off    Size
  [14] .text       PROGBITS  08048310 000310 0001a2
  [25] .data       PROGBITS  0804a014 001014 00000c
  [26] .bss        NOBITS    0804a020 001020 000008
  [27] .comment    PROGBITS  00000000 001020 000034
  [28] .shstrtab   STRTAB    00000000 001722 00010a
  [29] .symtab     SYMTAB    00000000 001054 000480
  [30] .strtab     STRTAB    00000000 0014d4 00024e
```

通过符号表和 section header 表信息，我们可以看到，函数 print_star 被放在可执行文件中的 .text section，即代码段；初始化的全局变量 global_val 被放在了 a.out 的 .data section，即数据段；而未初始化的全局变量 uninit_val 则被放在了 .bss section，即 BSS 段。

编译器在编译程序时，以源文件为单位，将一个个源文件编译生成一个个目标文件。在编译过程中，编译器都会按照这个默认规则，将函数、变量分别放在不同的 section 中，最后将各个 section 组成一个目标文件。编译过程结束后，链接器会将各个目标文件组装合并、重定位，生成一个可执行文件。

在 GNU C 中，我们可以通过 __attribute__ 的 section 属性，显式指定一个函数或变量，在编译时放到指定的 section 里面。通过上面的程序我们知道，未初始化的全局变量默认是放在 .bss section 中的，即默认放在 BSS 段中。现在我们就可以通过 section 属性声明，把这个未初始化的全局变量放到数据段 .data 中。

```
int global_val = 8;
int uninit_val __attribute__((section(".data")));
int main(void)
{
    return 0;
}
```

通过 readelf 命令查看符号表，我们可以看到，uninit_val 这个未初始化的全局变量，通过 __attribute__((section(".data"))) 属性声明，就和初始化的全局变量一样，被编译器放在了数据段.data 中。

6.6.3　U-boot 镜像自复制分析

有了 section 这个属性声明，我们就可以试着分析：U-boot 在启动过程中，是如何将自身代码加载的 RAM 中的。

玩过嵌入式 Linux 的都知道 U-boot，U-boot 的用途主要是加载 Linux 内核镜像到内存，给内核传递启动参数，然后引导 Linux 操作系统启动。

U-boot 一般存储在 NOR Flash 或 NAND Flash 上。无论从 NOR Flash 还是从 NAND Flash 启动，U-boot 其本身在启动过程中，都会从 Flash 存储介质上加载自身代码到内存，然后进行重定位，跳到内存 RAM 中去执行。U-boot 是怎么完成代码自复制的呢？或者说它是怎样将自身代码从 Flash 复制到内存的呢？

在复制自身代码的过程中，一个主要的疑问就是：U-boot 是如何识别自身代码的？是如何知道从哪里开始复制代码的？是如何知道复制到哪里停止的？这个时候我们不得不说起 U-boot 源码中的一个零长度数组。

```
char __image_copy_start[0] __attribute__((section(".__image_copy_start")));
char __image_copy_end[0] __attribute__((section(".__image_copy_end")));
```

这两行代码定义在 U-boot-2016.09 中的 arch/arm/lib/section.c 文件中。在其他版本的 U-boot 中可能路径不同，我们就以 U-boot-2016.09 这个版本进行分析。

这两行代码的作用是分别定义一个零长度数组，并指示编译器要分别放在 .__image_copy_start 和 .__image_copy_end 这两个 section 中。

链接器在链接各个目标文件时，会按照链接脚本里各个 section 的排列顺序，将各个 section 组装成一个可执行文件。U-boot 的链接脚本 U-boot.lds 在 U-boot 源码的根目录下面。

```
OUTPUT_FORMAT("elf32-littlearm","elf32-littlearm",
              "elf32-littlearm")
```

```
OUTPUT_ARCH(arm)
ENTRY(_start)
SECTIONS
{
 . = 0x00000000;
 . = ALIGN(4);
 .text :
 {
 *(.__image_copy_start)
 *(.vectors)
 arch/arm/cpu/armv7/start.o (.text*)
 *(.text*)
 }
 . = ALIGN(4);
 .data : {
 *(.data*)
 }
   ...
   ...
 . = ALIGN(4);
 .image_copy_end :
 {
 *(.__image_copy_end)
 }
 .end :
 {
 *(.__end)
 }
 _image_binary_end = .;
 . = ALIGN(4096);
 .mmutable : {
 *(.mmutable)
 }
 .bss_start __rel_dyn_start (OVERLAY) : {
 KEEP(*(.__bss_start));
  __bss_base = .;
 }
 .bss __bss_base (OVERLAY) : {
 *(.bss*)
  . = ALIGN(4);
   __bss_limit = .;
 }
 .bss_end __bss_limit (OVERLAY) : {
 KEEP(*(.__bss_end));
 }
}
```

通过链接脚本我们可以看到，__image_copy_start 和 __image_copy_end 这两个 section，在链接的时候分别放在了代码段.text 的前面、数据段.data 的后面，作为 U-boot 复制自身代码的起始地址和结束地址。而在这两个 section 中，我们除了放两个零长度数组，并没有放其他变量。通过前面的学习我们知道，零长度数组是不占用存储空间的，所以上面定义的两个零长度数组如下。

```
char __image_copy_start[0] __attribute__((section(".__image_copy_start")));
char __image_copy_end[0] __attribute__((section(".__image_copy_end")));
```

其实就分别代表了 U-boot 镜像要复制自身镜像的起始地址和结束地址。无论 U-boot 自身镜像存储在 NOR Flash，还是存储在 NAND Flash 上，只要知道了这两个地址，我们就可以直接调用相关代码复制。

在 arch/arm/lib/relocate.S 中，ENTRY(relocate_code) 汇编代码主要完成代码复制的功能。

```
ENTRY(relocate_code)
    ldr  r1, =__image_copy_start /*r1 <- SRC &__image_copy_start*/
    subs r4, r0, r1              /* r4 <- relocation offset */
    beq relocate_done           /* skip relocation */
    ldr  r2, =__image_copy_end    /* r2 <- SRC &__image_copy_end */

copy_loop:
    ldmia   r1!, {r10-r11}      /* copy from source address [r1] */
    stmia   r0!, {r10-r11}      /* copy to  target address [r0] */
    cmp  r1, r2         /* until source end address [r2] */
    blo copy_loop
```

在这段汇编代码中，寄存器 R1、R2 分别表示要复制镜像的起始地址和结束地址，R0 表示要复制到 RAM 中的地址，R4 存放的是源地址和目的地址之间的偏移，在后面重定位过程中会用到这个偏移值。在汇编代码中：

```
ldr r1, =__image_copy_start
```

通过 ARM 的 LDR 伪指令，直接获取要复制镜像的首地址，并保存在 R1 寄存器中。数组名本身其实就代表一个地址，通过这种方式，U-boot 在嵌入式启动的初始阶段，就完成了自身代码的复制工作：从 Flash 复制自身镜像到内存中，然后进行重定位，最后跳到内存中执行。

6.7　属性声明：aligned

6.7.1　地址对齐：aligned

GNU C 通过 __attribute__ 来声明 aligned 和 packed 属性，指定一个变量或类型的对齐方式。

这两个属性用来告诉编译器：在给变量分配存储空间时，要按指定的地址对齐方式给变量分配地址。如果你想定义一个变量，在内存中以 8 字节地址对齐，就可以这样定义。

```
int a __attribute__((aligned(8)));
```

通过 aligned 属性，我们可以显式地指定变量 a 在内存中的地址对齐方式。aligned 有一个参数，表示要按几字节对齐，使用时要注意，地址对齐的字节数必须是 2 的幂次方，否则编译就会出错。

一般情况下，当我们定义一个变量时，编译器会按照默认的地址对齐方式，来给该变量分配一个存储空间地址。如果该变量是一个 int 型数据，那么编译器就会按 4 字节或 4 字节的整数倍地址对齐；如果该变量是一个 short 型数据，那么编译器就会按 2 字节或 2 字节的整数倍地址对齐；如果是一个 char 类型的变量，那么编译器就会按照 1 字节地址对齐。

```
int a = 1;
int b = 2;
char c1 = 3;
char c2 = 4;
int main(void)
{
    printf("a: %p\n", &a);
    printf("b: %p\n", &b);
    printf("c1:%p\n", &c1);
    printf("c2:%p\n", &c2);
    return 0;
}
```

在上面的程序中，我们分别定义 2 个 int 型变量、2 个 char 型变量，然后分别打印它们的地址，运行结果如下。

```
a:  00402000
b:  00402004
c1: 00402008
c2: 00402009
```

通过运行结果我们可以看到，对于 int 型数据，其在内存中的地址都是以 4 字节或 4 字节整数倍对齐的。而 char 类型的数据，其在内存中是以 1 字节对齐的。变量 c2 就直接被分配到了 c1 变量的下一个存储单元，不用像 int 数据那样考虑 4 字节对齐。接下来，我们修改一下程序，指定变量 c2 按 4 字节对齐。

```
int a = 1;
int b = 2;
char c1 = 3;
char c2 __attribute__((aligned(4))) = 4;
int main(void)
```

```
{
    printf("a: %p\n", &a);
    printf("b: %p\n", &b);
    printf("c1:%p\n", &c1);
    printf("c2:%p\n", &c2);
    return 0;
}
```

程序运行结果如下。

```
a:  00402000
b:  00402004
c1: 00402008
c2: 0040200C
```

通过运行结果可以看到，字符变量 c2 由于使用 aligned 属性声明按照 4 字节边界对齐，所以编译器不可能再给其分配 0x00402009 这个地址，因为这个地址不是按照 4 字节对齐的。编译器会空出 3 个存储单元，直接从 0x0040200C 这个地址上给变量 c2 分配存储空间。

通过 aligned 属性声明，虽然可以显式地指定变量的地址对齐方式，但是也会因边界对齐造成一定的内存空洞，浪费内存资源。如在上面这个程序中，0x00402009~0x0040200b 这三个地址上的存储单元就没有被使用。

既然地址对齐会造成一定的内存空洞，那么我们为什么还要按照这种对齐方式去存储数据呢？一个主要原因就是：这种对齐设置可以简化 CPU 和内存 RAM 之间的接口和硬件设计。一个 32 位的计算机系统，在 CPU 读取内存时，硬件设计上可能只支持 4 字节或 4 字节倍数对齐的地址访问，CPU 每次向内存 RAM 读写数据时，一个周期可以读写 4 字节。如果我们把一个 int 型数据放在 4 字节对齐的地址上，那么 CPU 一次就可以把数据读写完毕；如果我们把一个 int 型数据放在一个非 4 字节对齐的地址上，那么 CPU 可能就要分两次才能把这个 4 字节大小的数据读写完毕。

为了配合计算机的硬件设计，编译器在编译程序时，对于一些基本数据类型，如 int、char、short、float 等，会按照其数据类型的大小进行地址对齐，按照这种地址对齐方式分配的存储地址，CPU 一次就可以读写完毕。虽然边界对齐会造成一些内存空洞，浪费一些内存单元，但是在硬件上的设计却大大简化了。这也是编译器给我们定义的变量分配地址时，不同类型的变量按照不同字节数地址对齐的主要原因。

除了 int、char、short、float 这些基本类型数据，对于一些复合类型数据，也要满足地址对齐要求。

6.7.2　结构体的对齐

结构体作为一种复合数据类型，编译器在给一个结构体变量分配存储空间时，不仅要考虑结构体内各个基本成员的地址对齐，还要考虑结构体整体的对齐。为了结构体内各个成员地址对齐，编译器可能会在结构体内填充一些空间；为了结构体整体对齐，编译器可能会在结构体的末尾填充一些空间。

下面我们定义一个结构体，结构体内定义 int、char 和 short 3 个成员，并打印结构体的大小和各个成员的地址。

```
struct data{
    char a;
    int b ;
    short c ;
}

int main(void)
{
    struct data s;
    printf("size:%d\n", sizeof(s));
    printf("a:%p\n", &s.a);
    printf("b:%p\n", &s.b);
    printf("c:%p\n", &s.c);
}
```

程序运行结果如下。

```
size: 12
&s.a: 0028FF30
&s.b: 0028FF34
&s.c: 0028FF38
```

因为结构体的成员 b 需要 4 字节对齐，所以编译器在给成员 a 分配完 1 字节的存储空间后，会空出 3 字节，在满足 4 字节对齐的 0x0028FF34 地址处才给成员 b 分配 4 字节的存储空间。接着是 short 类型的成员 c 占据 2 字节的存储空间。三个结构体成员一共占据 1+3+4+2=10 字节的存储空间。根据结构体的对齐规则，结构体的整体对齐要按结构体所有成员中最大对齐字节数或其整数倍对齐，或者说结构体的整体长度要为其最大成员字节数的整数倍，如果不是整数倍则要补齐。因为结构体最大成员 int 为 4 字节，所以结构体要按 4 字节对齐，或者说结构体的整体长度要是 4 的整数倍，要在结构体的末尾补充 2 字节，最后结构体的大小为 12 字节。

结构体成员按不同的顺序排放，可能会导致结构体的整体长度不一样，我们修改一下上面的程序。

```
struct data{
    char a;
    short b ;
    int c ;
};
int main(void)
{
    struct data s;
    printf("size: %d\n", sizeof(s));
    printf("&s.a: %p\n", &s.a);
    printf("&s.b: %p\n", &s.b);
    printf("&s.c: %p\n", &s.c);
}
```

程序运行结果如下。

```
size: 8
 &s.a: 0028FF30
 &s.b: 0028FF32
 &s.c: 0028FF34
```

我们调整了一些成员顺序，你会发现，char 型变量 a 和 short 型变量 b，被分配在了结构体前 4 字节的存储空间中，而且都满足各自的地址对齐方式，整个结构体大小是 8 字节，只造成 1 字节的内存空洞。我们继续修改程序，让 short 型的变量 b 按 4 字节对齐。

```
struct data{
    char a;
    short b __attribute__((aligned(4)));
    int c ;
};
```

程序运行结果如下。

```
size: 12
 &s.a: 0028FF30
 &s.b: 0028FF34
 &s.c: 0028FF38
```

你会发现，结构体的大小又重新变为 12 字节。这是因为，我们显式指定 short 变量以 4 字节地址对齐，导致变量 a 的后面填充了 3 字节空间。int 型变量 c 也要 4 字节对齐，所以变量 b 的后面也填充了 2 字节，导致整个结构体的大小为 12 字节。

我们不仅可以显式指定结构体内某个成员的地址对齐,也可以显式指定整个结构体的对齐方式。

```
struct data{
    char a;
    short b;
```

```
    int c ;
}__attribute__((aligned(16)));
```

程序运行结果如下。

```
size: 16
&s.a: 0028FF30
&s.b: 0028FF32
&s.c: 0028FF34
```

在这个结构体中，各个成员共占 8 字节。通过前面的学习我们知道，整个结构体的对齐只要按最大成员的对齐字节数对齐即可。所以这个结构体整体就以 4 字节对齐，结构体的整体长度为 8 字节。但是在这里，显式指定结构体整体以 16 字节对齐，所以编译器就会在这个结构体的末尾填充 8 字节以满足 16 字节对齐的要求，最终导致结构体的总长度变为 16 字节。

6.7.3 思考：编译器一定会按照 aligned 指定的方式对齐吗

通过 aligned 属性，我们可以显式指定一个变量的对齐方式，编译器就一定会按照我们指定的大小对齐吗？非也！

我们通过这个属性声明，其实只是建议编译器按照这种大小地址对齐，但不能超过编译器允许的最大值。一个编译器，对每个基本数据类型都有默认的最大边界对齐字节数。如果超过了，则编译器只能按照它规定的最大对齐字节数来给变量分配地址。

```
char c1 = 3;
char c2 __attribute__((aligned(16))) = 4 ;
int main(void)
{
    printf("c1:%p\n", &c1);
    printf("c2:%p\n", &c2);
    return 0;
}
```

在这个程序中，我们指定 char 型的变量 c2 以 16 字节对齐，编译运行结果如下。

```
c1:00402000
c2:00402010
```

我们可以看到，编译器给 c2 分配的地址是按 16 字节地址对齐的，如果我们继续修改 c2 变量按 32 字节对齐，你会发现程序的运行结果不再有变化，编译器仍然分配一个 16 字节对齐的地址，这是因为 32 字节的对齐方式已经超过编译器允许的最大值了。

6.7.4 属性声明：packed

aligned 属性一般用来增大变量的地址对齐，元素之间因为地址对齐会造成一定的内存空洞。而 packed 属性则与之相反，一般用来减少地址对齐，指定变量或类型使用最可能小的地址对齐方式。

```
struct data{
    char a;
    short b __attribute__((packed));
    int c __attribute__((packed));
};
int main(void)
{
    struct data s;
    printf("size: %d\n", sizeof(s));
    printf("&s.a: %p\n", &s.a);
    printf("&s.b: %p\n", &s.b);
    printf("&s.c: %p\n", &s.c);
}
```

在上面的程序中，我们将结构体的成员 b 和 c 使用 packed 属性声明，就是告诉编译器，尽量使用最可能小的地址对齐给它们分配地址，尽可能地减少内存空洞。程序的运行结果如下。

```
size: 7
&s.a: 0028FF30
&s.b: 0028FF31
&s.c: 0028FF33
```

通过结果我们看到，结构体内各个成员地址的分配，使用最小 1 字节的对齐方式，没有任何内存空间的浪费，导致整个结构体的大小只有 7 字节。

这个特性在底层驱动开发中还是非常有用的。例如，你想定义一个结构体，封装一个 IP 控制器的各种寄存器，在 ARM 芯片中，每一个控制器的寄存器地址空间一般都是连续存在的。如果考虑数据对齐，则结构体内就可能有空洞，就和实际连续的寄存器地址不一致。使用 packed 可以避免这个问题，结构体的每个成员都紧挨着，依次分配存储地址，这样就避免了各个成员因地址对齐而造成的内存空洞。

```
struct data{
    char  a;
    short b;
    int c ;
}__attribute__((packed));
```

我们也可以对整个结构体添加 packed 属性，这和分别对每个成员添加 packed 属性效果是一样的。修改结构体后，重新编译程序，运行结果和上面程序的运行结果相同：结构体的大小为 7，结构体内各成员地址相同。

6.7.5 内核中的 aligned、packed 声明

在 Linux 内核源码中，我们经常看到 aligned 和 packed 一起使用，即对一个变量或类型同时使用 aligned 和 packed 属性声明。这样做的好处是：既避免了结构体内各成员因地址对齐产生内存空洞，又指定了整个结构体的对齐方式。

```
struct data {
    char  a;
    short b;
    int   c;
}__attribute__((packed,aligned(8)));

int main(void)
{
    struct data s;
    printf("size: %d\n", sizeof(s));
    printf("&s.a: %p\n", &s.a);
    printf("&s.b: %p\n", &s.b);
    printf("&s.c: %p\n", &s.c);
}
```

程序运行结果如下。

```
size: 8
&s.a: 0028FF30
&s.b: 0028FF31
&s.c: 0028FF33
```

在上面的程序中，结构体 data 虽然使用了 packed 属性声明，结构体内所有成员所占的存储空间为 7 字节，但是我们同时使用了 aligned(8)指定结构体按 8 字节地址对齐，所以编译器要在结构体后面填充 1 字节，这样整个结构体的大小就变为 8 字节，按 8 字节地址对齐。

6.8 属性声明：format

6.8.1 变参函数的格式检查

GNU 通过__attribute__扩展的 format 属性，来指定变参函数的参数格式检查。

它的使用方法如下。

```
__attribute__(( format (archetype, string-index, first-to-check)))
void LOG(const char *fmt, ...) __attribute__((format(printf,1,2)));
```

　　在一些商业项目中，我们经常会实现一些自定义的打印调试函数，甚至实现一个独立的日志打印模块。这些自定义的打印函数往往是变参函数，用户在调用这些接口函数时参数往往不固定，那么编译器在编译程序时，怎么知道我们的参数格式对不对呢？如何对我们传进去的实参做格式检查呢？因为我们实现的是变参函数，参数的个数和格式都不确定，所以编译器表示压力很大，不知道该如何处理。

　　办法总是有的。__attribute__ 的 format 属性这时候就派上用场了。在上面的示例代码中，我们定义一个 LOG() 变参函数，用来实现日志打印功能。编译器在编译程序时，如何检查 LOG() 函数的参数格式是否正确呢？方法其实很简单，通过给 LOG() 函数添加 __attribute__((format(printf,1,2))) 属性声明就可以了。这个属性声明告诉编译器：你知道 printf() 函数不？你怎么对 printf() 函数进行参数格式检查的，就按照同样的方法，对 LOG() 函数进行检查。

　　属性 format(printf,1,2) 有 3 个参数，第 1 个参数 printf 是告诉编译器，按照 printf() 函数的标准来检查；第 2 个参数表示在 LOG() 函数所有的参数列表中格式字符串的位置索引；第 3 个参数是告诉编译器要检查的参数的起始位置。是不是没看明白？举个例子大家就明白了。

```
LOG("I am litao\n");
LOG("I am litao, I have %d houses!\n", 0);
LOG("I am litao, I have %d houses! %d cars\n", 0, 0);
```

　　上面的代码是我们的 LOG() 函数的使用示例。变参函数的参数个数和 printf() 函数一样，是不固定的。那么编译器如何检查我们的打印格式是否正确呢？很简单，只需要将格式字符串的位置告诉编译器就可以了，如在第 2 行代码中：

```
LOG("I am litao, I have %d houses!\n", 0);
```

　　在这个 LOG() 函数中有 2 个参数，第 1 个参数是格式字符串，第 2 个参数是要打印的一个常量值 0，用来匹配格式字符串中的占位符。

　　什么是格式字符串呢？顾名思义，如果一个字符串中含有格式匹配符，那么这个字符串就是格式字符串。如格式字符串"I am litao, I have %d houses!\n"，里面含有格式匹配符%d，我们也可以叫它占位符。打印的时候，后面变参的值会代替这个占位符，在屏幕上显示出来。

　　我们通过 format(printf,1,2) 属性声明，告诉编译器：LOG() 函数的参数，其格式字符串的位置在所有参数列表中的索引是 1，即第一个参数；要编译器帮忙检查的参数，在所有的参数列表里索引是 2。知道了 LOG() 参数列表中格式字符串的位置和要检查的参数位置，编译器就会按照检查 printf 的格式打印一样，对 LOG() 函数进行参数检查了。

我们也可以把 LOG 函数定义为下面的形式。

```
void LOG(int num, char *fmt, ...) __attribute__((format(printf,2,3)));
```

在这个函数定义中，多了一个参数 num，格式字符串在参数列表中的位置发生了变化（在所有的参数列表中，索引由 1 变成了 2），要检查的第一个变参的位置也发生了变化（索引从原来的 2 变成了 3），那么我们使用 format 属性声明时，就要写成 format(printf,2,3)的形式了。

以上就是 format 属性的使用方法，鉴于很多朋友可能对变参函数研究得不多，接下来我们就一起研究一下变参函数的设计与实现，以加深对本节知识的理解。

6.8.2　变参函数的设计与实现

对于一个普通函数，我们在函数实现中，不用关心实参，只需要在函数体内对形参进行各种操作即可。当函数调用时，传递的实参和形参是自动匹配的，每一个形参都会在栈中分配临时存储单元，保存传进来的对应实参。

变参函数，顾名思义，和 printf()函数一样，其参数的个数、类型都不固定。我们在函数体内因为预先不知道传进来的参数类型和个数，所以实现起来会稍微麻烦一点，要首先解析实际传进来的实参，保存起来，然后才能像普通函数那样，对实参进行各种操作。

1. 变参函数初体验

我们来定义一个变参函数，实现的功能很简单：打印传进来的实参值。

```
#include <stdio.h>

void print_num(int count, ...)
{
    int *args;
    args = &count + 1;
    for( int i = 0; i < count; i++)
    {
        printf("*args: %d\n", *args);
        args++;
    }
}

int main(void)
{
    print_num(5, 1, 2, 3, 4, 5);
    return 0;
}
```

变参函数的参数存储其实和 main() 函数的参数存储很像，由一个连续的参数列表组成，列表里存放的是每个参数的地址。在上面的函数中，有一个固定的参数 count，这个固定参数的存储地址后面，就是一系列参数的地址。在 print_num() 函数中，首先获取 count 参数地址，然后使用 &count + 1 就可以获取下一个参数的地址，使用指针变量 args 保存这个地址，并依次访问下一个地址，就可以直接打印传进来的各个实参值了。程序运行结果如下。

```
*args: 1
*args: 2
*args: 3
*args: 4
*args: 5
```

2. 变参函数改进版

上面的程序使用一个 int * 的指针变量依次访问实参列表。我们把接下来的程序改进一下，使用 char * 类型的指针来实现这个功能，使之兼容更多的参数类型。

```c
#include <stdio.h>

void print_num2(int count,...)
{
    char *args;
    args = (char *)&count + 4;
    for(int i = 0; i < count; i++)
    {
        printf("*args: %d\n", *(int *)args);
        args += 4;
    }
}
int main(void)
{
    print_num2(5, 1, 2, 3, 4, 5);
    return 0;
}
```

在这个程序中，我们使用 char * 类型的指针。涉及指针运算，一定要注意，因为每一个参数的地址都是 4 字节大小，所以我们获取下一个参数的地址是 (char *)&count + 4;。不同类型的指针加 1 操作，转换为实际的数值运算是不一样的。对于一个指向 int 类型的指针变量 p，p+1 表示 p + 1 * sizeof(int)，对于一个指向 char 类型的指针变量，p + 1 表示 p + 1 * sizeof(char)。两种不同类型的指针，其运算细节就体现在这里。当然，程序最后的运行结果和上面的程序是一样的。

```
*args: 1
*args: 2
*args: 3
```

```
*args: 4
*args: 5
```

3. 变参函数 V3.0

对于变参函数，编译器或操作系统一般会提供一些宏给程序员使用，用来解析函数的参数列表，这样程序员就不用自己解析了，直接调用封装好的宏即可获取参数列表。编译器提供的宏有以下 3 种。

● va_list：定义在编译器头文件 stdarg.h 中，如 typedef char* va_list;。

● va_start(fmt,args)：根据参数 args 的地址，获取 args 后面参数的地址，并保存在 fmt 指针变量中。

● va_end(args)：释放 args 指针，将其赋值为 NULL。

有了这些宏，我们的工作就简化了很多，就不用从零开始造轮子了。

```
#include <stdio.h>
#include <stdarg.h>

void print_num3(int count, ...)
{
    va_list args;
    va_start(args, count);
    for(int i = 0; i < count; i++)
    {
        printf("*args: %d\n", *(int *)args);
        args += 4;
    }
    va_end(args);
}

int main(void)
{
    print_num3(5, 1, 2, 3, 4, 5);
    return 0;
}
```

4. 变参函数 V4.0

在 V3.0 中，我们使用编译器提供的三个宏，省去了解析参数的麻烦。但打印的时候，我们还必须自己实现。在 V4.0 中，我们继续改进，使用 vprintf()函数完成打印功能。vprintf()函数的声明在 stdio.h 头文件中。

```
CRTIMP int __cdecl __MINGW_NOTHROW      \
    vprintf (const char*, __VALIST);
```

vprintf()函数有两个参数：一个是格式字符串指针，一个是变参列表。在下面的程序里，我们可以将使用 va_start 解析后的变参列表，直接传递给 vprintf()函数，实现打印功能。

```
#include <stdio.h>
#include <stdarg.h>

void  my_printf(char *fmt, ...)
{
    va_list args;
    va_start(args, fmt);
    vprintf(fmt, args);
    va_end(args);
}

int main(void)
{
    int num = 0;
    my_printf("I am litao, I have %d car\n", num);
    return 0;
}
```

运行结果如下。

```
I am litao, I have 0 car
```

5. 变参函数 V5.0

上面的 myprintf()函数基本上实现了和 printf()函数相同的功能：支持变参，支持多种格式的数据打印。接下来，我们需要对其添加 format 属性声明，让编译器在编译时，像检查 printf()一样，检查 myprintf()函数的参数格式。V5.0 的实现如下。

```
#include <stdio.h>
#include <stdarg.h>

void __attribute__((format(printf,1,2)))
my_printf(char *fmt, ...)
{
    va_list args;
    va_start(args, fmt);
    vprintf(fmt, args);
    va_end(args);
}

int main(void)
```

```
{
    int num = 0;
    my_printf("I am litao, I have %d car\n", num);
    return 0;
}
```

6.8.3 实现自己的日志打印函数

如果你坚持看到了这里，可能会有疑问：C 标准库中已经有现成的打印函数可用，为什么还要实现自己的打印函数？原因其实很简单，自己实现的打印函数，除了可以实现自己需要的打印格式，还有很多优点，可以实现打印开关控制和优先级控制，还可以根据需要不断添加功能。

你在调试的模块或系统中，可能有好多文件。如果在每个文件里都添加 printf()函数打印，调试完成后再删掉，是不是很麻烦？而使用我们自己实现的打印函数，通过一个宏开关，就可以直接关掉或打开，维护起来更加方便，如下面的代码。

```
#define DEBUG //打印开关

void __attribute__((format(printf,1,2))) LOG(char *fmt,...)
{
  #ifdef DEBUG
    va_list args;
    va_start(args,fmt);
    vprintf(fmt,args);
    va_end(args);
  #endif
}

int main(void)
{
    int num = 0;
    LOG("I am litao, I have %d car\n", num);
    return 0;
}
```

当我们在程序中定义一个 DEBUG 开关宏时，LOG()函数实现正常的打印功能；当我们删掉这个 DEBUG 宏时，LOG()函数就是一个空函数。通过这个宏，我们实现了打印函数的开关功能。在 Linux 内核的各个模块或子系统中，你会经常看到各种自定义的打印函数或宏，如 pr_debug、pr_info、pr_err 等。

除此之外，你还可以通过宏来设置一些打印等级。如可以分为 ERROR、WARNNING、INFO 等打印等级，根据设置的打印等级，模块打印的日志信息也不一样。

```c
#include<stdio.h>
#include<stdarg.h>

#define ERR_LEVEL  1
#define WARN_LEVEL 2
#define INFO_LEVEL 3

#define DEBUG_LEVEL 3 //打印等级设置
/*
    0:关闭打印
    1: 只打印错误信息
    2: 打印警告和错误信息
    3: 打印所有的信息
*/
void __attribute__((format(printf,1,2))) INFO(char *fmt,...)
{
  #if (DEBUG_LEVEL >= INFO_LEVEL)
    va_list args;
    va_start(args,fmt);
    vprintf(fmt,args);
    va_end(args);
  #endif
}

void __attribute__((format(printf,1,2))) WARN(char *fmt,...)
{
  #if (DEBUG_LEVEL >= WARN_LEVEL)
    va_list args;
    va_start(args,fmt);
    vprintf(fmt,args);
    va_end(args);
  #endif
}

void __attribute__((format(printf,1,2))) ERR(char *fmt,...)
{
  #if (DEBUG_LEVEL >= ERR_LEVEL)
    va_list args;
    va_start(args,fmt);
    vprintf(fmt,args);
    va_end(args);
  #endif
}

int main(void)
{
    ERR("ERR   log level: %d\n", 1);
```

```
    WARN("WARN log level: %d\n", 2);
    INFO("INFO log level: %d\n", 3);
    return 0;
}
```

在上面的程序中，我们封装了 3 个打印函数：INFO()、WARN()和 ERR()，分别打印不同优先级的日志信息。在实际调试中，我们可以根据自己需要的打印信息，设置合适的打印等级，就可以分级控制这些打印信息了。

6.9　属性声明：weak

6.9.1　强符号和弱符号

GNU C 通过 weak 属性声明，可以将一个强符号转换为弱符号。使用方法如下。

```
void __attribute__((weak)) func(void);
int num __attribute__((weak);
```

在一个程序中，无论是变量名，还是函数名，在编译器的眼里，就是一个符号而已。符号可以分为强符号和弱符号。

● 强符号：函数名，初始化的全局变量名。
● 弱符号：未初始化的全局变量名。

在一个工程项目中，对于相同的全局变量名、函数名，我们一般可以归结为下面 3 种场景。

● 强符号 + 强符号。
● 强符号 + 弱符号。
● 弱符号 + 弱符号。

强符号和弱符号主要用来解决在程序链接过程中，出现多个同名全局变量、同名函数的冲突问题。一般我们遵循下面 3 个规则。

● 一山不容二虎。
● 强弱可以共处。
● 体积大者胜出。

在一个项目中，不能同时存在两个强符号。如果你在一个多文件的工程中定义两个同名的函数或全局变量，那么链接器在链接时就会报重定义错误。但是在一个工程中允许强符号和弱符号同时存在，如你可以同时定义一个初始化的全局变量和一个未初始化的全局变量，这种写法在编译时是可以编译通过的。编译器对于这种同名符号冲突，在做符号决议时，一般会选用强符号，丢掉弱符号。还有一种情况就是，在一个工程中，当同名的符号都是弱符号时，那么编译器该选择哪个呢？谁的体积大，即谁在内存中的存储空间大，就选谁。

　　我们写一个简单的程序，验证上面的理论。首先定义 2 个源文件：main.c 和 func.c。

```
//func.c

int a = 1;
int b;
void func(void)
{
    printf("func: a = %d\n", a);
    printf("func: b = %d\n", b);
}


//main.c
int a;
int b = 2;
void func(void);
int main(void)
{
    printf("main: a = %d\n", a);
    printf("main: b = %d\n", b);
    func();
    return 0;
}
```

　　然后编译程序，可以看到程序运行结果如下。

```
# gcc -o a.out main.c func.c
main: a = 1
main: b = 2
func: a = 1
func: b = 2
```

　　我们在 main.c 和 func.c 中分别定义了 2 个同名全局变量 a 和 b，但是一个是强符号，一个是弱符号。链接器在链接过程中，看到冲突的同名符号，会选择强符号，所以你会看到，无论是 main() 函数，还是 func() 函数，打印的都是强符号的值。

　　一般来讲，不建议在一个工程中定义多个不同类型的同名弱符号，编译的时候可能会出现各种各样的问题，这里就不举例了。在一个工程中，也不能同时定义两个同名的强符号，否则就会报重定义错误。我们可以使用 GNU C 扩展的 weak 属性，将一个强符号转换为弱符号。

```
//func.c
int a __attribute__((weak)) = 1;
```

```
void func(void)
{
    printf("func: a = %d\n", a);
}

//main.c
int a = 4;
void func(void);
int main(void)
{
    printf("main: a = %d\n", a);
    func();
    return 0;
}
```

编译程序，可以看到程序运行结果如下。

```
#gcc -o a.out main.c func.c
main: a = 4
func: a = 4
```

我们通过 weak 属性声明，将 func.c 中的全局变量 a 转化为一个弱符号，然后在 main.c 中同样定义一个全局变量 a，并初始化 a 为 4。链接器在链接时会选择 main.c 中的这个强符号，所以在两个文件中，变量 a 的打印值都是 4。

6.9.2 函数的强符号与弱符号

链接器对于同名函数冲突，同样遵循相同的规则。函数名本身就是一个强符号，在一个工程中定义两个同名的函数，编译时肯定会报重定义错误。但我们可以通过 weak 属性声明，将其中一个函数名转换为弱符号。

```
//func.c
int a __attribute__((weak)) = 1;
void func(void)
{
printf("a = %d\n", a);
    printf("func.c: I am a strong symbol!\n", a);
}

//main.c
int a = 4;
void __attribute__((weak))func(void)
{
printf("a = %d\n", a);
    printf("main.c: I am a weak symbol!\n");
```

```
}

int main(void)
{
    func();
    return 0;
}
```

　　编译程序,可以看到程序运行结果如下。

```
# gcc -o a.out main.c func.c
# ./a.out
a = 4
func.c: I am a strong symbol!
```

　　在这个程序中,我们在 main.c 中定义了一个同名的 func()函数,然后通过 weak 属性声明将其转换为一个弱符号。链接器在链接时会选择 func.c 中的强符号,当我们在 main()函数中调用 func()函数时,实际上调用的是 func.c 文件里的 func()函数。而全局变量 a 则恰恰相反,因为在 func.c 中定义的是一个弱符号,所以在 func()函数中打印的是 main.c 中的全局变量 a 的值。

6.9.3　弱符号的用途

　　在一个源文件中引用一个变量或函数,当编译器只看到其声明,而没有看到其定义时,编译器一般编译不会报错:编译器会认为这个符号可能在其他文件中定义。在链接阶段,链接器会到其他文件中找这些符号的定义,若未找到,则报未定义错误。

　　当函数被声明为一个弱符号时,会有一个奇特的地方:当链接器找不到这个函数的定义时,也不会报错。编译器会将这个函数名,即弱符号,设置为 0 或一个特殊的值。只有当程序运行时,调用到这个函数,跳转到零地址或一个特殊的地址才会报错,产生一个内存错误。

```
//func.c
int a = 4;

//main.c
int a __attribute__((weak)) = 1;
void __attribute__((weak)) func(void);
int main(void)
{
    printf("main: a = %d\n", a);
    func();
    return 0;
}
```

编译程序并运行，可以看到程序运行结果如下。

```
#gcc -o a.out main.c func.c
#./a.out
main: a = 4
Segmentation fault (core dumped)
```

在这个示例程序中，我们没有定义 func()函数，仅仅在 main.c 里做了一个声明，并将其声明为一个弱符号。编译这个工程，你会发现程序是可以编译通过的，只是到程序运行时才会出错，产生一个段错误。

为了防止函数运行出错，我们可以在运行这个函数之前，先进行判断，看这个函数名的地址是不是 0，然后决定是否调用和运行，这样就可以避免段错误了。

```
//func.c
int a  = 4;

//main.c
int a __attribute__((weak)) = 1;
void __attribute__((weak)) func(void);
int main(void)
{
    printf("main: a = %d\n", a);
    if (func)
        func();
    return 0;
}
```

编译程序并运行，可以看到程序能正常运行，没有再出现段错误。

```
#gcc -o a.out main.c func.c
main: a = 4
```

函数名的本质就是一个地址，在调用 func()之前，我们先判断其是否为 0，如果为 0，则不调用，直接跳过。你会发现，通过这样的设计，即使 func()函数没有定义，整个工程也能正常编译、链接和运行！

弱符号的这个特性，在库函数中应用得很广泛。如你在开发一个库时，基础功能已经实现，有些高级功能还没实现，那么你可以将这些函数通过 weak 属性声明转换为一个弱符号。通过这样设置，即使还没有定义函数，我们在应用程序中只要在调用之前做一个非零的判断就可以了，并不影响程序的正常运行。等以后发布新的库版本，实现了这些高级功能，应用程序也不需要进行任何修改，直接运行就可以调用这些高级功能。

6.9.4　属性声明：alias

GNU C 扩展了一个 alias 属性，这个属性很简单，主要用来给函数定义一个别名。

```
void __f(void)
{
    printf("__f\n");
}

void f() __attribute__((alias("__f")));

int main(void)
{
    f();
    return 0;
}
```

程序运行结果如下。

```
__f
```

通过 alias 属性声明，我们可以给__f()函数定义一个别名 f()，以后如果想调用__f()函数，则直接通过 f()调用即可。

在 Linux 内核中，你会发现 alias 有时会和 weak 属性一起使用。如有些函数随着内核版本升级，函数接口发生了变化，我们可以通过 alias 属性对这个旧的接口名字进行封装，重新起一个接口名字。

```
//f.c
void __f(void)
{
    printf("__f()\n");
}
void f() __attribute__((weak,alias("__f")));

//main.c
void __attribute__((weak)) f(void);
void f(void)
{
    printf("f()\n");
}

int main(void)
{
    f();
    return 0;
}
```

如果我们在 main.c 中新定义了 f() 函数，那么当 main() 函数调用 f() 函数时，会直接调用 main.c 中新定义的函数；当 f() 函数没有被定义时，则调用__f() 函数。

6.10　内联函数

6.10.1　属性声明：noinline

这一节，我们接着介绍与内联函数相关的两个属性：noinline 和 always_inline。这两个属性的用途是告诉编译器，在编译时，对我们指定的函数内联展开或不展开。其使用方法如下。

```
static  inline __attribute__((noinline)) int func();
static  inline __attribute__((always_inline)) int func();
```

一个使用 inline 声明的函数被称为内联函数，内联函数一般前面会有 static 和 extern 修饰。使用 inline 声明一个内联函数，和使用关键字 register 声明一个寄存器变量一样，只是建议编译器在编译时内联展开。使用关键字 register 修饰一个变量，只是建议编译器在为变量分配存储空间时，将这个变量放到寄存器里，这会使程序的运行效率更高。那么编译器会不会放呢？这得视具体情况而定，编译器要根据寄存器资源是否紧张、这个变量的类型及是否频繁使用来做权衡。

同样，当一个函数使用 inline 关键字修饰时，编译器在编译时一定会内联展开吗？也不一定。编译器也会根据实际情况，如函数体大小、函数体内是否有循环结构、是否有指针、是否有递归、函数调用是否频繁来做决定。如 GCC 编译器，一般是不会对函数做内联展开的，只有当编译优化等级开到-O2 以上时，才会考虑是否内联展开。但是在我们使用 noinline 和 always_inline 对一个内联函数作显式属性声明后，编译器的编译行为就变得确定了：使用 noinline 声明，就是告诉编译器不要展开；使用 always_inline 属性声明，就是告诉编译器要内联展开。

那么什么是内联展开呢？我们先来复习一下内联函数的基础知识。

6.10.2　什么是内联函数

说起内联函数，又不得不说函数调用开销。一个函数在执行过程中，如果需要调用其他函数，则一般会执行下面的过程。

（1）保存当前函数现场。

（2）跳到调用函数执行。

（3）恢复当前函数现场。

（4）继续执行当前函数。

如有一个 ARM 程序，在 main()函数中对一些数据进行处理，运算结果暂时保存在 R0 寄存器中。接着调用另外一个 func()函数，调用结束后，返回 main()函数继续处理数据。如果我们在 func()函数中要使用 R0 这个寄存器（用于保存函数的返回值），就会改变 R0 寄存器中的值，那么就篡改了 main ()函数中的暂存运算结果。当我们返回 main ()函数继续进行数据处理时，最后的结果肯定不正确。

那么怎么办呢？很简单，在跳到 func()函数执行之前，先把 R0 寄存器的值保存到堆栈中，func()函数执行结束后，再将堆栈中的值恢复到 R0 寄存器，这样 main()函数就可以继续执行了，就像什么事情都没有发生过一样。

这种方法被证明是可行的：现在的计算机系统，无论什么架构和指令集，一般都采用这种方法。这种方法虽然麻烦了点，但至少能解决问题，无非就是需要不断地保存现场、恢复现场，这就是函数调用带来的开销。

对于一般的函数调用，这种方法是没有问题的。但对于一些极端情况，例如，一个函数短小精悍，函数体内只有一行代码，在程序中被大量频繁地调用。如果每次调用，都不断地保存现场，执行时却发现函数只有一行代码，接着又要恢复现场，则来回折腾的开销比较大，性价比不高。这就和你去五星级酒店订个餐位吃饭一样：VIP 包间、刀叉餐具、空调、免费的茶水和小菜，服务人员都准备好了，你到了之后只点了一碗面条，吃完之后抹嘴走人，而且一连好多天你都这么干，你说商家会不会对你有意见？

函数调用也是如此：有些函数短小精悍，而且调用频繁，调用开销大，算下来性价比不高，这时候我们就可以将这个函数声明为内联函数。编译器在编译过程中遇到内联函数，像宏一样，将内联函数直接在调用处展开，这样做就减少了函数调用的开销：直接执行内联函数展开的代码，不用再保存现场和恢复现场。

6.10.3　内联函数与宏

看到这里，可能就有人疑问了：内联函数和宏的功能差不多，那么为什么不直接定义一个宏，而去定义一个内联函数呢？

存在即合理，内联函数既然在 C 语言中广泛应用，自然有它存在的原因。与宏相比，内联函数有以下优势。

● 参数类型检查：内联函数虽然具有宏的展开特性，但其本质仍是函数，在编译过程中，编译器仍可以对其进行参数检查，而宏不具备这个功能。

● 便于调试：函数支持的调试功能有断点、单步等，内联函数同样支持。

- 返回值：内联函数有返回值，返回一个结果给调用者。这个优势是相对于 ANSI C 说的，因为现在宏也可以有返回值和类型了，如前面使用语句表达式定义的宏。
- 接口封装：有些内联函数可以用来封装一个接口，而宏不具备这个特性。

6.10.4　编译器对内联函数的处理

前面讲过，我们虽然可以通过 inline 关键字将一个函数声明为内联函数，但编译器不一定会对这个函数做内联展开。编译器也要根据实际情况进行评估，权衡展开和不展开的利弊，并最终决定要不要展开。

内联函数并不是完美无瑕的，也有一些缺点。内联函数会增大程序的体积，如果在一个文件中多次调用内联函数，多次展开，那么整个程序的体积就会变大，在一定程度上会降低程序的执行效率。函数的作用之一就是提高代码的复用性。我们将常用的一些代码或代码块封装成函数，进行模块化编程，可以减轻软件开发工作量。而内联函数往往又降低了函数的复用性。编译器在对内联函数做展开时，除了检测用户定义的内联函数内部是否有指针、循环、递归，还会在函数执行效率和函数调用开销之间进行权衡。一般来讲，判断对一个内联函数是否做展开，从程序员的角度出发，主要考虑如下因素。

- 函数体积小。
- 函数体内无指针赋值、递归、循环等语句。
- 调用频繁。

当我们认为一个函数体积小，而且被大量频繁调用，应该做内联展开时，就可以使用 static inline 关键字修饰它。但编译器不一定会做内联展开，如果你想明确告诉编译器一定要展开，或者不展开，就可以使用 noinline 或 always_inline 对函数做一个属性声明。

```
//inline.c
static inline
__attribute__((always_inline)) int func(int a)
{
    return a + 1;
}

static inline void print_num(int a)
{
    printf("%d\n", a);
}

int main(void)
{
```

```
    int i;
    i = func(3);
    print_num(10);
    return 0;
}
```

在这个程序中，我们分别定义两个内联函数：func()和 print_num()，然后使用 always_inline 对 func()函数进行属性声明。编译这个源文件，并对生成的可执行文件 a.out 做反汇编处理，其汇编代码如下。

```
#arm-linux-gnueabi-gcc -o a.out inline.c
#arm-linux-gnueabi-objdump -D a.out
00010438 <print_num>:
  10438:e92d4800      push    {fp, lr}
  1043c:e28db004      add     fp, sp, #4
  10440:e24dd008      sub     sp, sp, #8
  10444:e50b0008      str     r0, [fp, #-8]
  10448:e51b1008      ldr     r1, [fp, #-8]
  1044c:e59f000c      ldr     r0, [pc, #12]
  10450:ebffffa2      bl 102e0 <printf@plt>
  10454:e1a00000      nop     ; (mov r0, r0)
  10458:e24bd004      sub     sp, fp, #4
  1045c:e8bd8800      pop     {fp, pc}
  10460:0001050c      andeq   r0, r1, ip, lsl #10
00010464 <main>:
  10464:e92d4800      push    {fp, lr}
  10468:e28db004      add     fp, sp, #4
  1046c:e24dd008      sub     sp, sp, #8
  10470:e3a03003      mov     r3, #3
  10474:e50b3008      str     r3, [fp, #-8]
  10478:e51b3008      ldr     r3, [fp, #-8]
  1047c:e2833001      add     r3, r3, #1
  10480:e50b300c      str     r3, [fp, #-12]
  10484:e3a0000a      mov     r0, #10
  10488:ebffffea      bl 10438 <print_num>
  1048c:e3a03000      mov     r3, #0
  10490:e1a00003      mov     r0, r3
  10494:e24bd004      sub     sp, fp, #4
  10498:e8bd8800      pop     {fp, pc}
```

通过反汇编代码可以看到，因为我们对 func()函数作了 always_inline 属性声明，所以在编译过程中，在调用 func()函数的地方，编译器会将 func()函数在调用处直接展开。

```
10470:   e3a03003      mov     r3, #3
  10474:e50b3008      str     r3, [fp, #-8]
  10478:e51b3008      ldr     r3, [fp, #-8]
```

```
1047c:e2833001        add     r3, r3, #1
10480:e50b300c        str     r3, [fp, #-12]
```

而对于 print_num()函数，虽然我们对其做了内联声明，但编译器并没有对其做内联展开，而是把它当作一个普通函数对待。还有一个需要注意的细节是：当编译器对内联函数做展开处理时，会直接在调用处展开内联函数的代码，不再给 func()函数本身生成单独的汇编代码。因为编译器在所有调用该函数的地方都做了内联展开，没必要再去生成单独的函数汇编指令。在这个例子中，我们发现编译器就没有给 func()函数本身生成单独的汇编代码，编译器只给 print_num( )函数生成了独立的汇编代码。

6.10.5 思考：内联函数为什么定义在头文件中

在 Linux 内核中，你会看到大量的内联函数被定义在头文件中，而且常常使用 static 修饰。

为什么 inline 函数经常使用 static 修饰呢？这个问题在网上也讨论了很久，听起来各有道理，从 C 语言到 C++，甚至有人还拿出了 Linux 内核作者 Linus 关于 static inline 的解释。

"static inline" means "we have to have this function, if you use it, but don't inline it, then make a static version of it in this compilation unit". "extern inline" means "I actually have an extern for this function, but if you want to inline it, here's the inline-version".

我们可以这样理解：内联函数为什么要定义在头文件中呢？因为它是一个内联函数，可以像宏一样使用，任何想使用这个内联函数的源文件，都不必亲自再去定义一遍，直接包含这个头文件，即可像宏一样使用。

那么为什么还要用 static 修饰呢？因为我们使用 inline 定义的内联函数，编译器不一定会内联展开，那么当一个工程中多个文件都包含这个内联函数的定义时，编译时就有可能报重定义错误。而使用 static 关键字修饰，则可以将这个函数的作用域限制在各自的文件内，避免重定义错误的发生。

6.11 内建函数

6.11.1 什么是内建函数

内建函数，顾名思义，就是编译器内部实现的函数。这些函数和关键字一样，可以直接调用，无须像标准库函数那样，要先声明后使用。

内建函数的函数命名，通常以 __builtin 开头。这些函数主要在编译器内部使用，主要是为编译器服务的。内建函数的主要用途如下。

- 用来处理变长参数列表。
- 用来处理程序运行异常、编译优化、性能优化。
- 查看函数运行时的底层信息、堆栈信息等。
- 实现 C 标准库的常用函数。

因为内建函数是在编译器内部定义的，主要供与编译器相关的工具和程序调用，所以这些函数并没有文档说明，而且变动又频繁，对于应用程序开发者来说，不建议使用这些函数。

但有些函数，对于我们了解程序运行的底层机制、编译优化很有帮助，在 Linux 内核中也经常使用这些函数，所以我们很有必要了解 Linux 内核中常用的一些内建函数。

6.11.2　常用的内建函数

常用的内建函数主要有两个：__builtin_return_address() 和 __builtin_frame_address()。我们先介绍一下 __builtin_return_address()，其函数原型如下。

```
__builtin_return_address(LEVEL);
```

这个函数用来返回当前函数或调用者的返回地址。函数的参数 LEVEL 表示函数调用链中不同层级的函数。

- 0：获取当前函数的返回地址。
- 1：获取上一级函数的返回地址。
- 2：获取上二级函数的返回地址。
- ……

我们写一个测试程序，分别获取一个函数调用链中每一级函数的返回地址。

```
void f(void)
  {
  int *p;
  p = __builtin_return_address(0);
  printf("f    return address: %p\n", p);
  p = __builtin_return_address(1);;
  printf("func return address: %p\n", p);
  p = __builtin_return_address(2);;
  printf("main return address: %p\n", p);
  printf("\n");
  }
  void func(void)
```

```
{
 int *p;
 p = __builtin_return_address(0);
 printf("func return address: %p\n", p);
 p = __builtin_return_address(1);;
 printf("main return address: %p\n", p);
 printf("\n");
 f();
}

int main(void)
{
    int *p;
 p = __builtin_return_address(0);
 printf("main return address: %p\n", p);
 printf("\n");
 func();
 printf("goodbye!\n");
 return 0;
}
```

C 语言函数在调用过程中，会将当前函数的返回地址、寄存器等现场信息保存在堆栈中，然后才跳到被调用函数中去执行。当被调用函数执行结束后，根据保存在堆栈中的返回地址，就可以直接返回原来的函数继续执行。

在上面的程序中，main() 函数调用 func() 函数，在 main() 函数跳转到 func() 函数执行之前，会将程序正在运行的当前语句的下一条语句 printf("goodbye!\n"); 的地址保存到堆栈中，然后才去执行 func(); 这条语句，并跳到 func() 函数去执行。func() 函数执行完毕后，如何返回 main() 函数呢？很简单，将保存到堆栈中的返回地址赋值给 PC 指针，就可以直接返回 main() 函数，继续往下执行了。

每一层函数调用，都会将当前函数的下一条指令地址，即返回地址压入堆栈保存，各级函数调用就构成了一个函数调用链。在各级函数内部，我们使用内建函数就可以打印这个调用链上各个函数的返回地址。如上面的程序，经过编译后，程序的运行结果如下。

```
main return address:0040124B

func return address:004013C3
main return address:0040124B

f    return address:00401385
func return address:004013C3
main return address:0040124B
```

另一个常用的内建函数__builtin_frame_address()，其函数原型如下。

```
__builtin_frame_address(LEVEL);
```

在函数调用过程中，还有一个栈帧的概念。函数每调用一次，都会将当前函数的现场（返回地址、寄存器、临时变量等）保存在栈中，每一层函数调用都会将各自的现场信息保存在各自的栈中。这个栈就是当前函数的栈帧，每一个栈帧都有起始地址和结束地址，多层函数调用就会有多个栈帧，每个栈帧都会保存上一层栈帧的起始地址，这样各个栈帧就形成了一个调用链。很多调试器其实都是通过回溯函数的栈帧调用链来获取函数底层的各种信息的，如返回地址、调用关系等。在 ARM 处理器平台下，一般使用 FP 和 SP 这两个寄存器，分别指向当前函数栈帧的起始地址和结束地址。当函数继续调用其他函数，或运行结束返回上一级函数时，这两个寄存器的值也会发生变化，总是指向当前函数栈帧的起始地址和结束地址。

我们可以通过内建函数__builtin_frame_address(LEVEL)查看函数的栈帧地址。

- 0：查看当前函数的栈帧地址。
- 1：查看上一级函数的栈帧地址。
- ……

写一个程序，打印当前函数的栈帧地址。

```
void func(void)
{
    int *p;
    p = __builtin_frame_address(0);
    printf("func frame:%p\n", p);
    p = __builtin_frame_address(1);
    printf("main frame:%p\n", p);
}

int main(void)
{
    int *p;
    p = __builtin_frame_address(0);
    printf("main frame:%p\n", p);
    printf("\n");
    func();
    return 0;
}
```

程序运行结果如下。

```
main frame:0028FF48
```

```
func frame:0028FF28
main frame:0028FF48
```

6.11.3　C 标准库的内建函数

在 GNU C 编译器内部，C 标准库的内建函数实现了一些与 C 标准库函数类似的内建函数。这些函数与 C 标准库函数功能相似，函数名也相同，只是在前面加了一个前缀 __builtin。如果你不想使用 C 标准库函数，也可以加一个前缀，直接使用对应的内建函数。

常见的 C 标准库函数如下。

- 与内存相关的函数：memcpy()、memset()、memcmp()。
- 数学函数：log()、cos()、abs()、exp()。
- 字符串处理函数：strcat()、strcmp()、strcpy()、strlen()。
- 打印函数：printf()、scanf()、putchar()、puts()。

下面我们写一个小程序，使用与 C 标准库对应的内建函数。

```
int main(void)
{
    char a[100];
    __builtin_memcpy(a, "hello world!", 20);
    __builtin_puts(a);

    return 0;
}
```

编译程序并运行，程序运行结果如下。

```
hello world!
```

通过运行结果我们看到，使用与 C 标准库对应的内建函数，同样能实现字符串的复制和打印，实现 C 标准库函数的功能。

6.11.4　内建函数：__builtin_constant_p(n)

编译器内部还有一些内建函数主要用来编译优化、性能优化，如 __builtin_constant_p(n) 函数。该函数主要用来判断参数 n 在编译时是否为常量。如果是常量，则函数返回 1，否则函数返回 0。该函数常用于宏定义中，用来编译优化。一个宏定义，根据宏的参数是常量还是变量，可能实现的方法不一样。在内核源码中，我们经常看到这样的宏。

```
#define _dma_cache_sync(addr, sz, dir)      \
do {                                        \
```

```
    if (__builtin_constant_p(dir))                    \
        __inline_dma_cache_sync(addr, sz, dir); \
    else                                        \
        __arc_dma_cache_sync(addr, sz, dir);    \
}                                               \
while (0);
```

　　很多宏的操作在参数为常数时可能有更优化的实现，在这个宏定义中，我们实现了 2 个版本。根据参数是否为常数，我们可以灵活选用不同的版本。

6.11.5　内建函数：__builtin_expect(exp,c)

　　内建函数 __builtin_expect()也常常用来编译优化，这个函数有 2 个参数，返回值就是其中一个参数，仍是 exp。这个函数的意义主要是告诉编译器：参数 exp 的值为 c 的可能性很大，然后编译器可以根据这个提示信息，做一些分支预测上的代码优化。

　　参数 c 与这个函数的返回值无关，无论 c 为何值，函数的返回值都是 exp。

```
int main(void)
{
    int a;
    a = __builtin_expect(3, 1);
    printf("a = %d\n",a);

    a = __builtin_expect(3, 10);
    printf("a = %d\n",a);

    a = __builtin_expect(3, 100);
    printf("a = %d\n",a);
    return 0;
}
```

　　程序运行结果如下。

```
a = 3
a = 3
a = 3
```

　　这个函数的主要用途是编译器的分支预测优化。现在 CPU 内部都有 Cache 缓存器件。CPU 的运行速度很高，而外部 RAM 的速度相对来说就低了不少，所以当 CPU 从内存 RAM 读写数据时就会有一定的性能瓶颈。为了提高程序执行效率，CPU 一般都会通过 Cache 这个 CPU 内部缓冲区来缓存一定的指令或数据，当 CPU 读写内存数据时，会先到 Cache 看看能否找到：如果找到就直接进行读写；如果找不到，则 Cache 会重新缓存一部分数据进来。CPU 读写 Cache 的速度远远大于内存 RAM，所以通过这种缓存方式可以提高系统的性能。

那么 Cache 如何缓存内存数据呢？简单来说，就是依据空间相近原则。如 CPU 正在执行一条指令，那么在下一个时钟周期里，CPU 一般会大概率执行当前指令的下一条指令。如果此时 Cache 将下面的几条指令都缓存到 Cache 里，则下一个时钟周期里，CPU 就可以直接到 Cache 里取指、译指和执行，从而使运算效率大大提高。

但有时候也会出现意外。如程序在执行过程中遇到函数调用、if 分支、goto 跳转等程序结构，会跳到其他地方执行，原先缓存到 Cache 里的指令不是 CPU 要执行的指令。此时，我们就说 Cache 没有命中，Cache 会重新缓存正确的指令代码供 CPU 读取，这就是 Cache 工作的基本流程。

有了这些理论基础，我们在编写程序时，遇到 if/switch 这种选择分支的程序结构，一般建议将大概率发生的分支写在前面。当程序运行时，因为大概率发生，所以大部分时间就不需要跳转，程序就相当于一个顺序结构，Cache 的缓存命中率也会大大提升。内核中已经实现一些相关的宏，如 likely 和 unlikely，用来提醒程序员优化程序。

6.11.6 Linux 内核中的 likely 和 unlikely

在 Linux 内核中，我们使用 __builtin_expect()内建函数，定义了两个宏。

```
#define likely(x) __builtin_expect(!!(x),1)
#define unlikely(x) __builtin_expect(!!(x),0)
```

这两个宏的主要作用就是告诉编译器：某一个分支发生的概率很高，或者很低，基本不可能发生。编译器根据这个提示信息，在编译程序时就会做一些分支预测上的优化。

在这两个宏的定义中有一个细节，就是对宏的参数 x 做两次取非操作，这是为了将参数 x 转换为布尔类型，然后与 1 和 0 直接做比较，告诉编译器 x 为真或假的可能性很高。

我们来举个例子，让大家感受下，使用这两个宏后，编译器在分支预测上的一些编译变化。

```
//expect.c

int main(void)
{
    int a;
    scanf("%d", &a);
    if( a==0)
    {
        printf("%d", 1);
        printf("%d", 2);
        printf("\n");
    }
    else
```

```
    {
        printf("%d", 5);
        printf("%d", 6);
        printf("\n");
    }
    return 0;
}
```

在上面的代码中，根据输入的变量 a 的值，程序会执行不同的分支代码。编译这个程序然后反汇编，生成对应的汇编代码。

```
#arm-linux-gnueabi-gcc  expect.c
#arm-linux-gnueabi-objdump -D a.out
00010558 <main>:
  10558:e92d4800    push   {fp, lr}
  1055c:e28db004    add    fp, sp, #4
  10560:e24dd008    sub    sp, sp, #8
  10564:e59f308c    ldr    r3, [pc, #140]
  10568:e5933000    ldr    r3, [r3]
  1056c:e50b3008    str    r3, [fp, #-8]
  10570:e24b300c    sub    r3, fp, #12
  10574:e1a01003    mov    r1, r3
  10578:e59f007c    ldr    r0, [pc, #124]
  1057c:ebffffa5    bl10418 <__isoc99_scanf@plt>
  10580:e51b300c    ldr    r3, [fp, #-12]
  10584:e3530000    cmp    r3, #0
  10588:1a000008    bne    105b0 <main+0x58>
  1058c:e3a01001    mov    r1, #1
  10590:e59f0068    ldr    r0, [pc, #104]
  10594:ebffff90    bl103dc <printf@plt>
  10598:e3a01002    mov    r1, #2
  1059c:e59f005c    ldr    r0, [pc, #92]
  105a0:ebffff8d    bl103dc <printf@plt>
  105a4:e3a0000a    mov    r0, #10
  105a8:ebffff97    bl1040c <putchar@plt>
  105ac:ea000007    b 105d0 <main+0x78>
  105b0:e3a01005    mov    r1, #5
  105b4:e59f0044    ldr    r0, [pc, #68]
  105b8:ebffff87    bl103dc <printf@plt>
  105bc:e3a01006    mov    r1, #6
  105c0:e59f0038    ldr    r0, [pc, #56]
  105c4:ebffff84    bl103dc <printf@plt>
```

观察 main()函数的反汇编代码，我们可以看到，汇编代码的结构就是基于我们的 if/else 分支先后顺序，依次生成对应的汇编代码的（看 10588:bne 105b0 跳转到 else 分支）。我们接着改一下代码，使用 unlikely 修饰 if 分支，意在告诉编译器，这个 if 分支发生的概率很低，或者不可能发生。

```
//expect.c
int main(void)
{
    int a;
    scanf("%d", &a);
    if( unlikely(a == 0) )
    {
        printf("%d", 1);
        printf("%d", 2);
        printf("\n");
    }
    else
    {
        printf("%d", 5);
        printf("%d", 6);
        printf("\n");
    }
    return 0;
}
```

对这个程序添加 -O2 优化参数编译，并对生成的可执行文件 a.out 进行反汇编。

```
#arm-linux-gnueabi-gcc -O2 expect.c
#arm-linux-gnueabi-objdump -D a.out
00010438 <main>:
   10438:e92d4010       push    {r4, lr}
   1043c:e59f4080       ldr     r4, [pc, #128]
   10440:e24dd008       sub     sp, sp, #8
   10444:e5943000       ldr     r3, [r4]
   10448:e1a0100d       mov     r1, sp
   1044c:e59f0074       ldr     r0, [pc, #116]
   10450:e58d3004       str     r3, [sp, #4]
   10454:ebfffff1       bl10420 <__isoc99_scanf@plt>
   10458:e59d3000       ldr     r3, [sp]
   1045c:e3530000       cmp     r3, #0
   10460:0a000010       beq     104a8 <main+0x70>
   10464:e3a02005       mov     r2, #5
   10468:e59f105c       ldr     r1, [pc, #92]
   1046c:e3a00001       mov     r0, #1
   10470:ebffffe7       bl10414 <__printf_chk@plt>
   10474:e3a02006       mov     r2, #6
   10478:e59f104c       ldr     r1, [pc, #76]
   1047c:e3a00001       mov     r0, #1
   10480:ebffffe3       bl10414 <__printf_chk@plt>
   10484:e3a0000a       mov     r0, #10
   10488:ebffffde       bl10408 <putchar@plt>
   1048c:e59d2004       ldr     r2, [sp, #4]
```

```
10490:e5943000    ldr    r3, [r4]
10494:e3a00000    mov    r0, #0
10498:e1520003    cmp    r2, r3
1049c:1a000007    bne    104c0 <main+0x88>
104a0:e28dd008    add    sp, sp, #8
104a4:e8bd8010    pop    {r4, pc}
104a8:e3a02001    mov    r2, #1
104ac:e59f1018    ldr    r1, [pc, #24]
104b0:e1a00002    mov    r0, r2
104b4:ebffffd6    bl 10414 <__printf_chk@plt>
104b8:e3a02002    mov    r2, #2
104bc:eaffffed    b 10478 <main+0x40>
```

　　我们对 if 分支条件表达式使用 unlikely 修饰，告诉编译器这个分支小概率发生。在编译器开启编译优化的条件下，通过生成的反汇编代码（10460:beq 104a8），我们可以看到，编译器将小概率发生的 if 分支汇编代码放在了后面，将大概率发生的 else 分支的汇编代码放在了前面，这样就确保了程序在执行时，大部分时间都不需要跳转，直接按照顺序执行下面大概率发生的分支代码，可以提高缓存的命中率。

　　在 Linux 内核源码中，你会发现很多地方使用 likely 和 unlikely 宏进行修饰，此时你应该知道它们的用途了吧。

6.12　可变参数宏

　　在上面的教程中，我们学会了变参函数的定义和使用，基本套路就是使用 va_list、va_start、va_end 等宏，去解析那些可变参数列表。我们找到这些参数的存储地址后，就可以对这些参数进行处理了。要么自己动手，亲自处理；要么继续调用其他函数来处理。

```c
void print_num(int count, ...)
{
    va_list args;
    va_start(args,count);
    for(int i = 0; i < count; i++)
    {
        printf("*args: %d\n",*(int *)args);
        args += 4;
    }
}


void __attribute__((format(printf,2,3)))
LOG(int k,char *fmt,...)
{
```

```
    va_list args;
    va_start(args,fmt);
    vprintf(fmt,args);
    va_end(args);
}
```

GNU C 觉得这样不过瘾，再来一个"神助攻"：干脆宏定义也支持可变参数吧！

6.12.1　什么是可变参数宏

这一节我们要学习一下可变参数宏的定义和使用。其实，C99 标准已经支持了这个特性，但是其他编译器不太给力，对 C99 标准的支持不是很好，只有 GNU C 标准支持这个功能，所以有时候我们也把这个可变参数宏看作 GNU C 标准的一个语法扩展。上面实现的 LOG()变参函数，如果我们想使用一个可变参数宏实现，就可以直接这样定义。

```
#define LOG(fmt, ...)  printf(fmt, __VA_ARGS__)
#define DEBUG(...)  printf(__VA_ARGS__)

int main(void)
{
    LOG("Hello! I'm %s\n", "Wanglitao");
    DEBUG("Hello! I'm %s\n", "Wanglitao");
    return 0;
}
```

可变参数宏的实现形式其实和变参函数差不多：用　...　表示变参列表，变参列表由不确定的参数组成，各个参数之间用逗号隔开。可变参数宏使用 C99 标准新增加的一个 __VA_ARGS__ 预定义标识符来表示前面的变参列表，而不是像变参函数一样，使用 va_list、va_start、va_end 这些宏去解析变参列表。预处理器在将宏展开时，会用变参列表替换掉宏定义中的所有 __VA_ARGS__ 标识符。

使用宏定义实现一个打印功能的变参宏，你会发现，它的实现甚至比变参函数还简单！Linux内核中的很多打印宏，经常使用可变参数宏来实现，宏定义一般为下面这个格式。

```
#define LOG(fmt, ...) printf(fmt, __VA_ARGS__)
```

在这个宏定义中，有一个固定参数，通常为一个格式字符串，后面的变参用来打印各种格式的数据，与前面的格式字符串相匹配。这种定义方式比较容易理解，但是有一个漏洞：当变参为空时，宏展开时就会产生一个语法错误。

```
#define LOG(fmt,...) printf(fmt,__VA_ARGS__)

int main(void)
```

```
{
    LOG("hello\n");
    return 0;
}
```

上面这个程序在编译时就会报错，产生一个语法错误。这是因为，我们只给 LOG 宏传递了一个参数，而变参为空。当宏展开后，就变成了下面的样子。

```
printf("hello\n", );
```

宏展开后，在第一个字符串参数的后面还有一个逗号，不符合语法规则，所以就产生了一个语法错误。我们需要继续对这个宏进行改进，使用宏连接符##，可以避免这个语法错误。

6.12.2　继续改进我们的宏

接下来，我们使用宏连接符##来改进上面的宏。

宏连接符##的主要作用就是连接两个字符串。我们在宏定义中可以使用##来连接两个字符，预处理器在预处理阶段对宏展开时，会将##两边的字符合并，并删除##这个连接符。

```
#define A(x) a##x

int main(void)
{
    int A(1) = 2;  //int a1 = 2;
    int A() = 3;   //int a=3;
    printf("%d %d\n", a1, a);
    return 0;
}
```

在上面的程序中，我们定义一个宏。

```
#define A(x) a##x
```

这个宏的功能就是连接字符 a 和 x。在程序中，A(1)展开后就是 a1，A( )展开后就是 a。我们使用 printf()函数可以直接打印变量 a1、a 的值，因为宏展开后，就相当于使用 int 关键字定义了两个整型变量 a1 和 a。上面的程序可以编译通过，运行结果如下。

```
2 3
```

知道了宏连接符##的使用方法，我们就可以对 LOG 宏做一些修改。

```
#define LOG(fmt,...) printf(fmt, ##__VA_ARGS__)

int main(void)
{
    LOG("hello\n");
```

```
    return 0;
}
```

我们在标识符__VA_ARGS__前面加上了宏连接符##，这样做的好处是：当变参列表非空时，##的作用是连接 fmt 和变参列表，各个参数之间用逗号隔开，宏可以正常使用；当变参列表为空时，##还有一个特殊的用处，它会将固定参数 fmt 后面的逗号删除掉，这样宏就可以正常使用了。

6.12.3   可变参数宏的另一种写法

当我们定义一个变参宏时，除了使用预定义标识符 __VA_ARGS__ 表示变参列表，还可以使用下面这种写法。

```
#define LOG(fmt,args...) printf(fmt, args)
```

使用预定义标识符 __VA_ARGS__ 来定义一个变参宏，是 C99 标准规定的写法。而上面这种格式是 GNU C 扩展的一个新写法：可以不使用 __VA_ARGS__，而是直接使用 args... 来表示一个变参列表，然后在后面的宏定义中，直接使用 args 代表变参列表就可以了。

和上面一样，为了避免变参列表为空时的语法错误，我们也需要在参数之间添加一个连接符##。

```
#define LOG(fmt,args...) printf(fmt,##args)
int main(void)
{
    LOG("hello\n");
    return 0;
}
```

使用这种宏定义方式，你会发现比使用 __VA_ARGS__ 看起来更加直观，更加容易理解。

6.12.4   内核中的可变参数宏

可变参数宏在内核中主要用于日志打印。一些驱动模块或子系统有时候会定义自己的打印宏，支持打印开关、打印格式、优先级控制等功能。如在 printk.h 头文件中，我们可以看到 pr_debug 宏的定义。

```
#if defined(CONFIG_DYNAMIC_DEBUG)
#define pr_debug(fmt, ...) \
    dynamic_pr_debug(fmt, ##__VA_ARGS__)
#elif defined(DEBUG)
#define pr_debug(fmt, ...) \
    printk(KERN_DEBUG pr_fmt(fmt), ##__VA_ARGS__)
#else
#define pr_debug(fmt, ...) \
    no_printk(KERN_DEBUG pr_fmt(fmt), ##__VA_ARGS__)
```

```
#endif

#define dynamic_pr_debug(fmt, ...)                  \
do {                                                \
    DEFINE_DYNAMIC_DEBUG_METADATA(descriptor, fmt); \
    if (unlikely(descriptor.flags             \
            & _DPRINTK_FLAGS_PRINT))    \
        __dynamic_pr_debug(&descriptor, pr_fmt(fmt),\
                    ##__VA_ARGS__);           \
} while (0)

static inline __printf(1, 2)
int no_printk(const char *fmt, ...)
{
    return 0;
}

#define __printf(a, b) \
__attribute__((format(printf, a, b)))
```

　　看到这个宏定义，估计有两个字已经在很多人心中来回荡漾，差点忍不住冲破喉咙，脱口而出，但同时又不得不佩服宏的作者：一个小小的宏，却能综合运用各种技巧和知识点，把 C 语言的潜能发挥得淋漓尽致。

　　这个宏定义了三个版本：如果我们在编译内核时有动态调试选项，那么这个宏就定义为 dynamic_pr_debug。如果没有配置动态调试选项，则我们可以通过 DEBUG 这个宏，来控制这个宏的打开和关闭。

　　no_printk( )作为一个内联函数，定义在 printk.h 头文件中，而且通过 format 属性声明，指示编译器按照 printf 标准去做参数格式检查。

　　最有意思的是 dynamic_pr_debug 这个宏，宏定义采用 do{ ... }while(0)结构。这看起来貌似有点多余：有它没它，我们的宏都可以工作。反正都是执行一次，为什么要用这种看似"画蛇添足"的循环结构呢？道理其实很简单，这样定义是为了防止宏在条件、选择等分支结构的语句中展开后，产生宏歧义。

　　例如我们定义一个宏，由两条打印语句构成。

```
#define DEBUG() \
 printf("hello ");printf("else\n")

int main(void)
{
    if(1)
```

```
        printf("hello if\n");
    else
        DEBUG();
    return 0;
}
```

程序运行结果如下。

```
hello if
else
```

理论情况下，else 分支是执行不到的，但通过打印结果可以看到，程序也执行了 else 分支的一部分代码。这是因为我们定义的宏由多条语句组成，经过预处理展开后，就变成了下面这样。

```
int main(void)
    {
        if(1)
            printf("hello if\n");
        else
            printf("hello ");
            printf("else\n");
        return 0;
    }
```

多条语句在宏调用处直接展开，就破坏了程序原来的 if/else 分支结构，导致程序逻辑发生了变化，所以你才会看到 else 分支的非正常打印。而采用 do{ ... }while(0)这种结构，可以将我们宏定义中的复合语句包起来。宏展开后，是一个代码块，避免了这种逻辑错误。

一个小小的宏，暗藏各个知识点，综合使用各种技巧，仔细分析下来，能学到很多知识。大家在以后的工作和学习中，可能会接触到各种各样、形形色色的宏。只要有牢固的 C 语言基础，熟悉 GNU C 的常用扩展语法，再遇到这样类似的宏，我们都可以自己尝试慢慢去分析了。不用怕，只有自己真正分析过，才算真正掌握，才能转化为自己的知识和能力，才能领略它的精妙之处。

7

第 7 章
数据存储与指针

指针是 C 语言中比较难掌握的一个知识点。它让很多程序员"望针却步"，在编程时能不用坚决不用，一个数组打天下，走到哪里都不怕。尤其各种指针数组、数组指针、指针函数、函数指针、二级指针，再加上一些复杂指针的声明，很容易把人绕晕。如果我们不能真正地理解指针，在使用的时候就可能遇到各种问题，如内存错误、段错误、指针类型不匹配等。

很多人都说指针是 C 语言的灵魂，笔者觉得存储才是 C 语言的精髓和灵魂。只有从底层去了解内存中各种类型的数据是如何存储的，才可以更好地去使用它们。真正理解不同类型的数据在内存中的存储，是掌握指针的关键。本章将尝试从数据存储的角度去重新理解指针，理解不同类型的数据和指针之间的关系，以达到敢用指针、精通指针、善用指针的学习目的。

程序是什么？程序 = 数据结构 + 算法。我们写程序为了什么？为了解决现实中的一些问题，尤其是一些需要大量重复计算的问题。苦练编程，不忘初心，计算机的初衷就是进行各种数据运算，将人类从各种重复的数学运算中解脱出来。ANSI C 标准为我们提供的 32 个关键字里，除了控制程序结构的一些关键字，绝大部分都与数据类型和存储相关，如表 7-1 所示。

表 7-1　ANSI C标准的 32 个关键字

auto	break	case	char	const	continue	default	do
double	else	enum	extern	float	typedef	goto	if
int	long	signed	return	short	register	sizeof	static
struct	switch	for	union	void	unsigned	volatile	while

C99/C11 标准新增的关键字，也大都与数据类型和存储相关，如表 7-2 所示。

表 7-2　C99/C11 标准新增的关键字

inline	restrict	_Bool	_Complex
_Imaginary	_Alignas	_Alignof	_Atomic
_Static_assert	_Noreturn	_Thread_local	_Generic

我们编写的程序，也绝大部分与数据处理相关，不同类型的数据在内存中如何存储与运算，是程序员在编写程序时始终要关注的问题。对于嵌入式工程师来说，跟内存、寄存器等底层硬件打交道的地方更多，如果对数据在内存中是如何存储、如何处理的这些细节不清楚，也就很难编写出能稳定运行的高质量程序。很多时候我们编写的程序运行出现问题往往都和数据在内存中的存储有关，一个小小的细节疏忽，程序可能就运行异常了，如野指针、非法指针、数据溢出、大小端模式等。除此之外，C 语言在类型转换、隐式转换、有符号数与无符号数、数据对齐等方面也有不少编程陷阱，很多 C 语言初学者稍微不注意，就有可能栽倒在一个容易疏忽的细节上。

接下来，我们将从最基本的数据类型和存储开始，一步一个脚印，去研究不同类型的数据在内存中的存储和引用，去研究各种复杂指针的定义、声明和使用方法，去攻克与指针相关的一些知识难点和概念。

7.1　数据类型与存储

类型，是一组数值及对该组数值进行各种操作的集合。同一种类型的数据，在不同的处理器平台下，存储方式可能不一样。不同类型的数据，在同一个处理器平台下，存储方式和运算规则也可能不一样。

7.1.1　大端模式与小端模式

在计算机中，位（bit）是最小的存储单位，在一个 DDR SDRAM 内存电路中，通常使用一个电容器来表示：充电时高电位表示 1，放电时低电位表示 0。8 个 bit 组成一字节（Byte），字节是计算机最基本的存储单位，也是最小的寻址单元，计算机通常以字节为单位进行寻址。在一个 32 位的计算机系统中，通常 4 字节组成一个字（Word），字是软件开发者常用的存储单位。

思考：是不是在所有的计算机系统中，一个字都是占 4 字节？这是由谁决定的？

我们使用 C 语言提供的 int 关键字，可以定义一个整型变量。

```
int i = 0x12345678;
```

　　编译器根据变量 i 的类型,在内存中分配 4 字节大小的存储空间来存储 i 变量的值 0x12345678。
一个数据在内存中有 2 种存储方式：高地址存储高字节数据，低地址存储低字节数据；或者高地
址存储低字节数据，而低地址则存储高字节数据。不同字节的数据在内存中的存储顺序被称为字
节序。根据字节序的不同，我们一般将存储模式分为大端模式和小端模式。

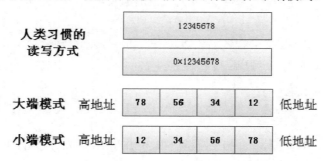

图 7-1　大小端模式下的数据存储

　　不同架构的处理器，存储模式一般也不同。ARM、X86、DSP 一般都采用小端模式，而 IBM、
Sun、PowerPC 架构的处理器一般都采用大端模式。如何判断程序运行的当前平台是大端模式还
是小端模式呢？很简单，我们编写一个程序测试一下就可以知道。

```
#include <stdio.h>

int main(void)
{
    int a = 0x11223344;
    char b;
    b = a;
    if(b == 0x44)
        printf("Little endian!\n");
    else
        printf("Big endian!\n");
    return 0;
}
```

　　将一个整型变量的值赋给一个字符型变量，通常会发生"截断"，将低 8 位的一字节赋值给
字符型变量。我们通过打印字符变量 b 的值，就可以知道整型变量 a 在内存中的存储模式，进而
得知当前的处理器是大端模式还是小端模式。

　　除此之外，我们还可以使用其他方法来测试当前处理器的存储模式，如利用联合类型 union
的特性：各个成员变量共享存储单元。

```c
#include <stdio.h>

int main (void)
{
    union u {
        int a;
        char b;
    }c;

    c.a = 0x11223344;
    if (c.b == 0x44)
        printf("Little endian!\n");
    else
        printf("Big endian!\n");
    return 0;
}
```

在联合变量 c 中，整型变量 a 和字符型变量 b 共享 4 字节的存储空间。我们给 a 赋值，然后打印 c 的值，根据打印的值是高端地址的数据还是低端地址的数据也可以判断出当前处理器是大端模式还是小端模式。

在数据存储模式中，除了字节序，还有位序的概念。位序指在一字节的存储中，各个比特位的存储顺序。以十六进制数据 0x78 = 01111000(B) 为例，其在内存中可能有 2 种存储方式。

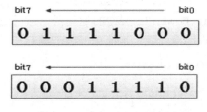

图 7-2　大小端模式下的位序

一般情况下字节序和位序是一一对应的。小端模式下，低端地址存储低字节数据，在一字节中，bit0 地址也用来存储这个字节的 bit0 位。大端模式则相反，bit0 用来存储一字节的高比特位。

为什么不同架构的处理器在存储模式上会有大小端之分呢？这个估计和计算机的发展历史有关。一般来讲，小端模式低地址存储低字节数据，比较符合人类的思维习惯；而大端模式则更适合计算机的处理习惯：不需要考虑地址和数据的对应关系，以字节为单位，把数据从左到右，按照由低到高的地址顺序直接读写即可。大端模式一般用在网络字节序、各种编解码中。

作为一名嵌入式工程师，掌握大端模式与小端模式的存储方式很有必要。我们在驱动开发中配置各种寄存器，经常需要对某个寄存器的几个比特位进行读写操作。不同存储模式的嵌入式设备互联及网络数据传输，也需要考虑大小端模式，在处理网络数据时需要自己实现数据的大小端转换。如果你写的程序代码要在不同架构的嵌入式平台上运行（如 ARM、PowerPC），还是要考虑大小端模式的转换的。

在一个嵌入式系统软件中，如何实现大小端存储模式的转换呢？我们可以定义一个宏，将高、低地址上的数据互换，即可完成大小端存储模式的转换。

```
#define swap_endian_u16(A)                    \         (( A & 0xFF00 >> 8) | ( A & 0x00FF<< 8))
```

在 Linux 内核源码的头文件目录 include/linux/byteorder 下，有 3 个头文件 big_endian.h、generic.h、little_endian.h 。在这 3 个头文件中定义了各种宏，实现了不同类型数据的大小端存储模式的相互转换，大家在驱动开发或内核编程中可以直接使用这些封装好的 API，不需要自己再重复定义了。

7.1.2　有符号数和无符号数

天有阴晴，月有圆缺，人分男女，数分正负，我们生活在一个二的世界。C 语言为了能表示负数，引入了有符号数和无符号数的概念，在声明数据类型时分别使用关键字 signed 和 unsigned 修饰。我们定义的变量如果没有使用 signed 或 unsigned 显式修饰，默认是 signed 型的有符号数。

一个字符型的有符号数，最高的位 bit7 是符号位：0 表示正数，1 表示负数，其余的比特位用来表示大小。而一个字符型的无符号数，所有的比特位都用来表示数的大小。因此有符号数和无符号数能表示的数值范围是不一样的，对于一个字符型数据而言，有符号数能表示的数值范围为[-128, 127]，而无符号数的数值范围为[0, 255]。我们使用 printf()函数打印数据时，可以使用%d 和%u 格式符分别格式化打印有符号数和无符号数。

```c
//printf_test.c

#include <stdio.h>
int main(void)
{
    signed int a = -1;
    int b = 0xffffffff;
    printf("a = %d\n", a);
    printf("a = %u\n", a);

    printf("b = %d\n", b);
    printf("b = %u\n", b);
    return 0;
}
```

一个存储在物理内存中的数据，可以被看作一个有符号数，也可以被看作一个无符号数，就看你怎么去解析它：你使用格式符%d 打印，printf()函数就把它看作一个有符号数；你使用无符号格式符%u 打印，printf()函数就把它看成了另外一个数。程序的二次元世界其实和我们所处的现实世界差不多，同样一件事物，你站在不同的立场和角度去解读它，可能就会得到不一样的答案，正所谓"看山是山，看水是水；看山不是山，看水不是水"。编译运行上面的程序，同样一个数据，你同样可以看到不同的打印结果。

```
#gcc printf_test.c -o a.out
#./a.out
a = -1
 a = 4294967295
 b = -1
 b = 4294967295
```

对于我们定义的变量，编译器在编译程序时会根据变量的类型对数据进行编码，分配合适的存储空间，把数据存储在内存中。当 printf()函数解析数据时，如果你使用和该数据类型相匹配的打印格式，则可以正确打印这个数据的值；如果你使用其他打印格式打印，则 printf()函数可能就把它解析成另外一个值了。总而言之，它在内存里就是一串二进制数据 0 和 1，关键看如何去解析它。

无符号数在计算机内存中存储时，所有的比特位都用来表示数的大小，没有原码、补码之说，直接将其转换为二进制即可。而对于有符号数，则采用补码形式存储，一个有符号数有原码、反码、补码之说，反码即将原码的符号位保持不变，所有的数据位取反，补码等于反码+1。一个正数的补码等于其原码，一个负数的补码等于其反码+1。

是不是被绕晕了？所有的数据都使用原码表示多方便！计算机科学家既然选择这样做自然有他的道理，如计算机采用补码存储数据，首先就解决了 0 的编码问题。

有符号数的编码规则是最高位表示符号位，用来表示数的正负，其余位用来表示数的大小。如果所有的数据都使用原码编码，那么+0 和-0 的编码分别为 00000000 和 10000000，一个数用两个编码表示，编码就出现了问题。而采用补码则可以避免这个问题，+0 和-0 都使用 00000000 表示，空下的编码 10000000 就可以多表示一个数：-128。需要注意的是，-128 这个数只有补码，没有原码和反码，我们使用 itoa()函数将 0 和-128 这两个数据分别转换成字符串并打印出来，可以看到它们在内存中的实际存储格式如下。

```
#include <stdio.h>
#include <stdlib.h>

int main(void)
{
    char a = 0;
    char b = -128;
```

```
    char a_str[30];
    char b_str[30];

    itoa(a, a_str, 16);
    itoa(b, b_str, 16);

    printf("a: %d   %s\n", a, a_str);
    printf("b: %d   %s\n", b, b_str);

    return 0;
}
```

使用 C-Free 编译器编译运行上面的程序，可以看到打印结果如下。

```
a:  0   0
b:  -128   ffffff80
```

b 的最高符号位进行了扩充，所以 80 就变成了 ffffff80。

计算机使用补码来存储数据，除了解决 0 编码问题，更重要的意义在于它可以将减法运算转换为加法运算，省去了 CPU 减法逻辑电路的实现，CPU 只需要实现全加器、求补电路即可同时支持加法运算和减法运算。我们以减法运算 7-3 为例，正常的减法运算如下所示。

```
  0000 0111
- 0000 0011
= 0000 0100
```

如果我们将其改为加法运算：7+(-3)，则省去了减法电路，直接使用加法电路运算即可。

```
  0000 0111
+ 1111 1101
= 0000 0100
```

有符号数在运算过程中，符号位也是参与运算的，和其他数据位的计算遵循相同的计算法则和进位处理。用补码表示的数据相加，当最高位有进位时，进位直接被丢弃。按照这种规则进行运算你会发现，上面的减法和加法运算结果是相同的，都等于 4。

7.1.3 数据溢出

每一种数据类型都有它能表示的数值范围。一个有符号字符型变量，它能表示的数值范围为 [−128, 127]，如果我们把 130 赋值给这个有符号型的字符变量，则会发生什么情况？

```
#include <stdio.h>

int main(void)
{
```

```
    char i;
    for(i = 0; i < 130; i++)
        printf("*");
    return 0;
}
```

编译运行上面的程序，你会发现程序陷入了死循环，一直在不断打印。当我们给一个变量赋一个超出其能表示范围的数时，就会发生数据溢出，如上面的示例代码所示，导致程序运行出现异常。当数据溢出时，到底发生了什么状况，导致上面的程序陷入了死循环呢？

一般来讲，无符号数溢出时会进行取模运算，继续"周期轮回"。例如，一个 unsigned char 类型的数据，它能表示的数据范围为[0, 255]，当其循环到 255 最大值时继续加 1，这个数就变成了 0，开始新的一轮循环，周而复始。

```
#include <stdio.h>

int main(void)
{
    unsigned char c = 255;
    printf("c = %u\n", c);
    c++;
    printf("C = %u\n", c);
    return 0;
}
```

程序的运行结果如下。

```
c = 255
c = 0
```

而对于有符号数，当发生数据溢出时，由于 C 语言的语法宽松性，不对数据类型做安全性检查，因此也不会触发异常，但是会产生一个未定义行为。

什么是未定义行为呢？通俗点理解，就是遇到这种情况时，C 语言标准也没有规定该如何操作，各家编译器在处理这种情况时也就没有了参考标准，各自按照自己的方式处理，编译器都不算错误。这也导致了当有符号数发生溢出时，运行结果是不确定的，在不同的编译器环境下编译运行，结果可能不一样。

```
#include <stdio.h>

int main(void)
{
    signed char c2 = 127;
    printf("c2 = %d\n", c2);
    c2++;
```

```
    printf("c2 = %d\n", c2);
    return 0;
}
```

大家可以尝试在不同的编译器环境下编译运行上面的程序，你会发现大部分结果都是-128，也就是说大部分编译器都默认采用了与无符号数一样的轮回处理。但是如果有一家编译器比较特殊，编译运行后的结果是 0，你也不能算错。

数据溢出可能会导致程序的运行结果和你预期的不一样，有时候甚至会改变程序的运行路径，因此在实际编程中，我们要时刻注意数据溢出的问题。

如何防范数据溢出呢？方法其实很简单，我们先看看两个有符号数相加的情况。如果两个正数相加的和小于 0，说明运算过程中发生了数据溢出。同理，如果两个负数相加的和大于 0，也说明数据发生了溢出。

```
#include <stdio.h>

int main(void)
{
    char a = 125;
    char b = 30;
    char c = a + b;
    if (c < 0)
        printf("data overflow!\n");
    else
        printf("%d\n", c);
    return 0;
}
```

对于无符号数的相加，如果两个数的和小于其中任何一个加数，此时我们也可以判断数据在计算过程中发生了溢出现象。

```
int main(void)
{
    unsigned char a = 255;
    unsigned char b = 40;
    unsigned char c;
    c = a + b;
    if(c < a || c < b)
        printf("data overflow!\n");
    else
        printf("c = %u\n", c);

    return 0;
}
```

7.1.4　数据类型转换

在一个计算机系统中，当处理器对两个数进行算术运算时，一般要求两个数的类型、大小、存储方式都相同。这是由 CPU 的硬件电路特性决定的：CPU 比较死板，不像人脑那样变通，只能对同类型的数据进行运算。我们在实际编程中，不管你是有意的还是无意的，有时候都会让两个不同类型的数据参与运算，编译器为了能够生成 CPU 可以正常执行的指令，往往会对数据做类型转换，将两个不同类型的数据转换成同一种数据类型。

数据类型转换分为两种：一种是隐式类型转换，一种是强式类型转换。如果程序员在程序中没有对类型进行强式类型转换，则编译器在编译程序时就会自动进行隐式类型转换。

```c
#include <stdio.h>

void compare_data(void)
{
    int a = -2;
    unsigned int b = 3;
    if( a < b)
    {
        printf("a < b\n");
        return -1;
    }
    else
    {
        printf("a > b\n");
        return 1;
    }
    return 0;
}

int main(void)
{
    signed char a = -10;
    unsigned char b = 2;
    unsigned char c;

    c = a + b;
    if(c > 0)
        printf("c > 0\n");
    else
        printf("c < 0\n");
    compare_data();
    return 0;
}
```

先尝试分析上面程序的运行结果，然后和实际的运行结果进行对比。如果你对隐式类型转换规则不熟悉，则程序的运行结果就有可能和你预期的不一样。

```
c > 0
a > b
```

一个 C 程序中发生隐式类型自动转换，主要是以下几种情况。

● 算术运算、逻辑运算、赋值表达式中运算符两侧数据类型不相同时。
● 函数调用过程中，传递的实参和形参类型不匹配时。
● 函数返回值类型与函数声明的类型不匹配时。

遇到上面这几种情况，编译器就会对数据类型进行自动转换，即隐式类型转换。转换规则一般按照从低精度向高精度、从有符号数向无符号数方向转换。

```
char -> short -> int -> unsigned -> long -> double -> long double
char -> short ->int ->long ->long long ->float ->double
```

了解了隐式转换规则后，我们再分析上面的程序：一个有符号数和无符号数比较大小时，编译器会将它们两个都转换为无符号数。有符号数-2 转换为无符号数就是 254，当你看到程序的运行结果-2 大于 3 也就不感到奇怪了。两个数相加也是如此，有符号数-10 转换为无符号数就是 246，然后和 2 做加法运算等于 248，并把这个值赋值给无符号变量 c，此时 c 大于 0 也就不奇怪了，这是数据类型隐式自动转换的结果。

有时候根据编程需要，我们要对数据进行强制类型转换。在进行强制类型转换的过程中需要注意一个问题，数据的值在转换过程中可能会发生改变：在将一个 char 型数据转换为 int 型数据时，值保持不变，但存储格式发生了变化，将 char 型数据保存在 32 位中的低 8 位地址空间，其余的高 24 位使用符号位填充。在将一个 int 型数据转换为 char 型数据时会发生"截断"，将 int 型数据的低 8 位数据赋值给 char 型数据，其余的比特位丢弃掉，从而让原来的数值发生了改变。将一个有符号数转换为无符号数时，数据的存储格式不会发生变化，但是值会发生改变，因为此时有符号数的符号位变成了无符号数的数据位。

```c
#include <stdio.h>

int main(void)
{
    //int<-->float
    int a = (int)3.14;
    printf("a = %d\n", a);
    float b = (float)3;
    printf("b = %f\n", b);
    printf("\n");
```

```
//char --> int
char c1 = 1;
char c2 = -2;
int d;
d = (int)c1;
printf("d = %d\n", d);
printf("d = %x\n", d);
d = (int)c2;
printf("d = %d\n", d);
printf("d = %x\n", d);
printf("\n");

//int --> char
d = 0x11223344;
c1 = (char)d;
printf("%x\n", c1);
printf("%u\n", c1);
printf("\n");

//unsigned <--> signed int
int i = -1;
unsigned int j = i;
printf("-1 = %x\n", -1);
printf("i = %d\n", i);
printf("i = %x\n", i);
printf("j = %u\n", j);
printf("j = %x\n", j);
printf("\n");

return 0;
}
```

我们在一个数据或变量符号的前面加一个(int)，表示将这个变量强制转换为 int 型。了解了强制转换过程中的规则，大家可以尝试分析上面的程序，并和实际的运行结果对比，以加深对强制类型转换的理解。

```
a = 3
b = 3.000000

d = 1
d = 1
d = -2
d = fffffffe

44
68
```

```
-1 = ffffffff
i = -1
i = ffffffff
j = 4294967295
j = ffffffff
```

　　程序中隐藏很深的 Bug 很多时候就是因为我们编程时没有注意到一些细节导致的。如类型转换中的一些细节，在下面的程序中，我们定义了一个 print_star()函数，函数的参数类型为 unsigned int。这个程序的设计就存在问题，如果我们在调用该函数时给它传递一个实参-1，你会发现该程序将陷入死循环。

```
#include <stdio.h>

int print_star(unsigned int len)
{
    int i = 1;
    /*
    if(len < 0)
    {
        printf("Error parameter!\n");
        return -1;
    }*/
    while(len-- > 0)
    {
        if(i++%20 == 0)
            printf("\n");
        printf("*");
    }
    printf("\n");
    return 0;
}

int main(void)
{
    print_star(-1);
    return 0;
}
```

　　为了防止这种问题发生，我们有两种解决方法：可以将函数的参数类型设置为 signed int，或者在 print_star()函数中对传进来的实参进行判断（如代码中注销的示例代码），预防由于隐式类型自动转换而使代码的程序逻辑发生不确定的变化。

7.2　数据对齐

一个程序在编译过程中，编译器在给我们定义的变量分配存储空间时，并不是随机分配的，它会根据不同数据类型的对齐原则给变量分配合适的地址和大小。所谓数据对齐原则，就是 C 语言中各种基本数据类型要按照自然边界对齐：一个 char 型的变量按 1 字节对齐，一个 short 型的整型变量按 sizeof(short int) 字节对齐，一个 int 型的整型变量要按 sizeof(int)字节对齐。每种数据类型的对齐字节数一般也被称为对齐模数。不同数据类型的对齐模数如图 7-3 所示。

图 7-3　不同数据类型的对齐模数

下面我们编写一个简单程序，分别定义不同类型的变量，打印各个变量在内存中的实际地址。

```
#include <stdio.h>

int main(void)
{
    char  a  = 1;
    short b  = 2;
    int   c  = 3;
    printf("&a = %p\n", &a);
    printf("&b = %p\n", &b);
    printf("&c = %p\n", &c);
    return 0;
}
```

程序运行结果如下。

```
&a = 0xbf8970c5
&b = 0xbf8970c6
&c = 0xbf8970c8
```

通过打印结果可以看到，不同类型的变量在内存中的地址对齐是不一样的，每种变量都按照各自的对齐模数对齐。

7.2.1　为什么要数据对齐

如果一个 short 类型的整型变量被分配到了奇数地址上，一个 int 型的整型变量被分配到了非 4 字节对齐的地址上，则这些变量的地址就未对齐，如图 7-4 所示。

每个变量在内存中为什么非要地址对齐呢？这主要是由 CPU 硬件决定的。不同处理器平台对存储空间的管理不同，为了简化 CPU 电路设计，有些 CPU 在设计时简化了地址访问，只支持边界对齐的地址访问，因此编译器也会根据处理器平台的不同，选择合适的地址对齐方式，以保证 CPU 能正常访问这些存储空间。在图 7-4 中，我们

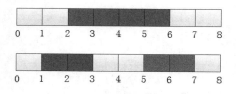

图 7-4　地址未对齐存储

定义了一个 int 型变量，如果编译器把它分配到了内存中 2 字节对齐的地址空间上，那么它的存储地址就没有自然对齐，CPU 在读写这个数据时，本来一个指令周期就可以搞定的事情，现在可能就需要花 2 个指令周期了。先从零地址开始，读取 4 字节，保留高 2 字节的数据；再从偏移为 4 的地址开始，读取 4 字节，保留低 2 字节的数据；最后将两部分数据合并，就是我们实际要读取的 int 型变量的值了。

7.2.2　结构体对齐

C 语言的基本数据类型不仅要按照自然边界对齐，复合数据类型（如结构体、联合体等）也要按照各自的对齐原则对齐。以结构体为例，当我们定义一个结构体变量时，编译器会按照下面的原则在内存中给这个变量分配合适的存储空间。

● 结构体内各成员按照各自数据类型的对齐模数对齐。
● 结构体整体对齐方式：按照最大成员的 size 或其 size 的整数倍对齐。

接下来我们定义一个结构体类型，打印并观察各个成员的地址对齐情况。

```c
#include <stdio.h>

struct student{
    char  sex;
    int   num;
    short age;
};

int main(void)
{
    struct student stu;
    printf("&stu.sex = %p\n", &stu.sex);
    printf("&stu.num = %p\n", &stu.num);
    printf("&stu.age = %p\n", &stu.age);
    printf("struct size: %d\n", sizeof(struct student));
    return 0;
}
```

在上面的示例代码中，我们不断调整结构体 student 内各个成员的先后顺序，分别编译运行，你会发现结构体的大小也会随之发生变化。程序的运行结果如下。

```
&stu.sex = 0xbf971c30
&stu.num = 0xbf971c34
&stu.age = 0xbf971c38
struct size: 12
```

结构体成员调整顺序后的地址分布及大小如下。

```
&stu.sex = 0xbfaa31d4
&stu.age = 0xbfaa31d6
&stu.num = 0xbfaa31d8
struct size: 8
```

因为结构体内各个成员都要按照自身数据类型的对齐模数对齐，所以在结构体内部难免会有"空洞"产生，导致结构体的大小也不一样。结构体之所以要对齐，根本原因就是为了加快 CPU 访问内存的速度，在具体实现上，一般都采用每种数据类型的默认对齐模数 sizeof(type)对齐。不同的编译器有时候可能会采取不同的对齐标准，以 GCC 为例，GCC 默认的最大对齐模数为 4，当一种数据类型的大小超过 4 字节时会仍然按照 4 字节对齐，这是 GCC 和 VC++ 6.0、Visual Studio、arm-linux-gcc 等编译器不一样的地方。

```c
#include <stdio.h>

struct student{
    char   sex;
    double num;
};

int main(void)
{
    struct student stu;
    printf("&stu.sex = %p\n", &stu.sex);
    printf("&stu.num = %p\n", &stu.num);
    printf("struct size: %d\n", sizeof(struct student));
    printf("num size: %d\n", sizeof(stu.num));
    return 0;
}
```

上面的程序使用 GCC 编译，运行结果如下。

```
&stu.sex = 0xbfd22560
&stu.num = 0xbfd22564
struct size: 12
num size: 8
```

使用 VC++ 6.0 /Virsual Studio 或者 arm-linux-gcc 编译，运行结果如下。

```
&stu.sex = 0x7eac5cf8
&stu.num = 0x7eac5d00
struct size: 16
num size: 8
```

如果在结构体里内嵌其他结构体，那么结构体作为其中一个成员也要按照自身类型的对齐模数对齐。结构体自身的对齐模数是该结构体中最大成员的 size，或者其 size 的整数倍。

```
//person.c
#include <stdio.h>

struct student{
    char    sex;
    double num;

};
struct person{
    char age;
    struct student stu;
};

int main(void)
{
    struct person her;
    printf("&her.age = %p\n", &her.age);
    printf("&her.stu.sex = %p\n", &her.stu.sex);
    printf("&her.stu.num = %p\n", &her.stu.num);
    printf("person size: %d\n", sizeof(struct person));
    printf("stu size: %d\n", sizeof(her.stu));
    return 0;
}
```

在上面的程序中，我们新定义了一个结构类型 person，并将结构类型 student 内嵌其中，作为 person 结构体的一个成员。在 GCC 编译器环境下，student 结构体成员的对齐模数是 4 字节，因此我们可以看到 student 成员的大小是 12 字节，整个 person 结构体的大小为最大对齐模数的整数倍，即 $4 \times 4 = 16$ 字节。

程序的运行结果如下。

```
#gcc person.c -o a.out
#./a.out
  &her.age = 0xbf8acadc
  &her.stu.sex = 0xbf8acae0
  &her.stu.num = 0xbf8acae4
```

```
person size: 16
stu size: 12
```

在 arm-linux-gcc 编译环境下，因为 student 成员 num 的 sizeof(num)是 8 字节，因此结构体的对齐模数是 8，结构体在 person 中要按 8 字节对齐分配存储空间，而且结构体的大小要为最大对齐模数的整数倍。通过打印信息我们可以看到，结构成员 stu 的大小是 16 字节，整个 person 结构体的大小也要为最大对齐模数的整数倍，即 8×3 = 24 字节。

```
#arm-linux-gnueabi-gcc person.c -o a.out
#./a.out
&her.age = 0x7edfecf0
  &her.stu.sex = 0x7edfecf8
  &her.stu.num = 0x7edfed00
  person size: 24
  stu size: 16
```

7.2.3 联合体对齐

除了结构体，联合体也有自己的对齐原则。

● 联合体的整体大小：最大成员对齐模数或对齐模数的整数倍。
● 联合体的对齐原则：按照最大成员的对齐模数对齐。

```c
//union.c
#include <stdio.h>

union u{
    char    sex;
    double num;
    int     age;
    char    a[11];
};

int main(void)
{
    union u stu;
    printf("&stu.sex = %p\n", &stu.sex);
    printf("&stu.num = %p\n", &stu.num);
    printf("&stu.age = %p\n", &stu.age);
    printf("&stu.a   = %p\n", stu.a);
    printf("union size: %d\n", sizeof(union u));
    return 0;
}
```

在联合体中，我们定义一个长度为 11 的数组。在 GCC 编译环境下，联合体成员的最大对齐模数是 4，所以整个联合体的大小是 4 的公倍数：4×3 = 12 字节。

```
# gcc union.c -o a.out
# ./a.out
  &stu.sex = 0xbfb5bce0
  &stu.num = 0xbfb5bce0
  &stu.age = 0xbfb5bce0
  &stu.a   = 0xbfb5bce0
  union size: 12
```

在 arm-linux-gcc 编译环境下，联合体成员的最大对齐模数是 8，所以整个联合体的大小是 8 的公倍数：8×2 = 16 字节。

```
# arm-linux-gcc union.c -o a.out
# ./a.out
  &stu.sex = 0x7e8d9cf8
  &stu.num = 0x7e8d9cf8
  &stu.age = 0x7e8d9cf8
  &stu.a   = 0x7e8d9cf8
  union size: 16
```

不断修改字符数组 a 的长度，分别改为 3、4、5、7、9、17、19、…，分别使用 gcc 和 arm-linux-gcc 编译程序并运行，观察联合体的地址分配和整体大小变化，可以验证我们的理论分析是正确的。只有理论和实践相结合，不断反复地去验证，才能对联合体的存储空间分配和地址对齐有更深地理解。

在 C 程序编译过程中，无论是基本数据类型还是复合数据类型，编译器在为各个变量分配地址空间时，会按照大家各自的默认对齐模数进行地址对齐。除此之外，我们也可以通过#pragma 预处理命令或 GNU C 编译器的 aligned/packed 属性声明来显式指定对齐方式。

```
#include <stdio.h>

//#pragma pack()
struct student{
    char sex;
    short num;__attribute__((aligned(4), packed));
    int age;
}__attribute__((aligned(8), packed));

int main(void)
{
    printf("struct size: %d\n", sizeof(struct student));
    return 0;
}
```

在上面的示例代码中，我们可以分别使用 #pragma 预处理命令和 aligned/packed 属性声明显式指定结构体或结构体成员的对齐方式。每次结构体成员通过显式指定对齐方式，其对应的整个结构体大小或对齐方式也会随着发生改变。

7.3　数据的可移植性

什么是数据的可移植性呢？我们可以先从一个简单的程序开始，从一个 sizeof 关键字开始我们的思考。

```
#include <stdio.h>

int main(void)
{
    printf("%d\n", sizeof(int));
    return 0;
}
```

我们可以使用 sizeof 关键字去查看 int 类型的数据在内存中的大小，在不同的编译环境下编译上面的程序并运行，你会发现运行结果可能不一样。在 Turbo C 环境下编译运行，int 型数据大小可能是 2 字节；使用 VC++ 6.0 或 GCC 编译，运行结果可能是 4 字节；如果使用 64 位编译器在64 位处理器上编译运行，运行结果则可能是 8 字节。

在一个跨平台的程序中，有时候我们会需要一个固定大小的存储空间，或者一个固定长度的数据类型。如果使用 int 型来表示，那么当程序在不同的编译环境下运行时，int 型数据的大小就可能发生改变，也就是说 int 型数据不具备可移植性。

那么如何解决这个问题呢？我们可以使用 C 语言提供的 typedef 关键字来定义一些固定大小的数据类型。

```
//data_type.h
typedef unsigned char      u8;
typedef unsigned short     u16;
typedef unsigned int       u32;
typedef unsigned long long u64;
typedef signed char        s8;
typedef short              s16;
typedef int                s32;
typedef long long          s64;
```

我们可以将使用 typedef 关键字定义的数据类型封装在一个头文件 data_type.h 中，在实际编程中，当你需要使用一个 32 位固定大小的无符号数据时，先#include 这个 data_type.h 头文件，然后就可以直接使用 u32 来定义变量了。当程序在另一个平台上运行，unsigned int 的大小变成了 2 字节时，也没关系，我们可以修改 data_type.h，将 u32 使用 unsigned long 重新定义一遍即可。

```
//data_type.h
//typedef unsigned int        u32;
typedef unsigned long         u32;

//main.c
#include <stdio.h>
#include "data_type.h"

int main(void)
{
    u32 s;
    printf("size: %d\n", sizeof(s));
    return 0;
}
```

通过修改 data_type.h 对 u32 类型重新定义后，u32 的长度还是 32 位，你的程序代码中所有使用 u32 的地方就不需要修改了，u32 这个数据类型因此就具备了可移植性，可以在多个平台上运行。

在 C99 标准定义的标准库中，新增加了 stdint.h 和 inttypes.h 头文件，用来支持可移植的数据类型。stdint.h 头文件主要用来定义可移植的数据类型，我们在编程中可以直接使用。

```
#include <stdio.h>
#include <stdint.h>

int main(void)
{
    __int16 s;
    int16_t s1;
    printf("size: %d\n", sizeof(s));
    printf("size: %d\n", sizeof(s1));
    return 0;
}
```

而 inttypes.h 则用来对可移植数据进行格式化输入和输出。当打印一个特殊格式的数据时，我们可以使用 inttypes.h 文件中使用的打印格式。

```
#include <stdio.h>
#include <inttypes.h>

int main(void)
{
    printf("%"PRId64"\n", 0x1122334455667788);
    printf("%"PRId32"\n", 0x11223344);
```

```
    printf("%"PRId16"\n", 0x1122);
    printf("%"PRId8"\n", 0x11);
    return 0;
}
```

现在的操作系统一般都支持多种 CPU 架构、多种处理器平台。操作系统为了实现跨平台运行，一般都会考虑数据的可移植性，如大小端存储模式、数据对齐、字长等。我们在编程时，可以把程序中与系统、平台相关的部分隔离封装在一个单独的头文件或配置文件中，整个程序的可移植部分和不可移植部分也就变得泾渭分明，更加方便后续的管理、维护和升级。

7.4 Linux 内核中的 size_t 类型

大家在阅读 Linux 内核源码过程中，会发现 Linux 内核中定义了很多变量，使用了各种不同的数据类型，总的来说，可以分为 3 类。

- C 语言基本数据类型：int、char、short。
- 长度确定的数据类型：long。
- 特定内核对象的数据类型：pid_t、size_t。

我们以内核中经常使用的 size_t 数据类型为例，带大家体验一下使用可移植数据的好处。数据类型 size_t 一般使用 #define 宏定义，后面使用一个 _t 的后缀表示 Linux 内核中在某些地方特定使用的数据类型。

```
#define  unsigned  int   size_t
#define  unsigned  long  size_t
```

size_t 数据类型一般用在表示长度、大小等无关正负的场合，如数组索引、数据复制长度、大小等。在 Linux 内核源码中可以随处看到它的身影。

```
char * strncpy(char *, const char *, size_t);
int valid_phys_addr_range(phys_addr_t addr, size_t size);
int decompress_kernel(void* destination, void *source ,         size_t ksize, size_t kzsize);
```

不仅在内核中，C 标准库中定义的各种库函数也大量使用这种数据类型。

```
void* __cdecl __MINGW_NOTHROW    calloc (size_t, size_t);
void* __cdecl __MINGW_NOTHROW    malloc (size_t);
```

使用 size_t 不仅仅是考虑到数据类型的可移植性，size_t 的另一个优点是其大小并非是固定的，而是用来表征针对某平台的最大长度。当我们使用无符号型的 size_t 用来表示一个地址或者数据复制的长度时，根本不用担心它表示的数值范围够不够用。放心吧，它所表示的数据长度是该平台下最长的，所以，大胆地用吧！

7.5 为什么很多人编程时喜欢用 typedef

在上一节中，我们使用 typedef 来定义一种可移植的数据类型。typedef 是 C 语言的一个关键字，用来为某个类型起别名。大家在阅读代码的过程中，会经常见到 typedef 与结构体、联合体、枚举、函数指针声明结合使用。下面就介绍一下 typedef 的各种经典使用方法。

7.5.1 typedef 的基本用法

以结构体类型的声明和使用为例，C 语言提供了 struct 关键字来定义一个结构体类型。

```
struct student
{
    char name[20];
    int  age;
    float score;
};
struct student stu = {"wit", 20, 99};
```

在 C 语言中定义一个结构体变量，我们通常的写法如下。

> struct 结构类型 变量名;

前面必须有一个 struct 关键字做前缀，编译器才会理解你要定义的对象是一个结构体变量。而在 C++语言中，则不需要这么做，可以直接使用。

> 结构类型 变量名;

```
struct student
{
    char name[20];
    int  age;
    float score;
};

int main (void)
{
    student stu = {"wit", 20, 99};
    return 0;
}
```

　　我们使用 typedef 关键字，可以给 student 声明一个别名 student_t 和一个结构体指针类型 student_ptr，然后可以直接使用 student_t 类型去定义一个结构体变量，不用再写 struct，这样会显得代码更加简捷。

```
#include <stdio.h>

typedef struct student
{
    char name[20];
    int  age;
    float score;
}student_t, *student_ptr;

int main (void)
{
    student_t   stu = {"wit", 20, 99};
    student_t  *p1 = &stu;
    student_ptr p2 = &stu;
    printf ("name: %s\n", p1->name);
    printf ("name: %s\n", p2->name);
    return 0;
}
```

　　程序的运行结果如下。

```
wit
wit
```

　　typedef 除了与结构体结合使用，还可以与数组结合使用。定义一个数组，通常使用 int array[10]; 即可。我们也可以使用 typedef 先声明一个数组类型，然后使用这个类型去定义一个数组。

```
typedef int array_t[10];
array_t array;
int main (void)
{
    array[9] = 100;
    printf ("array[9] = %d\n", array[9]);
    return 0;
}
```

　　在上面的程序中，我们声明了一个数组类型 array_t，然后使用该类型定义一个数组 array，这个 array 效果其实就相当于 int array[10]。

　　typedef 还可以与指针结合使用。在下面的 demo 程序中，PCHAR 的类型是 char *，我们使用 PCHAR 类型去定义一个变量 str，其实就是一个 char * 类型的指针。

```
typedef char * PCHAR;

int main (void)
{
    //char * str = "学嵌入式，到宅学部落";
    PCHAR str = "学嵌入式，到宅学部落";
    printf ("str: %s\n", str);
    return 0;
}
```

typedef 还可以和函数指针结合使用。定义一个函数指针，我们通常采用下面的形式。

```
int (*func)(int a, int b);
```

我们同样可以使用 typedef 声明一个函数指针类型：func_t。

```
typedef int (*func_t)(int a, int b);
func_t fp;                        //定义一个函数指针变量
```

写一个简单的程序测试一下，发现程序仍旧运行正常。

```
#include <stdio.h>

typedef int (*func_t)(int a, int b);

int sum (int a, int b)
{
    return a + b;
}

int main (void)
{
    func_t fp = sum;
    printf ("%d\n", fp(1, 2));
    return 0;
}
```

为了增加程序的可读性，我们经常在代码中看到下面的声明形式。

```
typedef int (func_t)(int a, int b);
func_t *fp = sum;
```

函数都是有类型的，我们使用 typedef 为函数类型声明一个新名称 func_t。这样声明的好处是，即使你没有看到 func_t 的定义，也能够清楚地知道 fp 是一个函数指针。

在实际编程中，typedef 还可以与枚举结合使用。枚举与 typedef 的结合使用方法和结构体类似：可以使用 typedef 为枚举类型 color 声明一个新名称 color_t，然后使用这个类型就可以直接定义一个枚举变量。

```
typedef enum color
{
    red,
    white,
    black,
    green,
    color_num,
} color_t;

int main (void)
{
    enum color color1 = red;
    color_t     color2 = red;
    color_t color_number = color_num;
    printf ("color1: %d\n", color1);
    printf ("color2: %d\n", color2);
    printf ("color num: %d\n", color_number);
    return 0;
}
```

7.5.2 使用 typedef 的优势

不同的项目，有不同的代码风格，也有不同的代码"癖好"。代码看得多了，你就会发现：有的代码里宏用得多，有的代码里 typedef 用得多。使用 typedef 到底有哪些好处呢？为什么很多人喜欢用它呢？

1. 可以让代码更加清晰简捷

```
typedef struct student
{
    char     name[20];
    int      age;
    float score;
}student_t, *student_ptr;

student_t    stu = {"wit", 20, 99};
student_t *p1 = &stu;
student_ptr p2 = &stu;
```

如上面的程序代码所示，使用 typedef，我们可以在定义一个结构体、联合、枚举变量时，省去关键字 struct，让代码更加简捷。

2. 增加代码的可移植性

C 语言的 int 类型，在不同的编译器和平台下，所分配的存储字长不一样：可能是 2 字节，可能是 4 字节，也可能是 8 字节。如果我们在代码中想定义一个固定长度的数据类型，此时使用 int，在不同的平台环境下运行可能都会出现问题。为了应付各种不同"脾气"的编译器，最好的办法就是使用自定义数据类型，而不是使用 C 语言的内置类型。

```
#ifdef PIC_16
typedef  unsigned long U32
#else
typedef unsigned int U32
#endif
```

在 16 位的 PIC 单片机中，int 型一般占 2 字节，long 型占 4 字节，而在 32 位的 ARM 环境下，int 型和 long 型一般都是占 4 字节。如果我们在代码中想使用一个 32 位的固定长度的无符号类型数据，则可以使用上面的方式声明一个 U32 的数据类型，在程序中你就可以放心大胆地使用 U32。当将代码移植到不同的平台时，直接修改这个声明就可以了。

在 Linux 内核、驱动、BSP 等与底层架构平台密切相关的源码中，我们会经常看到这样的数据类型，如 size_t、U8、U16、U32。在一些网络协议、网卡驱动等对字节宽度、大小端比较关注的地方，也会经常看到 typedef 被频繁地使用。

3. 比宏定义更好用

C 语言的预处理指令 #define 用来定义一个宏，而 typedef 则用来声明一种类型的别名。typedef 和宏相比，不是简单的字符串替换，而是可以使用该类型同时定义多个同类型对象。

```
typedef char* PCHAR1;
#define PCHAR2 char *

int main (void)
{
    PCHAR1 pch1, pch2;
    PCHAR2 pch3, pch4;
    printf ("sizeof pch1: %d\n", sizeof(pch1));
    printf ("sizeof pch2: %d\n", sizeof(pch2));
    printf ("sizeof pch3: %d\n", sizeof(pch3));
    printf ("sizeof pch4: %d\n", sizeof(pch4));
    return 0;
}
```

在上面的程序代码中，我们想定义 4 个指向 char 类型的指针变量，然而运行结果却如下所示。

```
sizeof pch1: 4
sizeof pch2: 4
```

```
sizeof pch3: 4
sizeof pch4: 1
```

本来我们想定义 4 个指向 char 类型的指针，但是 pch4 经过预处理宏展开后，却变成了一个字符型变量，而不是一个指针变量。而 PCHAR1 作为一种数据类型，在语法上其实就等价于相同类型的类型说明符关键字，因此可以在一行代码中同时定义多个变量。上面的代码其实就等价于：

```
char *pch1, *pch2;
char *pch3, pch4;
```

4. 让复杂的指针声明更加简捷

一些复杂的指针声明，如函数指针、数组指针、指针数组的声明，往往很复杂，可读性差。如下面函数指针数组的定义。

```
int *(*array[10])(int *p, int len, char name[]);
```

上面的指针数组定义，很多人一看估计就懵了。我们可以使用 typedef 优化一下：先声明一个函数指针类型 func_ptr_t，接着定义一个数组，就会更加清晰简捷，可读性它增加了不少。

```
typedef int *(*func_ptr_t)(int *p, int len, char name[]);
func_ptr_t array[10];
```

7.5.3 使用 typedef 需要注意的地方

使用 typedef 可以让代码更加简捷、可读性更强，但是 typedef 也有很多不足，稍微不注意就可能遇到。下面分享一些使用 typedef 需要注意的细节。

首先，typedef 在语法上等价于 C 语言的关键字。我们使用 typedef 为已知的类型声明一个别名，在语法上其实就等价于该类型的类型说明符关键字，而不是像宏一样，仅仅是简单的字符串替换。

举一个例子大家就明白了，如 const 和类型的混合使用。当 const 和常见的类型（如 int、char）共同修饰一个变量时，const 和类型的位置可以互换。但是如果类型为指针，则 const 和指针类型不能互换，否则其修饰的变量类型就发生了变化，如常见的指针常量和常量指针。

```
char b = 10;
char c = 20;
int main (void)
{
    char const *p1 = &b; //常量指针：*p1 不可变，p1 可变
    char *const p2 = &b; //指针常量：*p2 可变，p2 不可变
    p1  = &c;       //编译正常
    *p1 = 20;       //error: assignment of read-only location
```

```
    p2 = &c;        //error: assignment of read-only variable`p2'
    *p2 = 20;       //编译正常
    return 0;
}
```

当 typedef 和 const 一起修饰一个指针类型时，与宏定义的指针类型进行比较。

```
typedef char* PCHAR2;
#define PCHAR1 char *

char b = 10;
char c = 20;

int main (void)
{
    const PCHAR1 p1 = &b;
    const PCHAR2 p2 = &b;
    p1 = &c;        //编译正常
    *p1 = 20;       //error: assignment of read-only location
    p2 = &c;        //error: assignment of read-only variable`p2'
    *p2 = 20;       //编译正常
    return 0;
}
```

运行程序，你会发现和上面的示例代码遇到相同的编译错误，原因在于宏展开仅仅是简单的字符串替换。

```
const PCHAR1 p1 = &b;   //宏展开后是一个常量指针
const char * p1 = &b;   //其中 const 与类型 char 的位置可以互换
```

而在使用 PCHAR2 定义的变量 p2 中，PCHAR2 作为一个类型，位置可与 const 互换，const 修饰的是指针变量 p2 的值，p2 的值不能改变，是一个指针常量，但是*p2 的值可以改变。

```
const PCHAR2 p2 = &b; //PCHAR2 此时作为一个类型，与 const 可互换位置
PCHAR2 const p2 = &b; //该语句等价于上条语句
char * const p2 = &b; //const 和 PCHAR2 一同修饰变量 p2，const 修饰的是 p2
```

其次，typedef 也是一个存储类关键字。

没想到吧，typedef 在语法上是一个存储类关键字。和常见的存储类关键字（如 auto、register、static、extern）一样，在修饰一个变量时，不能同时使用一个以上的存储类关键字，否则编译会报错。

```
typedef static char * PCHAR;
//error: multiple storage classes in declaration of `PCHAR'
```

7.5.4　typedef 的作用域

和宏的全局性相比，typedef 作为一个存储类关键字，是有作用域的。使用 typedef 声明的类型和普通变量一样，都遵循作用域规则，包括代码块作用域、文件作用域等。

```c
typedef char CHAR;

void func (void)
{
    #define PI 3.14
    typedef short CHAR;
    printf("sizeof CHAR in func: %d\n", sizeof(CHAR));
}

int main (void)
{
    printf("sizeof CHAR in main: %d\n", sizeof(CHAR));
    func();
    typedef int CHAR;
    printf("sizeof CHAR in main: %d\n", sizeof(CHAR));
    printf("PI:%f\n", PI);
    return 0;
}
```

宏定义在预处理阶段就已经替换完毕，是全局性的，只要保证引用它的地方在定义之后就可以了。而使用 typedef 声明的类型则和普通变量一样，都遵循作用域规则。上面代码的运行结果如下。

```
sizeof CHAR in main: 1
sizeof CHAR in func: 2
sizeof CHAR in main: 4
PI:3.140000
```

7.5.5　如何避免 typedef 被大量滥用

通过上面的学习我们可以看到，使用 typedef 可以让代码更加简捷、可读性更好。在实际编程中，越来越多的人也开始尝试使用 typedef，甚至到了"过犹不及"的滥用地步：但凡遇到结构体、联合、枚举，都要使用 typedef 封装一下，不用就显得你的代码没水平。

其实 typedef 也有副作用，不一定非得处处都用它。如上面我们封装的 STUDENT 类型，当你定义一个变量时：

```
STUDENT stu;
```

不看 STUDENT 的声明，你能知道 stu 的类型吗？未必吧。而如果我们直接使用 struct 定义一个变量，则会更加清晰，让你一下子就知道 stu 是个结构体类型的变量。

```
struct student stu;
```

一般来讲，当遇到以下情形时，使用 typedef 可能会比较合适，否则可能会适得其反。

- 创建一个新的数据类型。
- 跨平台的指定长度的类型，如 U32/U16/U8。
- 与操作系统、BSP、网络字宽相关的数据类型，如 size_t、pid_t 等。
- 不透明的数据类型，需要隐藏结构体细节，只能通过函数接口访问的数据类型。

在 Linux 内核源码中，你会发现使用了大量 typedef，哪怕是简单的 int、long 都使用了 typedef。这是因为 Linux 内核源码发展到今天，已经支持了太多的硬件平台和 CPU 架构，为了保证数据的跨平台和可移植性，所以很多时候不得已使用了 typedef，对一些数据指定固定长度，如 U8/U16/U32 等。但是内核也不能到处滥用，什么时候该用，什么时候不该用，也是有一定的规则要遵循的，具体大家可以看 Linux Kernel Documentation 目录下的 CodingStyle 文件中关于 typedef 的使用建议。

7.6 枚举类型

枚举（enum）是 C 语言的一种特殊类型。当我们在程序中想定义一组固定长度或范围的数值时，可以考虑使用枚举类型。使用枚举可以让程序可读性更强，看起来更加直观。举个例子，如果我们在编程中需要使用数字 0~6 分别表示星期日~星期六，程序的可读性就不高，我们需要翻手册或者看程序注释才能知道每个数字具体代表星期几。但如果我们使用枚举，则基本上不需要看注释或者手册就可知道其大意。

```
enum week                            //enum 枚举类型{枚举值列表};
{
    SUN, MON, TUE, WED, THU, FRI,SAT,
};
enum week today = SUN;               //使用枚举类型定义一个变量
```

使用 enum 定义的枚举常量值列表中，默认从 0 开始，然后依次递增：SUN=0，MON=1，TUE=2，……当然我们也可以显式指定枚举值。

```
enum week
{
    SUN = 1, MON, TUE, WED, THU = 7, FRI, SAT,
};
//SUN=1，那么接下来 MON=2，TUE=3，WED=4
//THU=7，那么接下来 FRI=8，SAT=9
```

7.6.1　使用枚举的三种方法

使用枚举类型定义变量，使用方法与结构体、共用体类似，经常使用的三种方法如下。

```
enum week                          //定义枚举类型的同时，定义枚举变量
{
    SUN, MON, TUE, WED, THU,  FRI, SAT,
}today, tomorrow;

enum                               //可以省去枚举类型名，直接定义变量
{
    SUN, MON, TUE, WED, THU, FRI, SAT,
}today, tomorrow;

enum week                          //先定义枚举类型，再定义枚举变量
{
    SUN, MON, TUE, WED, THU, FRI, SAT,
};

enum week today, tomorrow;
```

7.6.2　枚举的本质

在 C 语言中，枚举是一种类型，属于整型类型。使用 enum 定义的枚举值列表，其实就是从 0 开始的一组整数序列。整型类型除了 short、int、long、long long，还包括 char、_Bool（C99 标准新增）和 enum。枚举的使用其实与整数值没什么区别：我们使用枚举类型定义的变量，同样可以作为函数参数和函数返回值，可以用来定义数组，甚至和结构体混用等。

```
enum week get_week_time (void);
int set_week_time (enum week time_set);
int change_week_time (enum week *p);
enum week a[10];

struct student
{
    char name[20];
    int age;
    enum week birthday;
};
```

枚举有点类似 typedef，为一个数值添加一个别名，让程序更加直观，可读性更高。枚举类型在本质上就是有命名的整数，是整型类型的一种，在代码中是可以和整型互换的。

```
enum week t = SUN;
int  t2 = SUN;
enum week t3 = t2;
enum week t4 = 100;
```

在上面的代码中，枚举变量和整型变量相互赋值，都是可以正常编译和运行的。我们在代码中使用的枚举类型的变量，在最终编译生成的可执行文件中都会被整型数值代替。

```
enum week
{
    SUN = 5, MON, TUE, WED, THU, FRI, SAT,
};

int main (void)
{
    enum week today = THU;
    return 0;
}
```

在上面的示例代码中，我们首先定义了一个枚举类型 week，然后定义了一个枚举变量 today，并赋值为 THU。编译上面的程序并反汇编生成的可执行文件，可以看到 main 的汇编代码如下。

```
00010400 <main>:
   10400:e52db004    push    {fp}
   10404:e28db000    add     fp, sp, #0
   10408:e24dd00c    sub     sp, sp, #12
   1040c:e3a03009    mov     r3, #9
   10410:e50b3008    str     r3, [fp, #-8]
   10414:e3a03000    mov     r3, #0
   10418:e1a00003    mov     r0, r3
   1041c:e24bd000    sub     sp, fp, #0
   10420:e49db004    pop     {fp};
   10424:e12fff1e    bx lr
```

在 C 程序中定义的枚举变量 today，在汇编代码的第 1040c 处，我们可以看到，枚举值 THU 被替换为整型数 9。使用枚举的唯一好处就是增加了代码的可读性，它的作用和宏定义的作用有异曲同工之妙。

枚举与预处理指令 #define 的作用差不多，都是为了增加代码的可读性。但在实际使用中，两者还是有差别的。宏在预处理阶段，通过简单的字符串替换就全部被替换掉了，编译器根本不知道有宏，而枚举类型则在编译阶段全部被替换为整型。

和宏相比，枚举的优势是：枚举可以自动赋值，而宏则需要一个一个单独定义。因此，在自定义一些有规则的常量数值的时候，枚举会帮助我们在这些常量值和名字之间建立关联，使用枚举会更加方便。枚举使用自定义的变量值来代替数字值，编译器还可以帮助我们检查枚举变量中存储的值是否为该枚举的有效值，使程序代码具有更高的可读性，程序调试和维护起来也更加简单。

7.6.3 Linux 内核中的枚举类型

在 Linux 内核中，有着大量的枚举类型数据，有些枚举类型的定义看起来很奇怪，例如下面的代码。

```
enum
{
    MM_FILEPAGES,
    MM_ANONPAGES,
    MM_SWAPENTS,
    NR_MM_COUNTERS
};
enum pid_type
{
    PIDTYPE_PID,
    PIDTYPE_PGID,
    PIDTYPE_SID,
    PIDTYPE_MAX
};
```

Linux 内核中使用 enum 定义的枚举类型大部分是没有枚举名的，而且通常会在一串枚举值之后带上一个前缀为 NR_ 的元素来表示枚举值的数量。当我们不需要使用枚举类型去定义一个枚举变量时，枚举并不需要一个名字，这些无名的枚举类型其实就相当于宏定义。而最后一个元素 NR 或 MAX，一般用来记载枚举列表中元素的个数，或者作为循环判断的边界值。

7.6.4 使用枚举需要注意的地方

什么是类型？类型是一定范围的数值及方法的集合。枚举作为整型类型的一种，在编程使用过程中，也有一些注意的地方，如作用域。使用枚举定义的常量也要遵循数据作用域规则，包括文件作用域、代码块作用域等，在同一个作用域不能出现重名的枚举常量名。

```
enum week1
{
    SUN,MON,TUE,WED,THU,FRI,SAT,
};

enum week2
{
    SAT,UNKNOW,
};
```

```
int main (void)
{
    return 0;
}
```

　　在上面的程序中，我们定义了两个枚举类型，其中枚举常量 SAT 重名，编译时就会发生如下错误。

```
error: redeclaration of enumerator `SAT'
error: previous definition of 'SAT' was here
```

　　出现错误的原因是，我们定义的不同枚举类型中的两个枚举常量名在同一个作用域——文件作用域，我们稍微改一下代码就可以避免冲突。

```
#include <stdio.h>

enum week1
{
    SUN,MON,TUE,WED,THU,FRI,SAT,
};

int main (void)
{
    printf("%d\n", SAT);
    enum week2
    {
        SAT,UNKNOW,
    };
    printf("%d\n", SAT);
    return 0;
}
```

　　我们将枚举类型 week2 的定义放到了 main() 函数内，week2 的作用域就从文件作用域变成代码块作用域。这个时候，两个枚举类型中的同名枚举常量就不会再发生冲突，程序的运行结果如下。

```
6
0
```

7.7　常量和变量

　　在一个 C 程序中，不同类型的数据主要以常量和变量两种形式存在。常量和变量在内存中是如何存储的？如何访问它们？这是本节要研究的问题。

7.7.1 变量的本质

在 C 语言中，不同类型的数据有不同的存储方式，在内存中所占的大小不同，地址对齐方式也不相同。我们可以使用不同的数据类型来定义变量，不同类型的变量在内存中的存储方式和大小也不相同。

```
int i = 10;
char j = 10;
```

例如我们定义一个 int 型变量 i，编译器会根据变量 i 的类型，在内存中分配 4 字节的存储空间；而对于定义的变量 j，编译器也会根据变量 j 的类型，在内存中分配 1 字节的存储空间。从汇编语言的角度来看，汇编语言是没有数据类型的概念的，当我们使用 DCB、DCD 伪指令去为一个数据对象分配存储空间时，要考虑的主要是存储地址、存储大小和存储内容这 3 个基本要素，它和我们高级语言中的变量名、变量类型和变量值是一一对应的。变量与存储的对应关系如图 7-5 所示。

变量名的本质，其实就是一段内存空间的别名。编译器在编译程序时会将变量名看成一个符号，符号值即变量的地址，各种不同的符号保存在符号表中。我们可以通过变量名对和它绑定的内存单元进行读写，而不是直接使用内存地址。通过变量名访问内存，既方便了程序的编写，也大大增强了程序的可读性。

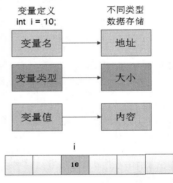

图 7-5 变量与存储的对应关系

当我们想通过变量名去读写内存时，必须要遵循 C 语言标准定义的语法规则，而不是随便引用，否则就会出现问题。在 C 语言中，一块可以存储数据的内存区域，一般被称为对象，而操作这片内存的表达式，即引用对象的表达式，我们称之为左值。左值可以改变对象，一般放在赋值语句的左边，如 a = 1; 这条赋值语句，表达式 a 就是一个左值，放在了赋值运算符的左边。我们可以通过变量名 a 去修改这片内存，即通过左值去改变对象。与左值相对应的是右值，即非左值表达式，一般放在赋值运算符 = 的右边。

我们常见的左值有变量、e[n]、e.name、p->name、*e 等这些常见的表达式。需要注意的是，并不是所有的表达式都可以作为左值，如数组名、函数、枚举常量、函数调用等都不能作为左值，也不能通过它们去修改对象。如下面的程序代码。

```
int a[10];
a = {1, 2, 3, 4, 5, 6, 7, 8, 9};
```

如果你想通过上面的语句为数组赋值，你会发现编译器报编译错误，因为数组名不是左值，不能放到赋值运算符的左边。

```
error: expected expression before '{' token
    a = {1,2,3,4,5,6,7,8,9};
```

那么接下来就有一个问题送给大家：为什么数组在声明的时候可以直接被初始化呢？

有些引用对象的表达式既可以作为左值，也可以作为右值，如变量。一个变量作为左值时，通常表示对象的地址，我们对变量名的引用其实就是对该地址区域进行各种操作。一个变量名作为右值时，通常表示对象的内容，我们此时对变量的引用就相当于取该地址区域上的内容。

```
a = 1;
b = a;
```

在 a = 1;语句中，表达式 a 是一个左值，代表的是一个地址，这条语句的作用就是将数据 1 写到变量名 a 表征的这片内存中，这片内存又称为对象，即我们可以通过左值来改变的对象。在 b = a; 这条语句中，a 是右值，代表的是对象的内容，即表达式 a 表征的这片内存地址上的内容，直接赋值给左值 b。

不同类型的变量有不同的存储方式、作用域和生命周期。在定义一个变量时，我们可以使用 char、int、float、double 等关键字来指定变量的类型，再加上 short 和 long 这两个整型限定符，基本上就确定了这个变量在内存中的存储空间的大小。有时候我们还可以使用一些变量修饰限定符来改变变量的存储方式，常用的修饰符有 auto、register、static、extern、const、volatile、restrict、typedef 等。这些修饰限定符往往会决定变量的存储位置、作用域或生命周期，所以一般也被称为存储类关键字。static 关键字修饰一个局部变量，可以改变变量的存储方式，将变量的存储从栈中转移到数据段中，但不能改变变量的作用域，因为变量的作用域是由{}决定的。不同类型的变量在内存中的存储对应关系如图 7-6 所示。

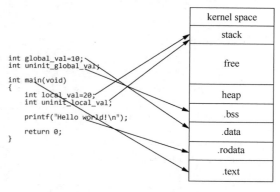

图 7-6　不同类型的变量存储

全局变量一般存储在数据段中，使用 extern 关键字可以将一个全局变量的作用域扩展到另一个文件中，也可以使用 static 关键字将其作用域限定在本文件中。一个变量如果使用 register 修饰，意在告诉编译器这个变量将会被频繁地使用，如果有可能，可以将这个变量存储在 CPU 的寄存器中，以提高其读写效率。至于编译器会不会这样做，就要视具体情况而定了。在一个函数内定义的变量，如果没有使用其他存储类修饰符修饰，默认就是 auto 类型，即自动变量。自动变量存储于当前函数的栈帧内，函数中的每一个局部变量只有在函数运行时才会给其分配存储空间，在函数执行结束退出时自动释放，其生命周期只存在于函数运行期间，这也是我们称这些局部变量为自动变量的根本原因。对自动变量的读写操作不能像全局变量那样通过变量名引用，一般由栈指针 SP 和帧指针 FP 共同管理和维护。在一个函数内部定义的自动变量如果没有初始化，那么它的值将是随机的，这是因为在函数运行期间分配的存储单元地址是随机的，存储单元的数据也是随机的。如果我们没有注意到这些细节，未初始化而直接使用，就可能导致程序出现意想不到的错误。

最后我们对本节的内容进行总结。我们在程序中，定义变量的目的，就是方便对存储在内存中的数据进行读写，不是直接通过地址，而是通过变量名来访问内存。编译器根据我们定义的变量类型，会在内存中分配合适大小的存储空间和地址对齐。变量名的本质，其实就是一段内存存储空间的别名，通过变量名可以直接对这段内存进行读写。

7.7.2　常量存储

对于 C 程序中定义的每一个变量，编译器都会根据变量的类型在内存中为它分配合适大小的存储空间：可以分配在数据段中，也可以分配在栈中。在一个 C 程序中，除了变量，还有很多常量和常量表达式，它们在内存中是如何存储的呢？

```
//main.c
#include <stdio.h>

#define HELLO  "world!\n"
char *p = "hello ubuntu!\n";

int main(void)
{
    char c_val = 'A';
    printf("hello %s", HELLO);
    printf("%s", p);
    printf("c_val = %c\n", c_val);
    return 0;
}
```

在上面的程序中，我们使用宏 HELLO 定义了一个字符串，使用指针变量 p 指向一个常量字符串。除此之外，在 printf() 函数中还有很多打印格式的字符串，编译器在编译程序时会把它们单独放在一个叫作 .rodata 的只读数据段中，我们可以使用 objdump 命令查看它们。

```
# gcc main.c -o a.out
# objdump -j .rodata -s a.out
a.out: file format elf32-i386
```

```
Contents of section .rodata:
 80484e8 03000000 01000200 68656c6c 6f207562  ........hello ub.
 80484f8 756e7475 210a0077 6f726c64 210a0068  untu!..world!..h
 8048508 656c6c6f 20257300 25730063 5f76616c  ello %s.%s.c_val
 8048518 203d2025 630a00              = %c..
```

在 C 语言中，我们常常使用 const 关键字来修饰一个变量，表示该变量是只读的，不能被修改。如果我们使用 const 关键字修饰一个数组，则表示该数组中所有元素的值都不能被修改。一个被 const 修饰的变量，在内存中是如何存储的呢？

```
//rodata.c
#include <stdio.h>

const int i = 10;
int const j = 20;

int main(void)
{
    return 0;
}
```

编译上面的程序，然后通过 readelf 命令查看符号表，你会发现变量 i 和 j 使用 const 修饰后，存储到了.rodata 只读数据段中。

```
#gcc rodata.c -o a.out
#readelf -s a.out
Symbol table '.symtab' contains 70 entries:
  Num:    Value  Size Type    Bind   Vis      Ndx Name
   51: 08048474     4 OBJECT  GLOBAL DEFAULT   16 j
   63: 08048470     4 OBJECT  GLOBAL DEFAULT   16 i
```

```
#readelf -S a.out
Section Headers:
  [Nr] Name          Type       Addr     Off    Size   ES Flg Lk Inf Al
  [11] .init         PROGBITS   0804828c 00028c 000023 00  AX  0   0  4
  [14] .text         PROGBITS   080482e0 0002e0 000172 00  AX  0   0 16
  [16] .rodata       PROGBITS   08048468 000468 000010 00   A  0   0  4
  [25] .data         PROGBITS   0804a010 001010 000008 00  WA  0   0  4
  [26] .bss          NOBITS     0804a018 001018 000004 00  WA  0   0  1
  [29] .symtab       SYMTAB     00000000 001050 000460 10      30  47  4
  [30] .strtab       STRTAB     00000000 0014b0 000220 00       0   0  1
```

7.7.3　常量折叠

当一个 C 语言程序中存在常量表达式时，编译器在编译时会把常量表达式优化成一个固定的常量值，以节省存储空间。我们把这种编译优化称为常量折叠。

```
//test.c

int val = 2*3 + 5*4;

int main(void)
{
    val = 100;
    return 0;
}
```

在上面程序的编译过程中，编译器会直接把表达式 2*3 + 5*4 优化成一个常量 26，作为全局变量 val 的初值存储在数据段中。编译上面程序生成可执行 a.out，通过 readelf 命令查看全局变量 val 的值。

```
#arm-linux-gnueabi-gcc test.c -o a.out
#readelf -s a.out
  Num:    Value  Size Type    Bind   Vis      Ndx Name
   93: 00021024     4 OBJECT  GLOBAL DEFAULT   23 val
```

```
#arm-linux-gnueabi-objdump -D  -j .data a.out

a.out:      file format elf32-littlearm
Disassembly of section .data:
0002101c <__data_start>:
   2101c:00000000      andeq  r0, r0, r0
00021020 <__dso_handle>:
   21020:00000000      andeq  r0, r0, r0
00021024 <val>:
   21024:0000001a      andeq  r0, r0, sl, lsl r0
```

在内存地址 0x21024 处，我们可以看到定义的全局变量 val 的值为 0x1a。常量表达式 2*3 + 5*4 经过编译优化后，表达值的值就变成了 26，直接存储在地址为 0x21024 的内存单元中。

7.8 从变量到指针

计算机内存 RAM 支持随机寻址功能，在 C 语言中对内存的访问可直接通过地址进行读写。内存一般可分为静态内存和动态内存，一个程序被加载到内存运行时，代码段和数据段就属于静态内存，而堆栈则属于动态内存。静态内存的特点是内存中各个变量的地址在编译期间就确定了，在程序运行期间不再改变。而动态内存中变量的地址在程序运行期间是不固定的，如函数的局部变量，如果这个函数多次被调用运行，那么每次运行都要在栈上随机分配一个栈帧空间；如果每次分配的栈帧地址不同，那么这个函数内局部变量地址也会跟着动态变化，每次都不一样。

　　静态内存由于在整个程序运行期间不再变化，因此我们可以通过变量名直接访问，变量的地址在编译期间就已经确定了。对于栈，因为每次函数的运行地址不固定，所以只能通过栈帧指针结合相对寻址来访问。在函数调用过程中，虽然每次给函数分配的栈帧空间地址不同，但每个局部变量在函数栈帧内相对栈帧指针 FP 的相对偏移不会改变，因此每一次函数运行都可以正常访问。而对于用户使用 malloc()函数申请的堆内存，不仅是动态变化的，而且还是匿名内存，我们无法借助变量名或栈指针来访问，只能使用指针来间接访问了。

7.8.1　指针的本质

　　指针的原始初衷用途，其实就是访问一片匿名的动态内存。通过指针我们可以直接读写指定的内存，这是 C 语言和其他高级语言不一样的地方，也是 C 语言的特色。凭着这一优势，世界上95%的操作系统都是使用 C 语言开发的，几十年来 C 语言在编程语言排行榜上一直稳居前三。

　　如图 7-7 所示，当用户申请一块堆内存时，malloc()函数返回给用户的是申请到的这块内存的起始地址，这个地址我们一般使用一个指针变量 p 来保存。指针变量自身也是一个变量，和普通变量的不同之处就是：普通变量存放的是一个数，而指针变量存放的是一个地址。

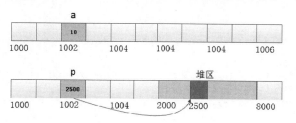

图 7-7　通过指针访问匿名内存

　　int 型变量的类型是 int，指针变量的类型则是指针，指针的本质，其实就是一种数据类型。很多人对 C 语言的类型理解存在偏差：以为 C 语言中所有的类型（type）都是数据类型，如 int、char等。我们在定义变量时经常使用的数据类型其实都属于算术类型范畴，而指针类型和算术类型都属于 C 语言的基本类型。除此之外，C 语言还有其他类型，如结构类型、数组类型、联合类型、函数类型、void 类型等，如图 7-8 所示。

　　如果从存储的角度去看指针，你会发现指针和汇编语言中的符号（symbol）是一一对应的。汇编语言中的 symbol 分为 object symbol 和 func symbol，而指针根据指向的数据类型不同，一般也分为对象指针和函数指针。

类型分类			C语言类型
基本类型	算术类型	整型	char、short、int、long、long long
			_Bool
			enum
		浮点型	float、double、float _Complex ...
	指针类型		type *p
组合类型	数组类型		type a[10]
	结构类型		struct
联合类型			union
void 类型			void、void *
函数类型			f( )

图 7-8　C 语言中的不同类型

指针也是有类型的。指针的类型和其指向的数据类型有关联：一个指针如果指向 int 型变量，那么这个指针的类型为 int *；如果一个指针指向 char 型变量，那么这个指针的类型为 char *；如果一个指针指向一个函数，那么这个指针的类型为 void (*f)(int, int)。无论指针是什么类型，它存放的都是一个地址，只不过这个地址上存放不同类型的数据而已。

```
#include <stdio.h>

int main(void)
{
    int  * p;
    char * q;
    printf("%d\n", sizeof (int *));
    printf("%d\n", sizeof (char *));
    printf("%d\n", sizeof (long *));

    return 0;
}
```

编译运行上面的程序，你会发现一个指针变量无论是什么类型的，它的大小都是 4 字节，指针变量的大小和系统有关，和类型无关。在一个 64 位系统中，指针变量存储的是 64 位地址，因此指针变量的大小也就随之变为 8 字节。

既然一个指针变量所占内存的大小不会改变，那么为什么还要指定一个类型呢？为一个指针指定类型主要是为了应对编译器的类型检查，编译器在编译过程中，会根据指针指向的数据类型对程序进行语义检查，看程序有没有错误。另外一个重要的原因是不同类型的指针运算规则不一样，更适合我们通过指针去访问不同类型的数据。

虽然说指针变量也是变量，但是其和普通变量还是有区别的。普通变量一般采用直接寻址，既可当左值，又可当右值；而指针变量一般采用间接寻址。当指针变量通过间接寻址时，其又等价为一个普通变量（下面代码中的*p 与 a 是等价的），既可当左值，又可当右值。

```
int a = 10;
int b = 20;
int *p = &a;
a = b;
b = a;
*p = b;
b = *p;
```

指针是 C 语言学习中最难掌握和理解的一个知识点。指针是操作内存的一把利器，也是 C 语言的"撒手锏"，我们使用指针时必须小心翼翼，稍微不注意就可能出现段错误。既然指针这么难学，为什么在编程中还要使用指针呢？原因有二：一是有些地方不得不用指针，没有别的备选方案，如动态堆内存的匿名访问；二是使用指针更容易编写出高质量高效率的程序，如参数传递、函数的返回值。如果使用数组、结构体和大块的缓冲区，则数据传来传去，效率非常低。如果使用指针，则一个地址传过去就可以了，省去了数据复制的麻烦，简单方便而且高效。除此之外，一些链表、树等动态数据结构的实现也离不开指针，还有一些字符串指针、函数指针等，都可以让程序实现更加高效灵活。C 语言如果没有了指针，也就失去了灵魂，它在编程榜上几十年来一直稳居前三名的地位估计就不保了，因为其他编程语言相对 C 语言，除了指针，其他地方都改进了不少，比 C 语言好太多，封装得更友好，更适合程序员编程。C 语言之所以宝刀未老，除了前期构建的语言生态，剩下的全靠指针在扛鼎。

7.8.2　一些复杂的指针声明

一部好电影和一部烂电影之间只差了一个好演员，一个菜鸟和一个工程师之间只差了一个指针。能不能熟练使用指针编程，也是考查一个 C 语言工程师水平高低的重要依据。任何一个复杂的东西，都是由简单慢慢发展出来的，任何一个复杂的系统，都可以分解为简单的模型降维分析。C 指针也是如此，其实也没什么可怕的，一步一步来，从底层实现到上层语法，从简单到复杂，步步为营，就能把指针彻底掌握。按照 C 语言"先声明，后使用"的光荣传统，我们这一节先从 C 指针的声明开始。

声明一个指针，其实就是声明一个指针的类型。指针类型一般可以分为三大类。

- 函数指针：void (*fp)(int, int)。
- 对象指针：char *、int *、long *、struct xx *。
- void*指针：一般作为通用指针，作为函数的参数。

　　函数指针，顾名思义，指针指向一个函数，指针变量存储的是函数的入口地址。当指针指向不同类型的数据时，我们称这种指针为对象指针。除此之外，还有一种特殊的指针，叫作 void * 指针，这个我们会在本章最后一节讲，先在这里提醒大家：void *指针既不属于对象指针，也不属于函数指针。

　　我们在使用指针编程时，往往会和指针相关的一些运算符结合使用。和指针相关的运算符主要包括以下几种。

- 指针声明：int *。
- 取址运算符：&。
- 间接访问运算符：*。
- 自增自减运算符：++ 、--。
- 成员选择运算符： . 、 ->。
- 其他运算符：[] 、 ()。

　　这些运算符的优先级按照从高到低的顺序依次为：[]、()、.、->、++、--、*、&。需要注意的一个细节是，自增运算符中的前置自增自减运算符和后置自增自减运算符的优先级是不一样的。但也不用刻意区分它们，因为在一个指针表达式中，同时使用前置后置运算符的概率极小，除非这个程序员想学孔乙己，专门研究茴香豆的第 25 种写法。

　　关于指针变量的声明和使用，很多教科书都有详细的说明，这里就不赘述了。我们在这里主要分析一些容易混淆的指针表达式。

```
*p++;                   //*p++应先间接访问，然后 p 的值再自增
&p++;                   //指针变量的地址自增运算
&stu.a                  //结构体成员变量 a 的地址
int *a[10];             //定义一个指针数组，数组元素类型为 int *
int (*a)[10];           //定义一个数组指针，指向数组类型 int a[10]
int *f (int);           //定义一个指针函数，函数返回值为 int *
int (*f)(int);          //定义一个函数指针，指向函数类型 int f(int)
int *(*f)[10];          //定义一个数组指针，指向数组类型 int *a[10]
int * (*(*f)(int))[10];
```

　　上面的指针声明中，其实主要考查的是各个运算符的优先级和结合性，掌握了各个运算符的优先级后基本上都可以分析出来，比较复杂的是最后一个，比较难看懂，至少不能一下子直观地看出来。对于这种复杂的指针声明，我们可以借助"左右法则"来分析。

```
The right-left rule: Start reading the declaration from the innermost parentheses, go right,
and then go left. When you encounter
parentheses, the direction should be reversed. Once everything in the
```

parentheses has been parsed, jump out of it. Continue till the whole
declaration has been parsed.

　　将上面的英文翻译成中文就是：首先从最里面的圆括号（未定义标识符）看起，先往右看，再往左看，每当遇到圆括号时，就应该掉转阅读方向。一旦解析完圆括号里所有的东西，就跳出圆括号。重复这个过程，直到整个声明解析完毕。

　　按照这个规则，我们再去分析上面声明语句中的最后一个指针声明：首先从最里面的圆括号看起，f 是一个指针，整个指针表达式因此也就定了性。这条语句声明的是一个指针。然后往右看，是一个参数列表，说明该指针的类型是一个函数指针。再向左看，是一个符号，说明该指针指向的函数的返回值是一个指针。此时括号里的东西解析完毕，跳出圆括号，继续重复这个过程。往右看是一个数组，再往左看是 int *，与下面类似。

```
int *(*p)[10];
```

　　我们简化分析，p 相当于定义了一个数组指针，该指针指向的数组的元素类型为 int *，即指向一个指针数组。我们把以上分析综合就可以得出最后的分析结果：这个复杂的指针声明相当于定义一个函数指针，该指针指向一个函数，这个函数的类型形参为(int)，返回值是一个指向指针数组的指针，指针数组中的元素类型为 int *。

　　是不是很奇妙？把左右法则掌握了，以后再复杂的指针声明我们也不怕了。法则在手，一切通吃。为了检查一下你到底有没有真正掌握左右法则，可以尝试分析下面的一些指针声明。

```
int (*f( int, int))[10];
int (*(*f)[10])(int *p);
int ( * (*f) (int, int) ) (int);
int (*f)(int *p, int, int (*fp)(int*,int));
(*(void(*)())0)();
```

7.8.3　指针类型与运算

　　什么是类型（type）？类型就是一组数值和对这些数值相关操作的集合。不同类型有不同的操作，如 char 类型，就代表一定范围内的数值 [-128, 127] 和对这些数值的一组操作，如加减乘除、比较大小等。

　　指针也是如此，不同的指针类型会有不同的运算操作。如我们经常看到的指针运算 p++，它和普通的数值运算就不一样，不是简单的算术加 1 操作，把它转换成数值运算就相当于 p + 1 * sizeof (type)。运行下面的程序你会发现，指针类型不同，p+1 的值也不同。

```
//test.c
#include <stdio.h>
```

```
int main(void)
{
    char  *p = NULL;
    short *q = NULL;
    int   *r = NULL;
    printf("%p  %p\n", p, p+1);
    printf("%p  %p\n", q, q+1);
    printf("%p  %p\n", r, r+1);
    return 0;
}
```

程序运行结果如下。

```
(nil)  0x1
(nil)  0x2
(nil)  0x4
```

指针变量 p 通常用来指向一个不同类型的变量，每个变量类型不同，在内存中所占空间大小不同，p++ 也就被转换为不同的数值运算，运算结果也各不相同。但有一点是相同的，p++ 总是指向下一个元素的地址。不同类型的指针执行加 1 操作，其值在内存中的指向如图 7-9 所示。

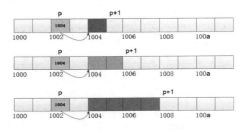

图 7-9　不同类型的指针运算

如果指针变量 p 指向一个字符变量，字符变量的地址为 1004，那么 p+1 就等于 1005，指向下一个字符变量的地址。同样的道理，如果指针变量 p 指向一个 short int 型变量，short int 型变量的地址为 1004，那么 p+1 就等于 1006，指向下一个 short int 型变量的地址。如果指针变量 p 指向一个 int 整型变量，整型变量的地址为 1004，那么 p+1 就等于 1008，指向下一个整型变量的地址。为了存储变量的地址，指针变量本身也得有一个存储空间，其地址为 1002。

我们在程序中通常看到的指针运算是指针和一个常数做加减运算。除此之外，两个指针也可以直接相减，但前提是指针类型要一致，而且只能相减，不能相加，相减的结果表示两个指针在内存中的距离。两个指针相减的结果以数据类型的长度 sizeof (type) 为单位，而非以字节为单位。指针相减一般用于同一个数组中，用来计算两个元素的偏差，运行下面的程序，你会发现程序的运行结果为 1，而不是 4，两个指针相减的结果以数据类型的长度为单位。

```c
#include <stdio.h>

int main (void)
{
    int a[10];
    int *p1, *p2;
    p1 = &a[1];
    p2 = &a[2];
    printf("%d\n", p2 - p1);
    return 0;
}
```

指针除了支持加减运算，还支持关系运算。如两个指针可以比较大小，但比较的前提是指针类型必须相同，指针关系运算一般用在同一个数组或链表中，不同的比较结果代表不同的含义。

● p < q：指针 p 所指的数在 q 所指数据的前面。
● p > q：指针 p 所指的数在 q 所指数据的后面。
● p = q：p 和 q 指向同一个数据。
● p! = q：p 和 q 指向不同的数据。

为了体验一下指针的各种运算，我们编写一个程序，实现字符串的逆序，然后打印。

```c
//reverse.c
#include <stdio.h>
#include <string.h>

int main(void)
{
    char a[20],tmp;
    printf("input string:");
    gets(a);
    char *p,*q;
    p = q = a;
    p += strlen(a)-1;
    while(q < p)
    {
        tmp  = *q;
        *q++ = *p;
        *p-- = tmp;
    }
    puts(a);
    return 0;
}
```

程序运行结果如下。

```
# gcc reverse.c -o a.out
# ./a.out
input string:hello world
dlrow olleh
```

7.9 指针与数组的"暧昧"关系

在 C 语言程序中，有数组的地方几乎都会有指针出现。这就像兰州拉面和沙县小吃相爱相杀一样：有兰州拉面的地方，方圆五百米内，一般肯定能找到一家沙县小吃。指针和数组在 C 语言中关系"暧昧"，在使用中也有很多相似的地方，甚至还可以混用，让很多初学者困惑，以为两者是一回事。

- 数组名作为函数参数时相当于一个指针地址。
- 数组和指针一样，都可以通过间接运算符*访问。
- 数组和指针一样，都可以使用下标运算符[]访问。

```c
#include <stdio.h>

int a[5] = {0, 1, 2, 3, 4};
void array_print(int array[], int len)
{
    int i;
    for(i = 0; i < len; i++)
        printf("array[%d] = %d\n", i, array[i]);
}

int main(void)
{
    int i;
    int *p = a;

    for(i=0; i<5; i++)
        printf("a[%d] = %d\n", i, a[i]);
    for(i=0; i<5; i++)
        printf("*(a+%d)= %d\n", i, *(a+i));
    for(i=0; i<5; i++)
        printf("p[%d] = %d\n", i, p[i]);
    for(i=0; i<5; i++)
        printf("*(p+%d) = %d\n", i, *(p+i));

    array_print(a, 5);
```

```
    array_print(p, 5);

    return 0;
}
```

编译运行上面的程序，结果如下。

```
a[0] = 0
a[1] = 1
a[2] = 2
a[3] = 3
a[4] = 4
*(a+0)= 0
*(a+1)= 1
*(a+2)= 2
*(a+3)= 3
*(a+4)= 4
p[0] = 0
p[1] = 1
p[2] = 2
p[3] = 3
p[4] = 4
*(p+0)= 0
*(p+1)= 1
*(p+2)= 2
*(p+3)= 3
*(p+4)= 4
array[0] = 0
array[1] = 1
array[2] = 2
array[3] = 3
array[4] = 4
array[0] = 0
array[1] = 1
array[2] = 2
array[3] = 3
array[4] = 4
```

通过对比运算结果，我们可以看到，通过下标 [] 或间接访问 * 运算，都可以访问数组。正是因为在很多地方指针和数组可以通用，导致很多初学者分不清两者到底是什么关系，到底有什么区别，关系暧昧，模糊不清。你暧昧我也暧昧，干脆睁一只眼闭一只眼吧，稀里糊涂地用，反正程序也没出错，运行得很好。抱着这种态度其实也能轻松应付工作，也不会出现大的问题，但是作为一名认（较）真（真）负责的工程师，搞清楚它们之间的本质区别还是很有必要的：它们之间到底有什么区别，为什么运算符可以通用？只有彻底搞清楚它们的本质，我们才有可能编写出高质量的 C 语言程序。

从 C 语言语法的角度上看，数组与指针的访问方式、主要用途都不相同，指针与数组的主要区别如图 7-10 所示。

指针	数组
间接访问	直接访问
用于动态内存、链表	用于存储一组固定长度的相同元素
通常指向匿名数据	数组名为数组首元素地址

图 7-10　指针与数组的区别

但是为什么指针可以使用下标运算符 [] 访问数组元素，数组也可以通过间接运算符 * 访问元素呢？

7.9.1　下标运算符[]

下标运算符 [] 是数组用来访问数组元素的运算符，而间接访问运算符 * 则是指针用来访问内存的运算符。既然数组和指针在 C 语言中是截然不同的两个概念，那么为什么这两个运算符可以混用呢？

道理其实很简单，秘密就在下标运算符这里：C 语言对下标运算符的访问，是通过转化为指针来实现的。

```
E1[E2] --> *(E1+E2)
```

当我们对一个数组 a[n] 通过下标访问时，编译器会将其转换为 *(a+n) 的形式，数组名 a 代表的是数组首元素的地址，相当于一个指针常量。当我们使用指针来访问数组元素时，一般也通过下面的样式。

```
int *p;
p = a;
int i = *(p+1);
int j = p[1];
```

通过两者对比，你会发现，无论是通过下标访问，还是通过指针访问，最后都转换为 *(E1+E2) 的形式，所以这也是下标运算符 [] 和指针间接访问运算符 * 可以混用的原因。理解了这点，也就理解了下面的程序为什么可以正常编译运行。

```
#include <stdio.h>

int a[5] = {0, 1, 2, 3, 4};

int main (void)
{
```

```
    int i = 10;
    int *p = a;
    printf("%d\n", p[0]);         //*(p+0)
    printf("%d\n", 0[p]);         //*(0+p)
    printf("%d\n", (p+2)[-2]);    //*(p+2-2)
    printf("%d\n", 0[p+2]);       //*(0+p+2)
    printf("%d\n", (-1)[p+2]);    //*(-1+p+2)
    printf("%d\n", -1[p+2]);      //-*(1+P+2)
    printf("%d\n", 1[p+2]);       //*(1+P+2)
    p = &i;
    printf("%d\n", 1[&i-1]);      //*(1+&i-1)

    return 0;
}
```

程序运行结果如下。

```
0
0
0
2
1
-3
3
10
```

7.9.2　数组名的本质

关于数组名，在很多地方我们都可以看到关于它的描述：当数组作为函数参数时，传递的是一个地址，此时数组名相当于一个指针常量。有了汇编语言的基础，我们接下来就从汇编的角度去分析数组作为函数参数的底层实现。

```
#include <stdio.h>

int a[5] = {0, 1, 2, 3, 4};

void array_print(int array[5], int len)
{
    int i;
    for(i = 0; i < len; i++)
        printf("array[%d] = %d\n", i, array[i]);
}

int main(void)
{
    int i;
```

```
    int *p = a;
    array_print(a, 5);
}
```

程序运行结果如下。

```
array[0] = 0
array[1] = 1
array[2] = 2
array[3] = 3
array[4] = 4
```

对编译生成的可执行文件 a.out 进行反汇编分析。

```
000104a8 <main>:
  104a8:e92d4800      push    {fp, lr}
  104ac:e28db004      add     fp, sp, #4
  104b0:e24dd008      sub     sp, sp, #8
  104b4:e59f301c      ldr     r3, [pc, #28]   ; 104d8 <main+0x30>
  104b8:e50b3008      str     r3, [fp, #-8]
  104bc:e3a01005      mov     r1, #5
  104c0:e59f0010      ldr     r0, [pc, #16]   ; 104d8 <main+0x30>
  104c4:ebffffdb      bl10438 <array_print>
  104c8:e3a03000      mov     r3, #0
  104cc:e1a00003      mov     r0, r3
  104d0:e24bd004      sub     sp, fp, #4
  104d4:e8bd8800      pop     {fp, pc}
  104d8:00021028      andeq   r1, r2, r8, lsr #32
00021028 <a>:
  21028:00000000      andeq   r0, r0, r0
  2102c:00000001      andeq   r0, r0, r1
  21030:00000002      andeq   r0, r0, r2
  21034:00000003      andeq   r0, r0, r3
  21038:00000004      andeq   r0, r0, r4
```

通过反汇编代码的 0x104c4 处可以看到，main() 函数在调用 array_print() 之前，将传递的两个实参都放到了寄存器 R0 和 R1 中。R1 中存放的是数组的长度，而 R0 中存放的则是一个地址：0x21028。在数据段的 0x21028 地址处我们可以看到它上面保存的是数组 a 的首元素，言外之意就是数组名作为函数参数传递时，传递的其实就是数组的首元素地址。数组的长度要通过另一个参数 len 传递，直接通过数组名本身是无法传递的，因此下面的两种函数声明其实是等价的。

```
void array_print(int array[5], int len);
void array_print(int array[], int len);
```

那么数组名到底代表的是什么呢？数组名其实也是有类型的。当我们定义一个字符数组：char a[5];，数组名 a 的类型就是 char [5]，&a 的类型就是 char(*)[5]。如果我们定义一个常量指针 char *const p;，那么 p 的类型就是 char *const。这时候你会发现数组名和常量指针不是一回事。使用下面的测试代码来验证我们的猜想。

```c
#include <stdio.h>

char a[5] = {0, 1, 2, 3, 4};
char *const p = a;

int main(void)
{
    printf("sizeof(a): %d\n", sizeof(a));
    printf("sizeof(p): %d\n", sizeof(p));
    printf("a   : %p\n", a);
    printf("a+1 : %p\n", a + 1);
    printf("&a+1: %p\n", &a + 1);
    return 0;
}
```

程序运行结果如下。

```
sizeof(a): 5
sizeof(p): 4
a   : 0x804a01c
a+1 : 0x804a01d
&a+1: 0x804a021
```

通过运行结果对比我们可以看到，数组名和常量指针不是同一个概念，根据它们在内存中所占空间的大小就可以看到这一点。让我们感到疑惑的是 a+1 和&a+1 的值为什么不一样，这两者到底有什么区别呢？

思考： 为什么不能直接对数组赋值？为什么在初始化的时候可以赋值？

数组名其实也存在隐式转换，在不同的场合代表不同的意义。当我们使用数组名声明一个数组，或者使用数组名和 sizeof、取址运算符 & 结合使用时，数组名表示的是数组类型。在其他情况下，数组名都是一个右值，表示数组首元素的地址，但是可以与间接访问运算符 * 构成一个左值表达式。如下面的程序所示。

```c
#include <stdio.h>

int main(void)
{
    int a[20]={0};
    *(&a[0]) = 1;
    printf("%d\n",a[0]);
    return 0;
}
```

程序运行结果如下。

了解了数组名在不同场合代表的类型及其隐式转换，也就明白了我们为什么不能直接为数组赋值，只能在初始化的时候赋值。

7.9.3　指针数组与数组指针

指针数组与数组指针是 C 语言初学者很容易混淆的两个概念。指针数组本质上是一个数组，数组里的每一个元素存放的不是普通的数据，而是一个地址；数组指针本质上是一个指针，只不过这个指针指向的数据类型是一个数组。接下来我们就以指针数组和数组指针的基本使用作为切入点进行分析。

```c
#include <stdio.h>

char *season[4] = {"Spring", "Summer", "Autumn", "Winter"};
int a[2][4] = {0, 1, 2, 3, 4, 5, 6, 7};

void pointer_array_print(void)
{
    int i;
    for(i = 0; i < 4;i++)
        printf("hello %s!\n", season[i]);
}

void array_pointer_print(void)
{
    int i;
    int (*pa)[4];
    int *p;
    pa = a;        //&a[0]
    p = a[0];      //&a[0][0]
    printf("pa: %p  pa+1:%p\n", pa, pa+1);
    printf(" p: %p   p+1:%p\n", p, p+1);

    pa = &a[1];   //&(&a[1][0])
    for(i = 0; i < 4; i++)
        printf("%d ", pa[0][i]);
    puts("");
    p = a[1];
    for(i = 0; i < 4; i++)
        printf("%d ", p[i]);
    puts("");
}
```

```
int main(void)
{
    pointer_array_print();
    array_pointer_print();
    return 0;
}
```

程序运行结果如下。

```
hello Spring!
hello Summer!
hello Autumn!
hello Winter!
pa: 0x804a060   pa+1:0x804a070
 p: 0x804a060    p+1:0x804a064
4 5 6 7
4 5 6 7
```

在上面的程序中，我们定义了两个函数：一个用来打印指针数组，一个通过数组指针来打印数组的各个元素。season 是一个指针数组，数组里的元素类型是 char *，分别指向不同的字符串。在 pointer_array_print()函数中，我们可以遍历数组，通过数组元素中保存的指针依次打印每个字符串。a 是一个二维数组，我们可以通过两种不同的指针去访问二维数组：指向数组元素的指针 P 和指向数组的指针 pa。使用这两种指针唯一需要注意的是如何为它们赋值，pa 指针的类型是 int (*)[4]，指向的数组类型是 int [4]，因此我们为 pa 赋值要使用下面的形式。

```
pa = a;      //&a[0]
pa = &a[1];
```

二维数组的数组名作为右值时表示的是数组首元素的地址，二维数组可以看成是特殊的一维数组，数组里的每个数组元素还是一个数组，pa = a; 相当于将一维数组的地址赋值给了 pa，pa+1 转换成数组运算就是 pa + sizeof(int [4])；pa[0]相当于一维数组的数组名，再通过 pa[0][i]下标访问就可以依次遍历这个一维数组了。 而对于指针 p，其类型为 int *，我们为它赋值可以采用下面的形式。

```
p = a[0];   //&a[0][0]
p = a[1];
```

其中，a[0]、a[1]表示的是一维数组的数组名，其作为右值代表的是一维数组首元素的地址：&a[0][0] 和 &a[1][0]。获取到一维数组首元素地址后，接下来指针变量 p 就可以和 pa[0] 一样循环遍历数组中的每个元素并打印它们了。

通过上节学习，我们知道通过数组或指针，使用下标运算符或间接访问运算符都可以灵活实现对数组元素的访问。而指针数组的本质还是一个数组，只不过数组元素的数据类型比较特殊，是一个指针，我们按照数组的正常访问方式访问即可。

数组指针一个经典的应用就是作为函数参数，用来传递一个二维数组的地址。

```c
#include <stdio.h>

int array1[3][5] = {
    1, 2, 3, 4, 5,
    6, 7, 8, 9, 0,
    2, 2, 2, 2, 2
};

int array2[4][5] = {
    1, 1, 1, 1, 1,
    2, 2, 2, 2, 2,
    3, 3, 3, 3, 3,
    4, 4, 4, 4, 4,
};

void array_print(int (*a)[5], int len)
{
    int i, j;
    for(i = 0; i < len; i++)
    {
        for(j = 0; j < 5; j++)
            printf("%d ", a[i][j]);
        puts("");
    }
}

int main(void)
{
    array_print(array1, 3);
    puts("");
    array_print(array2, 4);
    return 0;
}
```

程序运行结果如下。

```
1 2 3 4 5
6 7 8 9 0
2 2 2 2 2

1 1 1 1 1
2 2 2 2 2
```

```
3 3 3 3 3
4 4 4 4 4
```

思考：指针数组和数组指针作为函数参数，都可以用来传递一个二维数组的地址，有什么区别和注意的地方？

　　一维数组作为函数的参数时，数组名就转换为数组首元素的地址。二维数组作为函数的参数时，数组名同样转换为数组首元素的地址&a[0]，只不过这个首元素是一个 int [5] 类型的数组，因此 array_print(int (a)[5], int len)函数原型中的第一个参数 int (*a)[5]中的数组长度 5 不能省略。

　　指针数组的一个典型应用，就是用来保存我们的 main()函数的参数。

```c
#include <stdio.h>

int main(int argc, char *argv[])
{
    int i;
    for(i = 0; i < argc; i++)
        printf("argv[%d]: %s\n", i, argv[i]);
    return 0;
}
```

　　程序运行结果如下。

```
#./a.out hello world
argv[0]: ./a.out
argv[1]: hello
argv[2]: world
```

　　指针数组里存放的数组元素是一个个指针，系统解析完用户的输入参数后，分别使用指针来指向它们，并将这些指针保存在数组 argv[]中，用户通过该数组就可以将每一个参数都打印出来。

7.10　指针与结构体

　　数组是由一组相同类型的数据组成的集合，我们可以通过下标运算符[]或指针间接访问运算符*去访问它们。结构体则是由一组不同类型的数据组成的集合，我们可以通过成员访问运算符 . 去访问各个成员，也可以通过指针间接访问运算符 -> 去访问各个成员。与指针、结构体相关的运算符如下。

- 成员访问运算符： .。
- 成员间接访问运算符： ->。
- 结构体成员取址：&stu.num。

- 结构体成员自增自减：++stu.num、stu.num++。
- 间接访问运算符：*stu.p。

掌握这些运算符的优先级，是我们熟练访问结构体成员的前提。下面就用一个例子来熟悉一下访问结构体成员的各种方式。

```
#include <stdio.h>

struct student{
    int num;
    char sex;
    char name[10];
    int age;
};

int main(void)
{
    struct student stu={1001, 'F', "jim", 20};
    printf("stu.num : %d\n", stu.num);
    printf("stu.sex : %c\n", stu.sex);
    printf("stu.name: %s\n", stu.name);
    printf("stu.age : %d\n", stu.age);
    puts("");

    struct student * p;
    p = &stu;
    printf("(*p).num : %d\n", (*p).num);
    printf("(*p).sex : %c\n", (*p).sex);
    printf("(*p).name:%s\n", (*p).name);
    printf("(*p).age : %d\n", (*p).age);
    puts("");

    printf("p->num : %d\n", p->num);
    printf("p->sex : %c\n", p->sex);
    printf("p->name:%s\n", p->name);
    printf("p->age : %d\n", p->age);
    puts("");
    return 0;
}
```

程序运行结果如下。

```
stu.num : 1001
stu.sex : F
stu.name:jim
stu.age : 20
```

```
(*p).num : 1001
(*p).sex : F
(*p).name:jim
(*p).age : 20

p->num : 1001
p->sex : F
p->name:jim
p->age : 20
```

　　访问结构体的成员有两种方法：直接成员访问和间接成员访问，对应的运算符分别为 stu.num 和 p->num。对于很多 C 语言新手来说，比较难掌握的是复杂结构体中的成员访问：结构体数组 + 结构体嵌套 + 指针，各个数据结构混合在一起使用，如果对各个运算符的优先级和结合性不熟悉，就会对代码的理解造成一定障碍。在 Linux 内核源码中，我们经常看到这种多层结构体嵌套 + 指针混合使用的代码，下面就举一个例子，让大家体验一下。

```c
#include <stdio.h>

struct scores{
    unsigned int chinese;
    unsigned int english;
    unsigned int math;
};

struct student{
    unsigned int stu_num;
    unsigned int score;
};

struct teacher{
    unsigned int work_num;
    unsigned int salary;
};

struct people{
    char sex;
    char name[10];
    int age;
    struct student *stup;
    struct teacher ter;
};

void struct_print1(void)
{
    struct student stu = {1001, 99};
    struct teacher ter = {8001, 8000};
```

```
    struct people jim  = {'F', "JimGreen", 20, &stu,0};
    struct people jack  = {'F', "Jack", 50, NULL, ter};
    struct people *p;
    p = &jim;
    printf("Jim score:%d\n", jim.stup->score);
    printf("Jim score:%d\n", p->stup->score);

    p = &jack;
    printf("Jack salary:%d\n", jack.ter.salary);
    printf("Jack salary:%d\n", p->ter.salary);
}

void struct_print2(void)
{
    struct student stu = {1001, 99};
    struct teacher ter = {8001, 8000};
    struct people a[2] = {{'F', "Jim Green", 20, &stu, 0}, {'F', "Jack Li", 50, 0, ter}};
    struct people *p;
    p = a;
    printf("Jim score:%d\n", a[0].stup->score++);
    printf("Jim score:%d\n", ++p[0].stup->score);
    printf("Jim score:%d\n", p->stup->score++);

    printf("Jack salary:%d\n", a[1].ter.salary++);
    printf("Jack salary:%d\n", p[1].ter.salary++);
    printf("Jack salary:%d\n", (p+1)->ter.salary++);
}

int main(void)
{
    struct_print1();
    puts("");
    struct_print2();
    return 0;
}
```

程序运行结果如下。

```
Jim score:99
Jim score:99
Jack salary:8000
Jack salary:8000

Jim score:99
Jim score:101
Jim score:101
Jack salary:8000
```

```
Jack salary:8001
Jack salary:8002
```

上面的程序演示了当结构体中嵌套结构体时，结构体结合指针访问成员变量的方法。无论嵌套多么复杂，还是和数组、指针混合使用，只要记住各个运算符的优先级，通过结构体成员访问运算符 . 直接访问成员，通过结构体指针和间接访问运算符 -> 访问成员这三条，基本上都可以无障碍地分析出结果来。

结构体是一个标量，当结构体作为函数的参数或者返回值时，传递的是整个结构体所有成员的值，这一点和数组是不同的，数组名作为参数时传递的仅仅是一个地址。大块的数据通过函数参数或返回值来回复制，会影响程序的运行效率，因此在实际编程中，当需要结构体传参时，我们一般都使用结构体指针来实现，直接传一个地址就可以，简单高效。

7.11　二级指针

指针变量主要用来存储一块内存的地址，然后通过间接访问运算符 * 去访问这块内存，对这块内存进行读写操作。当一个指针变量保存的是一个普通变量的地址时，我们称这个指针是指向这个变量的指针，我们可以通过指针来访问这个变量，修改这个变量的值。指针变量可以保存任意类型变量的地址：数组、结构体、函数甚至另一个指针变量的地址。当一个指针变量保存的是另一个指针变量的地址时，我们称该指针是指向指针的指针，或者叫二级指针。二级指针的定义和基本使用如下。

```c
#include <stdio.h>

int main(void)
{
    int a = 10;
    int *p = &a;
    int **pp = &p;
    printf("   a: %d\n", a);
    printf("  *p: %d\n", *p);
    printf("**pp: %d\n", **pp);
    puts("\n");

    printf(" &a: %p   a: %d\n", &a, a);
    printf(" &p: %p   p: %p\n", &p, p);
    printf("&pp: %p  pp: %p\n", &pp, pp);
    puts("\n");
    return 0;
}
```

程序的运行结果如下。

```
 a: 10
 *p: 10
**pp: 10

&a: 0xbfda6d30   a: 10
&p: 0xbfda6d34   p: 0xbfda6d30
&pp: 0xbfda6d38  pp: 0xbfda6d34
```

在上面的程序中，我们定义了一级指针变量 p 用来保存整型变量 a 的地址，接着又定义了一个二级指针变量 pp 用来保存指针变量 p 的地址。访问 a 变量所绑定的这块内存空间有以下三种方法。

● 通过变量名 a 直接访问。
● 通过一级指针 p 和间接访问运算符 * 间接访问。
● 通过二级指针 pp 和间接访问运算符 ** 间接访问。

变量 a、指针变量 p、二级指针变量 pp 在内存中的位置及指向关系如图 7-11 所示。

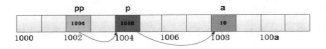

图 7-11　内存中的变量、指针和二级指针

一级指针已经很复杂、很难掌握了，再弄一个二级指针出来干什么？黑格尔曾经说过：存在即合理。二级指针既然存在，肯定自有其用处，尤其在一些一级指针解决不了问题的地方，例如：

● 修改指针变量的值。
● 指针数组传参。
● 操作二维数组。

7.11.1　修改指针变量的值

通过第 5 章堆栈内存管理的学习，我们已经从函数调用的底层汇编代码实现上清楚了：函数的参数传递是值传递，传递的是变量的副本，函数形参的改变并不会改变实参的值。如我们定义一个函数，想通过形参的变化来改变实参的值。

```
void change(int i)
{
    i++;
}
```

```
void change2(int *p)
{
    (*p)++;
    p++;
}
```

　　上面实现的两个函数中，change()函数无法通过形参来改变实参的值，因为形参和实参分别存储在内存的不同区域，形参保存的是实参的副本。唯一的好方法就是将指针作为参数，把实参的地址作为参数传递给 change2() 函数，然后在 change2()函数中直接通过地址对这块内存进行操作，就可以达到通过函数参数来改变变量值的目的。用 C 语言"行话"解释就是：函数的参数传递是值传递，函数的传参调用属于传值调用，我们传给函数形参的值其实只是实参变量的副本。在change2()函数中，我们把地址作为参数传递，一般称为传址调用。传址调用其实也属于传值调用，只不过传递的值是一个变量的地址而已。我们在 change2()函数中也是无法通过 p++ 操作改变实参的地址的，因为传给形参变量的地址其实也是实参变量的一个副本。

　　通过一级指针，我们可以修改一个普通变量的值。如果想修改一个指针变量的值，则可以通过二级指针来完成。

```
#include <stdio.h>

int a = 10;
int b = 20;

void change3(int **pp)
{
    *pp = &b;
}

int main(void)
{
    int *p = NULL;
    p = &a;
    printf("*p = %d\n", *p);
    change3(&p);
    printf("*p = %d\n", *p);
    return 0;
}
```

　　程序运行结果如下。

```
*p = 10
*p = 20
```

在上面的程序中，如果我们想通过 change3() 函数改变指针变量 p 的值，则只能将 change3() 函数的参数设计为二级指针形式，把指针变量的地址 &p 作为实参传递给函数，change3() 函数就可以根据 p 的内存地址来修改 p 的值了。

7.11.2　二维指针和指针数组

指针数组，顾名思义，本质上还是一个数组，只不过每个数组元素都是一个指针而已。当数组作为函数的参数时，对于一维数组来说，数组名会隐式转换为数组首元素的地址，即一级指针。当指针数组作为函数参数时，数组名也会隐式转换为首元素的地址，即指针的地址——二级指针。当数组作为函数参数时，其可以匹配的形参形式如图 7-12 所示。

实参	可以匹配的形参
int a [5]	f(int a[ ], int len) / f(int *p, int len)
int *a[5]	f(int *a[ ], int len) / f(int **p, int len)

图 7-12　数组实参与形参的匹配

接下来我们就编写一个测试程序，使用两种不同的形参格式实现两个函数，打印一个指针数组里的所有字符串。

```c
#include <stdio.h>

char *season[4] = {"Spring", "Summer", "Autumn", "Winter"};

void array_print(char *a[], int len)
{
    int i;
    for(i = 0; i < len; i++)
        printf("%s!\n", a[i]);
}

void array_print2(char **a, int len)
{
    int i;
    for(i = 0; i < len; i++)
        printf("%s!\n", a[i]);
}

int main(void)
{
    array_print(season, 4);
    puts("");
    array_print2(season, 4);
```

```
    return 0;
}
```

程序运行结果如下。

```
Spring!
Summer!
Autumn!
Winter!
Spring!
Summer!
Autumn!
Winter!
```

通过运行结果对比分析，我们可以看出，使用两种形参格式定义的函数都可以正确打印出指针数组里的所有字符串，指针数组和二级指针作为函数参数时，二者是等价的。其实我们 main() 函数的有参函数原型，也有两种写法，而且是等价的。

```
int main(int argc, char *argv[]);
int main(int argc, char **argv);
```

7.11.3　二级指针和二维数组

一维数组的数组元素类型为 int，我们称这个一维数组为整型数组；一维数组的数组元素类型为结构体，我们称这个数组为结构体数组。如果一维数组的数组元素还是一个数组，则我们不能称之为数组型数组，而一般称之为二维数组。

C 语言是把二维数组看成一个特殊的一维数组来处理的：每个元素都是一个一维数组。我们可以通过一级指针去操作一维数组，那么我们能不能通过二级指针去操作二维数组呢？

```
int  a[5] = {1, 2, 3, 4, 5};
int  *p = a;                        //p = &a[0]
int  b[3][5]={
    1, 2, 3, 4, 5,
    6, 7, 8, 9, 0,
    2, 2, 2, 2, 2
};
int  **pp = b;                      //p = &b[0]
```

上面代码中有两条赋值语句，第一条 p 赋值语句没有问题，指针 p 指向一维数组首元素的地址，数组元素的类型为 int，指针 p 的类型为 int*，两者是匹配的，程序编译正常。而第二句二级指针 pp 的赋值，编译器在编译时会发出警告：类型不兼容。

```
warning: initialization from incompatible pointer type [-Wincompatible-pointer-types]
 int **pp = b;
```

第二句的赋值语句等效为 pp = &b[0]，b[0] 代表什么呢？通过前面的学习我们已经知道，C 语言是把二维数组当成一维数组来处理的，二维数组 b[3][5]其实就是一个一维数组 b[3]，该一维数组中的每一个数组元素是一个长度为 5 的一维数组 int c[5]。看到这里，我们就已经知道了编译器发出警告的原因了：如果你想把数组名 b 直接赋值给指针变量 pp，那么指针变量的类型必须为 int (*p)[5] 这种类型。

```c
int b[3][5]={
    1, 2, 3, 4, 5,
    6, 7, 8, 9, 0,
    2, 2, 2, 2, 2
};

int main(void)
{
    int i,j;
    int (*p)[5];
    p = b;                          //&b[0]
    for(i = 0; i < 3; i++)
    {
        for(j = 0; j < 5; j++)
          printf("%d ", p[i][j]);
         puts("");
    }

    return 0;
}
```

程序运算结果如下。

```
1 2 3 4 5
6 7 8 9 0
2 2 2 2 2
```

如果你执意要使用二级指针来操作二维数组，那么可不可以呢？方法当然是有的，我们可以定义一个二级指针变量 pp，用来保存上面程序中指针变量 p 的值。

```c
#include <stdio.h>

int a[3][5]={
    1, 2, 3, 4, 5,
    6, 7, 8, 9, 0,
    2, 2, 2, 2, 2
};

int main(void)
{
```

```
    int i,j;
    int (*p)[5];
    p = a;                              //&a[0]
    int (**pp)[5];
    pp = &p;
    for(i = 0; i < 3; i++)
    {
        for(j = 0; j < 5; j++)
            printf("%d ", (*pp)[i][j]);
        printf("\n");
    }
    puts("");
    return 0;
}
```

程序运行结果如下。

```
1 2 3 4 5
6 7 8 9 0
2 2 2 2 2
```

如果你嫌二维指针访问数组太麻烦，也可以使用一级指针来访问二维数组。

```
#include <stdio.h>

int a[3][5] = {
    1, 2, 3, 4, 5,
    6, 7, 8, 9, 0,
    2, 2, 2, 2, 2
};

int main(void)
{
    int i, j;
    int (*p)[5];
    p = a;                          //&a[0]
    int *pt = a[0];                  //&a[0][0]
    for(i = 0; i < 3; i++)
    {
        for(j = 0; j < 5; j++)
            printf("%d ", *(pt+i*5+j));
        printf("\n");
    }
    puts("");
    return 0;
}
```

程序运行结果如下。

```
1 2 3 4 5
6 7 8 9 0
2 2 2 2 2
```

一级指针只能指向一个变量的地址，因此指针变量 pt 的赋值语句等价为 pt = &a[0][0]，pt+1 指向 a[0][1]，而不是 a[1][0]。因此我们通过 pt 指针访问二维数组时，要自己计算每一个元素在二维数组中的位置，如图 7-13 所示。

图 7-13　不同类型的数组指针运算

不同的指针类型执行自增操作时，实际偏移的地址是不一样的。在使用指针操作数组时，无论操作一维数组，还是二维数组，程序员都必须时刻记住的一点就是：你定义的指针类型不同，操作数组的方式也不同。牢记这点，并熟练掌握与指针相关的声明和运算符的优先级，才能够把指针用得得心应手。

一维数组作为函数的参数，可以匹配的函数形参有下面两种形式。

```
void array_print(int a[], int len);
void array_print(int *a, int len);
```

二维数组作为特殊的一维数组，如果作为函数的参数，则可以写成下面两种形式。如果把二维数组看成一个特殊的一维数组，你会发现其匹配的函数形参形式和一维数组是一样的，只不过数组元素的类型不同而已。

```
void array_print(int a[][5], int len);
void array_print(int(*a)[5], int len);
```

将二维数组作为参数，传递给 array_print()函数打印，观察对比两种函数声明下的运算结果，你会发现两者是等效的。

```
int a[3][5] = {
    1, 2, 3, 4, 5,
    6, 7, 8, 9, 0,
    2, 2, 2, 2, 2
};
```

```c
//void array_print(int a[][5],int len)
void array_print(int(*a)[5], int len)
{
    int i,j;
    for(i=0;i<len;i++)
    {
        for(j=0;j<5;j++)
            printf("%d ",a[i][j]);
        printf("\n");
    }
    puts("");
}

int main(void)
{
    array_print(a, 3); //&a[0]
    return 0;
}
```

最后，我们总结一下。当数组作为函数的参数时，其可以匹配的形参类型如图 7-14 所示。

实参	可以匹配的形参
int a [5]	f(int a[ ], int len) / f(int *p, int len)
int *a[5]	int **p / int *a[ ]
int (*p)[5]	int (*p)[5]
int a[4][5]	int (*p)[5]
int **p	int **p

图 7-14　数组作为实参时可以匹配的形参

7.12　函数指针

指针的类型主要分为 3 种：对象指针、函数指针和 void* 指针。前面几节主要分析了对象指针，这一节我们学习一下函数指针。

```c
#include <stdio.h>

int add(int a, int b)
{
    return a + b;
}

int main(void)
{
    int sum;
```

```
    int (*fp)(int, int);
    fp = add;
    sum = fp(1, 2);
    printf("sum=%d\n", sum);
    return 0;
}
```

上面的程序就是一个函数指针的使用示例。函数指针用来指向一个函数，一般我们会定义一个函数指针变量来保存函数的入口地址。

```
int func(void);        //函数定义声明
int (*fp)(void);       //定义一个函数指针，指向的函数类型为 int f(void)
fp = func;             //将函数 func 入口地址赋值给指针变量
(*fp)();               //通过函数指针调用函数
fp();                  //函数指针的简化使用形式
```

我们可以通过函数名 + 函数调用运算符 () 去调用一个函数。函数名的本质其实就是指向函数的指针常量，即函数的入口地址。在 fp = func; 语句中，函数名会通过隐式转换，转换成 fp = &func; 的形式。当我们通过指针调用函数时，(*fp)() 间接访问其实就等效为 fp() 表达式。无论是间接访问，还是多次间接访问，如下所示，它们的效果其实都是一样的，都等效为 fp()。

```
(***fp)();
(**fp)();
(*fp)();
fp();
```

是不是很奇怪？不要问为什么，想想我们前面对类型的定义：类型是什么？类型是一组数值集合和针对该数值操作的一组集合，不同的类型有不同的运算法则，如果我们还用对象指针的思维来分析函数指针，则肯定是不行的。

容易和函数指针弄混的，还有一个指针函数的概念。指针函数指函数的类型，即函数的返回值是一个指针，除此之外和普通函数无异，就不再赘述了。指针函数的声明方式如下。

```
int *func(int a, int b);
```

7.13 重新认识 void

分析完了对象指针和函数指针，我们接下来分析指针的另一种类型：void*指针。

void 关键字在 C 语言中被大量使用，大家对它既熟悉又陌生。熟悉在什么地方呢？我们几乎每天都可以看到它，已经习以为常了；陌生在什么地方呢？你真的了解 void 吗？void 其实也是一种类型，只不过它比较特殊：无数值，无运算。void 类型如图 7-15 所示。

void 经常用来修饰函数的返回类型，表明函数无返回值。void 作为函数的参数时，表明函数无参数。void*指针可以指向任意数据类型，任意类型指针可以直接赋值给 void*指针，不需要强制类型转换。正是因为这种特性，void*指针目前已经替代 char*指针正式成为 C 指针的通用指针。void*指针赋值给其他类型指针时，需要强制类型转换。任意类型的指针转换为 void*，再转换为原来的类型时，都不会发生数据丢失，值也不会发生改变。

类型分类			C语言类型
基本类型	算术类型	整型	char、short、int、long、long long
			_Bool
			enum
		浮点型	float、double、float _Complex…
	指针类型		type *p
组合类型	数组类型		type a[10]
	结构类型		struct
联合类型			union
void 类型			void、void *
函数类型			f( )

图 7-15　C 语言中的 void 类型

void*指针主要用来作为函数的参数，表示函数的参数可以是任意指针类型。当函数的返回类型为 void*时，返回的指针可以指向任意数据类型。C 标准库中很多函数原型中都使用了 void*指针。

```
void* malloc(size_t len);
void* memcpy (void *dest, const void *src, size_t len);
```

malloc()函数返回的指针类型为 void*，因此在将 malloc()函数返回的地址赋值给一个指针变量时，一般要做强制类型转换。

```
#include <stdio.h>
#include <stdlib.h>
#include <string.h>

void data_copy(void *dst, const void *src, size_t len)
{
    char *d = dst;
    const char *s = src;
    for(size_t i = 0; i < len; i++)
    {
        *d++ = *s++;
    }
}

int main(void)
{
    char a[10] = {1, 2, 3, 4, 5, 6, 7, 8, 9, 0};
    char *buf = (char *)malloc(10);          //强制类型转换
    memset(buf, 0, 10);
    data_copy(buf, a, 10);  //buf 实参，可直接赋值给 void*形参，无须转换
    for(int j = 0; j < 10; j++)
        printf("%d ", buf[j]);
```

```
    printf("\n");
    return 0;
}
```

void*作为一种指针类型，除了修饰函数原型，一般不参与具体的指针运算。我们不能使用间接访问运算符*访问 void*，不能对 void*做下标运算，但是在 GNU C 中可以做自增自减运算。

思考：空指针、void* 和 NULL 有何区别？有什么关系？

本章主要以数据存储为切入点，分析了不同类型的数据在内存中的存储和访问模式，并对 C 语言标准中的"类型"概念做了探讨，了解了不同的类型有不同的运算规则。有了这些基础之后，我们再从存储角度去分析指针，学习指针在内存中的存储和访问，以及指针和数组、结构体、函数等结合使用的方法和技巧，相信大家会对指针有新的认识和收获。

8

第 8 章
C 语言的面向对象编程思想

很多刚接触嵌入式 Linux 开发的朋友，在阅读 Linux 内核源码时往往感到很吃力。阅读 Linux 内核源码犹如在森林里探路，很多时候左拐右绕、兜兜转转就找不到方向了，迷失在森林里并逐渐迷失了自己：我是谁，我在哪里，我在干什么？我适合干这个吗？要不要提桶跑路，当骑手送外卖去？用当前抖音上流行的一句话就是：小朋友，你是不是有很多问号？

想要读懂 Linux 内核源码还是需要一定功力的。首先你的 C 语言基础一定要打牢，如结构体、指针、数组、函数指针、指针函数、数组指针、指针数组等，如果这些基础知识点你还要偷偷去翻书或者搜索，则说明得好好补一补基础了。另外，C 语言的一些 GNU C 扩展语法等也要熟悉，否则在阅读 Linux 内核源码时就会遇到各种语法障碍。其次，一些常用的数据结构要掌握，如链表、队列等。Linux 内核中使用大量的动态链表和队列来维护各种设备，管理各种事件，不掌握这些数据的动态变化就可能在跟踪源码时遇到障碍。最后，要理解 Linux 内核中大量使用的面向对象编程思想。面对千万行代码级的超大型工程，如果再按照以前的函数调用流程和数据流程去分析 Linux 内核，往往会让人感到捉襟见肘、力不从心，很容易一叶障目，迷失在森林深处。Linux 内核虽然是使用 C 语言编写的，但处处蕴含着面向对象的设计思想。以 OOP 为切入点去分析内核，从代码复用的角度可以帮助我们从一个盘根错节的复杂系统中勾勒出一个全局的框架，确保我们再次深入森林探险时能够手握地图，不再迷路。

提起面向对象编程，大家脑海中可能会不自觉地想起：C++、Java……其实 C 语言也可以实现面向对象编程。面向对象编程是一种编程思想，和使用的语言工具是没有关系的，只不过有些语言更适合面向对象编程而已。如 C++、Java 新增了 class 关键字，就是为了更好地支持面向对象编程，通过类的封装和继承机制，可以更好地实现代码复用。使用 C 语言我们同样可以实现面向对象编程，本章将会为大家介绍 Linux 内核中是如何使用 C 语言实现面向对象编程思想的。

8.1 代码复用与分层思想

什么是代码复用呢？我们在编程过程中，无时无刻不在运用代码复用的思想：我们定义一个函数实现某个功能，然后所有的程序都可以调用这个函数，不用自己再单独实现一遍，这就是函数级的代码复用；我们将一些通用的函数打包封装成库，并引出 API 供程序调用，就实现了库级的代码复用；我们将一些类似的应用程序抽象成应用骨架，然后进一步慢慢迭代成框架，如 MVC、GUI 系统、Django 等，就实现了框架级的代码复用；如果从代码复用的角度看操作系统，你会发现操作系统其实也是对任务调度、任务间通信的功能实现，并引出 API 供应用程序调用，相当于实现了操作系统级的代码复用。

我们通常将要复用的具有某种特定功能的代码封装成一个模块，各个模块之间相互独立，使用的时候可以以模块为单位集成到系统中。随着系统越来越复杂，集成的模块越来越多，模块之间有时候也会产生依赖关系。为了便于系统的管理和维护，又开始出现分层思想，如图 8-1 所示，我们可以把一个计算机系统分为应用层、系统层、硬件层。

不仅在整个计算机系统中存在分层，在一个操作系统内部也存在各种分层。如 Android 操作系统，如图 8-2 所示，就分为应用层、Framework 层、库、Linux 内核等。

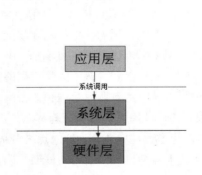

图 8-1 计算机系统的层次划分   图 8-2 Android 操作系统的层次划分

在 Linux 内核中，又往往包含很多模块和子系统，如文件系统、内存管理子系统、进程调度、input 输入子系统等。每一个模块或子系统在实现过程中，也处处包含着分层的思想。如 Linux 文件系统，就包括虚拟文件系统 VFS 和各种类型的文件系统 Ext、Fat、NFS 等。如图 8-3 所示，底层的磁盘、文件系统、虚拟文件系统及应用层的 API 读写接口也可以实现分层。

　　甚至在一个小小的驱动模块中，你也可以看到无处不在的分层思想。以 USB 子系统为例，如图 8-4 所示，从底层到上层可以依次分为底层硬件、控制器驱动层、USB core 核心层、各个 USB class 驱动层。

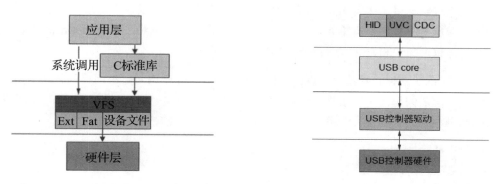

　　图 8-3　Linux 存储子系统的层次划分　　　　　图 8-4　USB 子系统的层次划分

　　一个系统通过分层设计，各层实现各自的功能，各层之间通过接口通信。每一层都是对其下面一层的封装，并留出 API，为上一层提供服务，实现代码复用。使用分层有很多好处，软件分层不仅实现了代码复用，避免了重复造轮子，同时会使软件的层次结构更加清晰，更加易于管理和维护。各层之间统一的接口，可以适配不同的平台和设备，提高了软件的跨平台和兼容性。接口也不是固定不变的，我们也可以根据需要通过接口来实现功能扩展。

　　如何实现代码复用和软件分层呢？使用面向对象编程思想是其中的一个方法。利用面向对象的封装、继承、多态等特性，通过接口、类的封装，就可以实现代码复用和软件分层。

8.2　面向对象编程基础

　　考虑到很多嵌入式工程师都是具有电子、自动化、机械等非计算机专业背景的，可能对面向对象编程思想不是很了解，所以在讲解 C 语言的面向对象编程之前，我们先以 C++为例为大家科普面向对象的一些基本概念和编程思想。先把基础打好，后续的学习才会更加顺利，学习效果才会更好。

8.2.1　什么是 OOP

面向对象编程（Object Oriented Programming，OOP）是和面向过程编程（Procedure Oriented Programming，POP）相对应的一种编程思想。

对于面向过程编程，学习过 C 语言的朋友估计已经很熟悉了。函数是程序的基本单元，我们可以把一个问题分解成多个步骤来解决，每一步或每一个功能都可以使用函数来实现。而在面向对象编程中，对象是程序的基本单元，对象是类的实例化，类则是对客观事物抽象而成的一种数据类型，其内部包括属性和方法（即数据成员和函数实现）。

POP 和 OOP 除了在语言语法上实现的不同，更大的区别在于两者解决问题的思路不同：面向过程编程侧重于解决问题的步骤过程，一般适用于简单功能的实现场合。如要完成一件事情：把大象放到冰箱里，我们可以分为三步。

- 打开冰箱门。
- 把大象放到冰箱里。
- 关上冰箱门。

每一步我们都可以使用一个函数完成特定的功能，然后在主程序中分别调用即可。而面向对象编程则侧重于将问题抽象、封装成一个个类，然后通过继承来实现代码复用，面向对象编程一般用于复杂系统的软件分层和架构设计。我们也可以把面向对象编程作为工具，去分析各种复杂的大型项目，如在 Linux 内核中就处处蕴含着面向对象编程思想。对于 Linux 内核众多的模块、复杂的子系统，如果我们还从 C 语言的角度，用面向过程编程思想去分析一个驱动和子系统，无非就是各种注册、初始化、打开、关闭、读写流程，系统稍微变得复杂一点，往往就感到力不从心。而使用面向对象编程思想，我们可以从代码复用、软件分层的角度去分析，更加容易掌握整个软件的架构和层次设计。

关于 OOP，还需要注意的是：面向对象编程思想与具体的编程语言无关。C++、Java 实现了类机制，增加了 class 关键字，可以更好地支持面向对象编程，但 C 语言同样可以通过结构体、函数指针来实现面向对象编程思想。

8.2.2　类的封装与实例化

C++比 C 语言新增了一个 class 关键字，用来支持类的实现机制。我们可以对现实存在的各种事物进行抽象，把它封装成一种数据类型——类。无论是鸡鸭牛羊，还是飞禽走兽，它们之间肯定有共同点，如都是动物，都要吃东西和睡觉，都会叫，都有年龄和体重。我们可以把这些共同的东西进行抽象，然后封装成一个类：Animal。

```cpp
//Animal.cpp
#include <iostream>
using namespace std;

class Animal
{
    public:
        int age;
        int weight;
        Animal();
        ~Animal()
        {
            cout<<"~Animal()..."<<endl;
        }
        void speak(void)
        {
            cout<<"Animal speaking..."<<endl;
        }
};

Animal::Animal(void)
{
    cout<<"Animal()..."<<endl;
}

int main(void)
{
    Animal animal;
    animal.age = 1;
    cout<<"animal.age = "<<animal.age<<endl;
    animal.speak();
    return 0;
}
```

编译程序并运行。

```
#g++ Animal.cpp -o a.out
#./a.out
 Animal()...
 animal.age = 1
 Animal speaking...
 ~Animal()...
```

　　一个类中，主要包括两种基本成员：属性和方法。在我们实现的 Animal 类中，年龄、体重这些成员变量一般被称为类的属性，而类的成员函数如 speak()，就是类的方法。除此之外，每个类中还包括和类同名的构造函数和析构函数，当我们使用类去实例化一个对象或销毁一个对象时，会分别调用类的构造函数或析构函数。类的成员函数可以直接在类内部定义，也可以先在类内部声明，然后在类的外部定义，在外部定义时要使用类成员运算符 :: 指定该成员函数属于哪个类。

类的本质其实就是一种数据类型，与 C 语言的结构体类似，唯一不同的地方是类的内部可以包含类的方法，即成员函数；而结构体内部只能是数据成员，不能包含函数。一个类定义好后，我们就可以使用这个类去实例化一个对象（其实就类似 C 语言中的使用某种数据类型定义一个变量），然后就可以直接操作该对象了：为该对象的属性赋值，或者调用该对象中的方法。

8.2.3　继承与多态

我们对自然界的相似事物进行抽象，封装成一个类，目的就是为了继承，通过继承来实现代码复用。上面封装的 Animal 类抽象过于笼统，因为在现实世界中，各种动物千差万别：有会飞的，有会游泳的；有食肉动物，也有食草动物。同样是叫，不同的动物叫声也不一样：小猫喵喵、小狗汪汪。我们可以把类再细分一些：针对某种具体的动物，如猫，抽象成 Cat 类。猫也属于动物，如果在 Cat 类中重复定义动物的各种属性，就达不到代码复用的目的了，此时我们可以通过类的继承机制，让 Cat 类去继承原先 Animal 类的属性和方法。

```cpp
//Cat.cpp
#include <iostream>
using namespace std;

class Animal
{
    public:
        int age;
        int weight;
        Animal();
        ~Animal()
        {
            cout<<"~Animal()..."<<endl;
        }
        void speak(void)
        {
            cout<<"Animal speaking..."<<endl;
        }
};

Animal::Animal(void)
{
    cout<<"Animal()..."<<endl;
}
```

```
class Cat : public Animal
{
    public:
        char sex;
        Cat(void){cout<<"Cat()..."<<endl;}
        ~Cat(void){cout<<"~Cat()..."<<endl;}
        void speak()
        {
            cout<<"cat speaking...miaomiao"<<endl;
        }
        void eat(void)
        {
            cout<<"cat eating..."<<endl;
        }
};

int main(void)
{
    Cat cat;
    cat.age = 2;
    cat.sex = 'F';
    cout<<"cat.age:"<<cat.age<<endl;
    cout<<"cat.sex:"<<cat.sex<<endl;
    cat.speak();
    cat.eat();
}
```

编译程序并运行。

```
#g++ cat.cpp -o a.out
#./a.out
  Animal()...
  Cat()...
  cat.age:2
  cat.sex:F
  cat speaking...miaomiao
  cat eating...
  ~Cat()...
  ~Animal()...
```

在上面的 C++代码中，我们在定义 Cat 类过程中，继承了 Animal 类中的一些属性和方法。我们一般称 Animal 类为父类或基类，而 Cat 类一般被称为子类。通过继承机制，子类不仅可以直接复用父类中定义的属性和方法，还可以在父类的基础上，扩展自己的属性和方法，如我们新增加的 sex 属性和 eat()方法。

不同的动物，叫声也不一样。在 Cat 子类中，我们重新定义了 speak()方法，像这种在继承过程中，子类重新定义父类的方法一般被称为多态。一个接口多种实现，在不同的子类中有不同的实现，通过函数的重载和覆盖，既实现了代码复用，又保持了实现的多样性。

8.2.4 虚函数与纯虚函数

不同的动物有不同的叫声，在上面的 Animal 类中，speak()函数即使实现了也没有什么意义，因为不同的子类在继承 Animal 类的过程中一般都会重新定义这个函数。像 speak()这种可实现也可不实现的成员函数，我们可以使用 virtual 关键字修饰，使用 virtual 修饰的成员函数被称为虚函数。虚函数一般用来实现多态，允许使用父类指针来调用子类的继承函数。

```cpp
//virtual.cpp
#include <iostream>
using namespace std;

class Animal
{
    public:
        int age;
        int weight;
        Animal(void);
        ~Animal(void)
        {
            cout<<"~Animal()..."<<endl;
        }
        virtual void speak()
        {
            cout<<"Animal speaking..."<<endl;
        }

};

Animal::Animal(void)
{
    cout<<"Animal()..."<<endl;
}

class Cat:public Animal
{
    public:
        char sex;
        Cat(void){cout<<"Cat()..."<<endl;}
        ~Cat(void){cout<<"~Cat()..."<<endl;}
        void speak()
```

```
        {
            cout<<"cat speaking...miaomiao"<<endl;
        }
        void eat(void)
        {
            cout<<"cat eating..."<<endl;
        }
};

int main(void)
{
    Cat cat;
    Animal *p = &cat;
    p->speak();
    cat.speak();
}
```

程序运行结果如下。

```
Animal()...
Cat()...
cat speaking...miaomiao
cat speaking...miaomiao
~Cat()...
~Animal()...
```

　　我们在基类 Animal 中使用 virtual 关键字定义了虚函数 speak()，子类 Cat 通过重新定义这个 speak() 实现了函数覆盖。在 main()函数中，我们定义了一个基类指针 p 指向 Cat 类的实例化对象 cat，然后就可以通过这个基类指针去调用子类中实现的 speak()方法来实现多态。

　　和虚函数类似的还有一个叫作纯虚函数的概念。纯虚函数的要求比虚函数更严格一些，它在基类中不实现，但是子类继承后必须实现。含有纯虚函数的类被称为抽象类，如 Animal 类。如果在类中删除 speak()方法的实现，那么我们就可以把它看作一个抽象类，你不能使用 Animal 类去实例化一种叫作"animal"的实例对象。

8.3　Linux 内核中的 OOP 思想：封装

　　Linux 内核虽然是使用 C 语言实现的，但是内核中的很多子系统、模块在实现过程中处处体现了面向对象编程思想。同理，我们在分析 Linux 内核驱动模块或子系统过程中，如果能学会使用面向对象编程思想去分析，就可以将错综复杂的模块关系条理化、复杂的问题简单化。使用面向对象编程思想去分析内核是一个值得尝试的新方法，但前提是，我们要掌握 Linux 内核中是如何用 C 语言来实现面向对象编程思想的。

8.3.1　类的 C 语言模拟实现

C++语言可以使用 class 关键字定义一个类，C 语言中没有 class 关键字，但是我们可以使用结构体来模拟一个类，C++ 类中的属性类似结构体的各个成员。虽然结构体内部不能像类一样可以直接定义函数，但我们可以通过在结构体中内嵌函数指针来模拟类中的方法。如上面 C++代码中定义的 Animal 类，我们也可以使用一个结构体来表示。

```c
struct animal
{
    int age;
    int weight;
    void (*fp)(void);
};
```

如果一个结构体中需要内嵌多个函数指针，则我们可以把这些函数指针进一步封装到一个结构体内。

```c
struct func_operations
{
    void (*fp1)(void);
    void (*fp2)(void);
    void (*fp3)(void);
    void (*fp4)(void);
}

struct animal
{
    int age;
    int weight;
    struct func_operations fp;
};
```

通过以上封装，我们就可以把一个类的属性和方法都封装在一个结构体里了。封装后的结构体此时就相当于一个"类"，子类如果想使用该类的属性和方法，该如何继承呢？

```c
struct cat
{
    struct animal *p;
    struct animal ani;
    char sex;
    void (*eat)(void);
};
```

　　C 语言可以通过在结构体中内嵌另一个结构体或结构体指针来模拟类的继承。如上所示，我们在结构体类型 cat 里内嵌结构体类型 animal，此时结构体 cat 就相当于模拟了一个子类 cat，而结构体 animal 相当于一个父类。通过这种内嵌方式，子类就"继承"了父类的属性和方法。我们写一个测试程序，代码如下。

```c
//cat.c
#include <stdio.h>

void speak(void)
{
    printf("animal speaking...\n");
}

struct func_operations{
    void (*fp1)(void);
    void (*fp2)(void);
    void (*fp3)(void);
    void (*fp4)(void);
};

struct animal{
    int age;
    int weight;
    struct func_operations fp;
};

struct cat{
    struct animal *p;
    struct animal ani;
    char sex;
};

int main(void)
{
    struct animal ani;
    ani.age = 1;
    ani.weight = 2;
    ani.fp.fp1 = speak;
    printf("%d %d\n",ani.age, ani.weight);
    ani.fp.fp1();

    struct cat c;
    c.p = &ani;
    c.p->fp.fp1();
    printf("%d %d\n",c.p->age, c.p->weight);
```

```
    return 0;
}
```

程序运行结果如下。

```
1 2
animal speaking...
animal speaking...
1 2
```

我们使用结构类型定义一个变量，模拟使用类来实例化一个对象。为了实现继承，我们需要宽松面向对象编程中的关于"继承"的定义：在 C 语言中，内嵌结构体或内嵌指向结构体的指针，都可以看作对"继承"的模拟。在上面的测试代码中，结构体类型 cat 中的指针变量 p 指向了 animal 结构体，然后就可以通过 p 去使用结构体类型 animal 中的属性和方法来模拟类的继承。

8.3.2　链表的抽象与封装

链表是我们在编程中经常使用的一种动态数据结构。一个链表（list）由不同的链表节点（node）组成，一个链表节点往往包含两部分内容：数据域和指针域。

```
struct list_node
{
    int data;
    struct list_node*next;
    struct list_node*prev;
};
```

数据域用来存储各个节点的值，而指针域则用来指向链表的上一个或下一个节点，各个节点通过指针域链成一个链表。在实际编程中，根据业务需求，不同的链表节点可能会封装不同的数据域，构成不同的数据格式，进而连成不同的链表。

不同的链表虽然数据域不同，但是基本的操作都是相同的：都是通过节点的指针域去添加一个节点或删除一个节点。Linux 内核中为了实现对链表操作的代码复用，定义了一个通用的链表及相关操作。

```
struct list_head
{
    struct list_head *next, *prev;
};

void INIT_LIST_HEAD(struct list_head *list);
int  list_empty(const struct list_head *head);
void list_add(struct list_head *new, struct list_head *head);
void list_del(struct list_head *entry);
```

```
void list_replace(struct list_head *old, struct list_head *new);
void list_move(struct list_head *list, struct list_head *head);
```

我们可以将结构类型 list_head 及相关的操作看成一个基类，其他子类如果想继承子类的属性和方法，直接将 list_head 内嵌到自己的结构体内即可。如我们想定义一个链表 my_list，如果你想复用 Linux 内核中的通用链表及相关操作，就可以通过内嵌结构体来"继承"list_head 的属性和方法。

```
struct my_list_node
{
    int data;
    struct list_head list;
};
```

8.3.3　设备管理模型

在 Windows 系统下，有一个设备管理器工具。选中"我的电脑"或"计算机"，单击右键，在弹出的右键菜单中有一个"设备管理器"选项，点击后会弹出一个"计算机管理"的界面，如图 8-5 所示。

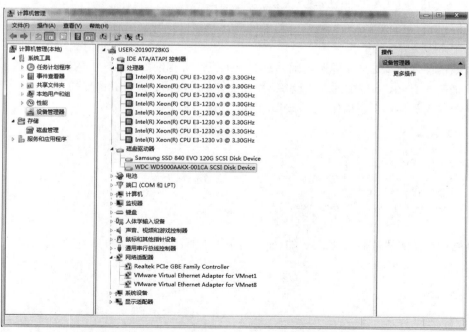

图 8-5　Windows 系统下的计算机管理

　　设备管理器使用一个树状的结构，将计算机中所有的硬件设备信息进行分类，并显示出来。在 Linux 操作系统下，也有类似"设备管理器"的概念，只不过不是以界面的形式显示罢了。Linux 使用 sysfs 文件系统来显示设备的信息，在/sys 目录下，你会看到有 devices 的目录，在 devices 目录下还有很多分类，然后在各个分类目录下就是 Linux 系统下各个具体硬件设备的信息。

　　Linux 是如何管理和维护这些设备的信息的呢？这得从 Linux 的设备管理模型说起。Linux 内核中定义了一个非常重要的结构体类型。

```
struct kobject
{
    const  char        *name;
    struct list_head    entry;
    struct kobject      *parent;
    struct kset         *kset;
    struct kobj_type    *ktype;
    struct kernfs_node  *sd;
    struct kref         kref;
    unsigned int state_initialized:1;
    unsigned int state_in_sysfs:1;
    unsigned int state_add_uevent_sent:1;
    unsigned int state_remove_uevent_sent:1;
    unsigned int uevent_suppress:1;
};
```

　　这个结构体为什么这么重要呢，因为它构成了我们所有设备在系统中的树结构雏形：kobject 结构体用来表示 Linux 系统中的一个设备，相同类型的 kobject 通过其内嵌的 list_head 链成一个链表，然后使用另外一个结构体 kset 来指向和管理这个列表。

```
struct kset
{
    struct list_head     list;
    spinlock_t           list_lock;
    struct kobject       kobj;
    struct kset_uevent_ops *uevent_ops;
};
```

　　kset 结构体其实就是你在 Linux 的 /sys 目录下看到的不同设备的分类目录。

```
#cd /sys
#tree -L 1
├── block
├── bus
├── class
├── dev
├── devices
```

```
├── firmware
├── fs
├── hypervisor
├── kernel
├── module
└── power
```

　　在这个目录下面的每一个子目录，其实都是相同类型的 kobject 集合。然后不同的 kset 组织成树状层次的结构，就构成了 sysfs 子系统。Linux 内核中各个设备的组织信息就可以通过 sysfs 子系统在用户态（/sys 目录）显示出来，用户就可以通过这个接口来查看系统的设备管理信息了。

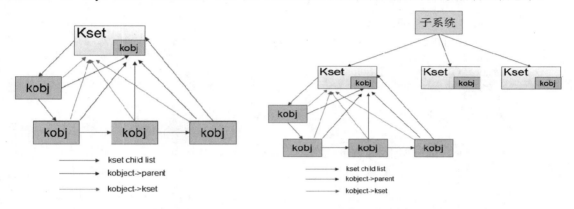

图 8-6　kobj 和 kset 的组织关系　　　　图 8-7　Linux 子系统中的 kobj、kset 组织关系

　　结构体 kobject 也定义了很多方法，用来支持设备热插拔等事件的管理。当用户插入一个设备或拔出一个设备时，系统中的设备信息也会随之发生更新。在结构体 kobject 中内嵌了一个 kobj_type 结构体，该结构体内封装了很多关于设备插拔、添加、删除的方法。

```
struct kobj_type
{
    void (*release)(struct kobject *kobj);
    const struct sysfs_ops  *sysfs_ops;
    struct attribute    **default_attrs;
    const struct kobj_ns_type_operations *(*child_ns_type)
    (struct kobject *kobj);
    const void *(*namespace)(struct kobject *kobj);
};


kobject_add();
kobject_del();
```

　　以上就是 Linux 设备管理模型中比较重要的一些结构体和对应的函数操作集。Linux 系统中不同类型的设备，如字符设备、块设备、USB 设备、网卡设备的插拔、注册、注销管理其实都是通过这些函数接口进行维护的。唯一的不同就是，不同的设备在各自的 xx_register() 注册函数中对 kobject_add() 做了不同程度的封装而已。

如果我们使用面向对象编程的思维来分析，我们就可以把设备管理模型中定义的这些结构体类型和函数操作集，看成一个基类。其他字符设备、块设备、USB 设备都是它的子类，这些子类通过继承 kobject 基类的 kobject_add() 和 kobject_del 方法来完成各自设备的注册和注销。以字符设备为例，我们可以看到字符设备结构体 cdev 在内核中的定义。

```
struct cdev
{
    struct  kobject      kobj;        //内嵌 kobject 结构体
    struct  module       *owner;
    const struct file_operations *ops;
    struct  list_head    list;
    dev_t                dev;
    unsigned int         count;
};
```

在结构类型 cdev 中，我们通过内嵌结构体 kobject 来模拟对基类 kobject 的继承，字符设备的注册与注销，都可以通过继承基类的 kobject_add() / kobject_del()方法来完成。与此同时，字符设备在继承基类的基础上，也完成了自己的扩展：实现了自己的 read/write/open/close 接口，并把这些接口以函数指针的形式封装在结构体 file_operations 中。

```
struct file_operations {
    struct module *owner;
    loff_t  (*llseek) (struct file *, loff_t, int);
    ssize_t (*read)   (struct file *, char __user *, size_t, loff_t *);
    ssize_t (*write) (struct file *, const char __user *, size_t, loff_t *);
    ssize_t (*read_iter) (struct kiocb *, struct iov_iter *);
    ssize_t (*write_iter) (struct kiocb *, struct iov_iter *);
    int     (*iterate) (struct file *, struct dir_context *);
    unsigned int (*poll) (struct file *, struct poll_table_struct *);
    long (*unlocked_ioctl) (struct file *, unsigned int, unsigned long);
    long (*compat_ioctl) (struct file *, unsigned int, unsigned long);
    int (*mmap) (struct file *, struct vm_area_struct *);
    int (*open) (struct inode *, struct file *);
    int (*flush) (struct file *, fl_owner_t id);
    int (*release) (struct inode *, struct file *);
    int (*fsync) (struct file *, loff_t, loff_t, int datasync);
    int (*aio_fsync) (struct kiocb *, int datasync);
    int (*fasync) (int, struct file *, int);
    int (*lock) (struct file *, int, struct file_lock *);
    ...
```

```
};
```

　　不同的字符设备，会根据自己的硬件逻辑实现各自的 read()、write()函数，并注册到系统中。当用户程序读写这些字符设备时，通过这些接口，就可以找到对应设备的读写函数，对字符设备进行打开、读写、关闭等各种操作。

8.3.4　总线设备模型

　　在 Linux 系统中，每一个设备都要有一个对应的驱动程序，否则就无法对这个设备进行读写。Linux 系统中每一个字符设备，都有与其对应的字符设备驱动程序；每一个块设备，都有对应的块设备驱动程序。而对于一些总线型的设备，如鼠标、键盘、U 盘等 USB 设备，设备通信是按照 USB 标准协议进行的。Linux 系统为了实现最大化的驱动代码复用，设计了设备-总线-驱动模型：用总线提供的一些方法来管理设备的插拔信息，所有的设备都挂到总线上，总线会根据设备的类型选择合适的驱动与之匹配。通过这种设计，相同类型的设备可以共享同一个总线驱动，实现了驱动级的代码复用。

　　与总线设备模型相关的 3 个结构体分别为 device、bus、driver，其实它们也可以看成基类 kobject 的子类。以 device 为例，其结构体定义如下。

```
struct device
{
    struct device           *parent;
    struct device_private        *p;
    struct kobject          kobj;        //内嵌 kobject 结构体
    const struct device_type    *type;
    struct bus_type         *bus;
    struct device_driver        *driver;
    void            *platform_data;
    void            *driver_data;
    dev_t           devt;
     u32            id;
    struct klist_node       knode_class;
    struct class        *class;
    void (*release)(struct device *dev);
};
```

　　与字符设备 cdev 类似，在结构体类型 device 的定义里，也通过内嵌 kobject 结构体来完成对基类 kobject 的继承。但其与字符设备不同之处在于，device 结构体内部还内嵌了 bus_type 和 device_driver，用来表示其挂载的总线和与其匹配的设备驱动。

　　device 结构体可以看成一个抽象类，我们无法使用它去创建一个具体的设备。其他具体的总线型设备，如 USB 设备、I2C 设备等可以通过内嵌 device 结构体来完成对 device 类属性和方法的继承。

```
struct usb_device
{
    int             devnum;
    char            devpath[16];
    u32             route;
    enum usb_device_state    state;
    enum usb_device_speed    speed;
    struct usb_tt   *tt;
    int             ttport;
    unsigned int    toggle[2];
    struct usb_device *parent;
    struct usb_bus  *bus;
    struct usb_host_endpoint ep0;
    struct device   dev;            //内嵌 device 结构体
    …
}
```

各种不同类型的 USB 设备，如 USB 串口、USB 网卡、鼠标、键盘等，都可以按照上面的套路，继续一级一级地继承下去。以 USB 网卡为例，其结构体类型为 usbnet。

```
struct usbnet {
    /* housekeeping */
    struct usb_device *udev;        //内嵌 usb_device 结构体或指针
    struct usb_interface    *intf;
    struct driver_info *driver_info;
    const char      *driver_name;
    void            *driver_priv;
    wait_queue_head_t wait;
    struct mutex    phy_mutex;
    unsigned        can_dma_sg:1;
    unsigned        in, out;
    struct net_device *net;         //内嵌 net_device 结构体或指针
    struct usb_host_endpoint *status;
    unsigned        maxpacket;
    struct mii_if_info mii;
    …
}
```

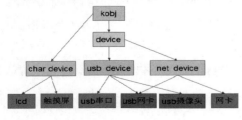

图 8-8　不同设备的结构体封装

USB 网卡比较特殊，虽然它实现了网卡的功能，但是其底层通信是 USB 协议，底层接口是 USB 接口，而不是普通的以太网接口，所以这里涉及多重继承的问题。USB 网卡是一个子类，usb_device 和 net_device 都是它的基类。

　　面对 Linux 内核中一层又一层的结构体嵌套，面对长长的结构体定义，如果我们仍旧使用面向过程的思维去分析，很快你就被其错综复杂的数据结构和多层嵌套关系（大于 3 层）搞得晕头转向。当我们使用面向对象的思维重新去分析时，会发现整个局面开始变得豁然开朗，整个系统层次变得清晰。它们之间就是单纯的继承关系，子类继承基类的各种属性和方法，然后完成各自设备的注册、注销、热插拔，不同的设备再根据自己的特性和需要去扩展各自的属性和方法。

8.4　Linux 内核中的 OOP 思想：继承

　　在面向对象编程中，封装和继承其实是不分开的：封装就是为了更好地继承。我们将几个类共同的一些属性和方法抽取出来，封装成一个类，就是为了通过继承最大化地实现代码复用。通过继承，子类可以直接使用父类中的属性和方法。

　　C 语言有多种方式来模拟类的继承。上一节主要通过内嵌结构体或结构体指针来模拟继承，这种方法一般适用于一级继承，父类和子类差异不大的场合，通过结构体封装，子类将父类嵌在自身结构体内部，然后子类在父类的基础上扩展自己的属性和方法，子类对象可以自由地引用父类的属性和方法。

8.4.1　继承与私有指针

　　为了更好地使用 OOP 思想理解内核源码，我们可以把继承的概念定义得更宽松一点，除了内嵌结构体，C 语言还可以有其他方法来模拟类的继承，如通过私有指针。我们可以把使用结构体类型定义各个不同的结构体变量，也可以看作继承，各个结构体变量就是子类，然后各个子类通过私有指针扩展各自的属性或方法。

　　这种继承方法主要适用于父类和子类差别不大的场合。如 Linux 内核中的网卡设备，不同厂家的网卡、不同速度的网卡，以及相同厂家不同品牌的网卡，它们的读写操作基本上都是一样的，都通过标准的网络协议传输数据，唯一不同的就是不同网卡之间存在一些差异，如 I/O 寄存器、I/O 内存地址、中断号等硬件资源不相同。

　　遇到这些设备，我们完全不必给每个类型的网卡都实现一个结构体。我们可以将各个网卡一些相同的属性抽取出来，构建一个通用的结构体 net_device，然后通过一个私有指针，指向每个网卡各自不同的属性和方法，通过这种设计可以最大程度地实现代码复用。如 Linux 内核中的 net_device 结构体。

```
//bfin_can.c

struct bfin_can_priv *priv = netdev_priv(dev);

struct net_device {
    char name[IFNAMSIZ];
    const struct net_device_ops   *netdev_ops;
    const struct ethtool_ops      *ethtool_ops;
    void *ml_priv;          /* mid-layer private */
    struct device dev;
};
```

在 net_device 结构体定义中，我们可以看到一个私有指针成员变量：ml_priv。当我们使用该结构体类型定义不同的变量来表示不同型号的网卡设备时，这个私有指针就会指向各个网卡自身扩展的一些属性。如在 bfin_can.c 文件中，bfin_can 这种类型的网卡自定义了一个结构体，用来保存自己的 I/O 内存地址、接收中断号、发送中断号等。

```
struct  bfin_can_priv {
    struct   can_priv      can;
    struct   net_device    *dev;
    void     __iomem       *membase;
    int      rx_irq;
    int      tx_irq;
    int      err_irq;
    unsigned short         *pin_list;
};
```

每个使用 net_device 类型定义的结构体变量，都可以被看作是基类 net_device 的一个子类，各个子类可以通过自定义的结构体类型（如 bfin_can_priv）在父类的基础上扩展自己的属性或方法，然后将结构体变量中的私有指针 ml_priv 指向它们即可。

8.4.2 继承与抽象类

含有纯虚函数的类，我们一般称之为抽象类。抽象类不能被实例化，实例化也没有意义，如 animal 类，它只能被子类继承。

抽象类的作用，主要就是实现分层：实现抽象层。当父类和子类之间的差别太大时，很难通过继承来实现代码复用，如生物类和狗类，我们可以在它们之间添加一个 animal 抽象类。抽象类主要用来管理父类和子类的继承关系，通过分层来提高代码的复用性。如上面设备模型中的 device 类，位于 kobj 类和 usb_device 类之间，通过分层，可以更好地实现代码复用。

8.4.3　继承与接口

通过继承，子类可以复用父类的属性和方法，但是也会带来一些问题，如图 8-9 所示的多路继承关系。

在上面的继承关系中，B 和 C 作为基类 A 的子类，分别继承了 A 的属性和方法，这是没有问题的。但是 D 又分别以 B 和 C 为父类进行多路继承，因为 B 和 C 都继承于 A，所以这就可能带来冲突问题，这种问题一般被称为多继承（钻石继承）问题。为了避免这个问题，Java、C#干脆就不支持多重继承，而是通过接口的形式来实现多重继承。

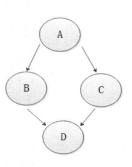

图 8-9　多路继承关系

什么是接口呢？一个类支持的行为和方法就是接口。一个类封装好以后，留出 API 函数供别的对象使用，这些 API 就是接口。不同的对象之间可以通过接口进行通信，而不需要关心各自内部的实现，只要接口不变，内部实现即使改变了也不会影响接口的使用。接口就像山地车的手刹一样，无论是油刹还是碟刹，对于骑手来说都不需要关心，骑手关心的是通过控制手刹这个接口，自行车可以停就行。

接口与抽象类相比，两者有很多相似的地方。如两者都不能实例化对象，都是为了实现多态。不同点在于接口是对一些方法的封装，在类中不允许有数据成员，而抽象类中则允许有数据成员存在。除此之外，抽象类一般被子类继承，而接口一般要被类实现。

我们可以把接口看作一个退化了的多重继承。接口简化了继承关系，解决了多重继承的冲突，可以将两个不相关的类建立关联。

在图 8-10 所示的继承关系中，动物类、植物类都可以看作抽象类。先分析植物这个抽象类，这个类中包含光合作用这个方法，花类和树类分别继承了植物类，并分别扩展了各自的方法：开花、结果。当我们想通过多重继承实现一个桃树类时，此时就可能产生冲突了：花类和树类都继承了抽象类植物的光合作用方法，并分别实现了定义，那么当桃树类想使用光合作用这个方法时该使用哪一个呢？此时，我们可以改变继承方式：改多重继承为单继承，另一个继承使用接口代替，这样冲突就解决了。

我们再来分析动物类。狗属于动物，因此可以通过继承动物类，来复用动物的吃、喝、睡、叫等方法。有些狗还会看门，具有保安的行为和方法，但是我们不能把保安当作狗类的一个父类，因为两者差距实在太大了，关联性不大，此时我们应该考虑通过接口实现。通过接口，我们就将两个不相关的类：保安和狗建立了关联，狗类可以直接调用保安类封装的一些接口，如图 8-10 所示。

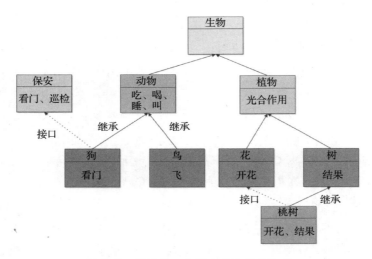

图 8-10　通过接口来解决多重继承冲突

　　同理，在我们使用面向对象编程思想分析 Linux 内核的过程中，如果遇到多重继承让我们的分析变得复杂时，我们也可以考虑化繁为简，将多重继承简化为单继承，另一个继承使用接口代替。通过这种方法，我们可以把复杂问题降维分析，将复杂问题拆解简单化。如 USB 网卡驱动，既有 USB 子系统，又有网络驱动模块，放在一起分析比较复杂，我们可以通过接口，将多重继承改为单继承，就能将整个驱动的架构和分层关系简单化，如图 8-11 所示。

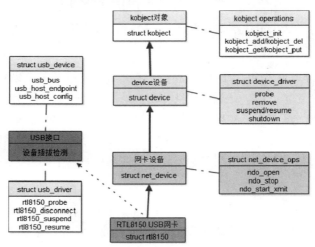

图 8-11　USB 网卡设备的"接口"

以 Linux 内核中的 RTL8150 USB 网卡驱动源码为例：我们把以 usb_device 为基类的这条继承

分支当作一个接口来处理，USB 网卡通过 usb_device 封装的接口可以实现 USB 网卡设备的插拔检测、底层数据传输等功能。而对于以 net_device 为基类的这路继承，我们把它看作一个普通的单继承关系，USB 网卡以 kobject 为基类，实现多级继承，每一级的基类都扩展了各自的方法或封装了接口，供其子类 RTL8150 调用。RTL8150 网卡通过调用祖父类 kobject 的方法 kobject_add() 将设备注册到系统；通过调用 device 类的 probe() 完成驱动和设备的匹配及设备的 suspend、shutdown 等功能；通过调用 net_device 类实现的 open、xmit、stop 等接口完成网络设备的打开、数据发送、数据停止发送等功能。

8.5　Linux 内核中的 OOP 思想：多态

多态是面向对象编程中非常重要的一个概念，在前面的面向对象编程基础一节中，我们已经知道：在子类继承父类的过程中，一个接口可以有多种实现，在不同的子类中有不同的实现，我们通过基类指针去调用子类中的不同实现，就叫作多态。

我们也可以使用 C 语言来模拟多态：如果我们把使用同一个结构体类型定义的不同结构体变量看成这个结构体类型的各个子类，那么在初始化各个结构体变量时，如果基类是抽象类，类成员中包含纯虚函数，则我们为函数指针成员赋予不同的具体函数，然后通过指针调用各个结构体变量的具体函数即可实现多态。

```c
#include <stdio.h>

struct file_operation
{
    void (*read)(void);
    void (*write)(void);
};

struct file_system{
    char name[20];
    struct file_operation fops;
};

void ext_read(void)
{
    printf("ext read...\n");
}

void ext_write(void)
{
    printf("ext write...\n");
```

```
}

void fat_read(void)
{
    printf("fat read...\n");
}

void fat_write(void)
{
    printf("fat write...\n");
}

int main(void)
{
    struct file_system ext = {"ext3", {ext_read, ext_write}};
    struct file_system fat = {"fat32", {fat_read, fat_write}};

    struct file_system *fp;
    fp = &ext;
    fp->fops.read();
    fp = &fat;
    fp->fops.read();
    return 0;
}
```

程序运行结果如下。

```
ext read...
fat read...
```

在上面的示例代码中，我们首先定义了一个 file_system 结构类型，并把它作为基类，使用该结构体类型定义的 ext 和 fat 变量可以看作 file_system 的子类。然后，我们定义了一个指向基类的指针 fp，并通过基类指针 fp 去访问各个子类中同名函数的不同实现，C 语言通过这种方法"模拟"了多态。

明白了 C 语言实现多态的道理，我们接着分析 USB 网卡驱动。对于图 8-12 中的 net_device 结构体，我们也可以把它看作一个基类，对于每一个实例化的结构体变量，都代表一种不同的网卡，都把它们看作 net_device 基类的子类。每一个网卡都有各自不同的 read/write 实现，并保存在各个结构体变量的 net_device_ops 里，当一个指向 net_device 结构体类型的基类指针指向不同的结构体变量时，就可以分别去调用不同子类（具体的网卡设备）的读写函数，从而实现多态。

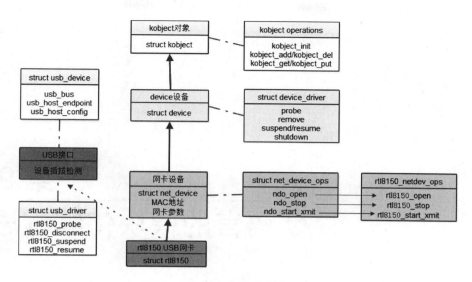

图 8-12　USB 网卡设备中的"多态"

　　分析到这里，我们已经对 Linux 内核中的面向对象编程思想，以及如何使用 C 语言实现的套路有了一个大致的了解。按照这种思维方法，我们再去分析 USB 网卡驱动的软件层次和模块调用关系，是不是有一种拨云见日、豁然开朗的感觉？如果你看得云里雾里，不知所云，说明你还没有 Get 到，建议再多看几遍，多理解多消化一下，为了体验这种感觉，值得你花费时间和精力在它上面。如果你已经有了这种感觉，恭喜你，本章想要表达的主要内容和思维方法你已经掌握了。但此刻也不应该骄傲，为了更加熟练地掌握这种思维方法和分析方法，你可以尝试去分析一个你认为很难掌握的驱动模块或 Linux 内核子系统，以结构体为切入点进行分析，看看这次你能不能独立攻克它！

9

第 9 章
C 语言的模块化编程思想

　　有部韩国电影《金氏漂流记》很有意思，电影的男主角是一位姓金的公司员工，遭受一连串生活的打击：中年失业、老婆离婚、信用卡还欠了很多债。万念俱灰之下，他决定跳江自杀，然而幸运女神眷顾了他，他被潮水冲到了汉江上的一个小岛上。大难不死必有顿悟，男主角也是如此，鬼门关前走一遭，悟出了一条生存哲学：既然死那么容易，随时都可以，为什么不多活一天呢？明白了这个道理后，他就顺利成为岛主，开启了荒野生存模式：每天在岛上捡捡垃圾、喝点露水、吃点蘑菇，过起了原始人的生活。直到有一天，他捡到了一个炸酱面料包，包装袋上那让人垂涎欲滴的炸酱面，重新激起了他对美好生活的向往：我要吃炸酱面！

　　在一个荒岛上，只有一包炸酱面料包，巧妇难为无米之炊，想做一碗炸酱面是何等的不容易，这是一项难度不亚于阿波罗登月的系统工程。开局一个人，装备全靠打，遇到困难不退缩，方法总比困难多，男主角说干就干，开始对这项系统工程进行需求分析：要吃面，得有面粉；想要面粉，得种粮食；想种粮食，得有种子。关键是种子从哪里来？正在思考之际，一滴鸟粪落到了他头上，激发了他的灵感，让他找到了解决之道：岛上这么多鸟，肯定有一些肠胃不好、消化不良或者拉肚子的，它们的粪便里可能就有未消化的种子，如果把这些鸟粪收集起来，不就有种子了吗？于是他开始收集鸟粪、收集种子，开启了这项炸酱面工程：收集种子和肥料、耕地、播种、施肥、浇水、拔草、捉虫、收割庄稼、将粮食捣碎、碾成面粉、和面、擀面条、煮面，最后取出料包拌面……经过一年的艰辛努力，一碗炸酱面大功告成！

这是一部适合程序员观看的电影，因为整部电影都在传达一个非常重要的思想：模块化编程思想。我们开发一个软件项目，其实就和做炸酱面差不多，如果光想着单打独斗，不考虑团队合作，什么都要自己实现，不懂得去复用别人的代码，估计花费的时间比做一碗炸酱面还要长。分工与合作是现代社会运作的基础，就拿做炸酱面来说，如果粮食让农民去种，面粉让工人加工，面条让厨师去做，用手机点外卖，然后外卖小哥直接送到家门口，是不是很方便？每个人都做自己擅长的事情，可以大大提高工作效率，这就是分工与合作带来的好处。

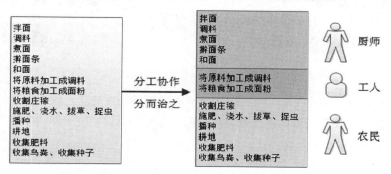

图 9-1　一碗炸酱面的社会化分工

开发一个软件项目也是如此，一个项目可以划分为不同的模块，然后分配给不同的人去完成。模块化编程不仅可以由多人协作、分工实现，而且还可以让我们的软件系统结构清晰、层次更加分明，更加易于管理和维护。接下来的内容，就是本章想要分享的一种重要的编程思想：C 语言的模块化编程思想。

9.1　模块的编译和链接

在一个 C 语言软件项目中，我们将整个系统划分成不同的模块，然后交给不同的人去完成。那么每个人在实现各自模块的过程中要注意些什么呢？如何与其他人协作？最后自己写的模块如何集成到系统中去？在分析这些问题之前，我们先复习一下一个项目是如何编译、链接生成可执行文件的。

一个 C 语言项目划分成不同的模块，通常由多个文件来实现。在项目编译过程中，编译器是以 C 源文件为单位进行编译的，每一个 C 源文件都会被编译器翻译成对应的一个目标文件，如图 9-2 所示。

接下来链接器对每一个目标文件进行解析，将文件中的代码段、数据段分别组装，生成一个可执行的目标文件。如果程序调用了库函数，则链接器也会找到对应的库文件，将程序中引用的库代码一同链接到可执行文件中，如图 9-3 所示。

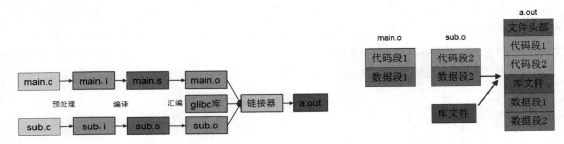

图 9-2　程序的编译过程　　　　　　　　图 9-3　程序的链接过程

在链接过程中，如果多个目标文件定义了重名的函数或全局变量，就会发生符号冲突，报重定义错误。这时候链接器就要对这些重复定义的符号做符号决议，决定哪些留下，哪些丢弃。符号决议按照下面的规则进行。

● 在一个多文件项目中，不允许有多个强符号。

● 若存在一个强符号和多个弱符号，则选择强符号。

● 若存在多个弱符号，则选择占用空间最大的那一个。

其中，初始化的全局变量和函数是强符号，未初始化的全局变量默认属于弱符号。程序员也可以通过__attribute__属性声明显式更改符号的属性，将一个强符号显式转换为弱符号。

在整个项目编译过程中，我们可以通过编译控制参数来控制编译流程：预处理、编译、汇编、链接，也可以指定多个文件的编译顺序。为了方便，我们通常使用自动化编译工具 make 来编译项目，make 自动编译工具依赖项目的 Makefile 文件。Makefile 文件主要用来描述各个模块文件的依赖关系，要生成的可执行文件，需要编译哪些源文件，如何编译，先编译哪个，后编译哪个，Makefile 里都有描述。make 在编译项目时，会首先解析 Makefile，分析需要编译哪些源文件，构建一个完整的依赖关系树，然后调用具体的命令一步步去生成各个目标文件和最终的可执行文件。

不仅在 Linux/UNIX 环境下，在 Windows 环境下也是使用这种方式来编译一个项目的。以 VC++ 6.0 为例，其底层编译系统实现由 nmake 和 xx.mak 脚本文件构成，xx.mak 脚本就相当于 Linux 环境下的 Makefile，nmake 相当于 make。当我们在工程管理器中添加源文件，编辑好程序后，点击界面上的 Run 按钮，此时对应的 xx.mak 文件也生成了，nmake 也被调用开始编译程序。它首先会解析 xx.mak 文件，构建生成可执行文件所依赖的源文件关系树，然后根据依赖关系和规则分别调用预处理器、编译器、汇编器、链接器等工具去完成整个项目的编译链接过程。

9.2　系统模块划分

面对一个有特定功能和需求的软件项目，我们如何将其划分成不同的模块，交给不同的人去做呢？当每个人实现自己负责的模块后，如何把它们集成到整个系统中？系统能否正常运行？出现了问题该如何解决？这些软件开发中经常遇到的问题不仅是项目经理、架构师要考虑的重点，也是每个软件工程师都要考虑的问题，否则整个团队每人各干各的，都按照自己喜欢的方式来，也就乱得一团糟。

9.2.1　模块划分方法

在对系统进行模块划分之前，我们首先要了解概念：什么是系统，什么是模块。系统就是各种对象相互关联、相互作用形成的具有特定功能的有机整体。如果把一头猪看作一个系统，那么它就是由心、肝、脾、胃、肾等器官组成的一个有机整体，各模块之间是相互作用、相互关联的，而不是菜市场砧板上各个模块孤零零地放在那里。系统的模块化设计其实就是将系统目标按模块化方式分解、设计、实现、集成。模块是模块化设计的产物，每一个模块都是具有独立功能的有机组成。

关于模块与系统的先后顺序大家不要搞反了，这不是先有鸡还是先有蛋的问题，一般都是先有系统，有了系统目标和功能定义，然后才有模块划分，最后才有模块的实现。系统的外在功能是通过系统内部多个模块之间相互作用、相互关联实现的。一个系统就和一头猪一样，猪只有吃饱了才有力气去拱墙根、去撞树，那么如何获取力气呢？就需要猪身体的嘴巴、食道、胃等各个模块相互协作，才能将自然界的食物转化为热量，转化为生物运动需要的能量。

那么如何对一个系统进行模块划分呢？首先我们要确定系统的功能或目标，知道自己要做什么，实现什么功能和目标，如本章开头的例子，我们要做炸酱面，这个可以当作系统的目标。接下来，我们就要根据系统的功能和目标，设计出一组系统工作流程：如何做一碗炸酱面？要做面，得有粮食；想要粮食，需要种地。经过步步分析之后，我们就可以得出做炸酱面的基本流程：先种地产粮食，然后把粮食磨成面粉，接着把面粉做成面条，最后才能做出炸酱面。把做炸酱面的基本流程弄通之后，我们就要根据这个工作流程，确定角色和分工，以及各个角色之间如何交互、如何关联：这个炸酱面工程需要农民种地，输出粮食；需要工人，将农民的粮食磨成面粉，然后输出面粉；厨师则根据工人的输出，进行和面、擀面条等工作，最后输出炸酱面。各个角色确定之后，我们就可以根据各个角色将系统划分成不同的模块。

- farmer.c：农民负责种地，输出粮食。
- worker.c：工人将农民输出的粮食进行加工，输出面粉。

- cook.c：厨师根据工人输出的面粉，进行和面、擀面、烧水等工作，输出炸酱面。

上面的例子只是给大家演示了系统分析及模块化设计的一个方法：根据系统功能或目标，设计出一组工作流，根据工作流设计出各个角色及角色之间的关联，最后根据各个不同的角色就可以将系统划分为不同的模块。

在实际项目中，会有各种不同的项目目标或业务逻辑，不同的应用场景导致模块划分的方法也不尽相同。这就和切西瓜一样，桌子上有个西瓜，怎么切？我们可以根据实际的场景来决定不同的方案：在荒郊野外，你可以用拳头捶开，直接掰开来吃；当你一个人在家时，你可以在西瓜的中间凿个洞，把里面的瓜瓤搅碎，然后用吸管吸西瓜汁；当只有你和爱人两个人时，你可以一刀切下去，一人一半，然后看着电影，用勺子挖着吃；如果你家里三世同堂，人口比较多，你可以切成一块一块的，大家啃着吃；如果家里来了贵客，或者你对生活比较讲究，觉得啃着吃不雅观，你可以把西瓜切成小方块，撒上酱做成沙拉，在优美的音乐旋律下，大家用牙签插着吃。一个项目工程也是如此，在对一个系统进行功能分析、模块划分的时候也要根据项目的工作量、团队人数、团队员工水平等因素进行合理的划分。一个系统根据要实现的功能不同也有不同的划分方法，可以基于功能需求划分，也可以基于专业领域划分。如我们要设计一个学生成绩管理系统，支持学生登录和老师登录，不同的使用人员有不同的功能需求，我们可以基于功能需求将系统划分为教师模块和学生模块。

- 教师模块：成绩输入、修改、删除、统计、不及格人数统计。
- 学生模块：成绩查询、个人平均分、排名。

再举一个例子，假如我们要设计一个 MP3 播放器，支持音乐播放和录音功能。此时我们就可以按照上面的基本流程，试着对系统进行模块划分了。

- 系统目标或功能：播放音乐、录音。
- 基本工作流 1：从磁盘读取 MP3 文件 → 解码 → 声卡 → 显示。
- 基本工作流 2：麦克风录音、AD 转换 → 内存 → 声音编码 → 存入磁盘。
- 角色：存储、显卡、声卡、麦克风、编解码器。
- 模块：存储模块、显示模块、编解码模块。

通过以上分析，我们基本上就可以将一个 MP3 播放器系统划分为几个模块，如图 9-4 所示。

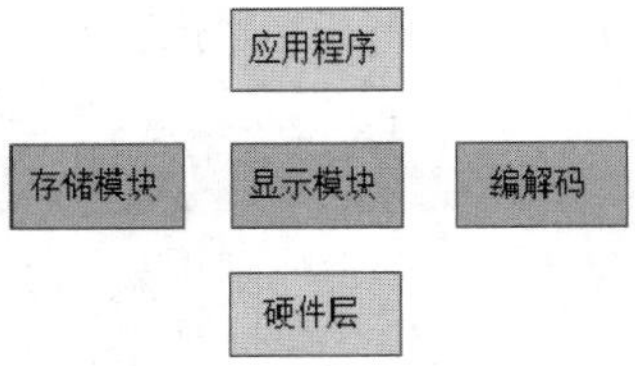

图 9-4　MP3 播放器的模块划分

当一个系统比较复杂，或者由于模块划分得比较细导致模块过多时，我们就要考虑系统的进一步分层了。我们可以按照模块间的上下依赖关系，将一个系统划分为不同的层。如我们将 MP3 播放器升级了：移植了 OS，添加了文件系统模块，还增加了更加绚丽的 GUI 界面。文件系统对存储模块的读写进行了抽象，应用程序可以通过文件系统的 read/write 接口直接读写 MP3 歌曲文件。实现 MP3 播放界面时，我们也不用直接操作显示刷屏，可以通过 GUI 系统留出的 API 直接画图。由于这些模块之间存在依赖关系，因此在对系统分层时，可以将它们划分到不同的层中。重新进行分层后的 MP3 播放器系统架构如图 9-5 所示。

不仅整个系统可以进行模块化分层设计，对于某个特定的模块我们也可以对其进一步分层：当一层中存在多个模块，模块之间也有依赖关系时，我们可以继续对其分层，按照上下依赖关系将模块划分到不同的层中。如上面系统中的编解码模块，可能会支持不同的音频格式，如 MP3、FLAC、AAC 等，编解码底层还有各种声卡驱动、麦克风驱动等，因此我们可以继续对编解码模块进行分层，如图 9-6 所示。

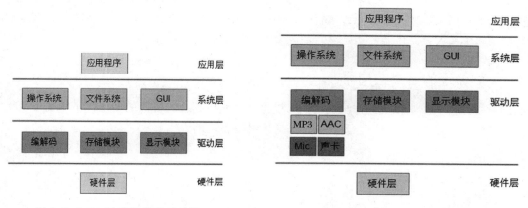

图 9-5　MP3 播放器的分层设计　　　　图 9-6　编解码模块的分层设计

通过分层设计，可以使整个系统层次更加分明，结构更加清晰，管理和维护起来更加方便。如果我们想添加或删除一个模块，很快就可以在系统中找到其添加、删除的合适位置，基本上不会对系统中的其他模块有多大的改动。分层设计的另一个好处就是使系统资源的初始化和释放顺序清晰明了：可以根据模块间的依赖关系，按照顺序去初始化或释放各个模块资源。

9.2.2　面向对象编程的思维陷阱

在上一章中，主要给大家介绍了如何使用面向对象编程思想去分析 Linux 内核复杂的子系统，而本章又给大家科普模块化设计、分层设计的好处，喜欢思考的朋友可能就纳闷了：两者都好，到底哪个好，两者会不会有冲突？

面向对象编程和系统的模块化设计两者的出发点其实是相同的：都是一种高质量软件设计方法，只是侧重点不同。模块化设计的思想内核是分而治之，重点在于抽象的对象之间的关联，而不是内容；而面向对象编程思想主要是为了代码复用，重点在于内容实现。

两者还有一个重要的区别是：两者不在同一个层面上。模块化设计是最高原则，先有系统定义，然后有模块和模块的实现，最后才有代码复用。一个系统不仅仅是模块的实现，还有各个模块之间的相互作用、相互关联，以及由它们构成的一个有机整体。

面向对象编程，通过类的封装和继承实现了代码复用，减少了开发工作量，这是面向对象编程的长处。除此之外，把面向对象编程思想作为一种分析方法，尤其是在分析大型复杂的软件系统时特别有用，可以化繁为简，简化复杂系统的分析。然而面向对象编程思想也不是万能的，我们在设计一个系统时，先有系统目标和功能的定义，再有模块的划分和实现，在模块实现过程中可以通过继承等方式实现代码的复用。如果想基于现有的模块和对象去构建系统，就可能会陷入资源所限定的条条框框中。在对系统进行分析和模块化设计时，模块间的相互关联、相互作用、模块间的依赖关系、系统资源的初始化、释放顺序都是需要全局统筹分析的。

9.2.3　规划合理的目录结构

通过系统分析和模块化设计方法，我们可以将一个系统划分为不同的模块，不同的模块用不同的源文件实现，接着还要选择合适的目录结构来组织和管理这些文件。

一个好的目录结构，首先要层次清晰，能明确体现出模块划分关系。如果其他人看一眼你的项目目录组织架构，就知道各个目录是干什么的，知道你的模块划分及层次，说明你的工程目录规划合理。尤其是多人协同开发一个项目时，一个好的目录规划就更重要了，大家都在自己的目录下进行开发，各自模块的添加、删除都不会影响其他人。

比较常见的三种目录结构分别如下。

● flat：所有的源文件都放在同一个目录下。
● shallow：各个模块放在各自目录下，主程序文件放在项目的顶层目录下。
● deep：主程序文件和各个模块分别放在各自的目录下。

在 Windows 环境下，各种成熟的 IDE 基本上都会提供资源管理器、工程管理器的功能，用来辅助我们组织一个项目中各个文件的组织架构及存储。而在 Linux 环境下开发项目，没有类似工程管理器这样的辅助工具帮助我们组织工程目录，需要我们自己手动创建项目的各个目录，手动管理项目的目录结构。

　　这里有个细节需要注意，一个项目中的源文件组织结构信息和源文件在磁盘上的实际存储位置是无关的。IDE 的项目管理器主要管理的是一个项目中编译所需要的各种源文件，编译系统会根据项目管理器中的源文件生成对应的 Makefile 脚本，Makefile 脚本主要供 make 工具解析来生成项目的依赖关系树。make 根据依赖关系树，会分别到各个源文件的实际存储目录下去编译和链接，也就是说工程管理器中文件的组织关系和源文件实际存储的组织结构可能不一样。当然为了方便管理和维护，我们还是建议项目的文件组织关系和实际源文件存储的目录关系要一致。

9.3　一个模块的封装

　　一个系统经过模块化设计，划分为不同的模块后，接下来就是将各个不同的模块交给不同的人去实现和维护，每一个模块是如何实现的呢？

　　在 C 语言中一个模块一般对应一个 C 文件和一个头文件。模块的实现在 C 源文件中，头文件主要用来存放函数声明，留出模块的 API，供其他模块调用。如上面的 MP3 播放器有一个 LCD 显示模块，我们可以将有关 LCD 显示的 API 函数在 lcd.c 文件中实现，并在 lcd.h 中引出 API 声明。

```
//lcd.c
#include <stdio.h>

void lcd_init(void)
{
    printf("lcd init...\n");
}

//lcd.h
void lcd_init(void);
```

　　我们在主程序中如果想调用显示模块实现的接口函数 lcd_init()，很简单，直接使用预处理命令 #include 模块的头文件 lcd.h，就可以直接使用了。

```
//main.c
#include <stdio.h>
#include "lcd.h"

int main(void)
{
    printf("hello world!\n");
    lcd_init();
    return 0;
}
```

9.4　头文件深度剖析

在一个软件项目中，最让新手感到头疼的、最麻烦的、最难以管理的就是各种头文件，本节将会对一个工程项目中经常遇到的各种头文件问题一一进行分析。

9.4.1　基本概念

通过上面的学习，我们已经看到了头文件的作用：主要对一个模块封装的 API 函数进行声明，其他模块要想调用这个接口函数，要首先包含该模块对应的头文件，然后就可以直接使用了。很多人可能就有疑问了：为什么非得先 #include 一个头文件呢？或者说，为什么要先声明后使用呢？

其实这也算是 C 语言的历史遗留问题了。早期的计算机内存还比较小，编译器在编译一个工程项目时，无法一下子把所有的文件都加载到内存同时编译，编译器只能以源文件为单位逐个进行编译，然后进行链接。编译器在编译各个 C 源文件的过程中，如果该 C 文件引用了其他文件中定义的函数或变量，编译器也不会报错，链接器在链接的时候会到这个文件里查找你引用的函数，如果没有找到才会报错。但是编译器为了检查你的函数调用格式是否存在语法错误，形参实参的类型是否一致，会要求程序员在引用其他文件的全局符号之前必须先声明，如变量的类型、函数的类型等，编译器会根据你声明的类型对你编写的程序语句进行语法、语义上的检查。

因此，在一个 C 语言项目中，除了 main、跳转标号不需要声明，任何标识符在使用之前都要声明。你可以在函数内声明，可以在函数外声明，也可以在头文件中声明。一般为了方便，我们都是将函数的声明直接放到头文件里，作为本模块封装的 API，供其他模块使用。程序员在其他文件中如果想引用这些 API 函数，则直接 #include 这个头文件，然后就可以直接调用了，简单方便。

一个变量的声明和一个变量的定义不是一回事，大家不要弄混了：是否分配内存是区分定义和声明的唯一标准。一个变量的定义最终会生成与具体平台相关的内存分配汇编指令，而变量的声明则告诉编译器，该变量可能在其他文件中定义，编译时先不要报错，等链接的时候可以到指定的文件里去看看有没有，如果有就直接链接，如果没有则再报错也不迟。一个变量只能定义一次，即只能分配一次存储空间，但是可以多次声明。一般来讲，变量的定义要放到 C 文件中，不要放到头文件中，因为这个头文件可能被多人使用，被多个文件包含，头文件经过预处理器多次展开之后也就变成了多次定义。

在一个头文件里，除了函数声明，一般我们还可以放其他一些声明，如数据类型的定义、宏定义等。

```
//lcd.h
#ifndef __LCD_H__
#define __LCD_H__

#define PI 3.14
void lcd_init(void);

struct person{
    int age;
    char name[10];
};
#endif

//lcd.c
#include <stdio.h>
void lcd_init(void)
{
    printf("lcd_init...\n");
}

//main.c
#include <stdio.h>
#include "lcd.h"
#include "lcd.h"

int main(void)
{
    printf("hello world!\n");
    lcd_init();
    return 0;
}
```

如果我们在一个项目中多次包含相同头文件（如上面的 main.c 中），编译器也不会报错，因为预处理器在预处理阶段已经将头文件展开了：一个变量或函数可以有多次声明，这是编译器允许的。但是如果你在头文件里定义了宏或一种新的数据类型，头文件再多次包含展开，编译器在编译时可能会报重定义错误。为了防止这种错误产生，我们可以在头文件中使用条件编译来预防头文件的多次包含。

```
//lcd.h
#ifndef __LCD_H__
#define __LCD_H__
...
#endif
```

上面的这些预处理命令可以预防头文件多次展开，尤其是在一些多人开发的大型项目中，很多人可能在自己的模块中包含同一个头文件。当一个 C 文件包含多个模块的头文件时，通过这种间接包含，也有可能多次包含同一个头文件。通过上面的预处理命令，无论包含几次，预处理过程只展开一次，程序员在包含头文件的时候再也不用担心头文件多次包含的问题了，放心 #include 就可以。

> 思考：头文件多次包含会增加可执行文件的体积吗？

9.4.2　隐式声明

如果一个 C 程序引用了在其他文件中定义的函数而没有在本文件中声明，编译器也不会报错，编译器会认为这个函数可能会在其他文件中定义，等链接的时候找不到其定义才会报错。

```
int main(void)
{
    printf("hello world!\n");
    return 0;
}
```

如上面的程序，我们使用了 C 标准库里的 printf()函数，但是没有通过#include<stdio.h> 头文件对调用的函数进行声明。你会发现程序可以运行，编译器也没有报错，只是给出了一个 warning。

```
Warning: implicit declaration of function `printf'
```

很多新手写程序时，只要程序编译没有错误、可以运行就万事大吉了，哪怕编译信息栏里有几十个 warning 也不管不问。这可不是一个好习惯，因为每一个 warning 都有可能是一个"定时炸弹"，等哪一天你的程序运行出现问题了，可能就是由这些 warning 带来的隐藏很深的 bug 引起的。如果你不信，现在就写一个测试程序看看。

```
//func.c
#include <stdio.h>
float func(void)
{
    return 3.14;
}


//main.c
#include <stdio.h>
int main(void)
{
    float pi;
    pi = func();
```

```
    printf("pi = %f\n", pi);
    return 0;
}
```

编译程序并运行，打印结果如下。

```
# gcc main.c func.c -o a.out
main.c:5:7: warning: implicit declaration of function 'func'
[-Wimplicit-function-declaration]
  pi = func();

# ./a.out
  pi = -1217016448.000000
```

你会发现程序的打印结果和我们的预期不符：并没有打印我们预期的 3.14。问题出在哪里呢？问题就出在了隐式声明上。在 C 语言中，如果我们在程序中调用了在其他文件中定义的函数，但没有在本文件中声明，编译器在编译时并不会报错，而是会给我们一个警告信息并自动添加一个默认的函数声明。

```
int f();
```

这个声明我们称为隐式声明。如果你调用的函数返回类型正好是 int，那么皆大欢喜，程序的运行不会出现任何问题。如果你调用的函数返回类型是 float，而编译器声明的函数类型为 int，则程序运行时会发生不可预期的结果。

函数的隐式声明带来的冲突，不仅仅是与自定义函数的冲突，如果我们引用库函数而没有包含对应的头文件，也有可能与库函数发生类型冲突。这些函数类型冲突虽然不影响程序的正常运行，但是会给程序带来很多无法预料的深层次 bug，在不同的编译环境下，函数的运行结果甚至可能都不一样。因此，为了编写高质量稳定运行的程序，我们要养成"先声明后使用"的良好编程习惯。

对于函数的隐式声明，ANSI C/C99 标准只是给出一个 warning，用来提醒程序员，这个隐式声明可能会给程序的运行带来问题。现在最新的 C11 标准和 C++标准对隐式声明管理得更严格，遇到这种情况，直接报错处理，防患于未然。

9.4.3　变量的声明与定义

通过上节的学习，我们已经感受到在 C 语言编程中对一个符号"先声明后引用"的重要性。那么如何对外部文件的符号进行声明呢？C 语言提供了 extern 关键字，在使用之前，可以在本文件中使用 extern 关键字对其他文件中的符号进行声明。

```
extern  int  i;
```

```
extern  int a[20];
extern  struct student stu;
extern  int  function();
extern  "C"  int function();
```

从 C 语言语法的角度看，使用 extern 关键字可以扩展一个全局变量或函数的作用域。而从编译的角度看，使用 extern 关键字，就是用来告诉编译器："这些变量或函数可能在别的文件里定义，我要在本文件使用，你先不要报错，类型已经告诉你了，欢迎你随时进行语法或语义的检查。"

```
//i.c
int i = 10;
int a[10] = {1, 2, 3, 4, 5, 6, 7, 8, 9};
struct student
{
    int age;
    int num;
};
struct student stu = {20, 1001};
int k;

//main.c
#include <stdio.h>
extern int i;
extern int a[10];
struct student{
    int age;
    int num;
};
extern struct student stu;
extern int k;

int main(void)
{
    printf("%s: i = %d\n", __func__, i);
    for(int j = 0; j < 10; j++)
        printf("a[%d]:%d\n", j, a[j]);
    printf("stu.age = %d, num = %d\n", stu.age, stu.num);
    printf("%s: k = %d\n", __func__, k);
    return 0;
}
```

程序运行结果如下。

```
main: i = 10
a[0]:1
a[1]:2
a[2]:3
```

```
a[3]:4
a[4]:5
a[5]:6
a[6]:7
a[7]:8
a[8]:9
a[9]:0
stu.age = 20, num = 1001
main: k = 0
```

在上面的项目中，我们在 i.c 文件中定义了不同类型的变量，如果想在 main.c 文件里引用这些变量，要先使用 extern 关键字进行声明，然后就可以直接使用了。在对 stu 结构体变量进行声明时，因为要用到 student 结构体类型，所以我们要在 main.c 里面将这个结构类型重新定义一遍。

9.4.4　如何区分定义和声明

在上面的程序代码中，最容易让人产生迷惑的是 i.c 中定义的 k 变量。变量 k 在定义的时候没有初始化，看起来有点"声明"的味道，那么它到底是定义，还是声明呢？对于这些模棱两可的语句，我们可以使用定义声明的基本规则来判别。

- 如果省略了 extern 且具有初始化语句，则为定义语句。如 int i = 10;。
- 如果使用了 extern，无初始化语句，则为声明语句。如 extern int i;。
- 如果省略了 extern 且无初始化语句，则为试探性定义。如 int i;。

什么叫试探性定义呢？试探性定义，即 tentative definition，如 int i; 就是试探性定义。该变量可能在别的文件里有定义，所以先暂时定为声明：declaration。若别的文件里没有定义，则按照语法规则初始化该变量 i，并将该语句定性为定义：definition。一般这些变量会初始化为一些默认值：NULL、0、undefined values 等。

如果从编译链接的角度去分析 int i; 这条语句，其实也不难。对于未初始化的全局变量，它是一个弱符号，先定性为声明。如果其他文件里存在同名的强符号，那么这个强符号就是定义，把这个弱符号看作声明没毛病；如果其他文件里没有强符号，那么只能将这个弱符号当作定义，为它分配存储空间，初始化为默认值。

在上面项目的 main.c 文件中，我们使用了 extern int k; 这条语句，按照上面的判断规则，其实就是对变量 k 的声明，那么 i.c 里的 int k; 这条语句就是定义语句。如果我们在 main.c 里添加一条 int k = 20; 定义语句，那么 i.c 文件里的 int k; 这条语句就变成声明语句了。

```
//i.c
int k;
```

```
//main.c
int int k = 20;
int main(void)
{
    printf("%s: k = %d\n", __func__, k);
    return 0;
}
```

程序运行结果如下。

```
main: k = 20
```

9.4.5 前向引用和前向声明

通过前面的学习，我们已经对声明和定义的概念有了更加清晰的理解。定义的本质就是为对象分配存储空间，而声明则将一个标识符与某个 C 语言对象相关联（函数、变量等）。我们声明一个函数原型，是为了提供给编译器做函数参数格式检查，我们声明一个变量，是为了告诉编译器，这个变量已经在别的文件里定义，我们想在本文件里使用它。在 C 语言中，我们可以声明各种各样的标识符：变量名、函数名、类型、类型标志、结构体、联合、枚举常量、语句标号、预处理器宏等。

无论声明什么类型的标识符，我们都要遵循 C 语言的光荣传统：先声明后使用。为什么要先声明后使用呢？这个问题可以看作 C 语言的历史遗留问题，也可以看作编译器的历史问题，因为早期的编译器鉴于计算机内存资源限制，不可能同时编译多个文件，所以只能采取单独编译。

- separate compilation：以源文件为单位进行编译。
- one-pass compiler：每个源文件只编译一次。

编译器为了简化设计，采用了 one-pass compiler 设计，正可谓"好马不吃回头草"，每个源文件只编译一次，这也决定了 C 语言"先声明后使用"的使用原则。这里的"先声明后使用"，指一个标识符要在声明完成之后才能使用，在声明完成之前不能使用。

```
extern int i;
i = 20;
int j = sizeof(j);
```

什么是声明完成呢？一个变量的声明无非就是声明其类型，声明不是给人看的，是给编译器看的，是为了应付编译器语法检查的。如果你已经让编译器知道了这个标识符的类型，那么我们就认为声明完成了。如上面的代码，i 变量声明之后再使用，这是标准的 C 语言语法，而在同一条语句中对变量 j 同时进行声明和使用也是没有问题的，因为 sizeof 关键字在使用变量 j 之前，变量

j 的类型已经声明完成了。

　　规则是用来制定的，也是用来破坏的。在 C 语言中，并不是所有的标识符都需要先声明后使用。如果一个标识符在未声明完成之前，我们就对其引用，一般被称为前向引用。在 C 语言中，有 3 个可以前向引用的特例。

●　隐式声明（ANSI C 标准支持，但 C99/C11/C++标准已禁止）。
●　语句标号：跳转向后的标号时，不需要声明，可以直接使用。
●　不完全类型：在被定义完整之前用于某些特定用途。

　　关于隐式声明，前面的小节已经讲过了，就不再赘述了，只是有一个细节需要注意：虽然我们对一个标识符不声明直接使用编译器不会报错，但是编译器在背后已经默默地为我们添加了一个函数声明，其实还是遵循了 C 语言"先声明后使用"的规则，只不过从用户的角度上看，还是属于前向引用的范畴。

　　关于语句标号，这个大家都已经很熟悉了。使用 C 语言的 goto 关键字可以往前跳，也可以往后跳，不需要对语句标号进行事先声明。

　　接下来我们重点讲解一下不完全类型的前向引用。

　　什么是不完全类型呢？C 语言的标识符除了两种常见的类型：object type 和 function type，还有另外一种类型：incomplete type，即不完全类型。我们常见的不完全类型如下。

●　void。
●　an array type of unknown size :int a[];。
●　a structure or union type of unknown content。

　　在 C 语言程序中，会经常看到对不完全类型标识符的前向引用。

```
goto  error;
int  array_print (int a[], int len);

struct LIST_NODE
{
    struct LIST_NODE *next;
    int data;
}; //定义完成结束符，到这里才算对 LIST_NODE 标识符声明完成
```

　　在上面的 C 语言示例代码中，对于一个未指定长度的数组，我们不需要声明就可以直接使用。在链表节点 LIST_NODE 的结构类型中，在 LIST_NODE 声明完成之前，我们就直接在结构体内使用其类型定义了一个指针成员 next，这也算前向引用，属于 C 语言允许前向引用的 3 个特例。

大家有没有发现一个规律：当我们对一个标识符前向引用时，一般我们只关注标识符类型，而不关注该标识符的大小、值或具体实现。也就是说，当我们对一个不完全类型进行前向引用时，我们只能使用该标识符的部分属性：类型，其他一些属性，如变量值、结构成员、大小等，我们是不能使用的，否则编译就会报错。

```
struct LIST_NODE
{
    struct LIST_NODE *next;
    struct LIST_NODE node;
    int data;
};
```

如果我们在结构类型 LIST_NODE 的定义中添加了一个 node 成员，则编译器就会报错。

```
error: field `node' has incomplete type
```

为什么编译器会报错呢？主要是因为当编译器遇到 struct LIST_NODE node; 这条语句时，需要考虑 node 的大小，但是结构类型 LIST_NODE 此时还没有完成定义，属于不完全类型，编译器无法知晓其大小，所以就会报错。而对于 struct LIST_NODE *next; 这条语句，我们定义的成员是一个指针，我们只是使用不完全类型 LIST_NODE 其中的一个属性：类型，来指定指针的类型。无论指针是什么类型，其大小是固定不变的，在 32 位系统中一般都是 4 字节，因此编译器不会报错。明白了这个道理，你就可以在结构体内定义任意类型的指针，都不需要事先声明，而且编译器也不会报错。

```
struct LIST_NODE
{
    struct LIST_NODE *next;
    struct queue *q;
    struct hello *p;
    struct world *r;
    int data;
};
```

有时候我们在很多地方，都会看到 struct person; 这样的奇怪语句，这种语句我们一般称为前向声明。

```
struct person;

struct student{
    struct person *p;
    int score;
    int no;
};
```

在上面的示例代码中，我们在结构类型 student 中使用 person 这个结构类型定义了一个成员指针，为了应对编译器的类型检查，我们在前面使用 struct person; 这条语句对结构类型 person 进行声明。

可能有人有疑问了：为什么不直接把 person 的定义全贴出来？这就可以使用前面的不完全类型来解释了：如果我们只是使用结构类型的某个属性（如 type），不需要关心结构体的大小、结构成员等因素，则可以直接前向引用，在引用之前先声明其类型就足够了。

使用前向声明的好处是，当这个声明被多个文件包含时不会报数据类型的重定义错误。这是因为前向声明在 Linux 内核中被大量使用，尤其在头文件中，到处可见结构体的前向声明。从声明这个类型之后到定义这个类型之前的这段区间，这个结构类型就是一个不完全类型，如果我们不关心这个结构类型大小及内部成员如何，仅仅是想使用这个结构体的类型去定义一个指针，此时使用前向声明就可以了。

以后大家在阅读内核源码时会经常遇到这种代码，有了前向引用和前向声明的概念，再去理解 Linux 内核为什么这么写就很轻松了。

```
//linux-4.4/include/linux/usb.h
struct usb_device;
struct usb_driver;
struct wusb_dev;
struct ep_device;
...

struct usb_bus {
    struct device       *controller;
    ...
    struct usb_device   *root_hub;
    struct usb_bus      *hs_companion;
};

extern int usb_reset_device(struct usb_device *dev);
```

9.4.6　定义与声明的一致性

关于模块的封装与使用，相信大家已经很熟悉了，再说下去估计耳朵都要磨出茧子了，但是为了把本节的问题说清楚，我们再来复习一遍。

- 模块的封装：xx.c/xx.h。
- 模块的使用：#include "xx.h"。

我们写一个简单的程序，演示一个模块的封装和使用过程。

```
//add.h
int add(int a, int b);

//add.c
#include"add.h"
int add(int a, int b)
{
    return a+b;
}

//main.c
#include "add.h"
int main(void)
{
    int sum;
    sum = add(1, 2);
    return 0;
}
```

在实际的软件项目中，甚至在 Linux 内核源码中，你会经常看到在一个模块的 C 源文件中，它也会包含自己模块对应的头文件，如 add.c 里就包含了 add.h 头文件。很多人看到这里可能就犯晕了：自己封装的模块自己又不去调用它，为什么还要多此一举，包含自己的头文件呢，这是要做什么呢？

在模块里包含自己的头文件，其实并不是多此一举，除了可以使用头文件中定义的宏或数据类型，还有一个好处就是可以让编译器检查定义与声明的一致性。在模块的封装中，接口函数的声明和定义是在不同的文件里分别完成的，很多人在编程时可能比较粗心，一个函数在声明和定义时的类型可能不一致，但是编译器又是以文件为单位进行编译的，无法检测到这个错误，那该怎么办？很简单，我们把一个函数的声明和定义放到一个文件中，编译器在编译时就会帮我们进行自检：检查一个函数的定义和声明是否一致，避免出现低级错误。

9.4.7 头文件路径

在一个软件项目中，如果需要包含一个头文件，则一般有以下两种包含方式。

```
#include <stdio.h>
#include "module.h"
```

如果你引用的头文件是标准库的头文件或官方路径下的头文件，一般使用尖括号 <> 包含；如果你使用的头文件是自定义的或项目中的头文件，一般使用双引号"" 包含。头文件路径一般分为绝对路径和相对路径：绝对路径以根目录 "/" 或者 Windows 下的每个盘符为路径起点，相对路径则以程序文件当前的目录为起点。

```
#include "/home/wit/code/xx.h"     //Linux 下的绝对路径
#include "F:/litao/code/xx.h"      //Windows 下的绝对路径
#include "../lcd/lcd.h"            //相对路径，..表示当前目录的上一层目录
#include "./lcd.h"                 //相对路径，.表示当前目录
#include "lcd.h"                   //相对路径，当前文件所在的目录
```

编译器在编译过程中会按照这些路径信息到指定的位置查找头文件，然后通过预处理器做展开处理。在查找头文件的过程中，编译器会按照默认的搜索顺序到不同的路径下去搜索。以 #include <xx.h> 为例，当我们使用尖括号 <> 包含一个头文件时，头文件的搜索顺序如下。

- 通过 GCC 参数 gcc -I 指定的目录（注：大写的 I）。
- 通过环境变量 CINCLUDEPATH 指定的目录。
- GCC 的内定目录。
- 搜索规则：当不同目录下存在相同的头文件时，先搜到哪个就使用哪个，搜索到头文件后不再往下搜索。

当我们使用双引号""来包含头文件路径时，编译器会首先在项目当前目录搜索需要的头文件，如果在当前项目目录下搜不到，则再到其他指定的路径下去搜索。

- 项目当前目录。
- 通过 GCC 参数 gcc -I 指定的目录。
- 通过环境变量 CINCLUDEPATH 指定的目录。
- GCC 的内定目录。
- 搜索规则：当不同目录下存在相同的头文件时，先搜到哪个就使用哪个。

在程序编译时，如果我们的头文件没有放到官方路径下面，那么我们可以通过 gcc -I 来指定头文件路径，编译器在编译程序时，就会到用户指定的路径目录下面去搜索该头文件。如果你不想通过这种方式，也可以通过设置环境变量来添加头文件的搜索路径。在 Linux 环境下我们经常使用的环境变量如下。

- PATH：可执行程序的搜索路径。
- C_INCLUDE_PATH：C 语言头文件搜索路径。
- CPLUS_INCLUDE_PATH：C++头文件搜索路径。
- LIBRARY_PATH：库搜索路径。

我们可以在一个环境变量内设置多个头文件搜索路径，各个路径之间使用冒号:隔开。如果你

想每次系统开机，这个环境变量设置的路径信息都生效，则可以将下面的 export 命令添加到系统的启动脚本：~/.bashrc 文件中。

```
export C_INCLUDE_PATH=$C_INCLUDE_PATH:/path1:/path2
```

除此之外，我们也可以将头文件添加到 GCC 内定的官方目录下面。编译器在上面指定的各种路径下都找不到对应的头文件时，最后会到 GCC 的内定目录下寻找。这些目录是 GCC 在安装时，通过 --prefex 参数指定安装路径时指定的，常见的内定目录如下。

```
/usr/include
/usr/local/include
/usr/include/i386-linux-gnu
/usr/lib/gcc/i686-linux-gnu/5/include
/usr/lib/gcc/i686-linux-gnu/5/include-fixed
/usr/lib/gcc-cross/arm-linux-gnueabi/5/include
```

9.4.8 Linux 内核中的头文件

在一个 Linux 内核模块或驱动源文件中，头文件的包含方式通常有下面几种。

```
#include <linux/xx.h>
#include <asm/xx.h>
#include <mach/xx.h>
#include <plat/xx.h>
```

这些尖括号 <> 包含的头文件使用的是相对路径，这些头文件通常分布在 Linux 内核源码的不同路径下。

- 与 CPU 架构相关：arch/$(ARCH)/include。
- 与板级平台相关：arch/$(ARCH)/ mach-xx(plat-xx)/include。
- 主目录：include。
- 内核头文件专用目录：include/linux。

在内核编译过程中，Linux 内核是如何指定这些头文件相对路径的起始地址的呢？这得从 Linux 内核编译依赖的 Makefile 说起：在 Makefile 里指定了头文件相对路径的起始地址。我们以内核源码中的一个源文件 hub.c 为例，打开源文件，你会看到它包含的头文件如下。

```
//linux-4.4/drivers/usb/core/hub.c
# cat hub.c
#include <linux/kernel.h>
#include <linux/errno.h>
#include <linux/module.h>
#include <linux/moduleparam.h>
```

```
#include <linux/completion.h>
#include <linux/sched.h>
#include <linux/list.h>
#include <linux/slab.h>
#include <linux/ioctl.h>
#include <linux/usb.h>
#include <linux/usbdevice_fs.h>
#include <linux/usb/hcd.h>
#include <linux/usb/otg.h>
#include <linux/usb/quirks.h>
#include <linux/workqueue.h>
#include <linux/mutex.h>
#include <linux/random.h>
#include <linux/pm_qos.h>

#include <asm/uaccess.h>
#include <asm/byteorder.h>
```

内核源码中使用的头文件路径一般都是相对路径，在内核编译过程中通过 gcc -I 参数来指定头文件的起始目录，打开 Linux 内核源码顶层的 Makefile，我们会看到一个 LINUXINCLUDE 变量，用来指定内核编译时的头文件路径。

```
LINUXINCLUDE  := \
        -I$(srctree)/arch/$(hdr-arch)/include \
        -Iarch/$(hdr-arch)/include/generated/uapi \
        -Iarch/$(hdr-arch)/include/generated \
        $(if $(KBUILD_SRC), -I$(srctree)/include) \
        -Iinclude \
        $(USERINCLUDE)
```

其中参数-Iinclude 指 Linux 内核源码的 include 目录，我们在 include 目录下可以看到很多子目录。

```
#cd include
#ls
 acpi clocksource memory net ras rxrpc soc uapi xen asm-g eneric linux media misc rdma scsi sound
video ...

#cd linux
#ls
 kernel.h  mutex.h  random.h  list.h  usb.h  workqueue.h ...
```

如果你想包含 Linux 目录下的头文件，编译器通过 -Iinclude 参数指定相对路径的起点后，再指定要包含的头文件路径目录就可以了：#include <linux/kernel.h>，预处理器就会到 include/linux 目录下查找相应的头文件 kernel.h。

程序中包含的 asm 目录下的头文件，一般是与架构相关的头文件，根据用户在 Makefile 中的 ARCH 平台配置，编译器会以用户指定的平台为目录起点，到指定的 asm 目录下去查找头文件。

```
//linux-4.4.0/Makefile
ARCH           ?=arm
SRCARCH := $(ARCH)
hdr-arch := $(SRCARCH)
-I$(srctree)/arch/$(hdr-arch)/include
```

在 Linux 内核源码顶层目录的 Makefile 中，我们指定 ARCH 为 ARM 平台，LINUXINCLUDE 中的其中一项展开为-Iarch/arm/include，这个目录作为相对目录的一个起点。打开这个目录：

```
root@pc:/home/linux-4.4.0/arch/arm/include# ls
asm debug generated uapi
```

其中在 asm 目录下有很多与 ARM 平台相关的头文件，当用户配置了 ARCH 为 ARM 平台，使用了 #include <asm/xx.h> 的头文件包含路径，预处理器就会到 arch/arm/include/asm 目录下查找对应的头文件 xx.h。

程序中包含的 plat/mach 目录下的头文件，一般是与硬件平台相关的头文件。根据用户的开发板配置，预处理器会以用户指定的配置目录为目录起点，到指定的 arch/arm/mach-xxx、arch/arm/plat-xxx 目录下查找指定的头文件。当用户平台 ARCH 配置为 ARM 时，打开 arch/arm/Makefile 文件。

```
machine-$(CONFIG_ARCH_S3C24XX)          += s3c24xx
plat-$(CONFIG_PLAT_S3C24XX)       += samsung
machdirs := $(patsubst %,arch/arm/mach-%/,$(machine-y))
platdirs := $(patsubst %,arch/arm/plat-%/,$(sort $(plat-y)))
KBUILD_CPPFLAGS += $(patsubst %,-I%include,$(machdirs) $(platdirs))
```

当 config 配置为 S3C24xx 平台时，machdirs 和 platdirs 分别展开为 arch/arm/mach-s3c24xx 和 arch/arm/plat-samsung，KBUILD_CPPFLAGS 展开为 arch/arm/mach-s3c24xx/include 和 arch/arm/plat-samsung/include，我们打开这两个目录，可以看到每个目录又分别有不同的子目录。

```
/linux-4.4.0/arch/arm/mach-s3c24xx/include# ls
mach
/linux-4.4.0/arch/arm/mach-s3c24xx/include/mach# ls
dma.h gpio-samsung.h io.h map.h regs-clock.h regs-irq.h ...
/linux-4.4.0/arch/arm/plat-samsung/include# ls
plat
/linux-4.4.0/arch/arm/plat-samsung/include/plat# ls
adc-core.h cpu.h gpio-cfg.h   keypad.h pm-common.h ...
```

当 CPU 和平台分别配置为 s3c24xx 和 samsung 时，编译器分别以 arch/arm/mach-s3c24xx/include

和 arch/arm/plat-samsung/include/plat 为相对目录起点。当驱动源码中出现 plat/xx.h 和 mach/xx.h 形式的头文件包含时，预处理器就会到对应的 arch/arm/plat-samsung/include/plat 和 arch/arm/mach-s3c24xx/include/mach 目录下查找对应的头文件。

9.4.9　头文件中的内联函数

使用 inline 关键字修饰的函数称为内联函数。内联函数也是函数，它和普通函数的唯一不同之处在于，编译器在编译内联函数时，会根据需要在调用处直接展开，从而省去了函数调用开销。对于一些频繁调用而又短小精悍的函数，如果我们将其声明为内联函数，编译器编译时像宏一样展开，可以大大提升程序的运行效率。

内联函数和宏相比，除了能像宏一样在调用处直接展开，在参数传递、参数检查、返回值等方面比宏更有优势。正是这种优势，内联函数在 C 语言中被广泛使用。

一个函数被关键字 inline 修饰就变成了内联函数。需要注意的是，该函数虽然变成了内联函数，但是在编译的时候会不会展开还得由编译器决定。如果每一个内联函数都像宏一样展开，会导致生成的可执行文件体积大增，因此编译器会根据程序的具体运行环境，在函数的调用开销、函数的执行时间、函数展开的空间开销和硬件资源之间进行权衡，来决定是否对一个内联函数展开。

内联函数一般定义在 C 文件中，但是在 Linux 内核源码的头文件中，我们会经常看到一些内联函数的定义。一般来讲，变量和函数是不能在头文件中定义的，因为该头文件可能被多个 C 文件包含，当被预处理器展开后就变成了多次定义，很可能报重定义错误。那内联函数为什么可以在头文件中定义呢？很简单，当多个模块引用该头文件时，内联函数在编译时已经在多个调用处展开，不复存在了，因此不存在重定义问题。即使编译器没有对内联函数展开，我们也可以在内联函数前通过添加一个 static 关键字将该函数的作用域限制在本文件内，从而避免了重定义错误的发生。所以在 Linux 内核的很多头文件里，你会经常看到下面这种内联函数的定义形式。

```
static inline void func(int a, int b);
```

9.5　模块设计原则

高内聚低耦合是模块设计的基本原则。模块设计就像四世同堂居家过日子，妯娌婆媳吃大锅饭、柴米油盐不分你我很容易伤和气；如果亲兄弟明算账，每顿饭都 AA 又太显得生分，不利于和谐，因此把握好一个度很关键。一个系统是由不同模块构成的有机统一体，系统的外在功能是由系统内部各个模块之间相互协作、相互关联实现的。我们在划分模块时，如果各个模块纠缠在一块，结构混乱、层次不清晰，就不利于管理和维护；如果模块过于独立，模块间的相互关联和交互少了，就像肉架子上的一块块肉一样，无法构成一个相互关联的有机系统，充其量也只能算一个库。

模块的耦合度和内聚度是考核模块设计是否合理的参考标准。模块的内聚度指模块内各元素的关联、交互程度。从功能角度上看，就是各个模块在实现各自功能的时候，要自己的事自己做，自己的功能自己实现，尽量不麻烦其他模块。一个模块要想实现高内聚，首先模块的功能要尽可能单一，一个功能由一个模块实现，这样才能体现模块的独立性，进而实现高内聚。在模块实现过程中，遵循着"自己动手，丰衣足食"的基本原则，要尽量调用本模块实现的函数，减少对外部函数的依赖，这样可以进一步提高模块的独立性，提高模块的内聚度。

与模块内聚对应的是模块耦合。模块耦合指的是模块间的关联和依赖，包括调用关系、控制关系、数据传递等。模块间的关联越强，其耦合度就越高，模块的独立性就越差，其内聚度也就随之越低。不同模块之间有不同的关联方式，也有不同的耦合方式。

- 非直接耦合：两个模块之间没有直接联系。
- 数据耦合：通过参数来交换数据。
- 标记耦合：通过参数传递记录信息。
- 控制耦合：通过标志、开关、名字等，控制另一个模块。
- 外部耦合：所有模块访问同一个全局变量。

我们在设计模块时，要尽量降低模块的耦合度。低耦合有很多好处，如可以让系统的结构层次更加清晰，升级维护起来更加方便。在 C 语言程序中，我们可以通过下面的常用方法降低模块的耦合度。

- 接口设计：隐藏不必要的接口和内部数据类型，模块引出的 API 封装在头文件中，其余函数使用 static 修饰。
- 全局变量：尽量少使用，可改为通过 API 访问以减少外部耦合。
- 模块设计：尽可能独立存在，功能单一明确，接口少而简单。
- 模块依赖：模块之间最好全是单向调用，上下依赖，禁止相互调用。

总之，模块的高内聚和低耦合并不是一分为二的，而是辩证统一的：高内聚导致低耦合，低耦合意味着高内聚。简单理解就是：模块划分要清晰，接口要明确，有明确的输入和输出，模块间的耦合性小。在实际编程中，只有坚持这些原则，不断地对自己的代码进行重构和迭代，才能设计出更高质量的代码，迭代出更易管理和维护的系统架构。

9.6　被误解的关键字：goto

有很多书籍和前辈常常告诫我们：编程不要用 goto。正所谓"众口铄金，三人成虎"，时间久了，goto 的名声在 C 语言编程界也就慢慢变坏了，一夜之间仿佛成了过街的老鼠，人人喊打。其实我们倒觉得 goto 很冤枉，今天给它正一正名，就像《笑傲江湖》五大正派口中与其势不两立的邪派，其实很多都是性情中人、义薄云天。

在 C 语言中添加 goto 这个关键字，确实有点儿"返祖复古风"，这种简单粗暴的跳转指令，我们在汇编语言中经常看到：call、B、BL ……尤其使用 goto 往回跳，会使整个 C 语言程序变得复杂，破坏程序原有的层次和结构。一般来讲，任何复杂的程序逻辑都可以通过顺序、分支、循环这 3 种基本程序结构组合来实现，这也是很多人不推荐使用 goto 编程的原因：像一只从下水道钻出来的老鼠，人人喊打，还是回你的汇编世界去吧！

```
20 int func(void)
21 {
22     dosomething;
23     if(expr1)
24         goto err;
25     do sth.;
26     if(expr2)
27         goto err;
28     ...;
29
30     return 0;
31 err:
32     return -1;
33 }
34
```

图 9-7　函数出错的统一出口：err

其实 goto 也不是一无是处，其无条件跳转的特性有时候会大大简化程序的设计。如有多个出错出口的函数，我们可以使用 goto 将函数内的出错指定一个统一的出口，统一处理，反而会使函数的结构更加清晰，如图 9-7 所示。

我们通过模块化设计，将函数主逻辑代码和出错处理部分隔离，使函数的内部结构更加清晰。通过代码复用，将一个函数多个出口归并为一个总出口，然后在总出口处对出错统一处理，释放 malloc() 申请的动态内存、释放锁、文件句柄等资源。通过函数内部这种模块化的设计，既提高了效率，又不会破坏程序原来的结构。

在一个多重循环程序中，如果我们想从最内层的循环直接跳出，则需要多次使用 break 和 return，层层退出才能达到预期目的。而使用 goto 无条件跳转，简单粗暴，一步到位，快捷方便，如图 9-8 所示。

```
3 if(cxp1)
4     goto A;
5 else if(exp2)
6     goto B;
7 else
8     goto C;
9 A:
10     printf("A");
11 B:
12     printf("B");
13 C:
14     printf("C");
15
16
```

```
2 for(cxpr1){
3     for(expr2){
4         for(expr3){
5             for(expr4){
6                 if(expr5)
7                     goto endloop;
8                 }
9             }
10         }
11     }
12 }
13 return 0;
14 endloop:
15     return -1;
```

图 9-8　多重循环和多分支程序中的 goto

正是由于 goto 的这种特性，在 Linux 内核源码中，我们可以看到 goto 并没有被抛弃，在函数定义中被广泛使用，如图 9-9 所示。

```
static int create_nl_socket(int protocol)
{
    int fd;
    struct sockaddr_nl local;

    fd = socket(AF_NETLINK, SOCK_RAW, protocol);
    if (fd < 0)
        return -1;

    if (rcvbufsz)
        if (setsockopt(fd, SOL_SOCKET, SO_RCVBUF,
                &rcvbufsz, sizeof(rcvbufsz)) < 0) {
            fprintf(stderr, "Unable to set socket rcv buf size to %d\n",
                rcvbufsz);
            goto error;
        }

    memset(&local, 0, sizeof(local));
    local.nl_family = AF_NETLINK;

    if (bind(fd, (struct sockaddr *) &local, sizeof(local)) < 0)
        goto error;

    return fd;
error:
    close(fd);
    return -1;
}
```

图 9-9　Linux 内核源码中的 goto

使用关键字 goto 有利有弊，我们要一分为二地去看待：不能坚决不用，也不能滥用。使用 goto 也是一样，需要的时候用就可以了。goto 在使用的过程中，也有一些需要注意的地方，如只能往前跳，不能往回跳。还有就是使用 goto 只能在同一函数内跳转，函数内 goto 标签的位置也有一定的讲究，goto 标签一般在函数体内两段不同逻辑功能代码的交界处，用来区分函数内的模块化设计和逻辑关系。

9.7　模块间通信

一个系统的外在功能是通过系统内的各个模块相互协作、相互关联实现的。系统内的各个模块可以通过各种耦合方式进行通信，下面介绍几种常见的模块间通信方式。

9.7.1　全局变量

各个模块共享全局变量是各个模块之间进行数据通信最简单直接的方式。一个全局变量具有文件作用域，但是我们可以通过 extern 关键字将全局变量的作用域扩展到不同的文件中，然后各个模块就可以通过全局变量进行通信了。

一个系统中的各个模块通过共享全局变量来实现模块间通信，操作方便，实现简单，但是这种外部耦合方式增加了模块之间的耦合性。为了减少这种因外部耦合带来的耦合性，我们可以基于上述方案进行改进：把对全局变量的直接访问修改为通过函数接口间接访问。就像类的私有成员一样，该全局变量只能在一个模块中创建或直接修改，如果其他模块想要访问这个全局变量，则只能通过引出的函数读写接口进行访问，如图 9-10 所示。

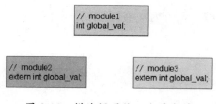

图 9-10　模块间通信：全局变量

```
//module.h
void val_set(int value);
int  val_get(void);

//module.c
int global_val = 10;
void val_set(int value)
{
    global_val = value;
}

int val_get(void)
{
    return global_val;
}
```

　　在上面的程序中，对于 module 模块中定义的全局变量 global_val，其他模块想对其访问时，不再通过变量名直接访问，而是通过 module 封装的 val_set()和 val_get() 接口函数进行访问。在多任务环境下，有时候还需要注意全局变量的互斥访问。通过函数接口访问共享的全局变量在一定程度上减少了模块之间的外部耦合，大大降低了耦合性。

　　Linux 内核源码中定义了很多全局变量，如 current 指针、Jiffies、HZ、tick 等，如果我们想使用这些全局变量，通过它们实现的函数接口访问即可。Linux 内核中的全局变量在定义的时候要先通过 EXPORT_SYMBOL 导出，然后其他模块才能引用。为什么要这样设计呢？其实想想还是很有道理的：Linux 内核几万个文件、2000 多万行代码、不计其数的全局变量，如果都是全局可访问的，都导出到符号表中，那么生成的可执行文件得多大啊？而且，Linux 内核有几千名开发者，如果有人在自己的源文件中定义了同名的全局变量，多个文件在链接时还会发生符号冲突，产生重定义错误。此外，有些全局变量其实并不是"全局的"，它们可能只是一个内核模块的几个文件共享的一个"区域性全局变量"而已。使用 EXPORT_SYMBOL，我们可以区分出哪些全局变量是真正的全局变量，是内核所有的模块都可以访问的。如果你定义了一个全局变量，而且只是在自己的模块里使用，不想被其他人使用，为了避免重定义错误，建议使用 static 关键字来修饰这个全局变量，将它的作用域限定在本文件内，可以有效地避免名字冲突。

接下来我们做一个实验，编写两个内核模块：在一个模块内定义一个全局变量，然后在另一个内核模块内访问它。

内核模块 1 的代码如下。

```c
//module1.c
#include <linux/init.h>
#include <linux/module.h>
MODULE_LICENSE("GPL");

int global_val = 10;
EXPORT_SYMBOL(global_val);

int get_global_val_value(void)
{
    return global_val;
}

int set_global_val_value(int a)
{
    global_val = a;
}

static int module1_init(void)
{
    printk("hello module1!\n");
    printk("module1:global_val = %d\n", global_val);
    return 0;
}

static void __exit module1_exit(void)
{
    printk("goodbye, module1!\n");
}

module_init(module1_init);
module_exit(module1_exit);
```

内核模块 1 的 Makefile 文件如下。

```
.PHONY:all clean
ifneq ($(KERNELRELEASE),)
obj-m := module1.o
else
```

```
EXTRA_CFLAGS += -DDEBUG
KDIR := /home/linux-4.4.0
all:
        make  CROSS_COMPILE=arm-linux-gnueabi- ARCH=arm -C $(KDIR) M=$(PWD) modules
clean:
        rm -f *.ko *.o *.mod.o *.mod.c *.symvers *.order
endif
```

内核模块 2 的代码如下。

```
//module2.c
#include <linux/init.h>
#include <linux/module.h>
#include <asm/module1.h>
MODULE_LICENSE("GPL");

extern int global_val;

static int module2_init(void)
{
    printk("hello module2!\n");
    printk("module2:global_val = %d\n", global_val);
    return 0;
}

static void  __exit module2_exit(void)
{
    printk("goodbye, module2!\n");
}

module_init(module2_init);
module_exit(module2_exit);
```

内核模块 2 的 Makefile 文件如下。

```
.PHONY:all clean
ifneq ($(KERNELRELEASE),)
obj-m := module2.o
else
EXTRA_CFLAGS += -DDEBUG
KDIR := /home/linux-4.4.0
all:
        make  CROSS_COMPILE=arm-linux-gnueabi- ARCH=arm -C $(KDIR) M=$(PWD) modules
clean:
        rm -f *.ko *.o *.mod.o *.mod.c *.symvers *.order
endif
```

将上面的两个内核模块编译成 module1.ko 和 module2.ko，然后分别使用 insmod 命令加载到内核中运行，你会发现在模块 1 中定义的全局变量可以在模块 2 中直接访问。为了更专业一点，我们可以将对全局变量和函数接口的声明放到 module1.h 头文件中，并将这个头文件放到 Linux 内核的头文件官方路径下。模块 2 包含这个头文件后就可以通过变量名直接访问，或通过函数接口间接访问。

通过共享全局变量进行模块间通信，实现最简单，也最容易理解，因此在各个项目中被广泛使用。包括我们在生产者-消费者模型中常用的共享缓冲区，其实也是基于这个思想设计的。

9.7.2 回调函数

一个系统的不同模块还可以通过数据耦合、标记耦合的方式进行通信，即通过函数调用过程中的参数传递、返回值来实现模块间通信。

```
//module.c
int send_data(char *buf, int len)
{
    char data[100];
    int i;
    for(i = 0; i < len; i++)
        data[i] = buf[i];
    for(i = 0; i < len; i++)
        printf("received data[%d] = %d\n", i, data[i]);
    return len;
}


//main.c
#include <stdio.h>
int send_data(char *buf, int len);

int main(void)
{
    char buffer[10] = {1,2,3,4,5,6,7,8,9,0};
    int return_data;
    return_data = send_data(buffer, 10);
    printf("send data len:%d\n", return_data);
    return 0;
}
```

上面的示例代码实现了如何通过 send_data()函数将 main.c 模块 buffer 中的数据传递到 module.c 模块并进行打印，同时通过 send_data()函数的返回值将数据传递的长度信息从 module.c 模块反馈给 main.c 模块。

　　这种通信方式易于理解和实现，但缺点是这种通信方式是单向调用的，无法实现双向通信。通过上面的学习我们知道，一个系统通过模块化设计，各个模块之间最理想的关系是一种上下依赖的关系，每一层的模块都是对下一层的封装，并留出 API 供上一层调用。

　　每一层的模块只能主动调用下一层模块提供的 API，然后自己封装成 API 供上一层的模块调用，如图 9-11 所示。这种单向的调用关系只能实现单向通信，当底层的模块想主动与上一层的模块进行通信时，该如何实现？

　　方法肯定是有的，如我们可以通过回调函数来实现。什么是回调函数呢？我们在编写程序实现一个函数时，通常会直接调用底层模块的 API 函数或库函数。如果反过来，我们写一个函数，让系统直接调用该函数，那么这个过程被称为回调（callback），这个函数也就被称为回调函数（callback function），如图 9-12 所示。

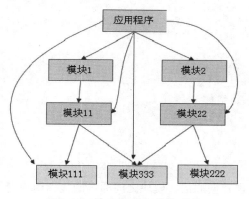

图 9-11　单向调用与单向通信

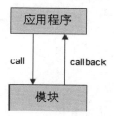

图 9-12　调用与回调

　　回调函数最显著的特点类似好莱坞原则：Do not call me, I will call you。通过这种控制反转，底层模块也可以调用上层模块的函数，进而实现双向通信。下面的程序代码就是通过回调函数控制反转，实现双向通信的一个示例。

```
//module.h
#ifndef __RUNCALLBACK__H
#define __RUNCALLBACK__H
  void runcallback(void (*fp)(void));
#endif


//module.c
void runcallback(void (*fp)(void))
{
    fp();
```

```
}

//app.c
#include <stdio.h>
#include "module.h"

void func1(void)
{
    printf("func1...\n");
}

void func2(void)
{
    printf("func2...\n");
}

int main(void)
{
    runcallback(func1);
    runcallback(func2);
    return 0;
}
```

程序运行结果如下。

```
func1...
func2...
```

通过回调函数的设计，两个模块之间可以实现双向通信。模块之间通过函数调用或变量引用产生了耦合，也就有了依赖关系。按照 Robert Martin 的依赖倒置原则：上层模块不应该依赖底层模块，它们共同依赖某一个抽象。抽象不能依赖具象，具象依赖抽象。因此为了减少模块间的耦合性，我们可以在两个模块之间定义一个抽象接口。

```
//device_manager.h
#ifndef __STORAGE_DEVICE__H
#define __STORAGE_DEVICE__H
typedef int (*read_fp)(void);
struct storage_device
{
    char name[20];
    read_fp read;
};
extern int register_device(struct storage_device dev);
extern int read_device(char *device_name);
#endif
```

```c
//device_manager.c
#include <stdio.h>
#include <string.h>
#include "device_manager.h"
struct storage_device device_list[100] = {0};
unsigned char num;

int register_device(struct storage_device dev)
{
    device_list[num++] = dev;
    return 0;
}

int read_device(char *device_name)
{
    int i;
    for(i = 0; i < 100; i++)
    {
        if (!strcmp(device_name,device_list[i].name))
            break;
    }
    if(i == 100)
    {
        printf("Error! can't find device: %s\n", device_name);
        return -1;
    }
    return device_list[i].read();
}


//app.c
#include <stdio.h>
#include "device_manager.h"

int sd_read(void)
{
    printf("sd read data...\n");
    return 10;
}

int udisk_read(void)
{
    printf("udisk read data...\n");
    return 20;
}
```

```
struct storage_device sd = {"sdcard", sd_read};
struct storage_device udisk = {"udisk", udisk_read};

int main(void)
{
    register_device(sd);        //高层模块函数注册，以便回调
    register_device(udisk);

    read_device("udisk");       //实现回调，控制反转
    read_device("udisk");
    read_device("uk");
    read_device("sdcard");
    read_device("sdcard");
    return 0;
}
```

程序运行结果如下。

```
udisk read data...
udisk read data...
Error! can't find device: uk
sd read data...
sd read data...
```

在上面的示例代码中，我们模仿 Linux 内核源码，实现了一个设备管理模块，用来完成设备的注册和管理功能。其核心实现思想，就是通过回调函数实现控制反转，让系统回调我们注册到设备管理模块中的自定义函数，高层模块和底层模块通过 device_manager 模块实现的抽象接口，解除了模块间的耦合关系，进一步实现了"高内聚，低耦合"，一举两得。

回调函数在实际编程中被广泛使用，如 Linux 设备驱动模型框架、GUI 窗口编程、状态机等，我们在以后的嵌入式学习和工作中会经常看到它们的身影。

9.7.3 异步通信

模块间通信无论是通过模块接口，还是通过回调函数，其实都属于阻塞式同步调用，会占用 CPU 资源。这一节我们将学习另外一种模块间通信方式：异步通信。

什么是异步通信？什么是阻塞式调用？给大家讲一个老张烧水的故事就明白了。老张今年 48 岁，没有老婆，独自在家，口渴了还要自己烧水。

● 装一壶水，插上电，搬个小板凳坐等水烧开：同步阻塞式调用。
● 装一壶水，插上电，然后去看电视，每 5 分钟跑过来看一下水烧开了没有：同步非阻塞式调用。

- 装一壶水，插上电，躺在床上什么也不干，等水烧开水壶鸣笛后去倒水：异步阻塞式调用。
- 装一壶水，插上电，然后去看电视，等水烧开水壶鸣笛后去倒水：异步非阻塞式调用。

通过老张烧水的故事，相信大家对同步通信、异步通信、阻塞与非阻塞访问已经有了一个感性的认识。如果把老张换成 CPU，道理是一样的，CPU 在访问一个资源时，如果资源没有准备好需要等待，CPU 什么也不干，原地打转干等就是同步通信，CPU 去干其他事情，等资源准备好了通知 CPU，CPU 再来访问就是异步通信。

通过上面的分析，我们可以看到同步调用会一直占用 CPU 的资源，导致系统性能降低。而异步通信则解放了 CPU 资源，在等待的这段时间可以去做其他事情，提高了 CPU 的利用率。常用的异步通信如下。

- 消息机制：具体实现与平台相关。
- 事件驱动机制：状态机、GUI、前端编程等。
- 中断。
- 异步回调。

在 Linux 操作系统中，各个模块间也会采用不同的异步通信方式进行通信：Linux 内核模块之间可以使用 notify 机制进行通信；内核和用户之间可以通过 AIO、netlink 进行通信；用户模块之间异步通信的方式更多，除了操作系统支持的管道、信号、信号量、消息队列，还可以使用 socket、PIPE、FIFO 等方式进行异步通信，有兴趣的读者可自行查阅相关资料学习。

9.8　模块设计进阶

通过前面的学习，我们已经掌握了系统模块化设计的基本流程：如何对一个系统进行模块化分析和设计，如何对划分的各个模块进行实现和封装，以及模块间如何进行通信。然后我们将各个模块集成到系统，没有差错的话系统就可以正常运行了。但我们不能止步于此，就此满足，我们还可以继续对系统进行优化。

9.8.1　跨平台设计

现在很多软件在发布时都会陆续发布多种版本：Windows 版本、Android 版本、iOS 版本。如现在流行的吃鸡游戏，有 PC 版的端游，也有移动版的手游。不同版本的软件运行的平台不一样，操作系统也不一样，我们在编写程序时就要考虑软件的跨平台设计。目前主流的操作系统平台主要如下。

- Windows 系列：Windows 7（32 位/64 位）、Windows 10、Windows Phone。
- Linux/UNIX 系列：iOS、Mac OS、Linux（X86、ARM、MIPS）、Android。
- 嵌入式 RTOS 系列：uC/OS、FreeRTOS、RT-Thread、VxWorks、eCos。

不同的操作系统，提供的 API 或系统调用接口不一样，我们的应用程序在调用这些接口时，如果考虑跨平台设计，就需要对这些接口进行封装。否则你调用 Windows 的 win32 API，程序只能在 Windows 环境下运行；你调用 Linux 的 POSIX API 函数，程序就只能在 Linux 环境下运行。

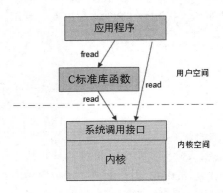

图 9-13　C 标准库与系统调用

C 语言本身就是与平台无关的、跨平台的，C 语言标准和 C 标准库里定义的函数接口也是与平台无关的。同一个 C 标准库函数，在不同的平台下可能会通过不同的系统调用接口实现，但是留给应用程序的接口是由 C 语言标准规定的，统一不变。因此，为了让我们编写的程序能够在不同的环境下运行，此时应该考虑尽量使用 C 标准库函数，而不是直接使用操作系统的系统调用接口，如图 9-13 所示。

在模块的跨平台设计中，不仅要考虑操作系统环境的差异，还要考虑 CPU 硬件平台的不同。不同架构的 CPU、不同位宽的 CPU 在数据存储方面也有较大的差异，如大端模式和小端模式、内存对齐、不同数据类型的字长等。此时你写的程序就要考虑这些因素在不同平台下的差异，然后选择合适的数据类型：什么时候需要使用 C 语言标准数据类型；什么时候需要使用固定大小的可移植数据类型；什么时候使用特定的内核数据类型，如 dev_t、size_t、pid_t 等；这些知识点我们在前面的章节都已涉及，这里就不再赘述。除此之外，还有一些可行的方法供我们参考。

- 将与操作系统相关的系统调用封装成统一的接口，隐藏不同操作系统之间接口的差异。
- 头文件路径分隔符使用通用的"/"，而不是 Windows 下的"\"。
- 禁止使用编译器的扩展语法或特性，使用 C 语言标准语法编写程序。
- 尽量不要使用内嵌汇编。
- 打开所有警告选项，高度重视出现的每一个 Warning。
- 使用条件编译，使代码兼容适配各个平台。

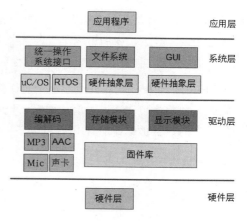

按照上面的建议，我们可以尝试对前面章节列举的 MP3 播放器系统进行跨平台设计：将不同的操作系统接口封装成一个统一的操作系统接口，对于文件系统、GUI 依赖的驱动模块进行抽象，封装成统一的接口。系统层的代码经过封装之后就变得与平台无关，移植到不同的开发板、硬件平台上不需要再次修改就可以运行，如图 9-14 所示。

现在很多嵌入式平台，如 STM32 平台，会自带厂家封装好的固件库。固件库大大减轻了驱动开发者的负担和工作量，我们在实现驱动的各种功能时，有时候可以直接调用固件库的相关函数来实现。

图 9-14　MP3 播放器的跨平台设计

9.8.2　框架

框架（Framework）这个概念相信很多人都听说过，或者用过。在开发一个网站时，你会发现很多现成的框架可以使用，如 PHPCMS、Django、Z-Blog、DisCuz!；现在人工智能很火，你学习人工智能也会接触很多框架，如 Caffe、TensorFlow；学习 Java，你可能会接触 Spring 框架；学习嵌入式，你也会接触很多框架，如多媒体开源框架 FFmpeg 等。

框架是什么呢？框架其实就是一个可扩展的应用程序骨架。当你在某一个行业开发应用软件很多年时，你会发现很多应用软件除了功能和个性化配置上的一些差异，很多东西都是重复的，程序员的大部分开发工作也是重复的。如果每次开发应用，我们都把这些重复的步骤走一遍，不仅影响工作效率，也会影响一个人的工作热情和积极性，没有人愿意整天做重复性的工作。

此时，我们就应该考虑一下代码复用了：将一个行业领域内众多应用软件的相同功能进行分离和抽象，将应用中一些通用的功能模块化，把通用的模块下沉，沉淀为底层，将专用的模块上浮，提供可配置和扩展的接口，经过不断优化和完善，就可以慢慢迭代为一个软件框架。

框架是一个软件半成品，我们可以基于框架快速开发各种应用，也可基于框架进行二次扩展开发。对于嵌入式开发领域来说，开发板其实就是一个框架，如果你想做一个 MP3 播放器，则整个产品的开发流程为：硬件电路设计、画板子、移植操作系统、开发驱动、开发应用程序实现 MP3 播放。如果你想做一个电子相框，则整个产品的开发流程为：硬件电路设计、画板子、移植操作系统、开发驱动、开发应用程序实现图片显示。开发的嵌入式产品多了，你会发现很多步骤都是重复的，此时我们就可以将这些重复的步骤进行分离、抽象、模块化，通用的模块下沉，慢慢就迭代为平台，慢慢就可以迭代为开发板了。一个开发板把硬件电路设计、操作系统移植、驱动程序都已经设计好了，我们可以基于开发板快速开发不同的应用程序。

再以做炸酱面为例。在电影《金氏漂流记》中，男主角最后从岛上重返社会，重新点燃了对生活的信心。如果他打算开个小饭馆卖炸酱面，则此时他就不需要自己再收集各种鸟粪种庄稼了，让农民去种粮食，让工人去磨成面粉，他可以直接当厨师，直接去市场买面粉，自己做和面、擀面条、煮面、拌面这部分工作就可以了，如图 9-15 所示。这就是本章所讲的模块化设计与代码复用。

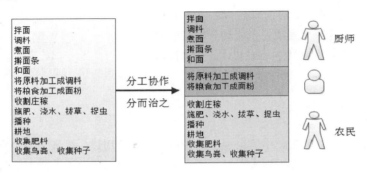

图 9-15　一碗炸酱面的社会化分工

电影的男主角最后和女主角见了面，两人惺惺相惜，如果发展顺利，说不定以后可以开个夫妻店：男主角专做大排面，女主角专做鸡腿面，厨艺不断精进，口碑不断上升，如图 9-16 所示。

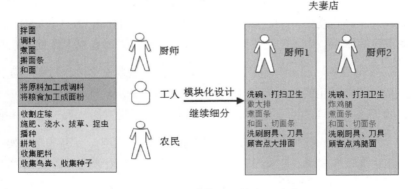

图 9-16　一碗炸酱面的模块化设计

随着来小店吃饭的人越来越多，生意越来越红火，两个人应付不过来了，于是开始琢磨如何提高工作效率。他们发现，每做一碗面都要重复很多事情：顾客买单、洗碗、和面、切面条、煮面条。其实这些重复的事情可以找专人去做，自己专注做大排、炸鸡腿这些高附加值的部分就可以了。于是他们开始招人，进行合理化分工：有前台负责顾客买单，有服务员负责端菜等服务，有清洁工专门负责洗碗……此时夫妻店也改头换面，变成了 XX 饭店，如图 9-17 所示。

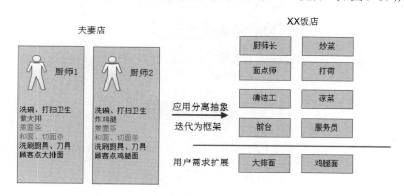

图 9-17　一碗炸酱面的系统迭代升级：框架

此时的 XX 饭店，从软件的角度看就是一个框架。它将不同应用软件（大排面、鸡腿面）的重复流程进行分离抽象，并进行模块化，让不同的人去负责和实现。通用的模块下沉（前台、服务员、清洁工），专用的模块上浮（炸鸡腿的厨师、卤大排的厨师），通过不断优化和改进，慢慢地就迭代出了一个框架：后厨系统。通过这个框架，根据顾客的点餐需求，可以快速开发出各种应用（大排面、鸡腿面）。我们甚至可以基于后厨系统做二次开发，快速开发出新的应用产品：猪脚面、海鲜面……

从用户开发角度看，基于框架可以快速开发出不同的应用产品。从代码复用角度看，框架是一种更高层次的代码复用：将重复的代码按照一定框架统一起来，实现模块级的代码复用，避免重复造轮子。随着框架不断迭代，越来越成熟，功能越来越完善，使用框架不仅能快速开发产品、提高工作效率，还能提高软件开发质量，降低软件开发的门槛和人员要求，降低产品开发的整体成本。很多公司在长期的开发实践中，通过持续地积累和不断地迭代，慢慢都有了自己的一套开发框架。框架是一个公司长期技术积累的结晶，是公司最核心的竞争力。

有了框架的概念，我们就可以接着对我们的嵌入式 MP3 播放器继续优化。假如此刻我们的 MP3 系统升级了：不仅可以播放歌曲，还可以显示图片、玩游戏、聊天、刷微博，系统扩展了很多应用。此时我们可以对不同的应用进行分析，找出通用的部分：每个应用都要去处理用户的点击触摸屏事件，然后判断位置，根据不同的事件类型去执行不同的操作。如果我们把这些通用的操作流程进行分离抽象，将通用的功能模块化，慢慢地也可以迭代出一个框架：事件处理机制框架，如图 9-18 所示。基于此框架开发应用，我们就不用考虑这么多触摸屏处理细节和流程的问题了，可以使用框架封装好的 API 快速开发应用程序。我们甚至可以将框架的 API 公开，吸引第三方开发者和粉丝加入进来，开发更多有趣的 App，营造一个大家共同参与的社区开发文化。

图 9-18　MP3 播放器系统迭代升级：应用框架

9.9　AIoT 时代的模块化编程

随着物联网和人工智能的发展，嵌入式系统也变得越来越复杂：第一个变化是不同的嵌入式设备开始具备联网功能，接入云端，将感知的数据传入云服务器；第二个变化是在边缘侧开始支持人工智能，将以前由云端进行模型训练的工作转移到不同的设备节点上。越来越多的协议栈、组件、服务集成到嵌入式系统中。以 RT-Thread 物联网操作系统为例，如图 9-19 所示，RT-Thread 不再仅仅是一个操作系统内核，而是集成了各种云端连接组件、服务、数据库、脚本引擎、GUI 引擎等。

在一个复杂的嵌入式系统中，无论在软件层面，还是硬件层面，模块化设计都被证明是一个有效的开发方法。通过模块化设计，可以将一个系统目标或功能拆分为不同的模块来实现，通过高内聚低耦合设计，更加容易管理和维护。不同的通信协议需要不同的通信模块，在硬件层面，通过硬件平台的通用接口，我们可以将 Wi-Fi、蓝牙、4G 做成独立的通信模组，适配不同的开发板和平台，用户在开发应用产品时，可以根据不同的需求选择不同的通信方式，选择不同的硬件模块。在软件层面，通过模块化设计，用户可以很方便地添加或删除一个软件模块，面对物联网碎片化的应用场景，可以让整个软件系统或平台更具有弹性，让整个系统更加容易升级和维护。

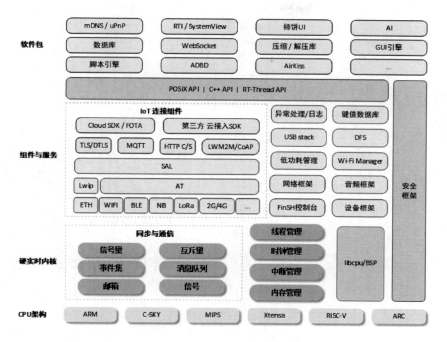

图 9-19　RT-Thread 物联网操作系统架构

　　通过模块化设计，无论是硬件上还是软件上，不同的厂家和开发商都可以参与进来，提供不同的硬件模块、算法库或软件包，促进整个物联网开发生态良性发展。

　　随着物联网技术的发展和生态的逐渐成熟，笔者认为，未来的编程将越来越标准化、模块化。大家可以像搭积木一样，将不同的硬件模块组装成自己需要的平台，软件系统可以自由裁剪、添加模块。无论是硬件，还是软件，模块的可复用性都将大大增强。

10

第 10 章
C 语言的多任务编程思想
和操作系统入门

嵌入式是一门交叉学科。嵌入式开发，一般涉及芯片、硬件电路、操作系统、软件工程、通信协议、产品测试等各个领域的知识，对嵌入式开发者的技能栈要求更高。当桌面软件开发遇到问题时，开发人员只需要从业务逻辑和语言层面分析问题就差不多了。而对于嵌入式开发者来说，当一个产品出现问题时，可能还要从芯片配置、硬件电路、操作系统、调试环境等角度去分析问题到底出在哪里。这就要求嵌入式工程师最好具备电子电路、操作系统、编程语言、软件工程等各方面的知识和技能。然而现实是，很多嵌入式工程师的专业背景，要么是纯电类专业，如电子、自动化、通信等专业；要么是纯软件类专业，如计算机、信息科学、网络等专业。甚至有些是机械、数学、土木等专业，因为兴趣而跨行学习嵌入式，更难具备嵌入式开发所需要的完整知识体系和技能储备。

本章的学习重点，主要讲解 C 语言的多任务编程思想和操作系统的基本原理与编程入门。预期的收获是：学完本章后，尤其对于很多非计算机专业的人，能够对 CPU 和操作系统、多任务并发编程思想有一个感性的认识，为后续的多任务编程、内核编程、驱动开发等进阶学习打下良好的基础。

10.1　多任务的裸机实现

随着嵌入式产品功能越来越多，系统越来越复杂，我们也要不断地提升相关的理论、技术和开发方法。通过模块化设计可以将一个复杂的系统划分成不同的模块，划分成不同的任务去实现，这种模块化设计方法和多任务编程思想不仅可以简化软件设计，而且会让后续的升级和维护更加方便。哪怕在一个资源受限的嵌入式裸机环境下，一个业务复杂的软件如果尝试使用多任务编程思想去实现，编程的难度也会大大降低，后期软件的升级和维护也会更加方便。

10.1.1　多任务的模拟实现

假设我们想基于 C51 单片机平台实现一个温度控制系统，对塑料大棚进行温度控制：用户可以通过按键设置预定温度，系统会通过温度传感器获取当前温度，并通过数码管显示。当温度低于我们的设定温度时，系统会启动加热装置提高温度。

通过模块化设计方法，我们可以将温度控制系统划分为不同的模块：按键扫描、数码管显示、温度获取、温度加热。通过多任务编程思想，我们可以创建 4 个不同的任务来实现：按键扫描任务、数码管显示任务、温度获取任务、温度加热任务，如图 10-1 所示。

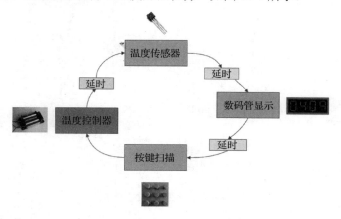

图 10-1　温度控制系统的模块化设计

在裸机环境下，我们可以在 main()函数中设计一个大循环来模拟多任务的实现。

```
//task_v1.c
#include <stdio.h>

void delay(int ms)
```

```
{
    for(int i = 0; i < 5000000; i++)
        for(int j = 0; j < ms; j++)
            ;
}

int task_key_scan(void)
{
    int key_value;
    printf("keyboard scan...\n");
    return key_value;
}

void task_led_show(void)
{
    printf("led show...\n");
}

void task_temperature_get(void)
{
    printf("DB18S20 init...\n");
}

void task_temperature_set(void)
{
    printf("set temperature...\n");
}

int main(void)
{
    while(1)
    {
        task_temperature_get();
        delay(100);
        task_led_show();
        delay(100);
        task_key_scan();
        delay(100);
        task_temperature_set();
        delay(100);
        printf("\n\n");
    }
    return 0;
}
```

程序运行结果如下。

```
DB18S20 init...
led show...
keyboard scan...
set temperature...

DB18S20 init...
led show...
keyboard scan...
set temperature...
...
```

在 task_v1.c 中，我们分别定义了 4 个任务函数，然后在 main()函数中通过 while(1)死循环可以让这 4 个任务依次轮流执行。温度控制系统首先会通过 task_temperature_get()任务获取当前环境的温度并通过数码管显示出来；接着运行按键扫描任务，看是否有用户按下按键来设置温度；如果用户设置了温度，再去运行加热任务将当前大棚的温度提高到用户设定值。在整个 main()函数的大循环中，这 4 个任务会一直循环运行下去。

10.1.2　改变任务的执行频率

通过上面的程序设计，我们可以让这 4 个任务依次循环运行，但还是会存在一些问题：每个任务的执行频率是不一样的。如数码管显示、按键扫描任务需要频繁运行，否则用户的按键事件就可能检测不到；数码管的动态刷新频率低了，数码管的显示可能就会闪烁。而有些任务不需要频繁运行，如温度的获取和设置，温度的变化是非常缓慢的，我们不需要每秒都去获取数据，每 1 分钟、甚至每 5 分钟获取一次温度数据都是可以接受的。因此我们需要对上面的程序进行改进，改变不同任务的执行频率。

```
//task_v2.c
#include <stdio.h>

unsigned int count;    //定义一个全局计数器

void count_add(void)
{
    for(int i = 0; i < 5000000; i++);
    count++;
}

int task_key_scan(void)
{
    int key_value;
    printf("keyboard scan...\n");
    return key_value;
}
```

```
void task_led_show(void)
{
    printf("led show...\n");
}

void task_temperature_get(void)
{
    printf("DB18S20 init...\n");
}

void task_temperature_set(void)
{
    printf("set temperature...\n");
}

int main(void)
{
    while(1)
    {
        count_add();
        if(count % 1000 == 0)
            task_temperature_get();
        if(count % 100 == 0)
            task_led_show();
        if(count % 200 == 0)
            task_key_scan();
        if(count % 2000 == 0)
            task_temperature_set();
    }
    return 0;
}
```

程序运行结果如下。

```
led show...
led show...
keyboard scan...
led show...
led show...
keyboard scan...
led show...
led show...
keyboard scan...
led show...
led show...
keyboard scan...
```

```
led show...
DB18S20 init...
led show...
```

在 task_v2.c 中，为了让每个任务按照不同的频率运行，我们在 main()函数的大循环中添加了一个计数器函数：count_add()。main()函数每执行一次大循环，计数器加 1，每个任务都要满足一定的计数值才可运行。每一次大循环，并不是每个任务都要运行，每个任务要分别满足各自设定的计数值后才会运行。通过这种设计，每个任务运行的频率就可以改变了：按键扫描或数码管显示的任务，需要频繁运行，我们可以将计数值设置得小一点；温度获取、温度加热的任务不需要频繁运行，我们可以将计数值设置得大一点。

在实际的嵌入式系统中，计数器函数 count_add()一般使用一个定时器或时钟中断函数来代替，这样我们就不需要在 main()函数的大循环中显式调用计数器函数了。定时器到期或时钟中断来了，当前正在运行的程序会被打断，CPU 会自动跳到中断函数执行，然后在中断函数中完成对计数器的累加操作。

```c
//task_v3.c
#include <stdio.h>

unsigned int count;

void rtc_interrupt(void)
{
    count++;
}

int task_key_scan(void)
{
    int key_value;
    printf("keyboard scan...\n");
    return key_value;
}

void task_led_show(void)
{
    printf("led show...\n");
}

void task_temperature_get(void)
{
    printf("DB18S20 init...\n");
}

void task_temperature_set(void)
```

```
{
    printf("set temperature...\n");
}

int main(void)
{
    while(1)
    {
        if(count % 1000 == 0)
            task_temperature_get();
        if(count % 100 == 0)
            task_led_show();
        if(count % 200 == 0)
            task_key_scan();
        if(count % 2000 == 0)
            task_temperature_set();
    }
    return 0;
}
```

10.1.3   改变任务的执行时间

通过上一节的设计，我们可以改变不同任务的执行频率，但还是不够完美，在实际运行时仍旧会遇到一些问题，如没有考虑每个任务执行时间的长短。例如按键扫描任务需要每 100 ms 执行一次，如果其他任务的运行时间比较长，如温度加热任务运行一次可能需要 500 ms，那么就会影响按键扫描任务的运行。为了解决这个问题，我们可以尝试将运行时间耗时较长的任务分解为多个子任务，分阶段执行，通过状态机来实现。

为了把这个问题说明白，我们可以举一个通俗的例子。如你开了一个小饭馆，身兼厨师、前台、CEO、大堂经理、清洁工数职于一身。有一天同时来了三个顾客，各点了几个菜，你该如何应付？

如果你按照顺序来，先做顾客 1 的菜，光一个炖老鸭汤就得一个半小时，那么其他顾客肯定没有耐心等下去，马上给差评。正确的做法应该是：将每一个顾客的订单分解，先给每个顾客做一个菜吃着，然后做第 2 道菜，如图 10-2 和 10-3 所示。

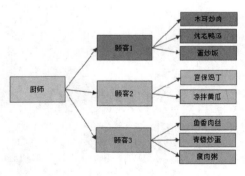

图 10-2   厨师的"多任务"

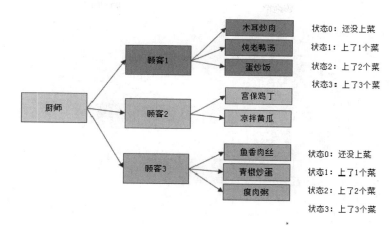

图 10-3 厨师的多任务分解

老板的这种做法其实就是我们本节要讲的使用状态机将长任务分解、分阶段执行的思想。对于每一个顾客,根据订单、上菜、买单的情况,可以划分为不同的状态。

● 状态 0:还没上菜。
● 状态 1:上了 1 个菜。
● 状态 2:上了 2 个菜。
● 状态 3:上了 3 个菜。
● 状态 4:无顾客。

对于一个顾客,我们可以使用有限个状态来描述它,描述这个顾客的订单、买单、上菜情况。每一个状态遇到不同的触发条件,就会进入下一个状态。如图 10-4 所示,假如顾客 1 刚点好菜,此时就是状态 0,厨师做了第一个菜木耳炒肉端了上去,顾客就进入了状态 1,厨师接着就给顾客 2 做菜去了。等再次轮到厨师给顾客 1 做菜时,厨师会根据顾客 1 的当前上菜情况(处于哪一个状态)再做了一个老鸭汤,端了上去,那么顾客 1 就进入了状态 2。依此类推,根据不同的触发条件,顾客就可以在多个有限状态之间转换。

有了状态机,我们可以记录顾客的每一个状态(上菜信息),然后老板就可以根据当前的上菜情况(状态)决定去做下一个菜。使用这种方法,哪怕再来 10 个顾客,老板也能应付了:先把每一个顾客的订单分解成一个一个的子任务,然后按照顺序,每次只给顾客做一个菜,这样下一个顾客就不用等待太长的时间,第一轮循环结束后,老板再根据每个顾客的上菜情况(当前状态)做第 2 道菜。按照这种模式循环下去,就可以解决服务一个顾客耗时过长的问题。

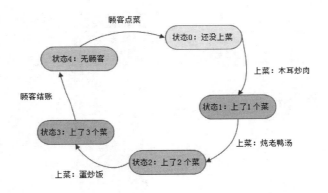

图 10-4   "顾客"状态机设计

按照这种思路，我们也可以对温度控制系统进行改进：对于运行时间较长的任务，如数码管显示，我们可以将其分解为不同的子任务：每次只刷新一个数码管，通过状态机的有限个状态来标记每次刷新的情况。对于按键扫描任务也是如此，按键消抖延时会占用很长时间，我们也可以将按键任务分解为按键按下、按键消抖、按键释放 3 个子任务，然后使用状态机记录不同的状态，分阶段执行，就可以解决任务运行时间过长的问题。

```
//task_v4.c
#include <stdio.h>

unsigned int count;

void rtc_interrupt(void)
{
    for(int i = 0; i < 500000; i++);
    count++;
}

void task1(void)
{
    static int task1_state = 0;
    switch(task1_state){
        case 0:
            task1_state++;
            printf("task1:step 0\n");
            break;
        case 1:
            task1_state++;
            printf("task1:step 1\n");
            break;
        case 2:
```

```
                task1_state++;
                printf("task1:step 2\n");
                break;
            case 3:
                task1_state++;
                printf("task1:step 3\n");
                break;
            default:
                printf("task1: undefined step\n");
                break;
        }
}

void task2(void)
{
    static int task2_state = 0;
    switch(task2_state){
        case 0:
            task2_state++;
            printf("task2:step 0\n");
            break;
        case 1:
            task2_state++;
            printf("task2:step 1\n");
            break;
        case 2:
            task2_state++;
            printf("task2:step 2\n");
            break;
        case 3:
            task2_state++;
            printf("task2:step 3\n");
            break;
        default:
            printf("task2: undefined step\n");
            break;
    }
}

int main(void)
{
    while(1)
    {
        if(count % 1000 == 0)
            task1();
        if(count % 2000 == 0)
            task2();
```

```
        rtc_interrupt();
    }
    return 0;
}
```

10.2　操作系统基本原理

　　上面的程序通过计数器和状态机可以改变每个任务的执行频率和执行时间，但还有一个问题没有解决：无法修改每个程序的执行顺序。每个任务都有轻重缓急之分，每个任务的重要程度和该任务在系统中扮演的角色往往决定了这个任务的优先级，优先级高的任务优先执行，优先级低的任务排在后面执行。我们接着对上面的程序进行改进。

```
//task_v5.c

#include <stdio.h>
#include <unistd.h>
#include <signal.h>

int task_delay[4] = {0};

void task1(void)
{
    task_delay[0] = 10;
    printf("task1...\n");
}

void task2(void)
{
    task_delay[1] = 4;
    printf("task2...\n");
}

void task3(void)
{
    task_delay[2] = 4;
    printf("task3...\n");
}

void task4(void)
{
    task_delay[3] = 1;
    printf("task4...\n");
}
```

```
void timer_interrupt(void)
{
    for(int i = 0; i < 4; i++)
    {
        if(task_delay[i])
            task_delay[i]--;
    }
    alarm(1);
}

void (*task[])(void) = {task1, task2, task3, task4};

int main(void)
{
    signal(SIGALRM, timer_interrupt);
    alarm(1);
    int i;
    while(1)
    {
        for(i = 0; i < 4; i++)
        {
            if(task_delay[i] == 0)
            {
                task[i]();
                break;
            }
        }
    }
    return 0;
}
```

程序运行结果如下。

```
task1...
task2...
task3...
task4...
task4...
task4...
task4...
task4...
task2...
task3...
task4...
task4...
...
```

为了实现任务的优先级，我们定义了一个函数指针数组，用来存放各个任务的函数指针，高优先级的任务放在数组前面，低优先级的任务放在数组后面。在 main()函数中，我们根据每个任务的延时是否到期，来决定是否执行这个任务。当两个优先级不同的任务同时到期时，因为高优先级任务的函数指针放在数组的前面，会先被遍历到，所以会先执行。通过这种巧妙的设计，我们就可以让高优先级的任务优先执行了。

在多任务切换实现中，为了模拟中断的产生，我们使用了 Linux 系统提供的 signal()和 alarm()函数，每 1 秒钟产生一个中断，然后在中断程序里对各个任务做延时减 1 的操作，任务延时到期后开始执行任务。

10.2.1 调度器工作原理

上面程序模拟的任务切换过程，其实模仿的就是操作系统任务切换的基本流程。如果我们对上面的程序进行封装，实际上其已经很接近操作系统的调度器雏形了。

```c
#include <stdio.h>
#include <unistd.h>
#include <signal.h>

int task_delay[4] = {0};

void task1(void)
{
    task_delay[0] = 10;
    printf("task1...\n");
}

void task2(void)
{
    task_delay[1] = 5;
    printf("task2...\n");
}

void task3(void)
{
    task_delay[2] = 2;
    printf("task3...\n");
}

void task4(void)
{
    task_delay[3] = 1;
    printf("task4...\n");
}
```

```
void timer_interrupt(void)
{
    for(int i = 0; i < 4; i++)
    {
        if(task_delay[i])
            task_delay[i]--;
    }
    alarm(1);
}

void (*task[])(void) = {task1, task2, task3, task4};

void os_init(void)
{
    task_delay[0] = 10;
    task_delay[1] = 4;
    task_delay[2] = 4;
    task_delay[3] = 1;
    signal(SIGALRM, timer_interrupt);
    alarm(1);
}

void os_scedule(void)
{
    int i;
    while(1)
    {
        for(i = 0; i < 4; i++)
        {
            if(task_delay[i]==0)
            {
                task[i]();
                break;
            }
        }
    }
}

int main(void)
{
    os_init();
    os_scedule();
    return 0;
}
```

我们将任务切换的核心代码封装成了 os_init() 和 os_scedule()两个 API 函数，然后在 main()

函数中，可以直接调用这两个函数进行任务初始化和切换。

调度器是操作系统中最核心的组件，其主要功能就是负责任务的切换。在一个操作系统环境下，一般是多个任务轮流占用 CPU 实现并发运行，每个任务都是无限循环的，如果调度器不去调度它们，这个任务会一直霸占着 CPU，无限期地运行下去。调度器一般会按照时间片轮转法去切换任务：每个任务运行 10ms，然后会有一个时钟中断或软中断产生，打断当前正在执行的任务，调度器会夺取 CPU 的控制权，接着开始进行任务调度，切换其他任务占用 CPU 继续运行，如图 10-5 所示。

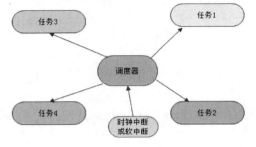

图 10-5　操作系统的核心组件：调度器

调度器一般可分为可抢占型和不可抢占型。不可抢占型调度器按照时间片轮转给每个任务分配运行时间，时间到了会有一个中断产生，调度器重新夺取 CPU 的控制权，然后安排下一个任务执行。可抢占型内核指一个任务的时间片还未到，就可以被高优先级的任务打断，抢占 CPU，然后开始运行高优先级的任务。实时操作系统对时间要求比较严格，一般都是采用可抢占型内核，而非实时操作系统对时间的要求不是很高，一般采用不可抢占型内核。

10.2.2　函数栈与进程栈

栈是 C 语言运行的基础。在 C 语言函数运行期间，接收的函数实参、函数内定义的局部变量、函数的返回值都是保存在栈中的。每一个函数都有一个对应的栈帧，用来保存该函数内定义的局部变量、函数实参、函数的返回值、上一级函数的返回地址、上一级函数的栈帧地址等。如图 10-6 所示，在 ARM 平台下，各个函数栈帧通过 FP 指针构成函数调用链。

在多任务环境中，每个任务在运行过程中都有可能随时被打断，随地被打断。每个任务也都需要一个任务栈，任务栈的作用主要有两个。

● 任务执行期间，函数调用需要的函数栈帧。

● 保存被打断的任务现场：CPU 的各种寄存器、状态寄存器、被打断地址等。

在 uC/OS 多任务环境下，对于用户创建的每一个任务都需要显

图 10-6　函数的栈帧与调用链

式指定一个任务栈。如下面的示例代码所示。

```
void task(void *pd)
{
    while(1){
    };
}

OS_STK  task_stack[1024];

int main()
{
    BspInit();
    OSInit();
    OSTaskCreate(task,(void *)0,&task_stack[1023],1);
    OSStart();
}
```

我们定义了一个 task_stack 数组来表示任务栈，当用户使用 uC/OS 的 API 函数 OSTaskCreate() 去创建一个任务时，需要显式指定该任务的栈空间起始地址&task_stack[1023]。在 ARM 平台下，因为我们使用的是递减栈，所以要将数组的最高地址作为栈的起始地址，当有栈元素入栈时，栈从高地址向低地址方向不断增长。当该任务运行时，各个函数调用过程中需要的栈帧空间都保存在这个数组里；当该任务被打断时，CPU 寄存器、被打断的地址等任务现场（上下文环境）也会保存在这个数组里。

在 Linux 环境下，对于每一个运行的程序，Linux 操作系统都会将我们运行的程序包装成一个进程，然后内核调度器通过统一的接口进行管理和调度。每一个运行的进程都有对应的进程栈，这个栈一般位于用户空间的最高地址，如图 10-7 所示。在 ARM 环境中使用的满递减栈，栈空间从高地址向低地址方向不断增长。

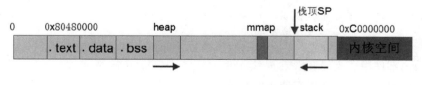

图 10-7　Linux 的进程栈

10.2.3　可重入函数

在多任务环境下编程与在裸机环境下编程有很多不一样的地方，函数的可重入性就是其中一个需要注意的细节。什么是函数的可重入性呢，我们先从一个实例开始介绍。

```
int a[10] = {1,2,3,4,5,6,7,8,9,0};
int b[20] = {1,2,3,4,5,6,7,8,9,0,12,3,4,5,6,7,8,9};

int sum(int array[], int len)
{
    static int sum = 0;
    for(int i = 0; i < len; i++)
        sum += i;
    return sum;
}

void task1(void)
{
    sum(a,10);
}

void task2(void)
{
    sum(b,20);
}
```

假设在一个多任务环境中，我们定义了一个 sum()函数用来对数组累加求和。sum()函数首先被任务 task1 调用，在 sum()函数运行期间，任务 task1 被调度器挂起，CPU 切换到 task2 运行，sum()函数被任务 task2 再次调用。由于 sum()函数内定义的有静态变量，当在运行期间被打断后再次被调用，就有可能影响 sum()函数在 task1 和 task2 中的运行结果。

在一个多任务环境中，一个函数如果可以被多次重复调用，或者被多个任务并发调用，函数在运行过程中可以随时随地被打断，并不影响该函数的运行结果，我们称这样的函数为可重入函数。相反，如果一个函数不能多次并发调用，在执行过程中不能被中断，否则就会影响函数的运行结果，那么这个函数就是不可重入函数，如上面的 sum()函数。

如何判断一个函数是可重入函数，还是不可重入函数呢？规则很简单，一个函数如果满足下列条件中的任何一个，那么这个函数就是不可重入函数。

- 函数内部使用了全局变量或静态局部变量。
- 函数返回值是一个全局变量或静态变量。
- 函数内部调用了 malloc()/free()函数。
- 函数内部使用了标准 I/O 函数。
- 函数内部调用了其他不可重入函数。

如下面的两个 swap() 函数，如果在设计过程中，使用了全局变量或静态变量，那么这个函数就变得不可重入了，在多任务环境中并发运行可能会出现问题。

```
int tmp;
void swap(int *p1, int *p2)
{
    tmp = *p1;
    *p1 = *p2;
    *p2 = tmp;
}
void swap(int *p1, int *p2)
{
    static int tmp;
    tmp = *p1;
    *p1 = *p2;
    *p2 = tmp;
}
```

在裸机环境下面，我们不需要考虑函数的可重入问题，因为裸机环境下只有一个主程序 main()一直在独占 CPU 运行。但是在多任务环境下，如果该函数可能被多次调用，或者在执行过程中可能会被中断或被任务调度器打断，此时我们就要考虑该函数的可重入问题了。

如何让一个函数变得可重入呢？方法其实也很简单，在函数设计的时候遵循下面的设计原则即可。

- 函数内部不能使用全局变量或静态局部变量。
- 函数返回值不能是全局变量或静态变量。
- 不使用标准 I/O 函数。
- 不使用 malloc()/free()函数。
- 不调用不可重入函数。

上面设计原则的前 4 条都比较容易实现，比较难把握的是第 5 条。我们在编程过程中可能会调用各种各样的函数：C 标准库函数、第三方库函数、框架接口函数、操作系统的 API 函数，以及自定义函数等。很多时候我们调用的函数只能通过头文件看到其函数原型声明，并无法真正看到其内部实现，所以在调用这些函数的过程中要特别注意，要看这些函数是否是可重入的。

思考：在中断函数中一般尽量不要调用不可重入函数，为什么？如果真的调用了，就一定会出现问题吗？为什么？

10.2.4　临界区与临界资源

在实际编程中，我们会不可避免地在函数中使用全局变量或静态局部变量，或者调用 malloc()/free() 函数，或者调用 printf()/scanf() 等标准 I/O 函数，那么这个函数也就变得不可重入了。不可重入函数在多任务环境下运行，有可能随时被中断，被任务切换打断，进而会影响运行结果。这可怎么办呢？

不用担心，操作系统在实现多任务调度时，早就想到这一点了：一个函数之所以变得不可重入，主要因为在函数内部使用了全局变量、静态变量这些公共资源。如果我们在访问这些全局资源时采取一些安全措施，对这些资源实行互斥访问，或者在访问这些资源的时候不允许被打断，那么这个不可重入函数不也变得安全了吗？

没错，操作系统就是这么干的。操作系统可以通过信号量、互斥量、锁等机制对这些资源进行互斥访问，一次只允许一个任务访问这些资源，同一时刻也只允许一个任务访问这些资源，如全局变量、静态变量、缓冲区、打印机等，这些资源也被称为临界资源。

与临界资源对应的就是临界区，所谓临界区其实就是访问临界资源的代码段。临界区的访问方式是互斥访问，同一时刻只允许一个任务访问。不同的操作系统一般都会有专门的操作原语来实现临界区。

● EnterCriticalSection()
● LeaveCriticalSection()

临界区实现方式可以有多种：可以直接关中断，也可以通过互斥访问实现，如信号量、互斥量、自旋锁等，如图 10-8 所示。如在 uC/OS 中，临界区一般通过关中断的方式实现。

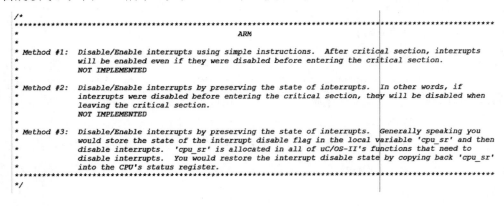

图 10-8　临界区实现的三种方式

在不同平台下，临界区实现的方式可能不一样，或者通过不同的指令去关中断和开中断。

```
#if OS_CRITICAL_METHOD == 1
#define OS_ENTER_CRITICAL() __asm__("cli") /*Disable interrupts*/
#define OS_EXIT_CRITICAL() __asm__("sti")  /*Enable  interrupts */
```

```
#endif
#if OS_CRITICAL_METHOD == 2
#define OS_ENTER_CRITICAL() __asm__("pushf cli") /*Disable interrupts */
#define OS_EXIT_CRITICAL() __asm__("popf")        /*Enable interrupts*/
#endif
#if OS_CRITICAL_METHOD == 3
#define OS_ENTER_CRITICAL() (cpu_sr = OSCPUSaveSR())/*Disable interrupts*/
#define OS_EXIT_CRITICAL() (OSCPURestoreSR(cpu_sr)) /*Enable interrupts*/
#endif
```

在 Linux 或 Windows 环境下，临界区一般可以通过加锁、解锁的方式来实现。

```
#ifdef _LINUX
pthread_mutex_lock(&mutex_lock);------
//访问临界资源                          - 临界区
pthread_mutex_unlock(&mutex_lock);----
#endif


#ifdef _WIN32
EnterCriticalSection(&mutex_lock);---
//访问临界资源                          - 临界区
LeaveCriticalSection(&mutex_lock);---
#endif
```

10.3　中断

在上面的多任务裸机实现中，我们通过中断来进行任务切换，在实际的操作系统源码中，内核调度器其实也是通过中断来完成进程调度和任务切换的。

中断的用途不仅仅用在任务切换中，操作系统中的系统调用、内存管理等各种机制其实都是基于中断实现的。中断是我们学习和理解操作系统的一个很好的切入点，理解不了中断，也就掌握不了操作系统的精髓。

10.3.1　中断处理流程

在一个计算机系统中，CPU 同外部设备的通信一般分为两种方式：同步通信和异步通信，对应的实现方式分别是轮询和中断。这和老张烧水是同一个道理：在烧水的过程中，如果老张什么都不做，每隔一分钟都要跑过来看看水烧开了没有，这就是轮询；如果在烧水的过程中，老张跑去看电视了，等水烧开后，鸣笛通知老张，这就是中断。中断的好处就是不占用 CPU 的资源，在烧水期间，老张可以干其他事情，不用坐在那里干等。

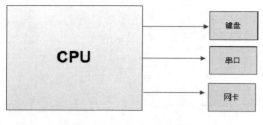

图 10-9　CPU 与外部设备

如图 10-9 所示，CPU 和外部设备的通信也是一样，像串口、鼠标、键盘这种慢速设备，和 CPU 的运行速度相比，有成千上万倍的差距，根本不在一个数量级上。如果采用轮询式的同步通信，CPU 每隔一段时间就会来询问："键盘兄，数据准备好了没？"如果轮询的频率低了，会影响用户的输入体验；如果轮询的频率过高，每次可能都是空手而归，白白浪费了 CPU 资源。而采用中断这种异步通信方式就不会存在这种问题，外部设备在数据的发送和接收过程中，CPU 该干啥干啥，两者互不冲突，等外部设备数据接收或发送完毕，以中断的形式通知 CPU，CPU 再过来处理就可以了。通过中断的通信方式，既没有浪费太多的 CPU 资源，又完成了数据的通信。

在一个嵌入式系统中，和 CPU 进行通信的有很多外部设备，如串口、U 盘、键盘、鼠标、网卡、I2C 设备等。当外部的一个中断到来时，CPU 怎么知道是哪个设备发生的中断呢？这里就涉及中断号或中断线的概念了，如图 10-10 所示。

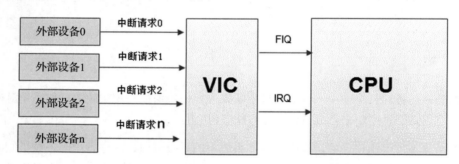

图 10-10　外部设备、中断控制器和 CPU

在一个 ARM SoC 芯片中，芯片上集成了不同的外部设备或外部设备控制器，对于每一个外部设备都有一个固定的中断号。SoC 芯片内部通常会集成一个专门管理中断的模块：中断控制器。中断控制器通常通过一根或两根中断信号线与 CPU 相连。当外部设备发生中断时，会首先将中断信号传送到中断控制器，中断控制器通过中断屏蔽、优先级、中断是否使能等各种条件判断和检测，然后将中断信号发送到 CPU，CPU 检测到中断之后，就会搁置当前正在执行的任务，查看相关寄存器，看是哪个设备发生了中断，再跳转到对应的中断处理程序执行中断操作。

这里我们所讨论的中断，一般指外部中断。除此之外，处理器还有异常的概念。CPU 在执行程序的过程中遇到未定义指令，或者运行出错了一般也会发生中断，只不过这种中断源不是来自外部设备，而是来自 CPU 内部。如果从广义的角度来看中断，任何打断系统正常执行的流程都可以叫作中断，只不过我们一般称 CPU 内部中断为内部异常。内部异常、外部中断和软中断其实都属于中断的范畴。

ARM 处理器有多种中断模式，如 Reset、Undefined Instruction、Software Interrupt、Prefetch Abort、Data Abort、IRQ、FIQ，如图 10-11 所示。

当中断发生时，ARM 处理器中的 PC 指针会跳到中断向量表去执行，根据发生中断的类型，跳转到向量表中不同的入口地址上。对于每一种中断模式，在向量表中只有一个字的存储空间，因此在向量表中存储的往往是一条跳转指令，当发生中断时，跳转到不同的中断处理函数中去执行。

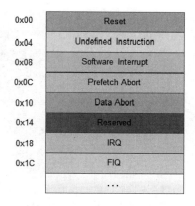

0x00	Reset
0x04	Undefined Instruction
0x08	Software Interrupt
0x0C	Prefetch Abort
0x10	Data Abort
0x14	Reserved
0x18	IRQ
0x1C	FIQ
	...

图 10-11　ARM 的中断向量表

```
AREA Boot, CODE, READONLY
ENTRY
    B   Reset_Handler
    B   Undef_Handler
    B   SWI_Handler
    B   PreAbort_Handler
    B   DataAbort_Handler
    NOP                 ; for reserved interrupt
    B   IRQ_Handler
    B   FIQ_Handler
```

每个中断的中断处理例程（Interrupt Service Routines，ISR）都有对应的中断处理函数。在中断处理函数中需要做什么操作，需要工程师根据自己的业务需要或功能需求自己编写。当中断发生时，ARM 处理器在硬件上也会自动完成一部分事情，这些就不需要软件操作实现了。

以图 10-12 为例，在 ARM 处理器中，当有 IRQ 中断发生时，CPU 会自动保存 CPSR 寄存器到发生中断模式下的 SPSR_irq，设置 CPSR 位。将当前处理器模式设置为 ARM 状态、IRQ 模式，并关闭中断，然后将被打断的应用程序地址 0x6000000C 保存到 LR_irq 寄存器中，将 PC 指针设置为 0x00000018，程序就跳转到中断向量表去执行了。在中断向量表的 0x00000018 地址处是一个跳转指令，会跳到 IRQ 的中断处理函数 IRQ_handler()执行。在 IRQ_handler()函数中，首先要保护被打断的当前程序的现场：将各种寄存器、CPU 状态压入栈中保存，然后根据中断号跳转到具体外部设备的中断处理函数中去执行。中断处理完毕后，再恢复原来被打断的应用程序现场，将栈中保存的 CPU 状态、各种寄存器值重新弹出到 CPU 的各个寄存器中，重新运行被打断的程序。

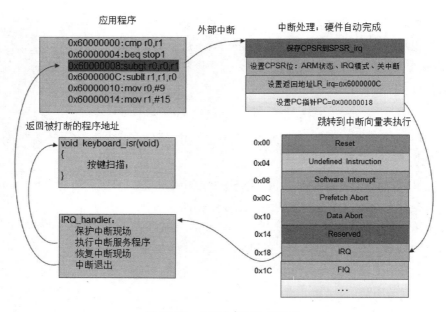

图 10-12　ARM 中断处理流程

这里有一个细节需要注意：当函数调用返回时，一般返回的是当前调用指令的下一条指令；而中断返回时，一般返回到当前指令处继续执行（如图 10-12，返回到 0x60000008 地址执行，而不是返回到 0x6000000C），而我们的链接寄存器中自动保存的是被打断指令的下一条指令地址 0x6000000C。因此，在中断处理函数中记得要将 LR 寄存器中的返回地址减 4。

10.3.2　进程栈与中断栈

栈是 C 语言运行的基础，没有栈，C 语言就无法运行。在一个多任务环境中，每个任务都要有自己的任务栈，一是为了给函数调用过程中的每个函数准备栈帧空间，二是当该任务被打断时，需要将该任务的现场环境（上下文环境）保存到当前的任务栈中。

什么是任务的上下文环境呢？当一个任务被打断后，我们需要保存的任务现场，到底要保存什么东西呢？

在一个多任务环境中，CPU 如果想运行一个任务，直接将 CPU 内部的 PC 指针指向这个任务的函数体就可以了，PC 指向哪里，CPU 就到哪里取指令运行。程序运行时，还需要将 CPU 内部的寄存器 SP 指向一个栈空间，因为函数内的局部变量、传递的实参、返回值都是保存在栈内的，没有栈，C 语言就无法运行。CPU 对栈内数据的访问是通过 FP/SP +相对偏移实现的。因为是相对寻址，所以栈是与位置无关的，把栈放到内存中的任何地方都不会影响程序的运行。总之一句话，只要提供一片内存空间，SP 指针指向哪里，CPU 就可以在哪里建立函数运行的栈帧环境；PC 指针指向哪里，CPU 就到哪里去取指令，运行一个个 C 语言函数，如图 10-13 所示。

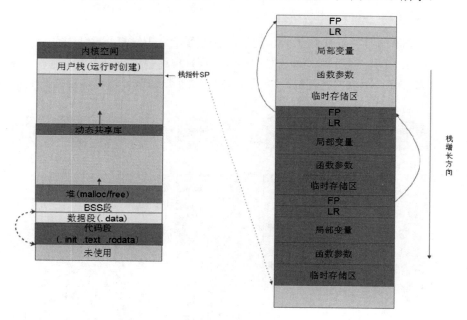

图 10-13　进程栈与函数栈帧

如果把一条大街看作内存，那么街边的每一个饭店、店铺其实就相当于全局变量，在整个程序运行期间，它们在内存中的地址是固定不变的，可以直接通过饭店名（变量名）进行访问。而街边流动的小吃摊儿其实就相当于局部变量，它们在程序运行期间没有固定的内存空间，每天可能在不同的地方摆摊，只要给片地，在哪里都可以支摊儿做生意。函数调用也是如此，每次函数调用，系统都会在内存中为函数分配一个栈帧空间，每次分配的栈地址都是不一样的，但并不影响程序的运行：只要提供一片内存，无论在什么地方，函数都能正常运行。

虽然栈的位置与地址无关，SP 指向哪里程序都能运行，但是 SP 指针一般也不会乱指。每个任务都有自己的任务栈，当 CPU 运行不同的任务时，我们让 SP 栈指针分别指向每个任务各自的任务栈，如图 10-14 所示。

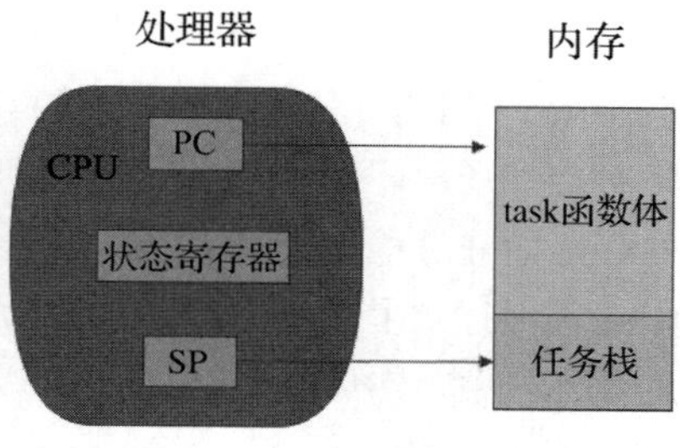

ARM 处理器属于 RISC 架构，不能直接处理内存中的数

图 10-14　上下文环境与任务栈

据，要先通过 LDR 指令将内存中的数据加载到寄存器，处理完毕后再通过 STR 指令回写到内存中，每一次数据的处理都需要加载/存储操作来辅助完成。如果在 CPU 处理数据的过程中任务被打断，保存现场时这些寄存器的值也要保存起来，再加上 ARM 处理器中的状态寄存器 CPSR 等，它们和 PC、SP 寄存器一起构成了程序运行的现场，即任务上下文环境。

在操作系统的源码实现中，调度器为了更好地管理每一个任务，一般会为每个任务定义一个结构体。如图 10-15 所示，每个结构体内都有指向当前任务函数体和进程栈的指针。各个任务的结构体通过指针链接成一个双向循环链表，调度器通过这个链表来管理和调度每一个任务。

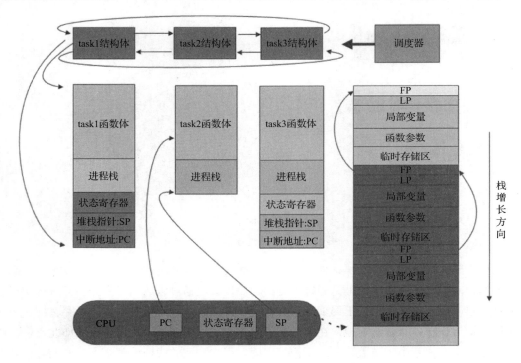

图 10-15　任务上下文的保存与恢复

当一个正在运行的任务被打断，CPU 切换到另一个任务执行之前，首先要做的就是保存当前任务的现场，即任务上下文，包括 PC 指针、SP 指针、各种寄存器等。这些现场一般会保存到各个任务的任务栈中（SP 指针一般会保存在各个任务的结构体中，为了简化分析，这里假设所有上下文都保存到了栈中）。以 task3 为例，当 task3 不再运行时，它的任务上下文会首先保存到自己的任务栈中，然后将 task2 的上下文环境恢复到 CPU 的 PC、SP 等寄存器中。此时，PC 指针指向 task2 的代码段，SP 指针指向 task2 的任务栈空间，CPU 开始执行 task2。如果 task2 执行一段时间后再被切换出去执行 task3，操作系统会首先保存 task2 的任务上下文到它的任务栈中，然后把 task3 的任务上下文弹出到 CPU 中就可以了，task3 就像没有被打断过一样，从原来被打断的地方继续运行。

Linux 系统使用了内存管理，一个进程空间被划分为内核空间和用户空间。Linux 普通进程运行在用户空间，进程运行需要的栈也是在用户空间，这种栈一般被称为进程栈，或用户进程栈。用户空间的程序是无法访问内核空间的，那么问题就来了：当用户程序调用系统调用函数时，操作系统就会由用户态转为内核态，CPU 开始执行内核里的代码，内核代码在运行过程中，各种函数调用也是需要栈空间的，这个栈从哪里分配呢？Linux 操作系统一般会在内核空间给每个进程都分配 4KB 或 8KB 大小的栈空间，我们一般称这种栈为内核栈。

如图 10-16 所示，当一个进程在用户态和内核态交互运行时，就会用到这两种进程栈，这时候就涉及 SP 指针的切换了。一个进程的用户栈和内核栈会通过结构体的一些指针建立关联，SP 栈指针可以通过这些关联信息进行切换，随着进程执行环境的变化分别指向不同地址空间的栈。

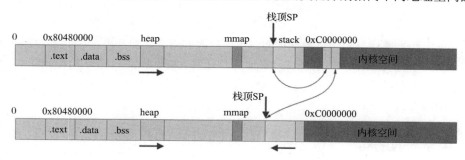

图 10-16　用户进程栈和内核栈

除了用户栈和内核栈，一个程序在内存中运行时，还经常用到的一种栈叫中断栈。当中断发生时，CPU 会通过中断向量表跳转到对应的中断处理函数中运行。中断处理函数也是函数，运行中断处理函数也需要栈的支持。中断处理函数中的各级函数调用、被中断打断时的现场保护也需要栈空间，这个栈因此也被称为中断栈。

中断栈分为两种：独立中断栈和共享中断栈。独立中断栈有自己独立的栈空间，而共享中断栈则和任务栈共享内存空间。一个任务在执行期间被中断打断后，SP 指针会指向中断栈，PC 指针会指向中断处理函数，CPU 然后就跳转到中断处理函数中去执行了。如果此时再来一个中断，发生了中断嵌套，操作系统会把当前的中断上下文保存到中断栈中，然后跳转到新的中断函数中去执行，如图 10-17 所示。

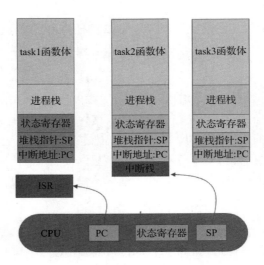

图 10-17　中断上下文和中断栈

在 Linux 环境下，当发生中断时，操作系统一般都会进入内核态，所以中断栈会和 Linux 内核栈共享内存空间。操作系统为每个进程的内核栈分配的内存空间并不大，一般为 4KB 或 8KB，与用户态 8MB 大小的栈空间相比，资源比较紧张。这就决定了我们在编写中断函数时要注意栈空间的使用情况，中断函数内一般不要使用大块的内存，中断函数的调用层数、中断嵌套也不要太深，防止因中断栈溢出而导致系统崩溃。

10.3.3　中断函数的实现

对于处理器发生的每一个外部中断，程序员都要编写对应的中断处理函数来执行相关的操作，如接收数据、发送数据、处理数据等。在裸机环境和有操作系统的环境下编写中断函数和普通函数不太一样，我们在编写中断函数前，首先要了解一下中断函数的一些特性和基本处理流程。

在一个多任务环境中，中断可以随时随地打断当前正在执行的任务，并且中断执行结束后，CPU 还不一定返回原先被打断的任务执行。中断的这个特性导致我们在编写中断函数时要注意以下 3 点。

- 中断函数被调用的时间不固定：中断函数要自己保护现场。
- 中断函数被调用的地点不固定：当前的任务无法给中断函数传参。
- 中断函数的返回地点不固定：中断函数不能有返回值。

在一个嵌入式 ARM 裸机环境下，如果我们编写一个中断处理函数，一般要遵循以下基本流程。

（1）保存中断现场：状态寄存器、返回地址入栈、中断 ISR 中要用到的寄存器入栈。

（2）清中断：关中断，保护现场。有些硬件会自动清除，重开中断前记得要清除。

（3）执行用户编写的中断处理函数。

（4）恢复现场：将栈中保存的数据弹到 CPU 的各个寄存器中，恢复被中断的现场，从栈中弹出返回地址到 PC 寄存器，CPU 从被打断的程序处继续执行。

在一个中断函数中，任务的现场保护和现场恢复一般需要用汇编语言来实现，各种入栈出栈的汇编指令操作编写起来比较麻烦。为了编程方便，各种 ARM 编译器或 IDE 一般会提供一些关键字，如 ARM 编译器提供的__irq 关键字、C51 编译器提供的 interrupt 关键字，当我们在中断函数前使用这些关键字修饰时，编译器在编译这个函数时，会自动帮我们实现现场保护和恢复的汇编代码，就不需要程序员手动编写了。程序员只需要关注自己的业务逻辑实现就可以了，底层的现场保存和恢复交给编译器来完成，从而大大减轻了工作量。中断函数的编写因为这些关键字的辅助也就变得非常简单，但我们还是不能掉以轻心，在编写中断函数时，还是需要遵守一些基本原则的。

- 中断函数不能有返回值。
- 不能向中断函数传递参数。
- 不能调用不可重入函数，如 printf()。
- 不能调用引起睡眠的函数。
- 中断函数应短小精悍，快速执行、快速返回。

在一个多任务环境中，中断处理函数还涉及任务调度的问题。当中断处理完毕要退出时，不一定会返回到原先被打断的任务继续执行，它会找出当前优先级最高的就绪任务，然后开始执行它。以 uC/OS 内核为例，它的中断函数处理流程如下。

（1）保存被打断的 task1 任务现场：各种寄存器、返回地址 PC、任务栈指针 SP。

（2）中断嵌套计数加 1：中断嵌套计数主要用来判断当前是否还在中断上下文中，是否需要任务调度。

（3）执行用户编写的中断处理函数。

（4）任务调度：查找下一个要执行的高优先级就绪任务 task2。

（5）恢复现场：将 task2 任务栈中的寄存器、栈指针弹出，通过中断返回指令，从任务栈中弹出返回地址到 PC，然后开始执行 task2。

Linux 操作系统的中断处理比较复杂，在 Linux 内核中现在已经有专门的中断处理框架来管理和维护中断，在 Linux 环境下编写中断处理函数也就变得不一样了，如图 10-18 所示。

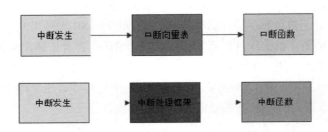

图 10-18　不同环境下的中断处理流程

在 Linux 环境下编写中断处理函数，一般要通过中断处理子系统提供的 API 将中断处理函数注册到系统中。当中断发生时，再以回调的形式执行用户编写的中断处理函数。和中断处理函数相关的 API 函数定义如下。

```
中断返回类型: typedef irqreturn_t (*irq_handler_t)(int, void *);
中断函数原型: irqreturn_t keyboard_isr(int  irq, void *dev_id);
中断函数注册: request_irq(unsigned int  irq, irq_handler_t handler, unsigned long flags, const char *name, void *dev);
```

在 Linux 环境下编写中断处理函数虽然比在裸机环境下灵活方便了很多，但还是有一些规则需要遵守的。如在中断上下文中，要禁止任何进程切换。在中断处理函数中不能调用可能会引起任务调度的函数，如一些可能会引起 CPU 睡眠的函数、引起阻塞的函数，或者其他一些导致调度器介入执行，发生任务切换的函数。

10.4　系统调用

什么是系统调用？想了解系统调用的来龙去脉，我们可以从代码复用的角度，并以此作为切入点进行学习。我们在编写程序时往往会自定义一些函数，然后调用它，就是函数级的代码复用；我们把一些常用的函数封装成库，然后留出 API 供别人调用，就是库级的代码复用；我们将很多应用程序的通用部分进行分离、抽象和模块化，慢慢迭代出框架，然后留出 API，方便用户快速开发和二次扩展，就是框架级的代码复用；我们把多任务环境下的任务创建、任务切换和任务管理等代码不断迭代和优化，封装成一个操作系统，留出相关的 API 供应用程序调用，就实现了操作系统级的代码复用。

10.4.1　操作系统的 API

在一个 ARM 开发板上，如果我们想使用 uC/OS 去创建一个多任务并发运行的环境，直接调用 uC/OS 实现的 API 函数，就可以很方便地创建多个任务。

```
void task1(void)
{
    while(1){
        ;
    }
}

void task2(void)
{
    for(;1;){
        ;
    }
}

OS_STK stack1[512];
OS_STK stack1[512];

int main(void)
{
    serial_init();
    board_init();

    OSInit();
    OSTaskCreate(task1, 0, &stack1[511], 3);
    OSTaskCreate(task2, 0, &stack2[511], 5);
    OSStart();
    return 0;
}
```

uC/OS 其实并不是一个操作系统，它只能算是一个操作系统内核，或者称作调度器。现代操作系统随着集成的组件越来越多，功能也越来越完善，系统也越来越复杂，支持各种各样的功能，如网络通信、进程管理、文件系统、内存管理、协议栈、设备管理、GUI 等。

随着系统越来越复杂，带来的各种问题也越来越多，如硬件安全访问、资源访问冲突、系统稳定运行等越来越受到挑战。像早期的嵌入式产品，从底层驱动到上层应用都是由同一个团队开发的，操作系统和应用程序一起编译、运行，安全稳定，还有一定的保障。现在很多嵌入式系统的底层驱动和上层应用开发都是分离的，由不同的团队和个人开发。如我们常用的智能手机，硬件设计、系统移植、驱动一般是由芯片和手机厂家共同开发和维护的；操作系统、中间层、多媒体库一般是由不同软件公司开发的；而手机上的各种 App 则是由全球各地不同的开发者开发的。大家素昧平生，水平参差不齐，假如有一个 App 开发者，调用了操作系统的一些 API，对硬件进行了一些非法操作，或者对内存进行了非法访问，篡改了操作系统内核的一些核心代码，可能就导致整个系统崩溃了。

10.4.2 操作系统的权限管理

为了防止上面这种状况发生，现代操作系统一般会实行权限管理，如指令运行权限、内存访问权限、硬件资源访问权限等，不同的代码有不同的权限。在 Linux 环境下，应用程序不能像调用 uC/OS 的 API 函数一样，直接去调用 Linux 操作系统内核实现的各种 API。Linux 操作系统运行时一般分为内核态和用户态，应用程序运行在用户态，操作系统内核和驱动运行在内核态，操作系统在内核态可以访问系统任意资源，而用户程序在用户态时访问这些资源则会受到限制。

那么如果应用程序想访问一些受限制的硬件资源该怎么办呢？不用担心，Linux 操作系统会留出一些专门的 API 供用户使用。当用户想访问一些权限受限的资源时，可以通过调用这些系统调用 API 来完成。通过系统调用，Linux 会从用户态转换到内核态，然后就有权限访问任意资源了，如图 10-19 所示。

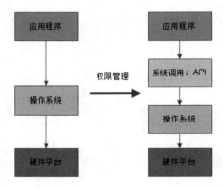

图 10-19　系统调用与权限管理

10.4.3 CPU 的特权模式

Linux 的操作系统特权是如何实现的呢？为什么这些资源在用户态下不可访问，而在内核态下就可以访问了呢？这主要与 CPU 的特权等级有关，不同的 CPU 有不同的运行等级，如 X86 处理器就有 4 个运行等级，分别为 ring0、ring1、ring2、ring3。ring3 等级最低，一般应用程序会运行在这个等级，对应操作系统的用户态。在用户态下应用程序访问 I/O 等系统硬件资源就会受到限制，无法运行一些特权指令。ring0 是特权等级，操作系统内核代码一般运行在这个等级，对应操作系统的内核态，在这个运行等级下，CPU 可以运行各种特权指令，访问 I/O 等系统硬件资源，完成内存读写、寄存器配置等各种特权操作。

ARM 处理器也有不同的运行等级，一般分为用户模式和特权模式。当 ARM 处理器工作在 USR 模式时属于用户模式，当 ARM 处理器工作在 SYS、FIQ、IRQ、SVC、ABT、UND 模式时属于特权模式。ARM 在特权模式下可以运行一些特权指令，如 MSR、MRS 指令。当 ARM 处理器工作在普通模式时，对应的操作系统就运行在用户态，访问一些硬件资源或运行特权指令就会受到限制。当 ARM 处理器工作在特权模式时，对应的操作系统就运行在内核态，此时一些受限资源的访问、特权指令都可以运行。

应用程序一般运行在用户态，CPU 工作在普通模式，此处 CPU 执行的是普通指令。当发生外部中断、内部异常或系统调用时，CPU 就会进入特权模式，此时操作系统也进入内核态，CPU 开始执行特权级内核代码。以系统调用 open 为例，CPU 从系统调用到执行内核代码，到返回用户态继续执行应用程序的代码，整个基本流程如下。

（1）应用程序解析参数，调用系统调用 API：open。

（2）Linux 进入内核态，CPU 进入特权模式，控制权交给 OS，参数放在寄存器中。

（3）CPU 从系统调用表中查询 open 系统调用对应的代码内存地址。

（4）从寄存器获取参数，执行 open 对应的操作系统内核代码。

（5）内核代码执行结束，将运行结果复制到用户态。

（6）CPU 由特权模式切换到普通模式，操作系统由内核态返回到用户态。

（7）CPU 执行用户态代码，继续在用户态运行。

系统调用有很多优点。第一，可以简化应用程序开发，分离用户程序和内核驱动，为应用程序提供一个统一的硬件抽象接口。第二，通过权限管理，在一定程度上保证了系统的安全和稳定。

10.4.4　Linux 系统调用接口

Linux 系统为用户提供了大量的系统调用接口。通过这些系统调用接口，用户程序可以更加安全地访问系统的相关硬件资源，读写磁盘数据，通过网卡通信，读写内存空间，如表 10-1 所示。

表 10-1　Linux系统调用接口

系统调用	举　　例
文件操作	open、close、read、write、lseek、fsync
进程控制	fork、clone、execve、exit、getpid、pause
文件系统	mkdir、mknod、rmdir、chmod、rename、mount
系统控制	time、uname、reboot、alarm、ioctl
内存管理	brk、mmap、munmap、sync
信号	signal、kill
Socket控制	socket、bind、connect、send、listen、shutdown

Linux 系统有不同的发行版本，如 Ubuntu、Fedora、Debian 等，每个版本甚至还有不同的分支。随着版本不断更新迭代，各个版本的差别也越来越大，包括这些系统调用接口，不同的操作系统可能实现的接口不一样，这就导致我们在一个 Linux 版本下开发的程序到了另一个 Linux 环境下可能就无法运行。为了避免这一状况，POSIX 标准出现了，POSIX 标准即 Portable Operating System Interface for Computing Systems，它为不同版本的 Linux 和 UNIX 操作系统统一了应用程序系统调用接口，无论是哪个版本的 Linux 系统，在实现系统调用接口时都要遵循这个标准，这就是为什么你写的程序在 Linux 平台或 UNIX 平台都可以运行的原因。如果你有兴趣，可以到 /usr/include/unistd.h 头文件下去查看这些标准的系统调用接口。

10.5 揭开文件系统的神秘面纱

如果你想在计算机上看一部电影，打开 F 盘，进入某个目录，该目录下有很多你下载的电影，双击其中一部电影，就可以直接播放观看了。如果你想把刚拍的几张照片分享到朋友圈，打开微信，通过微信的文件管理界面，选中图片后点击确认，就完成了图片的分享。无论手机还是计算机，无论 Android 还是 Windows，你观看的电影或分享的图片实际上都是以二进制数据的格式存储在硬盘或者 Flash 上的。

存储器件一般分两种：机械硬盘和固态硬盘，如图 10-20 所示。机械硬盘由多个盘片组成，每个盘片分为不同的扇区，各种数据分别存储在这些扇区上，数据的读写通过磁头的移动寻道和盘片的转动来完成。因为磁头和磁道的距离非常接近，因此普通机械硬盘抗震能力较差。目前在 PC 和移动设备中广泛使用的是 SSD 固态硬盘、闪存存储。SSD 固态硬盘和闪存存储底层都使用 Flash 存储芯片，不需要磁头寻道，读写速度快，无噪声，发热小，支持低功耗待机。目前常见的存储芯片有 NAND Flash、eMMC 等。

图 10-20 数据的存储：SSD 固态硬盘、机械硬盘

一个 NAND Flash 存储芯片，由不同的 block 组成，每个 block 又分为很多页，每一页的大小为 512 字节、1024 字节、4096 字节甚至更大，数据以二进制格式存储在每个页上。一个磁盘由磁柱、磁道和扇面组成，数据存储在不同的扇区上，磁头可以在不断旋转的磁道上来回移动，读写不同扇区上的数据。

从用户层面上看，无论在手机上的 App，还是计算机上的播放器，它们操作的对象是一个个文件，而不是存储在底层硬件设备上的一串串二进制数据。从底层物理存储设备上的二进制数据到不同目录下的具体的文件名，这个转换过程就是由文件系统完成的。

10.5.1　什么是文件系统

文件系统其实就是一个存储管理程序，通过对不同物理存储设备进行抽象和管理，呈现给用户的操作接口是人类更容易接受的目录和文件的形式。文件系统会对存储设备进行抽象封装，向用户提供一组目录和文件操作的 API。当用户使用这些 API 新建一个文件时，文件系统就会建立该文件到实际物理存储之间的一个映射，用户不必再深入底层硬件细节去读写数据，直接通过文件名即可直接访问，简单方便。

如计算机的 F 盘上有一部《舌尖上的中国》视频文件，它实际存储在硬盘上某片连续的物理扇区上，文件系统帮我们在文件名和它具体的存储位置之间建立了映射关系。当我们播放这个文件时，视频播放器不必关心这个文件到底存储在哪里，直接通过文件系统提供的 open()/read()/write() 接口，通过文件名直接访问就可以了，如图 10-21 所示。

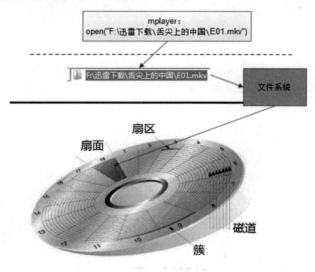

图 10-21　数据在磁盘上的存储

一个嵌入式系统也是如此，假如在 Linux 目录下有一个 E01.mkv 视频文件，其真正的存储位置可能位于 NAND Flash 芯片上某个 block 的连续页内。当播放器应用程序访问这个文件时，也不必关心这个视频文件在 NAND Flash 上的具体存储位置，直接通过文件名读写就可以了，文件系统已经帮我们建立了映射关系，并提供了各种读写、打开、关闭、位置定位等操作接口，如图 10-22 所示。

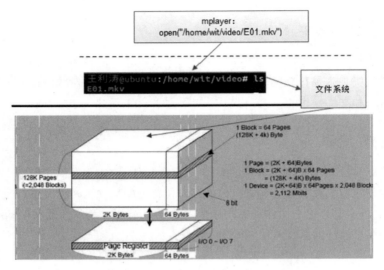

图 10-22　数据在 Flash 上的存储

　　一个刚出厂的存储设备，如 U 盘，里面其实就是一个一个存储单元阵列。在使用之前，一般需要先格式化，格式化时需要选择一种文件系统类型。所谓格式化，其实就是让文件系统去管理这块存储空间，文件系统可能会把这块原始存储空间像耕地一样划分为大小相同的块，建立文件名、目录名到实际物理存储地址的映射关系，并将这些映射关系存储在某块物理存储单元内，如图 10-23 所示。

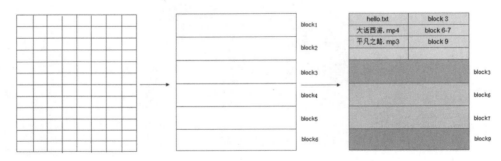

图 10-23　物理存储单元、逻辑块和文件名之间的对应关系

　　用文件系统的专业术语来描述就是：当我们格式化一个 U 盘时，文件系统会将 U 盘的物理存储单元划分为大小相等的逻辑块——block，block 是文件系统存储数据的基本管理单元。文件系统

将 U 盘的存储空间分为两部分：纯数据区和元数据区。如图 10-23 所示，纯数据区是文件真正的数据存储区，而元数据区则用来存储文件的相关属性：该文件在磁盘中的存储位置、文件的长度、时间戳、读写权限、所属组、链接数等文件信息。文件系统中的每一个文件都用一个 inode 结构体来描述，用来存储文件的元数据信息。每个 inode 都有固定的编号和单独的存储空间，每个 inode 都为 128 或 256 字节大小。Linux 系统根据元数据区的 inode 来查找文件对应的物理存储位置。

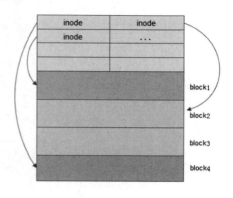

图 10-24　索引节点表：inode table

当用户通过指定的路径文件名去读写一个文件时，文件系统根据目录项中文件名和 inode 编号之间的对应关系，会到存储在元数据区的索引节点表中，找到该文件对应的 inode 节点。根据这个 inode 节点信息，就可以找到该文件在磁盘上的具体存储位置。

10.5.2　文件系统的挂载

应用程序通过文件系统提供的 API 读写文件时，通常是以"路径+文件名"的形式进行访问的。如果我们想访问某个存储设备，一般需要先将该存储设备挂载（mount）到文件系统的某个目录上，然后对该挂载目录的读写操作就相当于对该存储设备的读写操作。将一个存储设备 mount 到一个目录上的本质，其实就是改变该目录到具体物理存储的映射关系，让该存储设备与要挂载的某个目录建立关联，加入全局文件系统目录树中。如我们将一个 U 盘 mount 到 Linux 系统的 mnt 目录下，然后在/mnt 目录下创建一个文件，接着将 U 盘从/mnt 目录卸载，此时你再到/mnt 目录下看看，你会发现空空如也。

```
# mount -t vfat /mnt /dev/mmcblock0
# cd /mnt
# touch test.c hello.h
# umount /mnt
# ls /mnt
```

这是因为当我们使用 mount 命令将 U 盘设备挂载到/mnt 目录的时候，mnt 目录就和 U 盘存储设备建立了映射关系，文件系统会把我们对/mnt 目录的读写操作转换为对 U 盘的读写操作。当我们卸载 U 盘的挂载时，mnt 目录会重新映射到原来的存储空间，此时你再到/mnt 目录下去看，什么都没有，如图 10-25 所示。

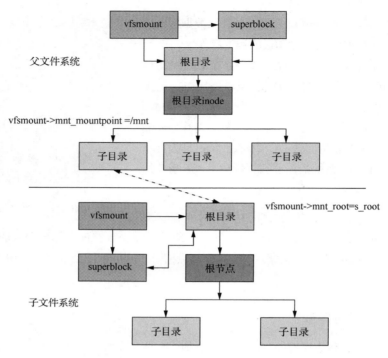

图 10-25 文件系统挂载时的数据结构关联

在 Linux 环境下，当我们使用 mount 命令去挂载一个块存储设备时，在操作系统内核层面会做很多事情：首先每个块存储设备在挂载之前得把自己格式化一遍，然后以子文件系统的身份挂载到父文件系统的某一个目录下。对于每个挂载的文件系统，Linux 内核都会创建一个 vfsmount 和 super_block 对象，该对象描述了文件系统挂载的所有信息，父文件系统的挂载点 vfsmount->mnt_mountpoint = /mnt 和子文件系统的根目录 vfsmount->mnt_root = superblock->s_root 就可以通过这两个对象建立关联。

文件系统的挂载在 Linux 内核中的实现远比图 10-25 所示的复杂，还会涉及目录、路径解析、哈希算法等操作。为了让初学者对文件系统的挂载有一个感性的认识，我们可以简单点理解，你可以把目录看成一个指针，它可以指向不同的物理存储设备，你可以将多个设备挂载到同一个目录下，但该目录只指向最后一次挂载的存储设备，当挂载的设备卸载时，该指针会重新指向原来的物理存储空间。

10.5.3 根文件系统

在上面的文件系统实验中，我们将 U 盘挂载到了/mnt 目录下。/mnt 目录是一个绝对路径，它是以根目录"/"为起点的。Linux 内核在初始化过程中，首先会创建一个根目录"/"，然后 mount 第一个文件系统到这个根目录下，这个文件系统就被称为根文件系统。其他存储分区、磁盘、SD 卡、U 盘接着就可以 mount 到根文件系统的某个目录下，然后用户就可以通过文件接口访问各个不同的存储设备。

在 Windows 环境下，每一个盘符其实就相当于一个根目录，每一个磁盘分区都可以使用不同的文件系统格式化，各个文件系统以盘符为根目录，然后用户就可以以"目录路径+文件名"的形式访问各个磁盘分区上的文件了。

在 Linux 环境下，一个根文件系统会包含 Linux 运行所需要的完整目录和相关的启动脚本、配置文件、库、头文件等。它经常会包含以下目录。

- /bin、/sbin：存放 Linux 常用的命令，以二进制可执行文件形式存储在该目录下。
- /lib：用来存放 Linux 常用的一些库，如 C 标准库。
- /include：头文件的存放目录。
- /etc：用来存放系统配置文件、启动脚本。
- /mnt：常用来作为挂载目录。

10.6　存储器接口与映射

玩过开发板的同学可能都知道，一个嵌入式系统通常会支持多种启动方式：从 NOR Flash 启动，从 NAND Flash 启动或者从 SD 卡启动。一个嵌入式产品可以根据自己的业务需求和成本考虑，选择灵活的存储方案和启动方式。CPU 通过不同的存储接口和存储映射，为各种灵活的启动方式提供底层技术支撑。

10.6.1　存储器与接口

在一个嵌入式系统中，我们可以看到不同类型的存储器，这些存储器在读写速度、读写方式、价格、容量大小上各不相同，各有千秋。我们常见的存储器类型有 ROM、Flash、SRAM、DRAM 等，按存储模式主要分为两大类：ROM 和 RAM。ROM 和 RAM 是计算机系统必备的两种存储器：ROM 用来存储程序和数据，当程序运行时，这些程序和数据会从 ROM 加载到 RAM，RAM 支持随机读写，CPU 可以直接从 RAM 中取指运行。

ROM 是 Read Only Memory 的缩写，即只读存储器。早期的 ROM 只能读、不能写，断电后数据不会消失，因此比较适合存储程序和数据。随着技术的发展，ROM 也开始支持擦写操作。

- PROM：可编程 ROM，可以写一次，可使用特殊设备写入数据。
- EPROM：可多次紫外线照射擦除。
- EEPROM：可多次电擦除，可以修改和访问任意一字节。
- Flash：可以看作广义上的 EEPROM，以块为单位快速擦除。

EEPROM 一般容量较小，价格也比较贵，所以在嵌入式系统中应用得不是很广泛。现在嵌入式系统比较常用的存储器是 Flash，Flash 具有容量大、价格便宜等优势，Flash 存储经过这么多年的发展，技术也在不断地迭代升级。

- NOR Flash：数据线、地址线分开，具有随机寻址功能。
- NAND Flash：数据线、地址线复用，不支持随机寻址，要按页读取。
- eMMC：将 NAND Flash 和读写控制器封装在一起，使用 BGA 封装。对外引出 MMC 接口，用户可以通过 MMC 协议读写 NAND Flash，简化了读写方式。
- SD：将 NAND Flash 和读写控制器封装在一起，使用 SIP 封装，对外引出 SDIO 接口，用户可以使用 SDIO 协议进行读写，简化了 NAND Flash 的读写方式。
- 3D/2D NAND：包括 SLC、MLC、TLC 等，SLC 一个晶体管只能表示 1 bit 数据，分别用高、低电平表示 1 和 0；MLC 则可以使用四个电平表示 2 bit 内容；TLC 则可以使用 8 个不同的电平表示 3 bit 数据。
- SSD：将 NAND Flash 存储器阵列和读写控制器封装在一起。

RAM（Random Access Memory，随机寻址存储器），可读，可写，但是断电后数据会消失。RAM 按硬件电路的实现方式可分为 SRAM 和 DRAM。SRAM 是 Static Random Access Memory 的英文缩写，即静态随机存取存储器，每 1 bit 的数据存储使用 6 个晶体管来实现，读写速度快，但是存储成本较高，一般作为 CPU 内部的寄存器、Cache、片内 SRAM 使用。

DRAM（Dynamic Random Access Memory，动态随机存取存储器），每 1 bit 的数据存储使用一个晶体管和一个电容实现，电容充电和放电时分别代表 1 和 0。DRAM 存储成本比较低，但是因为电容漏电缘故，需要每隔一段时间定时刷新，为电容补充电荷。DRAM 读写速度相比 SRAM 会慢很多，而且 DRAM 读写还需要控制器的支持。

SDRAM（Synchronous DRAM，同步动态随机存取内存）对 DRAM 作了一些改进，省去了电容充电时间，并改用流水线操作，将 DRAM 的读写速度提高了不少，再加上其存储成本低、容量大等优势，因此在嵌入式系统、计算机中被广泛使用。计算机上目前使用的内存条、智能手机使用的内存颗粒，其实都是 SDRAM。

随着技术的不断发展进步，SDRAM 也在不断进行技术升级、更新换代，它的产品升级路线如下。

- DDR SDRAM：即 Dual Data Rate SDRAM，在一个时钟周期的时钟上升沿和下降沿都会传输数据，读写速度理论上比 SDRAM 提高了一倍，工作电压为 2.5V。
- DDR2 SDRAM：工作电压为 1.8V，4 bit 预取，最大读写速率为 800 Mbps。
- DDR3 SDRAM：工作电压为 1.5V，8 bit 预取，最大读写速率为 1600 Mbps。
- DDR4 SDRAM：工作电压为 1.2V，最大读写速率可达 3200 Mbps。
- DDR5 SDRAM：工作电压为 1.1V，最大读写速率可达 6400 Mbps。

　　不同的存储器使用不同的接口与 CPU 相连，存储器接口按访问方式一般分为 SRAM 接口、DRAM 接口和串行接口 3 种。

　　SRAM 接口是一种全地址、全数据线的总线接口，地址和存储单元是一一对应的，支持随机寻址，CPU 可以直接访问，随机读写。SRAM 和 NOR Flash 一般都采用这种接口与 CPU 相连，如图 10-26 所示。

　　DRAM 接口没有采用全地址线方式，而是采用行地址选择（RAS）+ 列地址选择（CAS）的地址形式，地址线是复用的，一个地址需要多个周期发送。因此 CPU 不能通过地址线直接访问 DRAM，要通过 DRAM 控制器按照规定的时序去访问 DRAM 的存储单元。DRAM、SDRAM 一般都是采用 DRAM 接口与 CPU 处理器相连。目前计算机中的各种 DDR SDRAM 内存条、智能手机中的内存颗粒都采用这种连接方案，如图 10-27 所示。

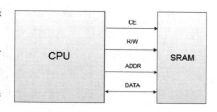

图 10-26　存储接口：SRAM 接口

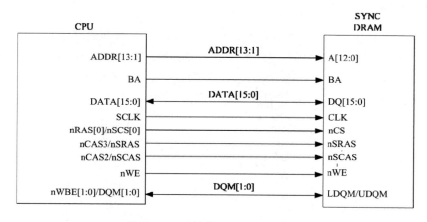

图 10-27　存储接口：DRAM 接口

　　串行接口通常以串行通信的方式发送地址和数据，读写速度相比前两者更慢，但优势是接口的管脚比较少，因此占用 CPU 的管脚资源相对也就较少。像 E2PROM、NAND Flash、SPI NOR Flash 一般都采用这种接口与 CPU 相连，如图 10-28 所示。

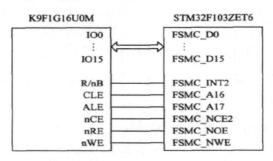

图 10-28　存储接口：串行接口

　　在嵌入式开发中，根据业务需求和成本考虑，我们通常会设计出不同的存储方案。NAND Flash 容量大，存储成本低，目前成为嵌入式存储的主流标配。但是因为其不支持随机访问，所以有时候我们会选择和一个 NOR Flash 搭配使用，让系统从 NOR Flash 启动，数据采用 NAND Flash 存储。NAND Flash 还有一个缺点是读写的次数多了，可能会产生很多坏块，因此对于一些非常重要的系统或配置数据，我们可以考虑把它们存储在 E2PROM 或 SPI NOR FLASH 中。对于一些移动设备，如手机、平板电脑、蓝牙音箱、投影仪等，还可以通过 SD 卡这些可插拔的存储设备来扩充存储容量。这些不同的存储选择也就决定了嵌入式系统不同的启动方式。

10.6.2　存储映射

　　在一个嵌入式系统中，不同的存储方案设计往往决定了这个系统的启动方式。ARM 处理器上电复位后，PC 寄存器为 0，CPU 默认是从零地址去读取指令执行的。我们可以通过存储映射，将不同的存储器映射到零地址，那么 CPU 复位后，就可以到不同的存储器取指令运行，从而实现多种启动方式。在学习存储映射之前，我们先了解一下地址和存储单元之间的关系，如图 10-29 所示。

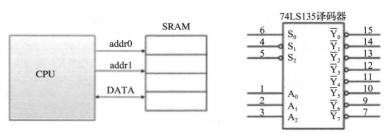

图 10-29　存储单元与地址译码

　　以 SRAM 为例，CPU 可以通过 SRAM 接口直接与 SRAM 相连，对于 CPU 管脚上发出的一组地址信号，SRAM 内部会有一个对应的存储单元被选中，然后 CPU 就可以对该内存单元直接进行读写。这个过程是如何实现的呢？如果你学过数字电路，对译码器有了解，就会知道 SRAM 内部肯定会有一个类似 74LS138 译码器的器件，用来将 CPU 管脚发出的一组信号转换为某一个被选中的存储单元。不同的信号选中不同的存储单元，如果我们把每组信号都看成一个地址，那么被选中的每个存储单元也就有了固定的地址，每个存储单元与 CPU 管脚发出的地址都一一对应。CPU 管脚发出的地址信号一般被称为物理地址，如图 10-30 所示。

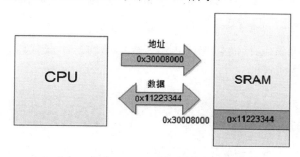

图 10-30　物理地址与存储单元的对应关系

　　所谓存储映射，其实就是为 SRAM 中的存储单元分配逻辑地址的过程。在图 10-30 中，CPU 和 SRAM 通过数据线、地址线直接相连，因此 SRAM 中的每个存储单元的物理地址也就固定了。现在的嵌入式系统中，CPU 和外部设备一般是通过总线（如 AMBA 总线）相连的，CPU 通过总线可以与多个设备相连，多个设备共享总线，包括 DDR 内存、SRAM 等存储设备，此时每个物理存储单元并没有固定的地址，每个物理存储单元的地址通过重映射都是可以改变的，如图 10-31 所示。

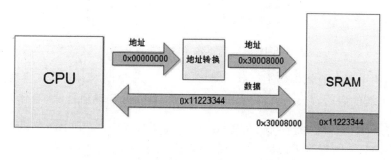

图 10-31　逻辑地址到物理地址的转换

　　存储映射的具体实现与处理器相关，不同的处理器可能有不同的实现方式。有的处理器可以通过存储映射寄存器来实现：通过配置要映射的起始地址、结束地址和大小就可以完成映射；有些处理器可以通过设置 BANK 基地址来完成存储映射，如 S3C2440 处理器；还有一些处理器可能通过位带区、位带区别名来完成映射。无论采用何种映射方式，存储器的映射一般都会在复位之前由 CPU 自动完成，复位之后的 CPU 默认会从零地址开始执行代码，这是所有处理器都要遵守的规则。

10.6.3　嵌入式启动方式

采用存储映射的好处之一就是可以灵活设置嵌入式系统的启动方式。

在一个嵌入式系统中，很多人可能认为 U-boot 是系统上电运行的第一行代码，然而事实并非如此，CPU 上电后会首先运行固化在 CPU 芯片内部的一小段代码，这片代码通常被称为 ROMCODE，如图 10-32 所示。

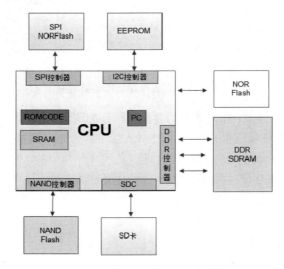

图 10-32　嵌入式系统的存储架构

这部分代码的主要功能就是初始化存储器接口，建立存储映射。它首先会根据 CPU 管脚或 eFuse 值来判断系统的启动方式：从 NOR Flash、NAND Flash 启动还是从 SD 卡启动。

如果我们将 U-boot 代码"烧写"在 NOR Flash 上，设置系统从 NOR Flash 启动，这段 ROMCODE 代码就会将 NOR Flash 映射到零地址，然后系统复位，CPU 默认从零地址取代码执行，即从 NOR Flash 上开始执行 U-boot 指令。

如果系统从 NAND Flash 或 SD 卡启动，通过上面的学习我们已经知道，除了 SRAM 和 NOR Flash 支持随机读写，可以直接运行代码，其他 Flash 设备是不支持代码直接运行的，因此我们只能将这些代码从 NAND Flash 或 SD 卡复制到内存执行。因为此时 DDR SDRAM 内存还没有被初始化，所以我们一般会先将 NAND Flash 或 SD 卡中的一部分代码（通常为前 4KB）复制到芯片内部集成的 SRAM 中去执行，然后在这 4KB 代码中完成各种初始化、代码复制、重定位等工作，最后 PC 指针才会跳到 DDR SDRAM 内存中去运行。

10.7　内存与外部设备

记得前几年去手机店买手机，会看到很多手机的配置说明中往往有这么一条：64GB 内存。此时你会感到无比震惊：配置这么高！后来仔细一问，才知道 64GB 原来是 NAND Flash 存储器的大小，真正的 DDR SDRAM 一般是 2GB 或 3GB 大小。当你再问为什么要把 NAND Flash 存储标记为内存时，店家老板一般会无比自信、无比专业地告诉你："靓仔，2GB 那是运行内存，64GB 的叫内存，SD 卡才是外存。"也许这是手机行业的流行标法，但如果从计算机的角度去定义内存，你会发现它和商业上的叫法不太一样。

10.7.1　内存与外存

计算机的存储设备如果按照存取速度进行排列，可以分为以下几类：寄存器、缓存、内存、外存。寄存器和缓存大家都很熟悉了，就是 CPU 内部的寄存器和 Cache。寄存器和 Cache 的物理电路实现其实都是 SRAM，SRAM 读写速度快，但是电路实现复杂，物理成本比较高，占用的芯片面积比较大，功耗高，因此在 CPU 内部的容量一般不是很大。

内存和外存是非常容易搞混的概念，不仅是手机店老板，甚至很多 IT 行业的人员也容易混淆概念。内存一般又称为主存，是 CPU 可以直接寻址的存储空间，存取速度快，常见的内存包括 RAM、ROM、NOR Flash 等。外存一般又称为辅存，是除 CPU 缓存和内存外的存储器，包括磁盘、NAND Flash、SD 卡、EEPROM 等。

内存具有随机读写的特点，CPU 的 PC 指针可以随机存取数据，可以直接运行代码，但是断电后数据会消失。外存不支持随机读写功能，不能直接运行代码，但是系统断电后数据不会消失，因此可以用来存储程序指令和数据。在一个计算机系统中，一般都会采用 CPU + 内存 + 外存 的存储设计：指令和数据存储在外存上，当程序运行时，指令和数据加载到内存，然后 CPU 直接从内存取指令和数据运行，如图 10-33 所示。

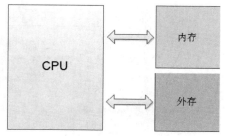

图 10-33　内存和外存

10.7.2　外部设备

从程序存储的角度，计算机的存储设备可以分为内存和外存。如果从程序运行的角度看，和内存对应的是外部设备，简称外设。程序运行的主要目的就是处理各种数据，这些数据有些是程序本身的，有些则是 CPU 与外部设备进行通信获取的。CPU 内部自身的存储空间有限，它会把从外部设备获取的数据暂时存放到内存中，然后进行各种处理，处理结束后，再根据需要发送到外部设备或者回写到外存中。

CPU 可以和各种各样的外部设备进行通信。外部设备是计算机系统中输入、输出设备的统称（甚至包括外存），因为 CPU 内部存储空间有限，所以 CPU 和外部设备通信时，接收的数据会放到内存中，我们称为输入；当 CPU 需要向外部设备发送数据时，会从内存中读取数据发送出去，我们称为输出。常见的鼠标、键盘、显卡、声卡、打印机、磁盘都属于外部设备的范畴。

在一个嵌入式 SoC 芯片中，往往集成了 UART、USB、I2C、GPIO、I2S、Ethernet 等各种控制器 IP，这些控制器的主要作用如下。

- 设备控制：设备的打开、关闭、运行都可以通过配置相关寄存器来完成。
- 协议控制：USB、I2C、UART、I2S，控制器在电气层会实现各种通信协议。
- 数据转换：序列流、字节流。
- 数据缓冲：缓冲区、FIFO，发送接收数据的缓冲区。

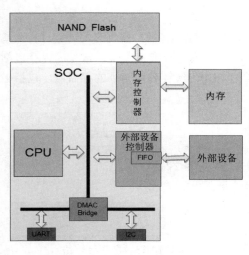

图 10-34　CPU、内存和外部设备

以 USB 控制器为例，CPU 通过控制器与外部的 USB 设备进行通信时，就不需要自己关心底层通信协议的实现细节了，控制器内部已经实现好了，只要配置好相关寄存器，就可以很轻松地与外界 USB 设备进行数据传输了。

CPU 与外部设备进行通信，常见的有 3 种方式：轮询、中断和 DMA。轮询和中断我们已经很熟悉了，以中断为例，我们看一看 CPU 与外部设备进行通信时的数据流。如图 10-34 所示，外部设备控制器通过协议控制与外部设备进行数据传输，接收的数据会暂时保存到控制器内部的 FIFO 里。当 FIFO 里的数据已满或达到一个设定阈值后就会产生一个中断，CPU 检测到中断后就会进入相关的中断处理函数中执行。在中断处理函数中，CPU 会读取 FIFO 里的数据到寄存器，然后将寄存器中的数据保存到内存中的某块区域。发送数据的流程则正好相反，CPU 首先会到内存的某块区域读取数据到寄存器，然后将寄存器中的数据填充到 FIFO。填充完毕后，启动控制器开始发送，当控制器发送数据完成后会产生一个中断，CPU 进入中断处理函数，继续填充 FIFO，直到整个数据发送任务完成。

通过以上分析我们可以看到，无论是数据流的输入还是输出，CPU 都参与了其中，在内存和外部设备之间担任了"中转站"的角色。如果我们将这个"中转站"的角色交给其他模块负责，那么就可以节省大量的 CPU 资源，从而可以进一步提高系统效率。在一个 CPU 内部，DMA 模块其实就是干这个的，它会代替 CPU 充当"中转站"的角色，无论是数据的输入还是数据的输出，我们只要在 DMA 控制器中设置好数据传输的起始地址、目的地址、传输数据大小，DMA 就会自动开始工作。DMA 内部也有缓存，它会将内存的数据先搬到 DMA，然后通过 DMA 发送出去，就不需要 CPU 的参与了。数据传输任务完成以后，DMA 产生一个中断，告诉 CPU 数据传输已经完成就可以了。

10.7.3　I/O 端口与 I/O 内存

CPU 可以通过寄存器配置来控制外部设备控制器与外部设备进行通信。在一个外部设备控制器中，通常会包含各种控制寄存器、状态寄存器、FIFO、缓冲区等。CPU 可以通过地址直接操作内存，那么 CPU 也可以通过地址去直接读写这些寄存器吗？

CPU 能不能像读写内存那样，通过地址直接读写这些寄存器呢？那就要看这些外部设备寄存器的编址方式了，我们一般称这些外部设备控制器的寄存器为 I/O 端口，每一个寄存器对应一个端口。给这些 I/O 端口分配地址，一般有两种方式：独立编址和统一编址。

X86 架构的处理器一般会对这些 I/O 端口独立编址，为它们分配独立的 16 位地址空间：0X0~0XFFFF，该地址和内存地址没有任何关系，CPU 不能像读写内存那样直接对这些端口进行读写，要通过专门的 IN/OUT 命令去读写这些端口来配置相关的寄存器。

ARM 架构的处理器一般会将外部设备控制器的这些寄存器、缓冲区、FIFO 和内存统一编址。如图 10-35 所示，外部设备控制器的寄存器和内存一起共享地址空间，因此也被称为 I/O 内存，CPU 可以按照内存读写的方式，直接读写这些寄存器来管理和操作外部设备。

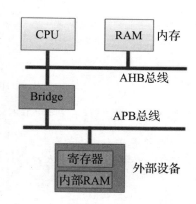

图 10-35　外部设备的寄存器和缓冲区

思考：在网络通信中，我们经常看到 xx 应用程序使用 xx 端口进行通信，本节中的端口和网络端口是同一个概念吗？有什么区别？

10.8 寄存器操作

在 ARM 处理器中，我们可以像操作内存一样对寄存器进行读写，进而可以配置控制器与外部设备进行通信。在一个 32 位的处理器中，一个寄存器位宽为 32 bit，不同的位可能代表不同的控制信息或状态信息，通常我们使用位运算来操作这些寄存器。

10.8.1 位运算应用

C 语言是一门“可上可下”的编程语言，它提供了高级语言的语法特性，构建千万行级的超大工程毫无压力，也具有很多低级语言的语法特性，提供了指针、关键字 goto 和位运算，可深入底层操作硬件，支持用户直接控制处理器的运行。

位运算在实际编程中用到的地方不是很多，除了一些特殊的算法实现需要，主要还是用在嵌入式中，用来操作寄存器。C 语言为位运算提供了各种各样的运算符，如左移、右移、与、或、取反、异或等。基本运算法则如图 10-36 所示。

^	0	1
0	0	1
1	1	0

&	0	1
0	0	0
1	0	1

~	0	1
	1	0

<table>
<tr><th>|</th><th>0</th><th>1</th></tr>
<tr><td>0</td><td>0</td><td>1</td></tr>
<tr><td>1</td><td>1</td><td>1</td></tr>
</table>

图 10-36　逻辑与、或、非、异或运算

如果你对位运算的一些结果不熟悉，则可以编写一个简单的程序来验证它们。

```
#include <stdio.h>

int main(void)
{
    int i = 0xFF;
    printf("%X\n", 0xFF & 0x0);
    printf("%X\n", 0xF0 | 0x0F);
```

```
    printf("%X\n", ~0xFF);
    printf("%X\n", 0x1 << 3);
    printf("%X\n", 0x1000 >> 4);

    printf("%X\n", 0 ^ 0);
    printf("%X\n", 0 ^ 1);
    printf("%X\n", 1 ^ 0);
    printf("%X\n", 1 ^ 1);
    return 0;
}
```

程序运行结果如下。

```
0
FF
FFFFFF00
8
100
0
1
1
0
```

在一些算法的实现和特殊应用场合，使用位运算不仅会简化实现，还会大大提升程序的运行效率。例如，如果我们想让一个数据的高低位互换，则直接使用移位操作就可以实现。

```
#include <stdio.h>

int main(void)
{
    printf("%X\n", 0xAABB);
    printf("%X\n", 0xAABB >> 8 | 0xAABB << 8 & 0xFF00);
    return 0;
}
```

程序运行结果如下。

```
AABB
BBAA
```

在 Linux 驱动或底层 BSP 代码中，我们有时候会看到类似 mask & (mask - 1) 的程序语句，这个表达式可以用来判断一个数是否为 2 的整数次幂。

```
#include <stdio.h>

int main(void)
{
    int m = 4;
```

```
    if((m & (m - 1)) == 0)
        printf("%d is power of 2\n", m);
    else
        printf("%d isn't power of 2\n", m);
    return 0;
}
```

一个数对另一个数做 2 次异或运算，还等于其本身。利用这个特性，我们可以实现数据的加密。如在下面的程序中，你的支付宝账号密码是 0x12345678，你需要通过网络将这个密码告诉你的一个亲人，如果直接传输，就存在泄漏的风险，此时你可以先让这个密码和 0x2018 做异或运算，加密发送；对方收到加密的密码后，再和 0x2018 做一次异或运算，即可还原密码。

```
#include <stdio.h>
int main(void)
{
    int passwd = 0x12345678;

    passwd = passwd ^ 0x2018;
    printf("passwd:%X\n", passwd);

    passwd = passwd ^ 0x2018;
    printf("passwd:%X\n", passwd);
    return 0;
}
```

程序的运行结果如下。

```
passwd:12347660
passwd:12345678
```

利用异或的这种特性，我们还可以实现一个函数，不需要借助第三方变量，实现两个变量无参交换。

```
void swap(int *a,int *b)
{
    *a = *a ^ *b;
    *b = *a ^ *b;
    *a = *a ^ *b;
}
int main(void)
{
    int a = 0x55;
    int b = 0x66;
    printf(" a:%X\n b:%X\n", a, b);

    a = a ^ b;
    b = a ^ b;                       // b = a
```

```
a = a ^ b;                            //a = b
printf(" a:%X\n b:%X\n", a, b);

swap(&a, &b);
printf("a:%X\n b:%X\n", a, b);

return 0;
}
```

程序运行结果如下。

```
a:55
b:66
a:66
b:55
a:55
b:66
```

10.8.2　操作寄存器

位运算在一些特殊的应用场合也会用到，如位图、操作系统的调度实现等，但其主要功能还是用来操作寄存器。在一个 32 bit 的寄存器中，图 10-37 所示的 USB 控制器中的寄存器，不同的位可能代表不同的控制位、状态位，通过位运算可以对指定的位进行置一或清零操作。

Register	Address	R/W	Description	Reset Value
EP_INT_REG	0x52000148(L) 0x5200014B(B)	R/W (byte)	EP interrupt pending/clear register	0x00

EP_INT_REG	Bit	MCU	USB	Description	Initial State
EP1~EP4 Interrupt	[4:1]	R /CLEAR	SET	For BULK/INTERRUPT IN endpoints: Set by the USB under the following conditions: 1. IN_PKT_RDY bit is cleared. 2. FIFO is flushed 3. SENT_STALL set. For BULK/INTERRUPT OUT endpoints: Set by the USB under the following conditions: 1. Sets OUT_PKT_RDY bit 2. Sets SENT_STALL bit	0
EP0 Interrupt	[0]	R /CLEAR	SET	Correspond to endpoint 0 interrupt. Set by the USB under the following conditions: 1. OUT_PKT_RDY bit is set. 2. IN_PKT_RDY bit is cleared. 3. SENT_STALL bit is set 4. SETUP_END bit is set 5. DATA_END bit is cleared 　(it indicates the end of control transfer).	0

图 10-37　芯片手册的寄存器配置说明

以一个 int 型数据为例，如果我们想将一个 32 bit 的数据 0xFFFF0000 低 4 位置一，则可以将该数据和位掩码 0x0F 直接进行或运算：

```
int main(void)
{
    printf("%X\n", 0xFFFF0000 | 0x0F);
    printf("%X\n", 0xFFFF0000 | (0x1|0x1<<1|0x1<<2|0x1<<3));
    return 0;
}
```

程序运行结果如下。

```
FFFF000F
FFFF000F
```

如果我们要操作的位不是连续的，将位掩码转换为十六进制比较麻烦，则可能还需要手动计算。为了程序的方便编写和可读性，位掩码可以通过各个比特位进行或运算来生成。同样的道理，如果我们想清除某些指定位，如将 0xFFFFFFFF 的 bit4 ~ bit7 清零，可以让该数与位掩码 0xFFFFFF0F 做与运算。

```
int main(void)
{
    printf("%X\n", 0xFFFFFFFF & 0xFFFFFF0F);
    printf("%X\n", 0xFFFFFFFF & ~(0x000000F0));
    printf("%X\n", 0xFFFFFFFF & ~(0x1<<4|0x1<<5|0x1<<6|0x1<<7));
    return 0;
}
```

程序运行结果如下。

```
FFFFFF0F
FFFFFF0F
FFFFFF0F
```

为了编程方便，我们同样可以将位掩码 0xFFFFFF0F 用各个比特位的掩码或运算组合表示，但是 0xFFFFFF0F 中 bit1 的个数较多，用各个比特位或运算比较麻烦，整个或表达式就变得很长，而且我们要清除的是 bit4 ~ bit7，直接将位掩码 0xFFFFFF0F 展开，并不能直观表示我们要清除的是哪些比特位。因此，我们可以稍做改变，将位掩码 0xFFFFFF0F 使用~(0x000000F0)表示，而将 0x000000F0 二进制展开，就可以直观地看到我们要清除的比特位信息了。

为了更加直观地表示这些比特位，我们还可以定义一些宏来表示各个比特位，这样就省去了移位的麻烦。

```
#define BIT_0 0x1
#define BIT_1 0x1 << 1
```

```
#define BIT_2 0x1 << 2
#define BIT_3 0x1 << 3
#define BIT_4 0x1 << 4
#define BIT_5 0x1 << 5
#define BIT_6 0x1 << 6
#define BIT_7 0x1 << 7
#define BIT_8 0x1 << 8
#define BIT_9 0x1 << 9

int main(void)
{
    printf("%X\n", 0xFFFFFFFF & 0xFFFFFF0F);
    printf("%X\n", 0xFFFFFFFF & ~(0x000000F0));
    printf("%X\n", 0xFFFF0000 |(BIT_4|BIT_5|BIT_6|BIT_7));
    printf("%X\n", 0xFFFFFFFF & ~(BIT_4|BIT_5|BIT_6|BIT_7));
    return 0;
}
```

程序运行结果如下。

```
FFFFFF0F
FFFFFF0F
FFFF00F0
FFFFFF0F
```

在上面的程序中，各个比特位通过宏的封装，再使用这些宏去置位或清零某个指定位，就变得更加直观和简单了。我们可以根据寄存器的配置需求，灵活地对指定位进行置位和清零操作，宏的使用让程序的可读性大大提高，让程序更易管理和维护。

10.8.3　位域

读写寄存器除了使用"位掩码 + 位运算"的组合方式，还有另外一种比较直接的方法：使用位域直接操作寄存器。

位域一般和结构体类型结合使用：虽然结构体的成员由位域构成，但结构体的本质不变，还是一个结构体。我们同样可以使用该结构体类型去定义一个变量，唯一不同的是，结构体内各成员的存储是按比特位分配的。

```
struct register_usb{
    unsigned short en:1;
    unsigned short ep:4;
    unsigned short mode:3;
};
```

在一个寄存器中，几个连续的比特位可以组成一个位域，用来表示寄存器的控制位或状态位。

我们通过定义一个结构体，可以使用不同的位域来表示这些不同的控制位或状态位。如上面的程序所示，USB 寄存器的 bit5 ~ bit7 位用来表示 USB 的工作模式：mode，我们在一个结构体内为它分配 3bit 的存储空间。通过这种位分配方式可以将一些信息压缩存储，既节省了内存空间，还可以通过位域进行直接读写，在方便程序编写的同时，程序的可读性也大大增强。

```
#include <stdio.h>
#include <string.h>

struct register_usb
{
    unsigned short en  :1;
    unsigned short ep  :4;
    unsigned short mode:3;
};

int main(void)
{
    struct register_usb reg;
    memset(&reg, 0, sizeof(reg));
    reg.en = 1;
    reg.ep = 4;
    reg.mode = 3;
    printf("reg:%x\n", reg);
    printf("reg.en:%X\n", reg.en);
    printf("reg.ep:%X\n", reg.ep);
    printf("reg.mode:%X\n", reg.mode);
    return 0;
}
```

程序运行结果如下。

```
reg:69
reg.en:1
reg.ep:4
reg.mode:3
```

位域不仅可以和结构体结合使用，还可以和联合体结合使用。位域的使用方法和联合体的使用规则是一样的，因为使用位域组合联合类型定义的变量本质上还是一个联合变量。

```
#include <stdio.h>
#include <string.h>

union spsr
{
    unsigned short mode:3;
    unsigned short ep:4;
```

```
    unsigned short en:1;
};
int main(void)
{
    union spsr reg2;
    memset(&reg2, 0, sizeof(reg2));
    reg2.mode = 3;
    printf("reg2:%x\n", reg2);
    return 0;
}
```

程序运行结果如下。

```
reg2:3
```

在一些芯片控制器的寄存器中，有些位可能未被使用，还处于 reserved 状态，我们在定义结构体时可以使用一个匿名位域来表示。

```
struct register_usb2
{
    unsigned short en:1;
    unsigned short :4;
    unsigned short mode:6;
};
```

C 语言允许在结构体中使用匿名位域。如上面的 register_usb2 结构体，如果 USB 寄存器的 bit1 ~ bit3 位暂时未被使用，为了不影响后面其他位域的地址分配，我们可以使用一个匿名位域填充。

位域在 C 语言编程中比较"非主流"，包含位域操作的程序代码往往给初学者、甚至有多年编程经验的程序员造成一定的阅读障碍。在以后的编程中，从代码的可读性和可维护性考虑，建议大家还是尽量使用"位掩码+位运算"的组合比较妥当。

10.9　内存管理单元 MMU

Linux 内存管理是嵌入式系统中比较难理解的一个知识点，也是非常重要的一个知识点。在嵌入式开发中，无论底层还是上层，都会经常和内存打交道，如内存映射、共享内存、copy_to_user、copy_from_user，有时候我们虽然通过 API 完成了自己期望的功能，但是总感觉心里没底，总想一探究竟，而 Linux 内存管理子系统又非常复杂，一旦陷入其中，往往又感觉"迷了路"，只见树木，不见森林。基于这个现实背景，本节主要针对初学者，对 Linux 内存管理做一个简单介绍，让大家对 Linux 内存管理有一个感性的认识，为以后的深入学习打下基础。

任何一个技术的出现，都有其存在的意义，都是为了解决相关问题出现的，如果我们不能把它放到当时的背景下去分析，就很难理解一个事物本来的初衷。内存管理也是一样的，早期的 ARM 处理器是不带内存管理单元 MMU 的，早期的操作系统也不支持内存管理，这是因为早期的 CPU、嵌入式系统应用比较简单，后来随着 CPU 越来越复杂，功能越来越多，很多问题就接踵而来了。

10.9.1 地址转换

如内存地址的分配问题，早期的嵌入式产品，从底层驱动开发到上层应用，都是在一个集成开发环境中完成的，都是由同一个工程师或团队开发完成的。而现在的嵌入式产品，如智能手机、平板电脑等，系统移植、底层驱动和 App 开发则是由不同的团队来完成的。根据程序的编译原理，我们知道程序在链接时需要指定一个链接地址，程序运行时，把程序加载到内存中的这个指定地址程序才能正常运行。现在的手机平台上可以运行多个 App，用户可以自行安装和卸载，具体运行多少个 App 是不固定的，那么这些 App 在编译时如何指定链接地址呢？为了解决这个问题，内存管理单元 MMU 这时候就隆重登场了，该部件集成在 CPU 内部，主要用来将虚拟地址转换为物理地址。CPU 有了这个功能，各个 App 的编译就变得简单了。每个 App 编译时都以虚拟地址为链接地址，甚至使用相同的链接地址都可以。当各个 App 运行时，CPU 会通过 MMU 将相同的虚拟地址映射到不同的物理地址，各个 App 都有各自的物理内存空间，互不影响各自的运行。

假设现在有两个应用程序 app1.c 和 app2.c，编写好程序以后，通过 ARM 交叉编译器编译生成可执行文件 app1 和 app2，然后在同一个 ARM 平台上运行，ARM 平台的内存物理起始地址为 0x30000000。我们使用 readelf 命令查看两个 App 的入口地址，会发现两个 App 的链接地址是相同的，而且都是虚拟地址。那么 CPU 是如何将这些相同的虚拟地址转换为不同的物理地址的呢？

转换其实很简单，如图 10-38 所示。MMU 会根据每个进程的地址转换表将相同的虚拟地址转换为不同的物理地址。当 PC 指针执行 app1 时，到 0x10000 虚拟地址处去取指令，经过 MMU 地址转换后，会到实际物理内存的 0x30001000 处取指令。当 PC 指针执行 app2 时，同样会到 0x10000 地址去取指令，经过 MMU 地址转换后，会到实际物理内存的 0x30005000 处取指令。对于每一个应用程序来讲，每一个虚拟地址通过地址转换表，都可以与实际的物理内存地址一一对应，不同的应用程序有不同的地址转换表，相同的虚拟地址会映射到不同的物理地址上。

上面的地址转换表虽然解决了虚拟地址到物理地址的转换问题，但是很浪费内存：app1 的大小为 4KB，那么至少需要 4KB 大小的空间来存储这个地址转换表信息；app2 的大小为 8KB，那么至少需要 8KB 大小的空间来存储 app2 的地址转换表。为了解决内存浪费的问题，我们需要对地址转换做一些改进。

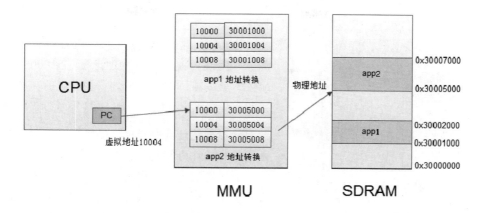

图 10-38　相同的逻辑地址，通过 MMU 转换为不同的物理地址

如图 10-39 所示，我们不再对每个地址都一一映射了，这样太浪费内存。我们可以将内存分隔成 4KB 大小相同的内存单元，每个内存单元都被称为页或页帧。我们以页为单位进行映射，地址转换表中只保存每个页的虚拟起始地址到物理起始地址的转换关系。通过这种设计，你会发现地址转换表的空间就由原来的 4KB 减少为 1 字节！这种按页映射的设计大大节省了内存空间，此时的地址转换表一般也被称为页表。

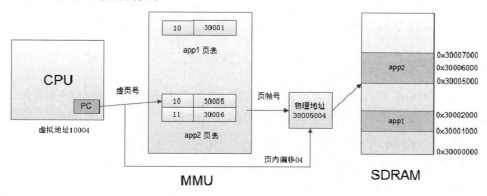

图 10-39　以页为单位转换：页帧号+页内偏移

一个页表中有很多页表项，每一个页表项里只有每个页的虚拟起始地址到物理起始地址的转换信息。那么对于一个具体存储单元的虚拟地址，CPU 是如何将其转换为物理地址的呢？一般 CPU 会把这个虚拟地址分解成页帧号+页内偏移的形式。如图 10-39 所示，对于同一个虚拟地址 0x10004，可以分解为 0x10+0x004 的形式，0x10 是页帧号，0x004 是页内偏移（因为我们是以 4KB 为单位划分页的，所以使用低 12 位表示 4KB 范围的页内偏移）。MMU 根据页表中保存的页的转

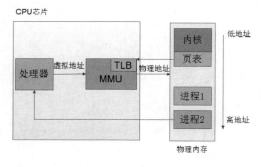

CPU芯片

处理器 — 虚拟地址 → TLB MMU — 物理地址 →

内核
页表

进程1

进程2

低地址

高地址

物理内存

图 10-40　MMU、TLB 和页表

换信息，将这个虚拟页的页帧号转换成物理页的页帧号 0x30005，这个物理页帧号 0x30005 再与页内偏移 0x004 组装，就构成了物理地址 0x30005004。此时 MMU 就完成了虚拟地址到物理地址的转换，可以直接到实际物理内存的 0x30005004 地址处去取指令了。

从虚拟地址到物理地址的整个转换过程实际上是由硬件和软件协作完成的。CPU 内部集成的 MMU 器件，通过页表内每一个页表项的转换关系，将虚拟地址转换为不同的物理地址。而页表则是由操作系统维护的，由 Linux 内存管理子系统负责管理和维护，当地址完成转换后，会同步更新到用户空间的每一个进程内。

MMU 每次地址转换，会首先从内存中读取页表，根据页表内的地址转换信息将一个个虚拟地址转换为物理地址。为了提高转换效率，在 CPU 内部一般会集成一个缓存——TLB，用来缓存部分页表。当 MMU 地址转换时，会首先根据虚拟地址到 TLB 这个缓存里去看看里面有没有对应地址的转换信息，如果有，就不需要到内存中去取了；如果没有，则 MMU 再到内存中去取，同时 TLB 会重新缓存这个新地址附近的转换信息，以供 MMU 下次转换时使用。通过 TLB 的缓存设计，可以在一定程度上提升 MMU 的地址转换效率。

10.9.2　权限管理

地址转换是 MMU 的基本功能，除此之外，MMU 和页表还可以对不同的内存区域设置不同的权限，防止内存被践踏，从而保障系统的安全运行。

在一个嵌入式系统中，如果没有内存权限管理，遇到一个不靠谱的程序员直接写内存，把内存中操作系统的核心代码覆盖掉了，那么整个系统也就崩溃了。现在的嵌入式产品，如手机、平板、智能电视等，用户可以随意安装多个 App，不同的 App 开发者水平参差不齐，操作系统如果不把一些存储核心代码和关键数据的内存区域保护起来，万一被一个 App 直接篡改掉，那么整个系统就非常危险了。因此在 Linux 系统中你会看到，内存管理子系统已经把整个 4 GB 的内存空间划分为用户空间和内核空间了，如图 10-4 所示。

图 10-41　Linux 进程的用户空间和内核空间

操作系统代码运行在内核空间，普通应用程序 App 运行在用户空间。应用程序是无法访问内核空间的，如果想要访问，则要通过中断或系统调用接口统一管理，这就在一定程度上保障了系统的安全性。每一个进程在运行时，都会通过页表映射到不同的物理内存空间，如图 10-42 所示。

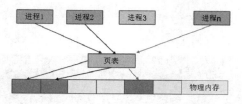

图 10-42　相同的虚拟地址映射到不同的物理内存

一个页表有若干个页表项构成，每个页表项不仅包含地址转换信息，还包含每一个进程中不同内存区域的访问权限信息。通过这种设计，我们就可以对不同用户进程映射到实际物理内存的地址空间进行权限管理。

以上就是内存管理的基本原理和基本流程，实际上内存管理远比这要复杂很多，为了让用户更能感性地认识内存管理，笔者对有些过程做了简化分析，或者说跟实际有点出入，但这并不妨碍我们对 Linux 内存管理的整体认识和后续深入学习。千里之行，始于足下，万里长征才刚刚走了一步，望诸君继续努力，继续前行。

10.10　进程、线程和协程

在没有 MMU 的 RTOS 环境下，因为没有内存管理，整个物理内存空间对于程序来说都是一马平川：一个内存中的全局变量，所有的任务都有权限去访问和修改它。在 RTOS 多任务环境下，为了全局变量的安全访问，我们一般将函数分为可重入函数和不可重入函数。一个函数如果使用了全局变量，就变得不可重入了；如果多个任务都去调用这个函数，可能就会出现问题。因此我们在多任务编程中尽量不要调用不可重入函数。

但是在实际编程中，一个函数不可能完全跟全局变量这些共享资源划清界限。对于一个不可重入函数来说，如果我们在它访问全局变量的时候，通过锁、关中断等机制实现互斥访问，那么这个不可重入函数也就变得安全了。此时，我们就说这个函数是线程安全的。

如图 10-43 所示，在一个多任务环境下，一个可重入函

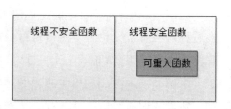

图 10-43　多任务环境下的函数划分

数肯定是线程安全的，一个不可重入函数如果对临界资源实现了互斥访问，那么它就变成了线程安全的。我们在进行多任务编程时，在调用一个函数之前，很有必要先了解一下这个函数是否是线程安全的。在 Linux 环境下，我们可以使用 man 命令来查看。

```
# man 3 malloc
```

通过图 10-44 显示的信息，我们可以得知 malloc 函数是一个线程安全的函数。

图 10-44　malloc 函数属性：线程安全

通过第 5 章的学习我们知道，对于用户申请和释放的内存，glibc 使用一个全局链表管理和维护，malloc()函数跟这个全局链表产生了关联，因此也变得不可重入了，但是如果 malloc()函数在访问这些全局的资源时，通过临界区实现互斥访问，这个函数也就变得线程安全了。因此在 glibc 库中，虽然 malloc()函数是不可重入函数，但它是线程安全的：无论是多进程编程，还是多线程编程，不用担心，都可以放心大胆地调用它。

10.10.1　进程

在一个无 MMU 的多任务环境下，一般是不区分进程和线程的：我们都把它看作一个任务。但是在 Linux 环境下，进程和线程则是两个不同的概念。

在 Linux 环境下运行一个程序，操作系统会把这个程序包装成进程的形式，每一个进程都使用 task_struct 结构体来描述，所有的结构体链成一个链表，参与操作系统的统一调度和运行。每一个 Linux 进程都有其单独的 4GB 虚拟地址空间。Linux 引入了内存管理机制，使用页表保存每个进程中虚拟地址和物理地址的对应关系，通过 MMU 地址转换，每一个进程相同的虚拟地址空间都会被映射到不同的物理内存，每一个进程在物理内存空间都是相互独立和隔离的。

如图 10-45 所示，在 Linux 环境下，因为每个进程在物理内存上都是相互隔离的，所以我们在多进程编程时，无论一个函数是否是可重入的，无论这个函数是否是线程安全的，我们在一个进程中都可以调用它们。

不同的进程之间如果需要相互通信，该怎么办呢？因为不同的进程在物理内存上是相互隔离的，所以我们需要借助第三方工具来完成进程间的通信。

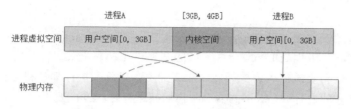

图 10-45　进程虚拟空间和物理内存的关联

如图 10-46 所示，在每一个进程的 4GB 虚拟空间中，除了 3GB 的用户空间是各个进程独享的，还有 1GB 的内核空间是所有进程共享的，不同的进程可以通过在内核空间中开辟一片内存进行通信。

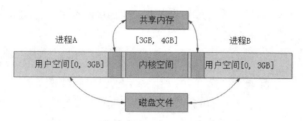

图 10-46　进程间通信的三种方法

不同的进程虽然在物理内存上是相互独立的，但是磁盘是所有进程共享的，它们之间通过磁盘文件相互传输数据，也可以达到进程间通信的目的。

除此之外，两个进程还可以通过共享内存，映射到同一片物理内存直接进行通信，效率会更高。

Linux 提供了各种工具来支持不同进程之间的通信，每一种工具都有自己的应用场合。

- 无名管道：只能用于具有亲缘关系的进程之间的通信。
- 有名管道：任意两进程间通信。
- 信号量：进程间同步，包括 system V 信号量、POSIX 信号量。
- 消息队列：数据传输，包括 system V 消息队列、POSIX 消息队列。
- 共享内存：数据传输，包括 system V 共享内存、POSIX 共享内存。
- 信号：主要用于进程间的异步通信。
- Linux 新增 API：signalfd、timerfd、eventfd。
- Socket：套接字缓冲区，不同主机不同进程之间的通信。
- D-BUS：主要用于桌面应用程序之间的通信。

10.10.2　线程

一个程序运行时，进程是 Linux 分配资源的基本单元：系统默认操作是先 fork 一个子进程，分配物理内存，然后将要执行的可执行文件加载到内存。每个进程都是相互独立的，不同的进程要借助第三方工具才能进行通信，不同的进程在切换运行时，CPU 要不停地保存现场、恢复现场，进程上下切换的开销很大。

一个进程的资源分配就跟一家人租房子一样：一个三口之家，如果去租公寓式的单间，每人一间，每人独享厨房和卫生间，居住体验确实很好，但是带来的租金成本却在上升，而且家庭成员之间沟通也不方便，需要借助第三方工具（电话、网络、手机）才能完成。一个更好的解决方案是一家三口租一套三室一厅的房子，每人一间卧室，共享客厅、厨房和卫生间，不仅节省了租金，而且家庭成员之间沟通也很方便。

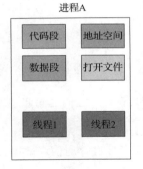

图 10-47　进程与线程的关系

为了减少进程的开销，线程这时候就闪亮登场了。在一个进程中可能存在多个线程，多个线程之间的关系类似三室一厅的租客关系：每个人都有自己单独的卧室，但是客厅、厨房和卫生间都是公用的。一个进程中的多个线程也是如此，如图 10-47 所示，多个线程共享进程中的代码段、数据段、地址空间、打开文件、信号处理程序等资源。每个线程都有自己单独的资源，如程序计数器、寄存器上下文及各自的栈空间。

正是因为多个线程共享进程的资源，当不同线程对这些共享资源进行访问时，又要涉及共享资源的安全访问和线程间的同步问题了。一般我们可以通过互斥锁、条件锁和读写锁等同步机制来实现不同线程对共享资源的安全访问。

一家三口租房子，客厅、厨房和卫生间都是公用的，当大家同时访问这些资源时，就会发生冲突。为了解决这个问题，我们可以给卫生间这个共享资源加一把锁，有人想使用卫生间，首先要获得这把锁，自己使用时用锁把门锁住，这样别人就无法使用了。卫生间使用完毕，就打开门，释放这把锁，其他想使用的人再去申请这把锁就可以了。

在多线程编程中，我们同样可以通过互斥锁来实现对共享资源的互斥访问。在 pthread 多线程库中，与互斥锁相关的 API 函数如下所示。

```
int pthread_mutex_init(pthread_mutex_t *mutex, const
pthread_mutexattr_t *mutexattr);
int pthread_mutex_lock(pthread_mutex_t *mutex);
```

```
int pthread_mutex_trylock(pthread_mutex_t *mutex);
int pthread_mutex_unlock(pthread_mutex_t *mutex);
int pthread_mutex_destroy(pthread_mutex_t *mutex);
```

不同的线程虽然可以通过加锁、解锁这一对操作来实现线程间同步，但不停地加锁和解锁操作、不停地查询满足条件也会带来很大的开销。当程序调用加锁函数时，操作系统会从用户态切换到内核态，并阻塞在内核态；当程序调用解锁函数时，操作系统同样会经历从用户态到内核态，再从内核态到用户态的转换。

我们可以使用条件变量和互斥锁搭配使用，来减少不断加锁、解锁带来的开销。将互斥锁和条件变量绑定，允许线程阻塞，等待条件满足的信号，然后使用广播去唤醒所有绑定到该条件变量的线程，就可以省去不断加锁和解锁的开销。与条件变量相关的 API 函数如下。

```
pthread_cond_t cond = PTHREAD_COND_INITIALIZER;
int pthread_cond_init (pthread_cond_t *cond, pthread_condattr_t *cond_attr);
int pthread_cond_wait (pthread_cond_t *cond, pthread_mutex_t *mutex);
int pthread_cond_signal (pthread_cond_t *cond);
int pthread_cond_broadcast (pthread_cond_t *cond);
int pthread_cond_timedwait (pthread_cond_t *cond, pthread_mutex_t        *mutex,const struct
timespec *abstime);
int pthread_cond_destroy (pthread_cond_t *cond);
```

互斥锁在同一时刻只允许一个线程进行读或写，而使用读写锁，可以允许多个线程同时进行读操作。虽然多个线程可以同时读一个共享资源，但同一时刻只允许一个线程进行写操作，写的时候会阻塞其他线程（包括读线程），写线程的优先级高于读线程。在 pthread 线程库中，与读写锁相关的 API 函数如下。

```
pthread_rwlock_t rwlock = PTHREAD_RWLOCK_INITIALIZER;
pthread_rwlock_init (pthread_rwlock_t *restrict rwlock,
const pthread_rwlockattr_t *restrict attr);
int pthread_rwlock_rdlock (pthread_rwlock_t *rwlock);
int pthread_rwlock_wrlock (pthread_rwlock_t *rwlock);
int pthread_rwlock_tryrdlock (pthread_rwlock_t *rwlock);
int pthread_rwlock_trywrlock (pthread_rwlock_t *rwlock);
int pthread_rwlock_unlock (pthread_rwlock_t *rwlock);
int pthread_rwlock_destroy (pthread_rwlock_t *rwlock);
```

10.10.3　线程池

一个进程内的多个线程，虽然可以共享进程的很多资源，如代码段、数据段、打开的文件等，但也有各自的上下文环境，如寄存器状态、栈、PC 指针等，如图 10-48 所示。

图 10-48　进程中的多线程空间

在 Linux 环境下，进程是资源分配的基本单元，而线程则是程序执行和调度的最小单元。线程的开销，除了不断加锁和解锁、线程上下文切换带来的开销，还包括系统调用的开销，如线程不断地创建和销毁，在一些频繁使用线程的场合，开销也会线性上升。

为了减少线程不断创建和销毁带来的开销，我们可以实现一个线程池。预先在线程池中创建一些线程，没有工作任务时，线程阻塞在池中；有任务时，则通过管理线程将任务分配到指定的线程执行。

图 10-49 所示的就是线程池的实现原理。一个线程池由管理线程、工作线程和任务接口构成。管理线程用来创建并管理工作线程，将用户创建的不同任务分配给不同的工作线程执行。工作线程是线程池中执行实际任务的线程，无任务时，这些工作线程则阻塞在线程池中。线程池一般还会引出任务接口供用户调用，用户通过这个任务接口，可以创建不同的任务，并最终分配到不同的工作线程中执行。

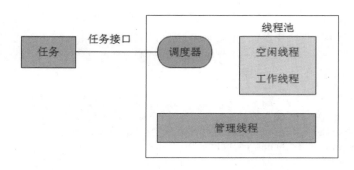

图 10-49　线程池的实现原理

线程池技术省去了线程不断创建和销毁带来的系统开销，在一些频繁使用线程、调用线程的场合，这种设计方案很划算。线程池中的线程数量甚至还可以根据任务的多少来动态删减，在内存开销和性能开销之间达到一个很好的平衡。

10.10.4　协程

在一些互联网开发领域，如服务器开发，最近几年又流行一种叫作"协程"的技术。在一些高并发、高访问量的服务器领域，使用线程池技术虽然可以在一定程度上减少线程不断创建和销毁带来的开销，但面对大量的、频繁的互联网并发请求，线程的上下文切换和不断加锁解锁带来的开销，越来越成为提升服务器性能的瓶颈。

这就跟一家三口使用卫生间一样：如果每个人上厕所都要先申请锁，锁门，再开门，释放锁，时间久了会让人感觉很麻烦。一个更好的解决方法是上厕所时大家协商着来，这样就不用频繁地加锁、解锁了。

协程就是按照这个思路实现的，将对共享资源的访问交给程序本身维护和控制，不再使用锁对共享资源互斥访问，无调度开销，执行效率会更高。协程一般适用在彼此熟悉的合作式多任务中，上下文切换成本低，更适合高并发请求的应用场景。

10.10.5　小结

最后我们对本节的内容做一个小结。为了简化分析，我们可以这么认为：在 Linux 环境下，进程是资源分配的基本单位，线程是程序执行和调度的最小单位。从切换成本上看，进程的切换成本最大，协程的切换成本最低。而从安全性上看，进程因为有内存管理保护反而最安全，一个进程崩溃了，操作系统会终止这个进程的运行，并不会影响其他进程的正常运行，当然也不会影响到操作系统本身。

协程虽然上下文切换成本最低，但是也有缺陷，如无法利用多核 CPU 实现真正的并发。但这并不妨碍它在编程市场上的受欢迎程度，很多语言都开始支持使用协程编程：Python 提供了 yield/send 协程编程接口，从 Python 3.5 开始又新增了 async/await 接口。Lua 从 Lua 5.0 开始支持协程，Go 也开始支持协程。在 C 语言编程领域，虽然 C 语言本身并没有提供支持协程的机制，但目前市面上也有很多使用 C/C++实现的协程库，用户可以通过库接口函数去实现协程编程。

在实际学习和工作中，进程和线程又是两个让人产生迷惑的概念：不同的操作系统对进程和线程的实现不同，对概念的定义和叫法也不一样。这就和现在我们还给 iPhone、Android 手机、平板电脑去分类一样，它们到底属于照相机还是手机？到底属于电脑还是手机？过去的一些概念和内涵，随着时代进步也在不断发生变化，再去纠结这些概念没有意义。笔者的建议是，不要过分纠结这些抽象的概念，从实际情况出发，针对具体的操作系统具体分析，从共享资源在内存中的分布和访问入手，不管叫什么，只要学会如何使用共享资源的互斥访问，如何在多个任务之间同步，基本上就能把这个操作系统玩转起来了。

好了，到了这里，本书也就告一段落了。从本书开头的一堆沙子、半导体、CPU，到程序的编译链接、内存堆栈、C 语言的面向对象编程思想，再到多任务编程、进程、线程和协程，从底层到顶层，从硬件到软件，一个嵌入式系统开发所需要的完整知识体系就搭建起来了。当然，由于笔者水平、时间、精力有限，这个知识体系可能还不是那么完善，也不是那么科学，但总算搭起来了，大家可以以此为起点，不断去扩充，不断去完善。

　　雄关漫道真如铁，而今迈步从头越。

参 考 文 献

[1] 布莱恩·科尔尼干，丹尼斯·里奇. C 程序设计语言：第 2 版[M]. 徐宝文，李志，译. 北京：机械工业出版社，2008.

[2] 塞缪尔·P·哈比森，盖伊·L·斯蒂尔. C 语言参考手册：第 5 版[M]. 徐波，译. 北京：机械工业出版社，2003.

[3] Trevis J. Rothwell. The GNU C Reference Manual[EB/OL]. [2020-03-15]. http://www.gnu.org /software/gnu-c-manual/gnu-c-manual.html.

[4] 李云. 专业嵌入式软件开发：全面走向高质高效编程[M]. 北京：电子工业出版社，2012.

[5] 潘爱民，俞甲子，石凡. 程序员的自我修养：链接、装载与库[M]. 北京：电子工业出版社，2009.

[6] John R. Levine. Linker And Loader [EB/OL]. [2020-06-20]. https://www.pdfdrive.com/ linkers -loaders-e187920776.html.

[7] 周立功. ARM 微控制器基础与实战[M]. 北京：北京航空航天大学出版社，2005 .

[8] 万木杨. 大话处理器：处理器基础知识读本[M]. 北京：清华大学出版社，2011.

[9] 胡振波. 手把手教你设计 CPU—RISC-V 处理器篇[M]. 北京：人民邮电出版社，2018.

[10] 杨铸，唐攀. 深入浅出嵌入式底层软件开发[M]. 北京：北京航空航天大学出版社，2011.

[11] Extensions to the C Language Family[EB/OL]. [2020-06-20]. https://gcc.gnu.org/onlinedocs /gcc/C-Extensions.html.

[12] INTERNATIONAL ISO/IEC STANDARD 9899[EB/OL].

[13] 华庭（庄明强）. Glibc 内存管理：ptmalloc2 源代码分析[EB/OL]. (2013-05-20)[2020-07-26]. https://download.csdn.net/download/zgl07/5414801.

[14] 林登. C 专家编程[M]. 徐波，译. 北京：人民邮电出版社，2002.

[15] 马其尼克. 高级编译器设计与实现[M]. 赵克佳，沈志宇，译. 北京：机械工业出版社，

2005.

[16] 深入理解 Glibc 的内存管理[EB/OL].(2017-07-24)[2020-07-26]. https://wenku.baidu.com/view/662f24800a1c59eef8c75fbfc77da26925c596b7.html.

[17] RealView 编译工具 3.1 版汇编程序指南 [EB/OL]. (2013-08-24)[2020-08-26]. https://download.csdn.net/download/erwenyisheng/6005543.

[18] Nvidia CUDA Programming Guide(中文版）v1.1 [EB/OL]. (2009-07-27)[2020-08-26]. https://download.csdn.net/download/forrest2009/1521040.

[19] In-Datacenter Performance Analysis of a Tensor Processing Unit [EB/OL]. [2020-08-30]. https://arxiv.org/ftp/arxiv/papers/1704/1704.04760.pdf.

[20] 冯子军，肖俊华，章隆兵. 处理器分支预测研究的历史和现状[EB/OL].(2015-08-03)[2020-03-23].http://www.doc88.com/p-7189544612238.html.

[21] 王炜，乔林，汤志忠. 片上网络互连拓扑结构综述[J]. 计算机科学，2011，38(10):1-5.

[22] 毕卓. 片上互连的发展趋势[J]. 电子工程师，2007，33(08):24-27.

[23] 林敏，戴峰，钱昕暐，等. 多核片上互连技术研究[EB/OL]. (2016-06-04) [2020-05-31]. https://www.doc88.com/p-2149728308705.html.

[24] 李先静. 系统程序员成长计划[M]. 北京：机械工业出版社，2010.

[25] 钱亚冠. Linux 内核中面向对象思想的研究与应用[J]. 浙江科技学院学报，2006，18(02):111-113.

[26] 吉星.C 高级编程: 基于模块化设计思想的 C 语言开发[M]. 北京：机械工业出版社,2016.

[27] 百度百科. 图灵机 [EB/OL]. [2020-06-30]. https://baike.baidu.com/item/图灵机.

[28] 维基百科. 柴可拉斯基法 [EB/OL]. [2020-06-30]. https://zh.wikipedia.wikimirror.org/wiki/柴可拉斯基法.

[29] 田开坤. 如何设计复杂的多任务程序[EB/OL]. (2015-10-25) [2020-06-30].https://wenku.baidu.com/view/138dbf447f1922791788e831.html.

[30] PN 结及其特性详细介绍 [EB/OL]. (2011-12-12) [2020-06-30]. https://wenku.baidu.com/view/80690ff27c1cfad6195fa783.html.